动力机械强度与可靠性

卢耀辉　编著

科学出版社
北京

内容简介

本书讲述动力机械动力学、强度与可靠性设计方面的基本理论及方法。全书共五章，主要内容包括：内燃机运动学及动力学分析、动力机械振动、动力机械疲劳强度设计、动力机械强度可靠性设计、以及有限元法在动力机械强度与可靠性分析中的应用等。本书主要以车用内燃机为例展开有关动力学、振动、疲劳强度、可靠性和有限元法应用等方面的研究。

本书供动力机械及工程、能源与动力工程、工程机械、船舶工程和轮机工程等相关专业研究生（或本科生选择部分）使用，也可供从事动力机械设计、制造和开发的工程技术人员参考。

图书在版编目(CIP)数据

动力机械强度与可靠性 / 卢耀辉编著.—北京:科学出版社，2021.10（2023.2 重印）

ISBN 978-7-03-069675-5

Ⅰ. ①动… Ⅱ. ①卢… Ⅲ. ①动力机械-研究 Ⅳ. ①TK05

中国版本图书馆 CIP 数据核字（2021）第 178204 号

责任编辑：华宗琪 / 责任校对：王 瑞

责任印制：罗 科 / 封面设计：义和文创

科学出版社出版

北京东黄城根北街16号

邮政编码：100717

http://www.sciencep.com

成都锦瑞印刷有限责任公司印刷

科学出版社发行 各地新华书店经销

*

2021年10月第 一 版 开本：787×1092 1/16

2023年2月第二次印刷 印张：17 1/2

字数：416 000

定价：109.00 元

（如有印装质量问题，我社负责调换）

前　　言

强度与可靠性设计在动力机械设计中占据重要地位，它对动力机械的安全可靠起着决定性作用。高功率密度强化车用内燃机向轻量化方向发展，这对动力机械结构的强度、安全可靠性和耐久性提出了越来越高的要求。若沿用传统的经验和方法很难满足设计要求，为此，亟待采用现代设计方法对动力机械进行强度与可靠性设计和分析。

近年来机械强度学科的发展非常迅速，无论是在广度还是深度方面，机械产品的可靠性设计和结构强度的研究都达到了一个新的水平。本书从理论出发，结合实际应用，内容涉及内燃机运动学和动力学理论、动力机械振动的基本理论、机械零件的疲劳强度设计、机械强度可靠性设计理论、弹性力学基础和有限元法的应用。本书旨在为动力机械的强度与可靠性现代设计提供一定的参考和指导。全书共 5 章，主要包括：

第一章　内燃机运动学及动力学分析，主要介绍内燃机曲柄连杆机构的运动规律、受力情况以及曲轴轴颈和轴承的载荷。

第二章　动力机械振动，主要介绍振动基本理论和振动响应分析方法、曲轴系统的扭转振动、内燃机的机体振动。

第三章　动力机械疲劳强度设计，主要讲解疲劳破坏的特征及断口分析、影响疲劳强度的主要因素、疲劳强度及寿命计算。

第四章　动力机械强度可靠性设计，主要介绍可靠性的基本概念、可靠性设计的常用分布形式、机械强度的可靠性设计方法。

第五章　有限元法在动力机械强度与可靠性分析中的应用，主要讲解弹性力学中的有限元法以及通过 3 个工程实例来说明有限元法的应用。

本书是作者在教学和科研工作中的成果积累，在成书过程中努力做到如下几个方面：

(1) 全书力求结构严谨，文字简练，基本概念清晰，深入浅出，理论联系实际。

(2) 全书从基本理论方法到典型结构实例的强度可靠性分析应用，将动力机械零部件的结构强度问题与理论方法有机地联系起来，加强了理论性和系统性。

(3) 全书在理论完整的前提下，各章具有一定的独立性，便于读者自学。

(4) 全书内容主要针对动力机械的结构强度特点，又兼顾通用机械方面的要求。

本书可供高等院校动力机械及工程相关专业本科生和研究生使用，也可作为从事机械相关专业的工程技术人员参考用书。

本书受西南交通大学研究生教材(专著)建设项目专项资助。本书主要由卢耀辉教授编写，感谢在本书的整理和编辑过程中积极参与协助的研究生，包括尹小春、李振生、李望、蹇昊辰、卢川等。此外，本书参考了相关图书，在此对前人所做工作表示感谢。

由于时间仓促，作者水平有限，书中纰漏之处在所难免，恳请广大读者批评指正。

作　者

2020 年 12 月

目　　录

第一章　内燃机运动学及动力学分析

内燃机的气缸、活塞、连杆、曲轴以及主轴承组成一个曲柄连杆机构，如图 1-1(a)所示。内燃机通过曲柄连杆机构，将活塞的往复运动和曲轴的回转运动联系起来，使气缸燃气推动活塞所做的功转变为曲轴输出的机械功。可见，曲柄连杆机构是内燃机重要的传力机构，对它的运动规律和受力情况进行分析研究是十分必要的。这种分析研究是解决内燃机平衡、振动和总体设计问题的基础，也是对其主要零件的强度、刚度、磨损等问题进行计算和校验的依据。

曲柄连杆机构中，应用最广泛、最典型的是气缸中心线通过曲轴回转中心的曲柄连杆机构。将以此作为研究对象。

第一节　中心曲柄连杆机构运动学

活塞、曲轴和连杆是曲柄连杆机构的三个运动件，它们分别具有不同的运动形式：活塞——沿气缸中心线做往复直线运动；曲轴——绕曲轴回转中心做旋转运动；连杆——运动情况比较复杂，连杆小头与活塞一起做往复直线运动，连杆大头和曲柄销一起绕曲轴回转中心转动，从而使整个连杆产生复杂的平面摆动。

曲柄连杆机构运动学的主要任务就是分析和研究活塞及连杆的运动规律。

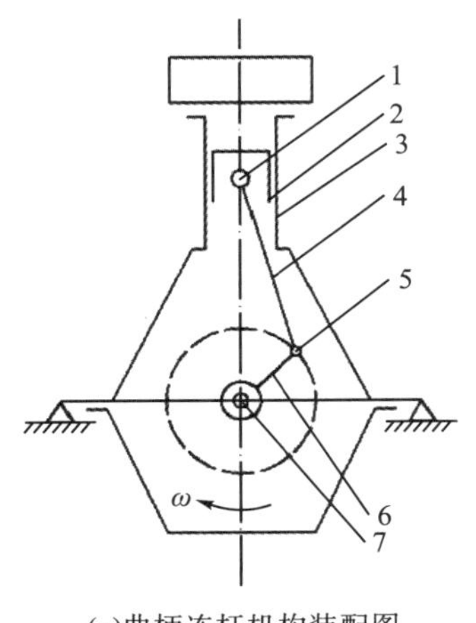

(a)曲柄连杆机构装配图

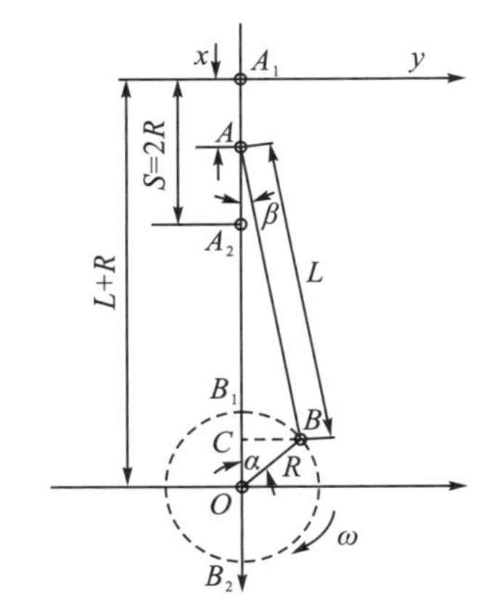

(b)曲柄连杆机构示意图

1-活塞销；2-活塞；3-气缸；4-连杆；5-曲柄销；6-曲柄臂；7-主轴承

图 1-1　中心曲柄连杆机构简图

在图 1-1(b)中，A、B、O 三点分别代表活塞销中心、曲柄销中心和曲轴回转中心，OB 代表曲柄半径 R，AB 代表连杆，其长度为 L，A_1 和 A_2 分别代表活塞运动时活塞销中心的上、下极限位置，称为上、下止点。上、下止点间的距离为活塞行程 S。

$$S = A_1A_2 = 2R$$

在分析活塞、连杆的运动规律时，取活塞销中心的上止点 A_1 为直角坐标原点，气缸中心线为 x 轴，以指向曲轴方向为正。活塞销中心的瞬时位置 A 到上止点 A_1 的距离为活塞位移 X。α 为曲柄转角，从气缸中心线起、顺曲柄转动方向度量，顺时针为正。β 为连杆中心线偏离气缸中心线的角度，称为连杆摆角，以连杆在气缸中心线右侧为正。

根据上面这些规定，当活塞在上止点位置 A_1 时，$X=0$，$\alpha=0°$，$\beta=0°$；在下止点位置 A_2 时，$X=2R$，$\alpha=180°$，$\beta=0°$。

曲柄连杆机构的主要结构参数是曲柄半径 R 与连杆长度 L，它们的比值 $\lambda=\dfrac{R}{L}$ 是一个很重要的参数，它表征曲柄连杆机构的几何特性，对内燃机的动力性能和总体设计影响很大。一般说来，高、中速内燃机 $\lambda=\dfrac{1}{4.5}\sim\dfrac{1}{3.2}$，机车内燃机 $\lambda=\dfrac{1}{4.2}\sim\dfrac{1}{3.8}$。从降低内燃机总体高度和重量的要求出发，高速内燃机大多选用较大的 λ 值，即连杆长度相对较短。

一、活塞位移

当曲柄自 OB_1 位置转过一个 α 角时，活塞便相应地由上止点 A_1 移动到 A 点。可见，活塞位移 X 与曲柄转角 α 呈一定的函数关系，即 $X=f(\alpha)$。

由图 1-1(b)所示的几何关系，可以得到活塞位移：

$$X = A_1A = A_1O - AO = L + R - AO$$

由直角三角形 ACB 和 OCB 可知：

$$AO = AC + CO = L\cos\beta + R\cos\alpha$$

所以

$$\begin{aligned} X &= L + R - L\cos\beta - R\cos\alpha \\ &= R\left(1+\frac{L}{R}-\cos\alpha-\frac{L}{R}\cos\beta\right) \\ &= R\left[(1-\cos\alpha)+\frac{1}{\lambda}(1-\cos\beta)\right] \end{aligned} \tag{1-1}$$

式(1-1)为活塞位移的精确公式，计算机运算时采用。

为便于分析和讨论有关参数的影响，常采用简化的活塞位移近似公式，其推导如下。

在式(1-1)中，X 为 α、β 的二元函数。为消去变量 β，使该式变为一元函数 $X=f(\alpha)$，特进行如下变换：

在 $\triangle ABC$ 和 $\triangle OCB$ 中，有

$$BC = L\sin\beta = R\sin\alpha$$

所以

$$\sin\beta = \frac{R}{L}\sin\alpha = \lambda\sin\alpha$$

而

$$\cos\beta = \sqrt{1-\sin^2\beta} = \sqrt{1-\lambda^2\sin^2\alpha}$$

将其代入式(1-1)得

$$X = R\left[(1-\cos\alpha)+\frac{1}{\lambda}(1-\sqrt{1-\lambda^2\sin^2\alpha})\right] \tag{1-2}$$

利用牛顿二项式定理将根式项展开成级数得

$$\frac{1}{\lambda}\sqrt{1-\lambda^2\sin^2\alpha} = \frac{1}{\lambda}-\frac{1}{2}\lambda\sin^2\alpha-\frac{1}{2\times4}\lambda^3\sin^4\alpha-\frac{1\times3}{2\times4\times6}\lambda^5\sin^6\alpha-\cdots \tag{1-3}$$

一般高、中速内燃机的 λ 值为0.22~0.31，因而 λ^3 的数值已很小，故 λ^3 项及其以后各项可略去不计，取前面两项已够准确，即

$$\frac{1}{\lambda}(1-\lambda^2\sin^2\alpha)^{\frac{1}{2}} \approx \frac{1}{\lambda}-\frac{1}{2}\lambda\sin^2\alpha$$

将其代入式(1-2)得

$$X = R\left[(1-\cos\alpha)+\frac{\lambda}{2}\sin^2\alpha\right]$$

因为 $\sin^2\alpha = \frac{1}{2}[1-\cos(2\alpha)]$，所以上式又可写成

$$X = R\left\{(1-\cos\alpha)+\frac{\lambda}{4}[1-\cos(2\alpha)]\right\} \tag{1-4}$$

式(1-4)就是活塞位移随曲柄转角 α 而变化的近似公式，它与精确公式的误差一般小于1%，故在工程上广泛使用。从该式可以看出，近似地说，活塞位移 X 是由两个简谐函数组成的，它们为

$$\begin{cases} X_1 = R(1-\cos\alpha) \\ X_2 = \dfrac{R\lambda}{4}[1-\cos(2\alpha)] \end{cases} \tag{1-5}$$

图1-2表示某内燃机 X_1 和 X_2 两部分曲线叠加起来形成活塞位移曲线 X 的情况。从图中看出，当 $\alpha = 0°$ 及 $360°$ 时，活塞在上止点位置，其位移为零；当 $\alpha = 180°$ 时，活塞在下止点位置，其位移达到最大值 $2R$。

若连杆为无限长，则式(1-5)中的 $\lambda = 0$ 。此时 $X_2 = 0$ ，活塞位移曲线 X 就变成 X_1 的简谐曲线。可见，X_2 表示连杆为有限长时所引起的位移增量。连杆越短，此增量越大。X_2 的存在，使得 $\alpha = 90°$ 时，活塞位移已超过冲程的一半，超过的数值为 $\frac{\lambda R}{2}$ 。

活塞位移也可用图1-3求得，它是以近似公式为依据的。具体作图步骤如下。

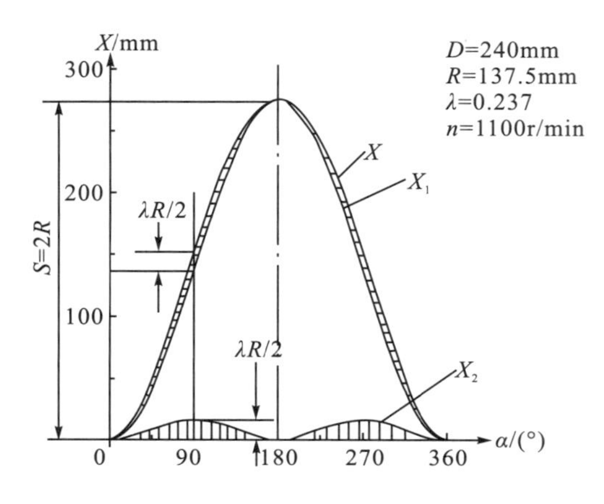

图 1-2 活塞位移曲线

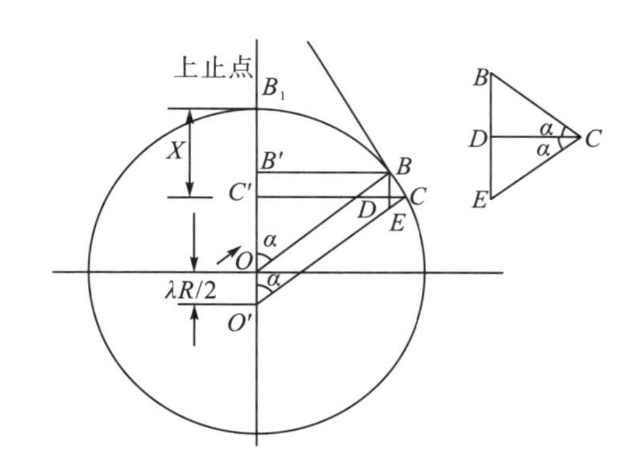

图 1-3 活塞位移的作图法

选用合适的比例，以 O 为圆心，以 $OB=R$ 为半径作圆。自圆心向下止点方向量取 $\frac{\lambda R}{2}$ 得 O' 点。从 O' 点作 $\angle B_1O'C=\alpha$，交圆周于 C 点。再从 C 点对气缸中心线投影得 C' 点，则 C' 点到 B_1 点的距离 B_1C' 即为该曲柄转角 α 所对应的活塞位移 X。

现对该作图法加以证明。由图 1-3 中可以看出：

$$B_1C'=B_1B'+B'C'=B_1O-B'O+B'C'$$

近似地用 BC 弦代替 BC 短圆弧，并认为 $BC\perp O'C$，则在直角三角形 BDC 中有

$$BD=BC\sin\alpha=B'C'$$

而在直角三角形 $B'BO$ 中有

$$B'O=BO\cos\alpha=R\cos\alpha$$

故

$$BC'=R-R\cos\alpha+B\sin\alpha$$

又在直角三角形 BEC 中有

$$BC=BE\sin\alpha=OO'\sin\alpha$$

所以

$$B_1C'=R(1-\cos\alpha)+OO'\sin^2\alpha=R(1-\cos\alpha)+\frac{1}{2}R\lambda\sin^2\alpha$$

$$=R\left\{(1-\cos\alpha)+\frac{\lambda}{4}[1-\cos(2\alpha)]\right\}$$

对照式(1-4)，可见 B_1C' 即为活塞位移 X。

根据上述作图法，可画出活塞位移曲线 $X=f(\alpha)$。如图 1-4 所示，在 O' 点作一组等夹角(可取为10°或15°等)的射线，得各射线与圆周的交点。再从这些交点作垂直于气缸中心线的平行线，分别与 X - α 直角坐标对应的垂线相交，连接这些交点，便得到活塞位移曲线。

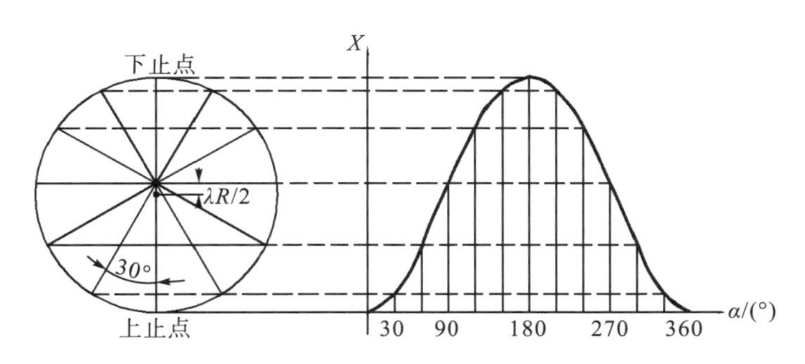

图 1-4　活塞位移曲线的作图法

二、活塞运动速度

活塞运动的速度是随时间不断变化的，在某一瞬时的速度是位移对时间 t 的一阶导数，即

$$V=\frac{\mathrm{d}X}{\mathrm{d}t}=\frac{\mathrm{d}X}{\mathrm{d}\alpha}\cdot\frac{\mathrm{d}\alpha}{\mathrm{d}t}$$

式中，$\frac{\mathrm{d}\alpha}{\mathrm{d}t}=\omega$ 为曲柄转动的角速度，在运动学计算中，假设为常数。

将活塞位移的精确式(1-1)代入得

$$\begin{aligned}V&=\omega\frac{\mathrm{d}X}{\mathrm{d}\alpha}\\&=R\omega\frac{\mathrm{d}}{\mathrm{d}\alpha}\left[(1-\cos\alpha)+\frac{1}{\lambda}(1-\cos\beta)\right]\\&=R\omega\left(\sin\alpha+\frac{1}{\lambda}\sin\beta\frac{\mathrm{d}\beta}{\mathrm{d}\alpha}\right)\end{aligned}$$

而

$$\sin\beta=\lambda\sin\alpha$$

该式两边对 α 求导，得

$$\cos\beta\frac{\mathrm{d}\beta}{\mathrm{d}\alpha}=\lambda\cos\alpha$$

即

$$\frac{\mathrm{d}\beta}{\mathrm{d}\alpha}=\lambda\frac{\cos\alpha}{\cos\beta}$$

故

$$\begin{aligned}V&=R\omega\left(\sin\alpha+\sin\beta\frac{\cos\alpha}{\cos\beta}\right)\\&=R\omega\frac{\sin\alpha\cos\beta+\cos\alpha\sin\beta}{\cos\beta}\\&=R\omega\frac{\sin(\alpha+\beta)}{\cos\beta}\end{aligned}\tag{1-6}$$

式(1-6)是活塞速度的精确公式。

若按活塞位移的近似式(1-4)对时间 t 进行一阶求导，便可得出活塞速度的近似公式：

$$\begin{aligned} V &= \omega\frac{\mathrm{d}X}{\mathrm{d}\alpha} \\ &= R\omega\frac{\mathrm{d}}{\mathrm{d}\alpha}\left[(1-\cos\alpha)+\frac{\lambda}{4}(1-\cos\alpha)\right] \\ &= R\omega\left[\sin\alpha+\frac{\lambda}{2}\sin(2\alpha)\right] \end{aligned} \tag{1-7}$$

由式(1-7)可以看出，活塞速度也可近似地认为由两个简谐函数组成：

$$V_1 = R\omega\sin\alpha$$

$$V_2 = \frac{1}{2}R\omega\lambda\sin(2\alpha)$$

式中，V_2表示连杆为有限长度时所引起的活塞速度增量。图 1-5 为某内燃机的 V_1和 V_2叠加的情况。

从图 1-5 可以看出，活塞在上止点或下止点位置时，速度 $V = 0$，这是因为活塞在这两点改变运动方向。当$\alpha = 90°$时，$V = R\omega$，活塞速度等于曲柄销中心的圆周速度。由于连杆为有限长度，活塞的最大速度并不在曲柄转角$\alpha = 90°$和$270°$处，只有当连杆中心线与曲柄半径大致成垂直位置时，活塞速度最大。这个位置取决于λ的数值。对机车内燃机而言，其位置约在上止点前或后的$76°\ 30' \sim 77°\ 30'$。

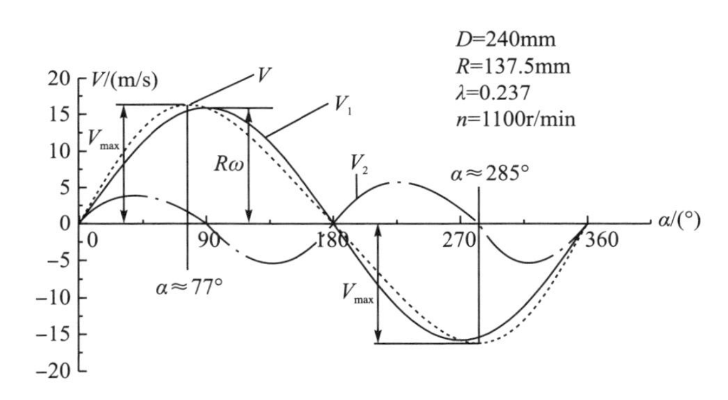

图 1-5 活塞速度曲线

在实际工作中，还会遇到另外一种活塞速度参数——活塞平均速度V_m，它是在一个行程内活塞运动速度的平均值。当内燃机的转速为n(r/ min)时，相应的每秒活塞行程数为$\frac{n}{30}$，则活塞的平均速度为

$$V_\mathrm{m} = \frac{Sn}{30}\ (\mathrm{m/s})$$

活塞平均速度V_m反映内燃机的强化程度以及活塞与缸套间的摩擦情况，是表示内燃机性能的重要参数之一。为保证活塞等零件的工作可靠性，高、中速内燃机的活塞平均速

度一般在 8～15m/s 的范围内，机车内燃机为 9～12m/s。

显而易见，就某一 λ 值而言，活塞最大速度 $V_{\max}$ 和平均速度 V_{m} 之间存在一定的比例关系。对机车内燃机所采用的 λ 值范围来说，$\dfrac{V_{\max}}{V_{\mathrm{m}}}$ 的比值大致为 1.62。

三、活塞运动加速度

活塞运动的加速度为活塞速度对时间 t 的一阶导数，即

$$\begin{aligned} a &= \frac{\mathrm{d}V}{\mathrm{d}t} = \frac{\mathrm{d}V}{\mathrm{d}\alpha}\cdot\frac{\mathrm{d}\alpha}{\mathrm{d}t} \\ &= \omega\frac{\mathrm{d}V}{\mathrm{d}\alpha} \end{aligned}$$

式(1-6)对时间 t 取导数就得到活塞加速度的精确公式：

$$\begin{aligned} a &= R\omega^2\frac{\mathrm{d}}{\mathrm{d}\alpha}\left[\frac{\sin(\alpha+\beta)}{\cos\beta}\right] \\ &= R\omega^2\frac{\cos(\alpha+\beta)\left(1+\dfrac{\mathrm{d}\beta}{\mathrm{d}\alpha}\right)\cos\beta-\sin(\alpha+\beta)(-\sin\beta)\dfrac{\mathrm{d}\beta}{\mathrm{d}\alpha}}{\cos^2\beta} \\ &= R\omega^2\left[\frac{\cos(\alpha+\beta)}{\cos\beta}+\frac{\cos(\alpha+\beta)\cos\beta\lambda\dfrac{\cos\alpha}{\cos\beta}+\sin(\alpha+\beta)\sin\beta\lambda\dfrac{\cos\alpha}{\cos\beta}}{\cos^2\beta}\right] \\ &= R\omega^2\left[\frac{\cos(\alpha+\beta)}{\cos\beta}+\lambda\cos\alpha\frac{\cos(\alpha+\beta)\cos\beta+\sin(\alpha+\beta)\sin\beta}{\cos^3\beta}\right] \\ &= R\omega^2\left[\frac{\cos(\alpha+\beta)}{\cos\beta}+\lambda\frac{\cos^2\alpha}{\cos^3\beta}\right] \end{aligned} \tag{1-8}$$

由活塞速度的近似式(1-7)对时间 t 求一阶导数得

$$\begin{aligned} a &= R\omega^2\frac{\mathrm{d}}{\mathrm{d}\alpha}\left[\sin\alpha+\frac{\lambda}{2}\sin(2\alpha)\right] \\ &= R\omega^2[\cos\alpha+\lambda\cos(2\alpha)] \end{aligned} \tag{1-9}$$

可见，活塞加速度 a 也可近似地认为由两个简谐函数组成：

$$a_1 = R\omega^2\cos\alpha$$

$$a_2 = R\omega^2\lambda\cos(2\alpha)$$

按照前面规定的活塞位移方向的正负号可知，加速度指向曲轴回转中心为正，反之为负。

某内燃机的活塞加速度曲线如图 1-6 所示。由图可知，当曲柄转一周时，a_2 按余弦规律循环变化两次，这就是把 a_2 称为二级简谐加速度的原因。

关于活塞运动的最大加速度，可利用求极值方法求得：

$$\frac{\mathrm{d}a}{\mathrm{d}\alpha} = R\omega^2 \sin\alpha + \lambda R\omega^2 2\sin(2\alpha)$$
$$= R\omega^2 \sin\alpha(1+4\lambda\cos\alpha) = 0$$

即 $\sin\alpha = 0$ 或 $1+4\lambda\cos\alpha = 0$ 时，便可得加速度 a 的极值。

由式(1-9)得：

(1)当 $\sin\alpha = 0$ 时，有下列两种情况。

当 $\alpha = 0°$ 时，得正向最大加速度

$$a_{\max(\alpha=0°)} = R\omega^2(1+\lambda)$$

当 $\alpha = 180°$ 时，得负向最大加速度

$$a_{\max(\alpha=180°)} = \left|-R\omega^2(1-\lambda)\right|$$

(2)若 $1+4\lambda\cos\alpha = 0$，则因 λ 永为正值，又按三角函数的性质 $\cos\alpha \geqslant -1$，可知 α 在 $90° \sim 270°$ 存在加速度 a 的另外两个极值。

当 $\alpha = \arccos\left(-\frac{1}{4\lambda}\right)$ 时，得负向最大加速度：

$$a_{\max} = \left|-R\omega^2\left(\lambda+\frac{1}{8\lambda}\right)\right|$$

显然，λ 以 $\frac{1}{4}$ 为分界，小于等于 $\frac{1}{4}$ 时，其活塞加速度曲线如图 1-6 所示。加速度有两个极值，若 λ 大于 $\frac{1}{4}$，则其活塞加速度曲线如图 1-7 所示，曲线形状有所不同，在一个循环内，有四个极值。

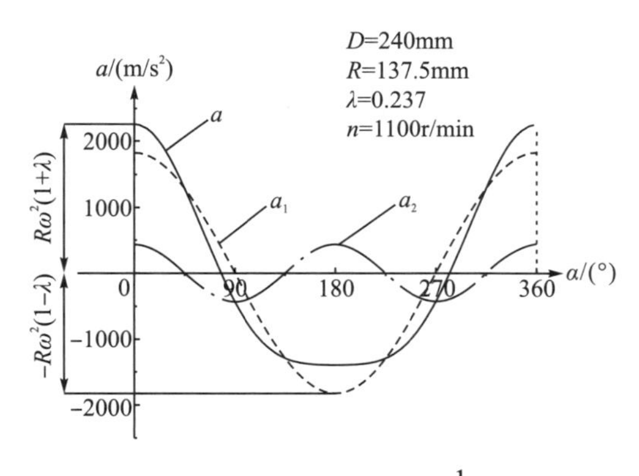

图 1-6 活塞加速度曲线（$\lambda \leqslant \frac{1}{4}$）

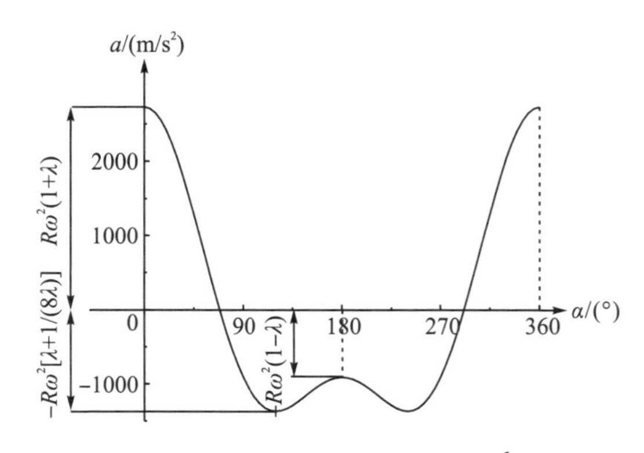

图 1-7 活塞加速度曲线（$\lambda > \frac{1}{4}$）

现将活塞位移、速度和加速度曲线绘在一起来说明它们之间的联系，由图 1-8 可以看出，当活塞行至上止点时，曲柄转角 $\alpha = 0°$，活塞的位移 X=0，速度 V=0，而加速度为正向，最大值 $a_{\max} = R\omega^2(1+\lambda)$（指向曲轴）。随着活塞的向下移动，其速度逐渐增加，而加速度却渐渐减小。当曲柄转至 $\alpha \approx 77°$ 时（具体位置随 λ 值的不同而异），活塞加速度 $a = 0$，

而速度达到最大值。此后加速度就变为负值(指向活塞销)，所以活塞速度逐渐减小，而负向加速度却一直增大，直到下止点，当$\alpha=180°$、$X=2r$、$V=0$时，负向加速度达到最大，$a_{\max}=\left|-R\omega^2(1-\lambda)\right|$。活塞由下止点往上移动的情况与之相反。

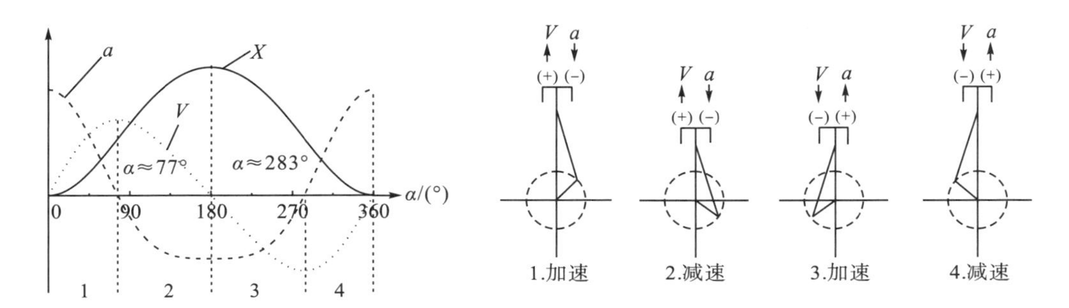

图 1-8　活塞位移、速度、加速度曲线

这里要注意，加速度的正负号是人为规定的，按照前面规定的活塞位移坐标系推算出来，仅用来表示加速度的方向，并不说明活塞是做加速运动还是减速运动。只有当a和V符号相同时(如$\alpha=0°\sim77°$和$180°\sim283°$)，活塞才做加速运动。若a与V符号相反(如$\alpha=77°\sim180°$和$283°\sim360°$)，则活塞做减速运动。

四、连杆的平面运动

内燃机工作时，连杆做复杂的平面运动。连杆小头与活塞相连，沿气缸中心线做往复直线运动，连杆大头则与曲柄销相连，绕曲轴回转中心转动，这就使整个连杆相对于气缸中心线做摆动。通常用连杆摆角来描述其摆动情况。因为

$$\sin\beta=\lambda\sin\alpha$$

所以

$$\beta=\arcsin(\lambda\sin\alpha) \tag{1-10}$$

当$\alpha=90°$和$270°$时，$\sin\alpha=\pm1$，连杆摆角有最大值：

$$\beta_{\max}=\left|\pm\arcsin\lambda\right|$$

式中，正号、负号表示连杆摆动的方向，正号表示连杆在气缸中心线的右侧，负号表示连杆在气缸中心线的左侧。

将式(1-10)对时间t求一阶导数，便得到连杆摆动的角速度$\dot{\beta}$：

$$\dot{\beta}=\frac{\mathrm{d}\beta}{\mathrm{d}t}=\frac{\mathrm{d}\beta}{\mathrm{d}\alpha}\cdot\frac{\mathrm{d}\alpha}{\mathrm{d}t}=\omega\frac{\mathrm{d}\beta}{\mathrm{d}\alpha}$$

前已证明：

$$\frac{\mathrm{d}\beta}{\mathrm{d}\alpha}=\lambda\frac{\cos\alpha}{\cos\beta}$$

和

$$\cos\beta = \sqrt{1-\sin^2\beta} = \sqrt{1-\lambda^2\sin^2\alpha}$$

所以

$$\dot{\beta} = \omega\lambda\frac{\cos\alpha}{\sqrt{1-\lambda^2\sin^2\alpha}} \tag{1-11}$$

从式(1-11)可以看出，当 $\alpha = 90°$ 和 $\alpha = 270°$ 时，$\cos\alpha = \pm1$，$\sin\alpha = 0$，$\dot{\beta}$ 有最大值，即

$$\dot{\beta}_{\max} = |\pm\omega\lambda|$$

将连杆角速度 $\dot{\beta}$ 对时间 t 求一阶导数，就得到连杆摆动的角加速度 $\ddot{\beta}$：

$$\begin{aligned}\ddot{\beta} &= \frac{\mathrm{d}\dot{\beta}}{\mathrm{d}t} = \frac{\mathrm{d}\dot{\beta}}{\mathrm{d}\alpha}\cdot\frac{\mathrm{d}\alpha}{\mathrm{d}t} = \omega\frac{\mathrm{d}}{\mathrm{d}\alpha}\left(\omega\lambda\frac{\cos\alpha}{\sqrt{1-\lambda^2\sin^2\alpha}}\right)\\ &= -\omega^2\lambda(1-\lambda^2)\frac{\sin\alpha}{(1-\lambda^2\sin^2\alpha)^{\frac{3}{2}}}\end{aligned} \tag{1-12}$$

从式(1-12)可以看出，当 $\alpha = 90°$ 和 $\alpha = 270°$ 时，$\sin\alpha = \pm1$，$\ddot{\beta}$ 达到其最大值：

$$\ddot{\beta}_{\max} = \left|\mp\omega^2\lambda\frac{1}{\sqrt{1-\lambda^2}}\right|$$

图 1-9 表示连杆摆动时，其 $\beta_{\max}$、$\dot{\beta}_{\max}$ 和 $\ddot{\beta}_{\max}$ 的位置。

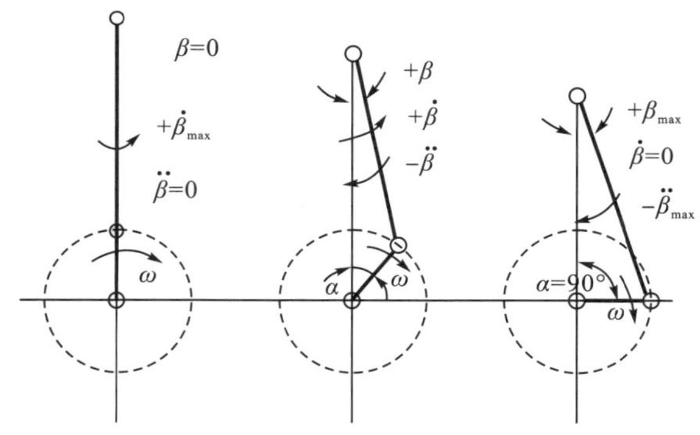

图 1-9　连杆摆动的 $\beta_{\max}$、$\dot{\beta}_{\max}$ 和 $\ddot{\beta}_{\max}$ 位置

第二节　曲柄连杆机构受力分析

内燃机工作时，作用在曲柄连杆机构的力比较复杂，主要有下列几种：

(1)作用在气缸和活塞上的气体力。

(2)运动件的惯性力。

(3)运动件的重力。

(4)负载的反作用扭矩。

(5)机构的支承反力。

其中，气体力是机构运动的原动力，它与内燃机的工作过程及负荷大小有关，与内燃机转速无直接联系。惯性力是伴随各零件运动而产生的，它与工作过程及负荷大小无直接关系，只与转速有关。对于运动件的重力，在高、中速内燃机中，由于其数值相对较小，一般不予考虑。内燃机的负载，如发电机、液力变扭器等的反作用扭矩则与曲轴的输出扭矩平衡。至于曲柄连杆机构的支承反力，则是进行曲柄连杆机构动力分析的主要内容。

一、气体力

作用在活塞上的气体力为

$$P=(p_{\mathrm{g}}-p_{\mathrm{g}}')\frac{\pi D^2}{4}$$

式中，p_{g} 为气缸内的气体压强；p_{g}' 为曲轴箱内的气体压强，可近似地取为大气压强100kPa。

在一个工作循环中，气缸内的气体压强 p_{g} 是变化的，它是曲柄转角 α 的函数，$p_{\mathrm{g}}=f(\alpha)$，该值可由热计算得到的理论示功图或实测示功图求出。

下面以四冲程增压柴油机为例，介绍近似热计算。

1. 燃料燃烧热化学计算

1）燃料燃烧所需理论空气量

$$L_0=\frac{1}{0.21}\left(\frac{g_{\mathrm{C}}}{12}+\frac{g_{\mathrm{H}}}{4}-\frac{g_{\mathrm{O}}}{32}\right)(\mathrm{kmol}_{(\text{空气})}/\mathrm{kg}_{(\text{燃料})})$$

式中，g_{C}、g_{H}、g_{O} 为C、H、O三种元素在柴油中所占的质量比，轻质柴油取 g_{C}=0.87，g_{H}=0.126，g_{O}=0.004。

2）新鲜空气量 M_1

在柴油机工作过程中，燃料是在压缩过程接近终了的时刻才喷入气缸的，并且很大一部分燃料在燃烧开始前是处于液体状态的，因此开始燃烧前，燃料所占容积可以忽略不计，新鲜空气量为

$$M_1=\varphi_{\mathrm{a}}L_0 \quad (\mathrm{kmol}_{(\text{空气})}/\mathrm{kg}_{(\text{燃料})})$$

式中，φ_{a} 为过量空气系数，对于增压柴油机，$\varphi_{\mathrm{a}}=1.7\sim2.2$。

3）燃烧产物 M_2

$$M_2=M_1+\frac{g_{\mathrm{H}}}{4}+\frac{g_{\mathrm{O}}}{32} \quad (\mathrm{kmol/kg})$$

4）理论分子变更系数 μ_0

一般在柴油机的工作过程计算中，燃烧产物物质的量改变是用理论分子变更系数

来计算的：

$$\mu_0 = \frac{M_2}{M_1}$$

5）实际分子变更系数 μ_1

气缸中残余废气的存在，使得实际分子变更系数和理论分子变更系数有一定的差异：

$$\mu_1 = \frac{\mu_0 + \gamma_r}{1 + \gamma_r}$$

式中，γ_r 为残余废气系数，对于四冲程增压柴油机，$\gamma_r = 0.00 \sim 0.03$。

2. 换气过程计算

进排气过程是将柴油机气缸内的废气排出，并向气缸内充入下一个循环所需要的新鲜空气的过程，两个过程有密切的联系，通常并称为换气过程。换气过程质量的好坏，对柴油机的性能影响很大。

1）柴油机气缸内排气压力 P_r

废气涡轮增压柴油机取 $P_r = (0.85 \sim 0.95)P_s$。$P_s$ 是柴油机进气管内进入气缸前的气体压力，与废气涡轮增压器出口压力 P_k 之间的关系为：无中冷器增压柴油机取 $P_s = (0.98 \sim 1.00)P_k$；有中冷器增压柴油机取 $P_s = (0.97 \sim 0.99)P_k$。

2）气缸内排气温度 T_r

柴油机气缸内排气温度受到很多因素的影响。不仅和柴油机的转速、负荷以及压缩比有关系，还受到燃烧进展情况的影响，因此排气温度的高低可以作为衡量柴油机工作过程的一个标志。四冲程增压柴油机排气温度一般的数值范围为 $T_r = 800 \sim 1000$ ℃。

3）进气终点压力 P_a

活塞接近上止点时，进气门已经打开，活塞从上止点向下止点运动，排气压力由 P_r 膨胀到进气压力，新鲜空气吸入气缸，进气系统的阻力使得进气终点压力 P_a 往往低于进气压力，在增压柴油机中，进气压力即增压压力 p_k（与出口压力数值相同）。在工作过程计算中，四冲程增压柴油机气缸内进气终点压力取值范围为 $P_a = (0.90 \sim 0.98)P_k$。当增压压力比较大，并且采取有效措施对进气气体的流动惯性进行利用时，进气压力可以取较大的数值，当增压压力 $P_k > 200\text{kPa}$ 时，进气终点压力为 $P_a = (0.98 \sim 1.00)P_k$。

4）进气终点工质温度 T_a

柴油机进气终点工质的温度取决于残余废气温度 T_r（同气缸内排气温度）、进气空气温度 T_s 和进气系统各个高温零部件对进气空气的加热作用而导致的温升 ΔT 等因素，进气终点工质温度 T_a 为

$$T_a = \frac{T_s + \Delta T + \gamma_r T_r}{1+\gamma_r}(\mathrm{K})$$

式中，T_s 为进气空气温度；ΔT 为新鲜充量由于流道和缸壁的预热而升高的温度，即进气温升，四冲程增压柴油机取 $\Delta T = 0 \sim 10\mathrm{K}$。增压压力 $P_k \leqslant 290\mathrm{kPa}$，进气空气温度 $T_s=340\mathrm{K}$；增压压力 $P_k \leqslant 250\mathrm{kPa}$，进气空气温度 $T_s=320\mathrm{K}$。

3. 压缩过程计算

1) 压缩过程中任意曲轴转角 φ_{cx} 时的压力 P_{cx}

$$P_{cx} = P_a \left(\frac{V_a}{V_{cx}}\right)^{n_1} (\mathrm{kPa})$$

式中，V_a 为进气终点气缸容积。

$$V_a = \frac{V_S \varepsilon}{\varepsilon - 1} = \frac{\frac{\pi}{4} d^2 S}{\varepsilon - 1} \times \varepsilon (\mathrm{m}^3)$$

式中，d 为气缸直径；V_S 为气缸工作容积；S 为活塞行程；ε 为压缩比，增压柴油机 ε 为 11～16，直喷射式柴油机取 $\varepsilon = 12 \sim 13$；V_{cx} 为对应于 φ_{cx} 时的气缸容积。

$$V_{cx} = \frac{\pi}{4} d^2 R \left(1 - \cos\varphi_{cx} + \frac{\lambda}{2}\sin^2\varphi_{cx}\right) + V_c (\mathrm{m}^3)$$

式中，R 为曲柄半径，$R=\frac{S}{2}(\mathrm{m})$；$\lambda$ 为曲柄连杆比 $\lambda = \frac{R}{L}$；V_c 为燃烧室容积；φ_{cx} 为曲柄转角。

2) 压缩终点气体温度和压力状态

压缩终点压力为

$$P_c = P_a \varepsilon^{n_1}$$

压缩终点温度为

$$T_c = T_a \varepsilon^{n_1 - 1}$$

式中，n_1 为压缩多变指数，在实际发动机压缩过程中，由于存在与缸壁产生热交换以及漏气损失现象，n_1 为变值，压缩始点 n_1 较大，接近终点 n_1 较小。在工作过程计算中假设压缩多变指数为常值。高速柴油机取 $n_1 = 1.37 \sim 1.41$，中速柴油机取 $n_1 = 1.34 \sim 1.39$。

压缩比 ε 越大，则柴油机热效率越高，但是燃料最高压力 P_z 也相应提高，使得发动机的零部件机械负荷和磨损增大。因此，高增压柴油机往往采用较低的压缩比，但压缩比过低又对发动机冷启动造成困难。启动时，压缩终点温度至少要达到 430℃才可以。

4. 燃烧过程计算

燃烧过程是指柴油的化学能转变为热能的过程，在柴油机工作循环中是一个非常重要的过程，也是非常复杂的过程。非常重要，主要是指工作在这个过程中吸收柴油燃烧所释放的热能，使工作温度和压力都大幅上升，为柴油机对外做功做好了必要准备；非常复杂，主要是指燃烧过程虽然按照燃烧规律进行，但是很多因素的影响，使得每一型号柴油机的燃烧规律各不相同。目前，很难准确地用数学式来表达燃烧规律，只能借用半经验公式。

1）燃烧最高压力 P_z

在工作过程计算中，柴油机燃烧过程可以近似地以混合循环的燃烧方式来表示，开始从压缩终点 c 到 y，以定容燃烧到达燃烧最高压力 P_z，然后从 y 到 z 点是定压燃烧，直至全部燃烧完(图 1-10)。最高爆发压力应根据实际情况确定。

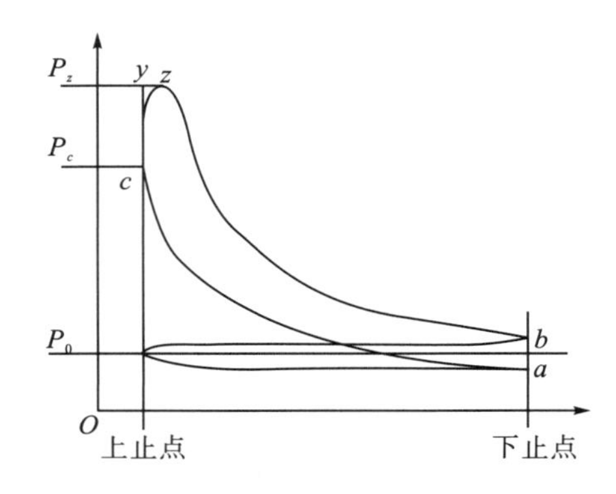

图 1-10 柴油机示功图

由于柴油机机构强度和轴承承载能力的限制，P_z 不能过大。但是 P_z 过小又会使柴油机排气温度增高以及热效率降低。增压柴油机燃烧最高压力一般取 $P_z = 6.86\sim13.72$ MPa。

2）压力升高比

$$\lambda_{\mathrm{p}} = \frac{P_z}{P_c}$$

直接喷射式柴油机的压力升高比范围为 $\lambda_{\mathrm{p}} = 1.3\sim2.0$。

3）热能利用系数

在燃烧过程中，柴油放热量和已燃烧的柴油量是成正比的，考虑到实际上空气和柴油不可能完全混合均匀，会引起不完全燃烧，喷入气缸的柴油不可能把其含有的所有热量都释放出来，用热能利用系数 ξ_z 来表示燃烧热量被工质吸收的程度。直喷式内燃机热能利用系数 ξ_z 一般的取值范围为：中速内燃机取 $\xi_z = 0.80\sim0.88$，高速内燃机取 $\xi_z = 0.70\sim0.85$，增压内燃机的热能利用系数一般取最大值。

4）燃烧最高温度

工质的平均等容摩尔热容 $(\mu C_v)_m$ 和平均等压摩尔热容间有如下关系：

$$(\mu C_p)_m = (\mu C_v)_m + 8.313$$

工质的平均等压摩尔热容 $(\mu C_p)_m$ 按下列方法计算：

(1) 查图法：由图 1-11 按过量空气系数查出。

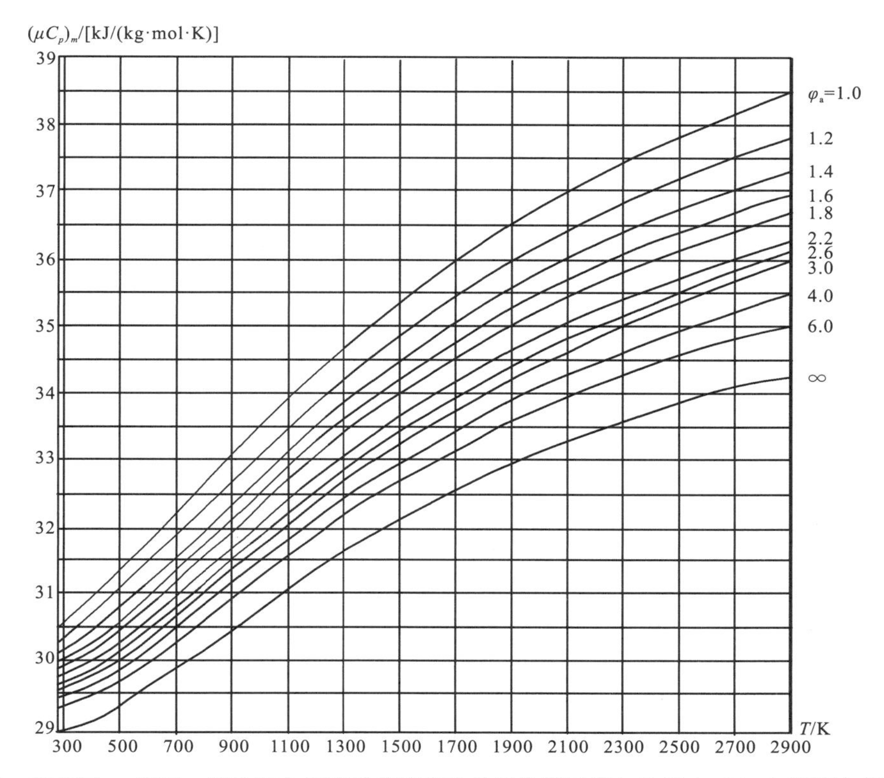

图 1-11　在不同 φ_a 值下，柴油完全燃烧时燃烧产物的平均等压摩尔热容 $(\mu C_p)_m$ 与温度之间的关系

(2) 查表插值计算法：由表 1-1 查表得到(摘自《内燃机设计手册(上)》)。

表 1-1　在不同 φ_a 值下，柴油完全燃烧时燃烧产物的平均等压摩尔比热容 $(\mu C_p)_m$ 与温度之间的关系

T/K	φ_a									
	1.0	1.2	1.4	1.6	1.8	2.2	2.6	3.0	4.0	6.0	∞
673	32.100	31.736	31.472	31.284	31.112	30.886	30.723	30.601	30.434	30.199	29.797
873	32.963	32.565	32.272	32.050	31.862	31.577	31.401	31.275	31.066	30.823	30.413
1073	33.838	33.419	33.063	32.845	32.649	32.364	32.176	32.021	31.778	31.522	31.037
1273	34.625	34.135	33.854	33.595	33.365	33.034	32.825	32.678	32.406	32.142	31.606
1473	35.341	34.843	34.466	34.194	33.959	33.645	33.419	33.239	33.017	32.674	34.121
1673	35.977	35.441	35.077	34.813	34.541	34.198	33.963	33.787	33.473	33.180	32.586
1873	36.547	35.981	35.567	35.261	35.023	34.667	34.399	34.231	33.926	33.595	32.988
2073	37.045	36.463	36.082	35.768	35.462	35.094	34.813	34.646	34.332	34.018	33.344
2273	37.408	36.870	36.467	36.103	35.852	35.454	35.178	34.981	64.658	34.037	33.658

燃烧方程：

$$\frac{\xi H_{\mu}}{\varphi_a L_0(1+\gamma_{\mathrm{r}})}+[(\mu C_{pcb})_m+8.313(\lambda-1)]T_c=\mu_1(\mu C_{pz})_m T_z$$

式中，H_{μ} 为燃料低热值；$(\mu C_{pcb})_m$ 为压缩终点新鲜空气和残余废气混合气的平均等压摩尔热容，按下列方法进行计算：

$$(\mu C_{pcb})_m=(\mu C_{vcb})_m+8.313$$

$$(\mu C_{vcb})_m=\frac{(\mu C_v)'_m+\gamma_{\mathrm{r}}(\mu C_v)''_m}{1+\gamma_{\mathrm{r}}}$$

其中，$(\mu C_v)'_m$ 为 T_c 温度下空气的平均等容摩尔热容。先按 $\varphi_{\mathrm{a}}=\infty$ 求出 $(\mu C_p)'_m$，再由 $(\mu C_v)'_m=(\mu C_p)'_m-8.313$ 求得 $(\mu C_v)'_m$。

$(\mu C_v)''_m$ 为 T_c 温度下，残余废气的平均等容摩尔热容。先按 φ_{a} 值求出 $(\mu C_p)''_m$，再由 $(\mu C_v)''_m=(\mu C_p)''_m-8.313$ 求得 $(\mu C_v)''_m$。

$(\mu C_{pz})_m$ 为 T_z 温度下燃烧产物的平均等压摩尔热容。

燃烧最高温度 T_z 的计算：

$(\mu C_{pz})_m$ 与 T_z 有关，而 T_z 又是待定值，因此采用试凑法求解，即先假设一个 T_z，由过量空气系数求出 $(\mu C_{pz})_m$，代入燃烧方程式，反复试算，到方程式平衡为止，得到 T_z。

5) 燃烧终点的体积 V_z 和初期膨胀比 ρ

燃烧终点体积：

$$V_z=\rho V_c$$

初期膨胀比：

$$\rho=\frac{\mu_1}{\lambda}\frac{T_z}{T_{cb}}$$

一般 $\rho=1.1\sim1.7$。

5. 膨胀过程计算

工质在燃烧过程中吸收了大量热量，使得工质内能增加，在膨胀过程中工质的内能释放出来转变为机械功，使得活塞向下止点移动，随着工质容积增加，其压力和温度也相应下降。

1) 平均多变膨胀指数

膨胀过程同压缩过程一样，不是绝热过程，而是一个变指数的多变过程。膨胀过程比压缩过程更加复杂，除一般压缩过程所具有的热交换和泄漏等损失之外，燃烧过程中由于不完全燃烧所没有燃烧的一部分柴油，在膨胀过程中可能继续燃烧，这种燃烧称为后燃烧。此外，燃烧过程中所发生的热分解也可能在膨胀过程中复合放热。可见膨胀初期由于后燃烧以及复合放热等因素，工质还在继续吸收热量，同时工质传递给气缸周围壁面的热损失也会增加。这就使得多变指数变化非常复杂，但是在实际计算中采用变化的多变指数来计算膨胀过程是困难的，在工程计算中，和压缩过程一样，是用一个不变的平均多变膨胀指数 n_2 来代替整个膨胀过程的变指数。平均多变膨胀指数的取值范围为：中速柴油机取 $n_2=1.25\sim1.30$；高速柴油机取 $n_2=1.18\sim1.27$。

2）膨胀过程中任意曲轴转角 φ_{bx} 的气体压力 P_{bx} 为

$$P_{\mathrm{bx}}=P_z\left(\frac{V_z}{V_{\mathrm{bx}}}\right)^{n_2}$$

V_{bx} 的计算方法和压缩过程中的 V_{cx} 类似。

3）后期膨胀比

$$\delta=\frac{V_b}{V_z}=\frac{\varepsilon_c}{\rho}$$

4）膨胀过程终点充量状态参数

温度：

$$T_b=\frac{T_z}{\delta^{n_2-1}}$$

压力：

$$P_b=\frac{P_z}{\delta^{n_2}}$$

二、曲柄连杆机构的惯性力

柴油机工作时，曲柄连杆机构各运动件都具有加速度，因此必将产生惯性力。惯性力的方向与加速度方向相反，大小等于物体质量和加速度的乘积。曲柄连杆机构各运动件的形状和运动形式各不相同，有的还相当复杂，因此曲柄连杆机构运动质量和惯性力的计算比较麻烦。

1. 换算质量计算

为简化惯性力的计算，往往把运动情况比较复杂、形状比较特殊的部件实际质量用一个或几个运动形式比较简单的集中质量来代替，使后者产生的惯性力和惯性力矩与前者相等，这些集中质量称为“换算质量”。

下面按三种不同运动形式的零件介绍换算质量的计算。

1）活塞组的换算质量

活塞组包括活塞、活塞环、活塞销等。这些质量都是做往复直线运动，集中在活塞销的中心上。因此，活塞组的换算质量就是它的实际质量 m_{p}。

2) 曲柄的换算质量

曲柄包括主轴颈、曲柄臂、曲柄销三部分，如图 1-12 所示。由于曲柄做匀速运动，故只需考虑其离心惯性力。换算方法是用集中在曲柄销中心的换算质量来代替曲柄的实际质量，条件是使换算质量对曲柄回转中心产生的离心惯性力与实际质量产生的离心惯性力相等。

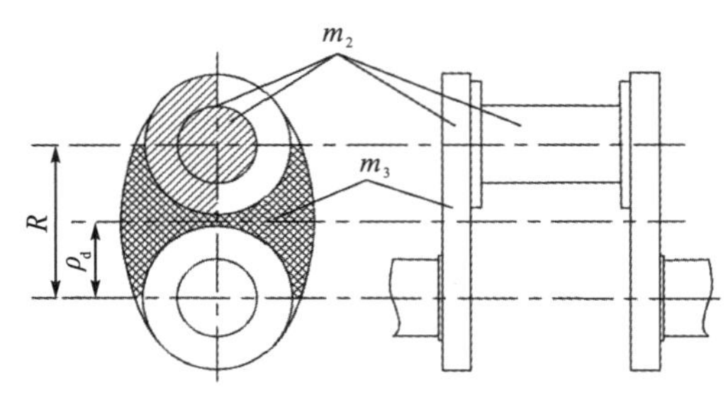

图 1-12 曲柄不平衡质量

计算方法如下：

(1) 主轴颈呈圆柱形，它的重心与曲柄回转中心重合，故无论其质量大小，对曲柄回转中心来说，其离心惯性力均为零，故其换算质量也为零。

(2) 曲柄销也是圆柱形，它的重心就在曲柄销中心上，故其换算质量是曲柄销本身的质量 m_2。

(3) 曲柄臂形状比较复杂。通常左右两块曲柄臂的质量相等，总和为 $2m_3$，其重心距曲柄回转中心 ρ_d。当曲柄臂以角速度 ω 旋转时，其离心惯性力为 $2m_3\rho_d\omega^2$。根据离心惯性力相等的条件，曲柄臂换算到曲柄销中心处的换算质量应为 $2\frac{\rho_d}{R}m_3$。

由此得出整个曲柄的换算质量 m_d 为

$$m_d = m_2 + 2\frac{\rho_d}{R}m_3$$

3) 连杆组的换算质量

连杆组包括杆身、大头盖、连杆轴承、连杆螺钉等，它们做复杂的平面运动，各点的加速度都不一样。如前所述，连杆小头随活塞做往复直线运动，连杆大头随曲柄销做回转运动，它们的运动规律较为简单。因此，在确定连杆的换算质量时，工程上多采用两质量换算系统，即将连杆质量转化为小头换算质量 m_{ca} 和大头换算质量 m_{cb}（图 1-13）。

根据动力效应相同的原则，连杆的换算质量系统应满足三个条件：

(1) 两个换算质量之和等于原来的连杆质量，即

$$m_{ca} + m_{cb} = m_c$$

(2) 换算系统的重心与原连杆重心重合，即

$$m_{ca}l_a - m_{cb}l_b = 0$$

(3) 两个换算质量对连杆重心的转动惯量之和与原连杆对其重心的转动惯量相等，即

$$m_{ca}l_a^2 + m_{cb}l_b^2 = \sum m_i r_i^2$$

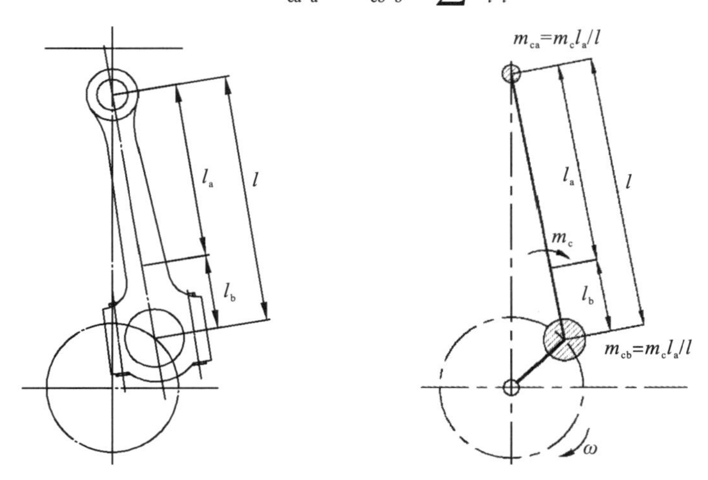

图 1-13　连杆的换算质量

若将连杆换算质量按照和连杆重心到大小头的距离 l_b、l_a 成反比例来分配，则能满足前面两个条件，即重心位置和总质量不变，但满足不了第三个条件。因为将质量集中到了离重心较远的地方，所以换算系统的转动惯量要比原来的转动惯量 $\sum m_i r_i^2$ 略大。若要精确计算，则需在换算系统中引入一个“连杆力矩 M_e”，用以抵消由转动惯量的增大而引起的惯性力矩的增加，即

$$M_e = -\left[\sum m_i r_i^2 - (m_{ca}{l_a}^2 + m_{cb}{l_b}^2)\right]\ddot{\beta}$$

实际上 M_e 的数值较小，又不易计算，工程上常将其略去，只用下列两个换算质量来代替原来的连杆质量。

小头换算质量：

$$m_{ca} = \frac{l_b}{l} m_c$$

大头换算质量：

$$m_{cb} = \frac{l_a}{l} m_c$$

在已经有连杆实物时，m_{ca} 和 m_{cb} 可以用称重法测出。实测时，要保证连杆中心线位于水平位置，这时两个秤所得到的读数，就是连杆大小头的质量分配。对于处在设计阶段的连杆，可以按图纸尺寸进行计算，或者采用经验数据。对于中、高速柴油机，有

$$m_{ca} = (0.275 \sim 0.350)m_c$$

$$m_{cb} = (0.650 \sim 0.725)m_c$$

要提高连杆惯性力的计算精度，可采用多质量换算系统。其计算方法是，将连杆划分为数量众多的微小单元，按各单元的质心坐标 $\overline{X}_{pi}$、$\overline{Y}_{pi}$，利用在各曲轴转角下各单元的加速度和惯性力，将其合成便可求出整个连杆的载荷。该方法计算结果相当准确，但过程

比较复杂，要使用电子计算机。对计算结果的对比分析表明，采用多质量换算系统可计算出整个连杆的分布惯性力，这对连杆强度校核是十分必要的，但就连杆大小头的轴承载荷而言，两质量换算系统已能保证必要的精度。因此，在曲柄连杆机构的动力学分析中，两质量换算系统仍得到广泛的应用。

经以上分析，曲柄连杆机构的换算质量可以进行如下归纳。

集中在活塞销处的往复质量为

$$m_j = m_p + m_{ca}$$

集中在曲柄销中心的回转质量为

$$m_r = m_d + m_{cb}$$

2. 惯性力计算

下面介绍惯性力的计算。

1)往复惯性力

因为活塞做周期性往复运动，所以往复惯性力 P_j 的大小和方向也随之周期性变化。根据式(1-9)， P_j 为

$$\begin{aligned} P_j &= -m_j a \\ &= -m_j R\omega^2 \cos\alpha - m_j R\omega^2 \lambda \cos(2\alpha) \\ &= P_{j1} + P_{j2} \end{aligned} \tag{1-13}$$

式中， P_{j1} 为一级往复惯性力； P_{j2} 为二级往复惯性力。

在活塞位移近似式(1-4)的推导中，曾对式(1-3)中第三项以后的级数予以省略。若不省略，并进行类似的推导，便可得出活塞加速度较为精确的公式，即

$$a = R\omega^2\left[\cos\alpha + \lambda\cos(2\alpha) - \frac{1}{4}\lambda^3\cos(4\alpha) - \frac{9}{128}\lambda^5\cos(6\alpha) + \cdots\right]$$

相应的往复惯性力公式为

$$\begin{aligned} P_j = &-m_j R\omega^2 \cos\alpha - m_j R\omega^2 \lambda\cos(2\alpha) - m_j R\omega^2 \frac{\lambda^3}{4}\cos(4\alpha) \\ &- m_j R\omega^2 \frac{9}{128}\lambda^5 \cos(6\alpha) - \cdots \\ = &P_{j1} + P_{j2} + P_{j4} + P_{j6} + \cdots \end{aligned}$$

式中， P_{j4} 、 P_{j6}、…，相应称为四级往复惯性力、六级往复惯性力、…。因为它们的数值甚小，通常均略去，只考虑 P_{j1} 和 P_{j2} 两级。

P_j 沿气缸中心线作用在活塞销中心。式中的负号表示 P_j 的方向总是与活塞加速度方向相反。

2) 离心惯性力

在动力计算时，都假定曲柄以等角速度 ω 转动，所以离心惯性力大小是不变的，其数值为

$$P_r = m_r R\omega^2 \tag{1-14}$$

P_r 的作用点在曲轴中心，它的方向始终沿着曲柄中心线向外。式中，m_r 为回转质量。

三、曲柄连杆机构各元件的受力分析

前文已说明，沿气缸中心线作用在曲柄连杆机构上的作用力有气体力 P_g 和往复惯性力 P_j，其总力 P 为

$$P = P_g + P_j = P_g - m_p a - m_{ca} a \tag{1-15}$$

在实际计算中，为避免数字过大，以及便于估计与比较不同类型内燃机的机械负荷，有时采用“单位活塞面积的作用力”作为计算单位，即将 P_g、P_j、P 等力均除以活塞面积。通过这样的换算求得的各零件作用力，其单位都是 N/ m^2，扭矩的单位都是 N· m/ m^2。将它们乘以活塞面积后，才是实际的作用力。

图 1-14 表示某内燃机上述诸力随曲柄转角 α 的变化情况。

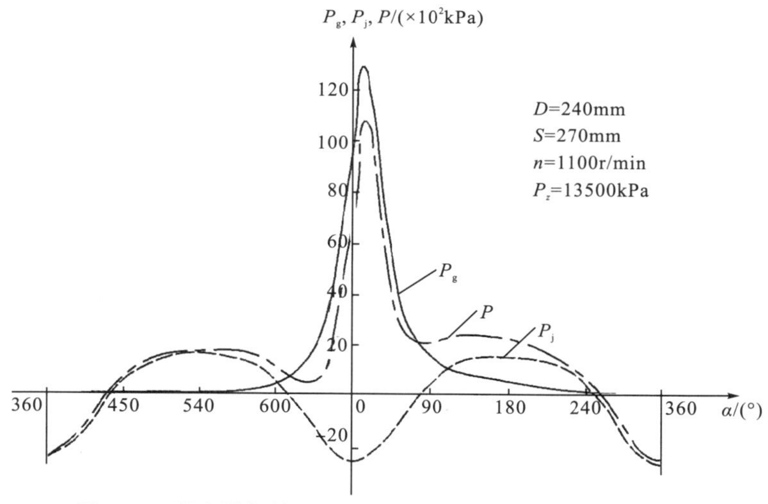

图 1-14 某内燃机的 P_g、P_j、P 随曲柄转角 α 变化的情况

以下对各元件进行受力分析。

1. 连杆

取连杆 AB 为分离体，其外力有沿气缸中心线方向作用在小头的气体力和活塞组往复惯性力的合力（$P_g - m_p a$），以及垂直于气缸中线的活塞侧压力 P_N，作用在大头的支承反力、垂直于曲柄的切向力 T 和沿曲柄方向的法向力 Z。此外，还有沿气缸中心线作用的小头往

复惯性力 $m_{ca}a$ 和沿曲柄方向作用的大头离心惯性力 $m_{cb}R\omega^2$ 。

列平衡方程式有

$$\begin{cases}\sum F_x = 0, & (P_g - m_p a) - m_{ca}a - (Z + m_{cb}R\omega^2)\cos\alpha - T\sin\alpha = 0 \\ \sum F_y = 0, & P_N + (z + m_{cb}R\omega^2)\sin\alpha - T\cos\alpha = 0 \\ \sum M_0 = 0, & TR - P_N h = 0\end{cases}$$

由几何关系得

$$\frac{h}{\sin[180° - (\alpha + \beta)]} = \frac{R}{\sin\beta}$$

故

$$h = R\frac{\sin(\alpha + \beta)}{\sin\beta}$$

引入式(1-18)的总力 $P = P_g - m_p a - m_{ca}a$ ，解上述联立方程得

$$\begin{cases}P_N = P\tan\beta \\ T = P\dfrac{\sin(\alpha + \beta)}{\cos\beta} \\ Z = P\dfrac{\cos(\alpha + \beta)}{\cos\beta} - m_{cb}R\omega^2\end{cases}$$

相应连杆小头、大头轴承的总作用力分别为

$$\begin{cases}P_1 = P_N + (P_g - m_p a) \\ P_2 = T + Z\end{cases}$$

需要指出的是，除个别位置外(如 $\alpha = 0°$、$180°$ 等)，P_1 、P_2 的作用方向并不与连杆中线重合，而存在偏角 ε_1 和 ε_2 。可见，连杆承受有弯曲载荷，这是连杆本身横向惯性力作用的结果。此外，P_1 、P_2 在连杆中线方向上的分力，其数值也不相等，表明连杆上的作用力是变化的。

习惯上令 $P\dfrac{\cos(\alpha + \beta)}{\cos\beta} = K$ ，它反映气体力和总往复惯性力对曲柄臂的作用。

某柴油机的 P_N 、T 、K 随曲柄转角 α 变化的情况表示在图 1-15 中。

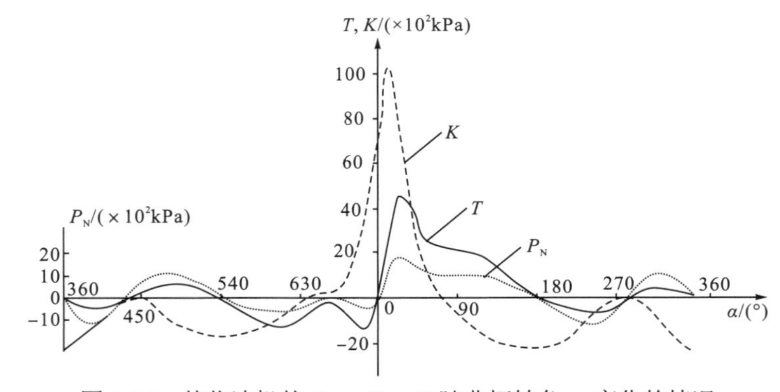

图 1-15 某柴油机的 P_N 、T 、K 随曲柄转角 α 变化的情况

2. 曲柄

曲柄受力情况如图 1-16 示。

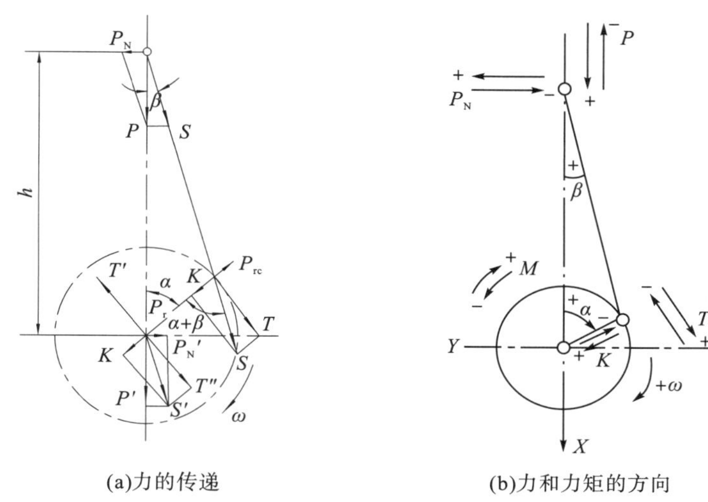

(a)力的传递　　(b)力和力矩的方向

图 1-16 曲柄受力情况

作用在曲柄销上的有连杆大头传来的切向力 T 和法向力 Z，作用在主轴颈上的有支承反力 $\overline{T}$、$\overline{Z}$ 和负载产生的反作用扭矩 $\overline{T}_{\text{tg}}$，以及沿曲柄臂方向作用的曲柄离心惯性力 $m_{\text{r}}R\omega^2$。

切向力 T 对曲轴中心产生扭矩 $T_{\text{tg}}=T_{\text{r}}$，即内燃机输出的指示扭矩。在扣除摩擦阻力、附件传动等损耗之后，便是内燃机的有效扭矩 T_{tge}。

由力平衡方程可得

$$\begin{cases}\overline{Z}=K-m_{\text{cb}}R\omega^2-m_{\text{d}}R\omega^2=K-P_{\text{r}}\\ \overline{T}=T\\ \overline{T}_{\text{tg}}=T_{\text{r}}\end{cases}\tag{1-16}$$

式中，T 为连杆大头传来的切向力；$\overline{T}_{\text{tg}}$ 为负载产生的反作用扭矩；$\overline{T}$ 为作用在主轴颈上的有支承反力。

3. 机体

由前面的分析可知，作用在主轴承处的外力有 $\overline{Z}(=K-P_{\text{r}})$ 和 $\overline{T}$。力 K 和 $\overline{T}$ 在气缸中心线方向的分力为

$$\begin{aligned}P'&=K\cos\alpha+\overline{T}\sin\alpha\\&=P\frac{\cos(\alpha+\beta)}{\cos\beta}\cos\alpha+P\frac{\sin(\alpha+\beta)}{\cos\beta}\sin\alpha\\&=P\end{aligned}$$

在垂直气缸中心线方向的分力为

$$P_{\text{N}}'=-K\sin\alpha+\overline{T}\cos\alpha=P\tan\beta=P_{\text{N}}$$

可见，作用在主轴承上的力有：①离心惯性力 P_r；②铅垂力 P'，其大小与气体力和往复惯性力的总力 P 相等，方向相反；③水平力 P_N'，它与活塞对气缸的侧压力 P_N 大小相等，方向相反。

若取机体为分离体，则在垂直方向上作用两个力：气缸盖上的气体力 P_g 和主轴承处的垂直分力 $P'(=P_g+P_j)$，它们的合力就是往复惯性力 P_j。此合力通过机座作用在基础上。P_j 的大小和方向都是周期性变化的，它将使内燃机产生上下跳动。

虽然气体力 P_g 也是周期性变化的，但由于在机体内得到平衡，它除使缸盖螺栓和机体承受周期性拉伸外，不会直接引起内燃机的跳动。然而，当内燃机燃烧过于粗暴或缸套、连杆、曲轴等零件的刚度不足时，P_g 会使这些零件产生较大的弹性变形，造成内燃机的高频振动和噪声。

作用在主轴承上还有离心惯性力 P_r，它在机体内部不易实现完全平衡。P_r 虽然大小不变，但其方向是跟随曲柄一起转动的，呈周期性变化，能使内燃机在连杆运动平面内产生上下、左右的跳动。

作用在汽缸壁上的侧压力 P_N 和作用在主轴承上的水平力 P_N' 组成一个反力偶 M。M 有使内燃机产生侧向倾倒的趋势，故称为倾倒力矩。

$$\frac{h}{\sin[180°-(\alpha+\beta)]}=-\frac{R}{\sin\beta}$$

$$h=R\frac{\sin(\alpha+\beta)}{\sin\beta}$$

$$\begin{aligned}M&=-P_N h\\&=-P\tan\beta R\frac{\sin(\alpha+\beta)}{\sin\beta}\\&=-P\frac{\sin(\alpha+\beta)}{\cos\beta}R\\&=-TR=-M_t\end{aligned}$$

可见，倾倒力矩 M 和输出扭矩 M_t 大小相等，方向相反，前者作用在机体上，后者作用在曲柄上。因此，倾倒力矩实际上是输出扭矩的支承反力矩，它们在内燃机内部不能平衡。倾倒力矩是由内燃机的地脚螺钉承受的。M 呈周期性变化，故使内燃机产生绕其重心左右摇摆(横向)的振动。

综上所述，作用在单缸内燃机上并传递给基础的自由力，由往复惯性力 P_j、离心惯性力 P_r 和倾倒力矩 M 组成，它们都会引起内燃机和基础的振动。

与活塞位移正负号的规定相类似，对于沿气缸中心线作用的力，也人为地规定以由上而下指向曲轴回转中心的方向为正。结合前面关于曲柄转角 α(顺时针为正)、连杆摆角 β(在气缸中心线右侧为正)正负号的规定，利用本节公式，便可推出曲柄连杆机构中各作用力方向的正负号，如图 1-16 所示。由图可以看出，压缩曲柄臂的力(K)为正；使曲柄产生顺时针转动的切向力(T)也为正。

四、多缸内燃机的发火次序

多缸内燃机的发火次序是指在一个工作循环内，各气缸轮流发火的先后顺序。

单缸内燃机输出的扭矩是极不均匀的，这使得内燃机的运行极不平稳。在多缸内燃机中，若能选择恰当的发火次序，使其发火间隔均匀，各缸交替做功，就可使整个内燃机的输出扭矩较为均匀，内燃机转速波动较小。因此，合理选择发火次序是多缸内燃机设计的重要问题，它牵涉面较广，需要考虑下列几方面问题。

(1)各缸发火间隔要尽可能均匀，使内燃机转速和工作尽可能平稳。

(2)尽量避免相邻气缸连续发火，否则会大大增加两缸之间主轴承等零件的机械载荷。

(3)内燃机有良好的平衡性能。平衡性能的好坏，直接影响内燃机工作时的整机振动情况。

(4)内燃机轴系有较小的扭转振动。合理选择发火次序，可以适当减轻内燃机轴系的扭转振动。

(5)对进排气过程的影响。不恰当的发火次序会造成各气缸进排气过程相互干扰，导致各缸进排气过程不一致，影响各缸的功率平衡。在废气涡轮增压内燃机中，还会影响排气能量的充分利用。

(6)有关V型内燃机的总体布置(V型夹角)和曲轴等零件加工方面的要求。

要同时满足上述各方面的要求可能有困难，这就需要按照内燃机的具体用途，抓住其中主要方面统筹考虑。

在具体讨论发火次序之前，先介绍气缸编号和曲柄图。

为指明发火次序，需要对气缸进行编号。我国把自由端作为编号起点，即把靠近自由端的气缸称为第一气缸，相应的曲柄就是第一曲柄，依次向输出端排列，如图1-17(a)所示。发火次序与曲柄排列有密切关系。用曲柄图表示曲柄排列对分析问题比较方便。曲柄图，就是面对自由端所看到的曲柄排列投影图(端面图)，图1-17(b)所示为三缸二冲程内燃机的曲柄图。图中，ψ为曲柄图上相邻两曲柄的夹角，称为曲柄错角。箭头表示曲柄回转方向，按回转方向就可看出各曲柄到达上止点的先后次序。可见转向一定时，给定了曲柄排列方式，就规定了各曲柄到达上止点的次序。

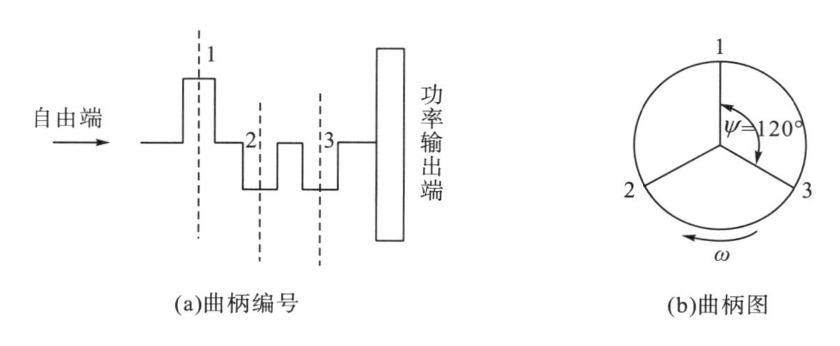

(a)曲柄编号 (b)曲柄图

图1-17 曲柄编号及曲柄图

下面分别就单列与 V 型内燃机进行讨论。

1. 单列内燃机的发火次序

1) 二冲程内燃机

曲柄每转一周，二冲程内燃机就完成一个工作循环。每当一个曲柄到达上止点时，相应的气缸就发火。为使发火间隔均匀，气缸的发火间隔角均应为

$$\xi=\frac{360^\circ}{Z}$$

式中，Z 为气缸数。

图 1-18 是四缸和六缸二冲程内燃机的曲柄图及相应的发火次序和发火间隔角。这两台内燃机的曲柄都均匀分布在曲柄图中的圆圈上，因此它们的发火是均匀的。发火间隔角正好等于曲柄错角 ψ 。由此可见，二冲程内燃机曲柄图上曲柄数 q 与气缸数 Z 相等，曲轴上各曲柄在曲柄图上都没有重叠。确定曲柄排列后，就只能有一种发火次序。

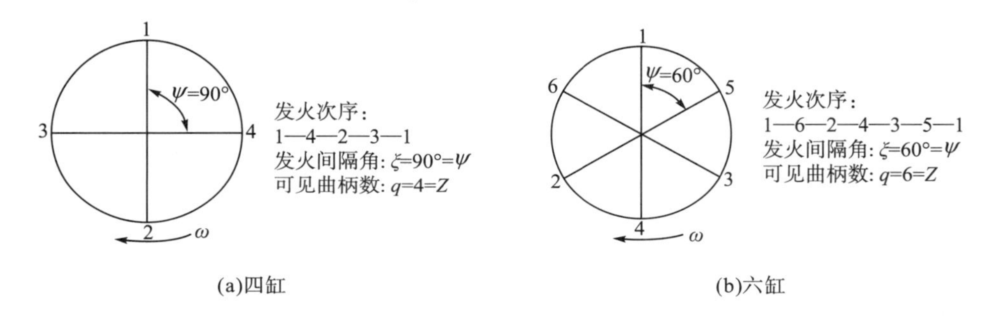

图 1-18 二冲程内燃机的曲柄图及发火次序和发火间隔角

2) 四冲程内燃机

四冲程内燃机的曲柄要转两周才能完成一个工作循环，因此四冲程内燃机各气缸若要均匀发火，其发火间隔角应为

$$\xi=720^\circ/Z$$

图 1-19 是四缸四冲程内燃机常见的曲柄排列形式，它有较好的平衡性，振动较小，其发火间隔角为180°，也等于曲柄错角 ψ 。由图可看出，偶数缸机(二缸机除外)曲柄图上的可见曲柄数 q 为气缸数 Z 的一半。曲柄图上出现曲柄重叠现象(二冲程内燃机则不存在此现象)。也就是说，对于四冲程内燃机，当曲柄到达上止点时，并不一定是该气缸的发火时刻，也可能是进气冲程的开始。因此，曲柄排列确定之后，仍然存在不同的发火方案。例如，在该图中，第一缸发火之后，可以是第三缸发火，也可以是第二缸发火。因此，四冲程偶数缸(二缸除外)内燃机的发火次序不仅与曲柄排列有关，而且与配气凸轮的相位布置有关。图中给出两种发火次序，一般都采用第一种。

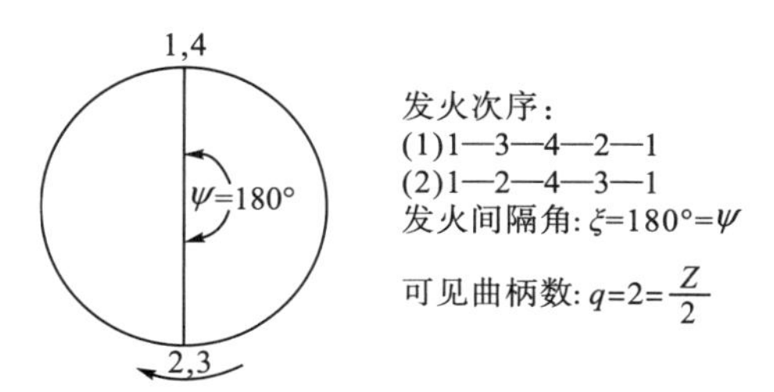

图 1-19　四冲程内燃机曲柄图及发火次序

图 1-20 是六缸四冲程内燃机的标准曲柄布置方式，发火间隔角是120°，可以有四种发火次序，其中以第一种最好，因为它避免了相邻气缸连续发火，能减轻有关轴承的载荷。其他三种方案都有相邻气缸连续发火的情况。

当四冲程内燃机为奇数缸时(图 1-21)，曲柄数 q 等于气缸数 Z，无曲柄重叠现象。曲柄排列确定后，只有一种发火次序，它的发火间隔角 ξ 为曲柄错角 ψ 的两倍。

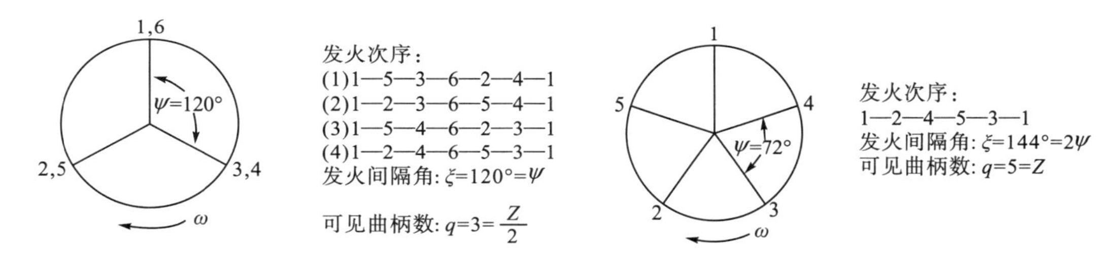

图 1-20　六缸四冲程内燃机的曲柄图及发火次序　　图 1-21　五缸四冲程内燃机的曲柄图及发火次序

2. V 型内燃机的发火次序

了解单列多缸内燃机的发火规律后，就比较容易掌握 V 型和其他型式内燃机的发火次序了。例如，V 型内燃机就相当于共用一根曲轴、按 V 型结构(夹角为 γ)组合起来的两台单列内燃机。一般来说，各列的发火次序完全相同。按前述的单列内燃机发火原则，每列的发火间隔角应为

$$\xi=\frac{720°}{Z}$$

总的发火次序则在两列之间，按 V 型夹角 γ 的间隔相互穿插。

图 1-22 是 8V 和 12 V 四冲程内燃机的曲柄图及其发火次序的方案。图 1-22 中所示的每种内燃机中，第一种发火次序是左右两列同名气缸错开发火，载荷比第二种发火次序(连续发火)小，故采用较为普遍。但在缸数更多的内燃机上，有时为改善轴系的扭转振动性能，也有采用左右两列同名气缸连续发火的。

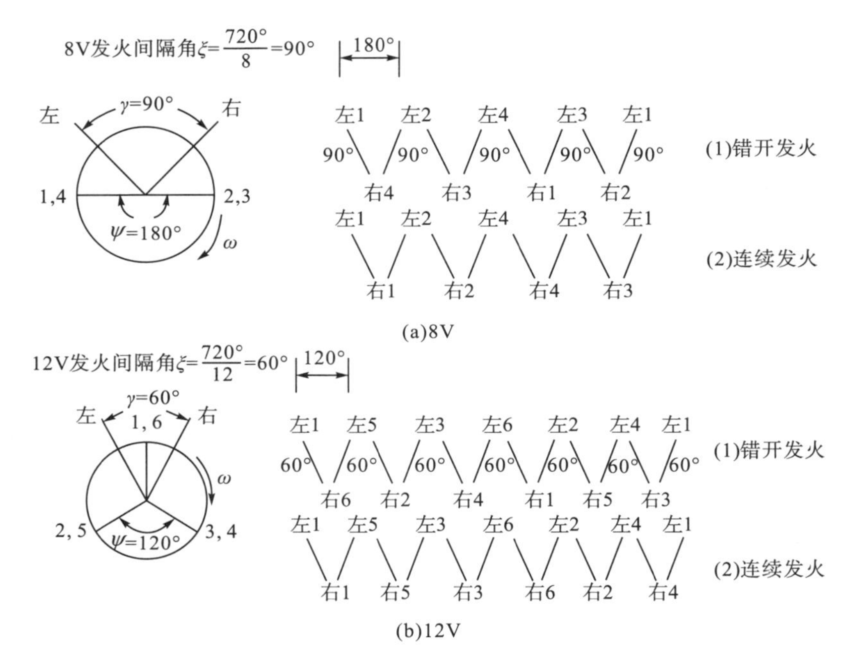

图 1-22 8V 和 12V 四冲程内燃机的曲柄排列和发火次序

除曲柄布置外，影响 V 型内燃机发火均匀性的还有 V 型夹角。一般应按均匀发火的原则来确定气缸夹角。12V 四冲程内燃机为 720°/12 = 60°（如 12V180ZL 型内燃机），16V 四冲程内燃机为 720°/16 = 45°（如 16V200ZL-2 型内燃机）。但有时出于内燃机总体布置的需要和改善轴系扭转振动性能等原因，也有采用其他角度的，这样发火间隔就不均匀了。图 1-23 给出 12V240ZL 和 16V240ZL-A 型内燃机的曲柄排列和发火次序，它们的发火间隔都是不均匀的。

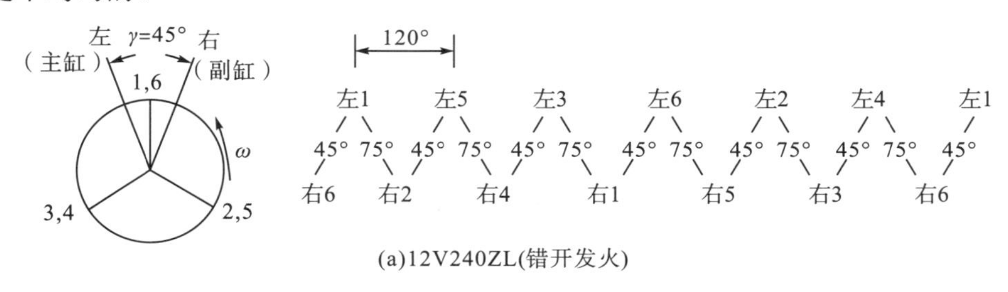

(a)12V240ZL(错开发火)

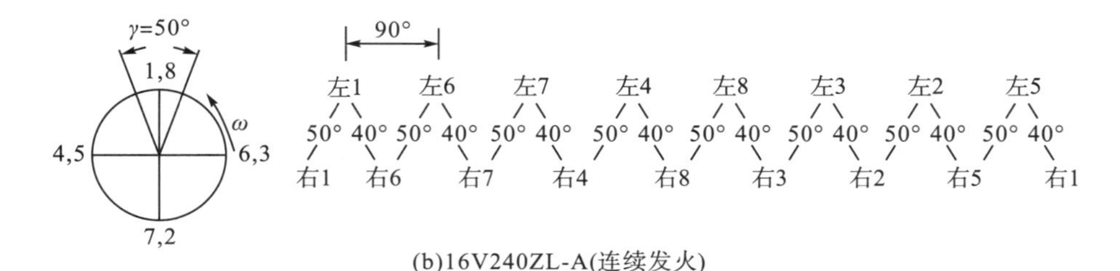

(b)16V240ZL-A(连续发火)

图 1-23 12V240ZL 和 16V240ZL-A 型内燃机的曲柄排列和发火次序

五、多缸内燃机的总切向力曲线

多缸内燃机的总切向力曲线可在前面所述单缸切向力曲线的基础上求出，它乘以曲柄半径就是内燃机的输出扭矩曲线。计算时假定各缸的切向力曲线是相同的，但由于各缸发火时刻不同，各切向力曲线之间存在一定的相位差，所以只要将各缸切向力曲线按发火次序错开一个发火间隔角 ξ 进行叠加，便可得总切向力曲线。

如某六缸四冲程内燃机，它的发火次序为 1—5—3—6—2—4—1；发火间隔角为 $\xi=\dfrac{720^\circ}{6}=120^\circ$，即相邻发火气缸切向力的相位角为$120^\circ$。根据发火次序可排出各缸发火的相位差如图 1-24 所示。当第一曲柄的转角为 α_1 时，其他曲柄的转角分别为：$\alpha_4=\alpha_1+120^\circ$，$\alpha_2=\alpha_1+240^\circ$，$\alpha_6=\alpha_1+360^\circ$，…。将各缸切向力曲线的数值按发火相位差填入表 1-2 中，把表中同一横排中的 T 值加在一起，便得总切向力。

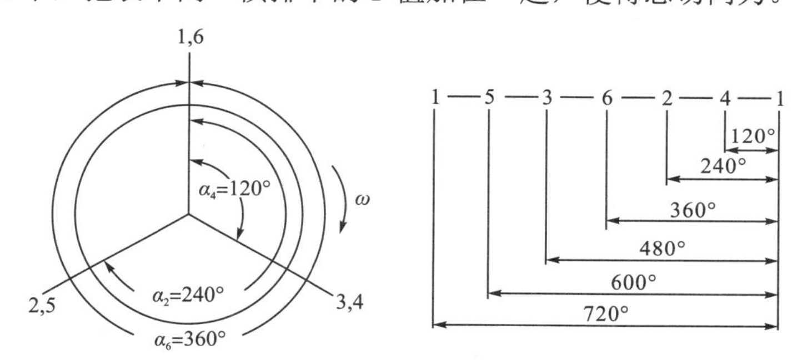

图 1-24　六缸四冲程内燃机各缸曲柄图及发火相位图

表 1-2　总切向力曲线计算表

序号 K	第一缸		第二缸		第三缸		第四缸		第五缸		第六缸		总切向力
	α_1	T_1	α_2	T_2	α_3	T_3	α_4	T_4	α_5	T_5	α_6	T_6	$T_\Sigma=\Sigma T_i$
1	0	…	240	…	480	…	120	…	600	…	360	…	…
2	10	…	250	…	490	…	130	…	610	…	370	…	…
3	20	…	260	…	500	…	140	…	620	…	380	…	…
…	…	…	…	…	…	…	…	…	…	…	…	…	…
10	90	…	330	…	570	…	210	…	690	…	450	…	…
11	100	…	340	…	580	…	220	…	700	…	460	…	…
12	110	…	350	…	590	…	230	…	710	…	470	…	…

图 1-25 是某内燃机的单缸切向力曲线(a)和六缸(b)、十二缸(c)的总切向力曲线。由图(b)可看出，六缸机的总切向力曲线正好是以发火间隔角 ξ为120° 的周期循环变化的。因此，求总切向力曲线时，无须在720° 范围内进行叠加，只要如表 1-2 所示把单缸切向力曲线分为六段(即按气缸数 Z 等分)对应相加，便得到总切向力曲线的 1/6(一个循环单元)，再把所得的循环单元重复画五次，便是完整的总切向力曲线。

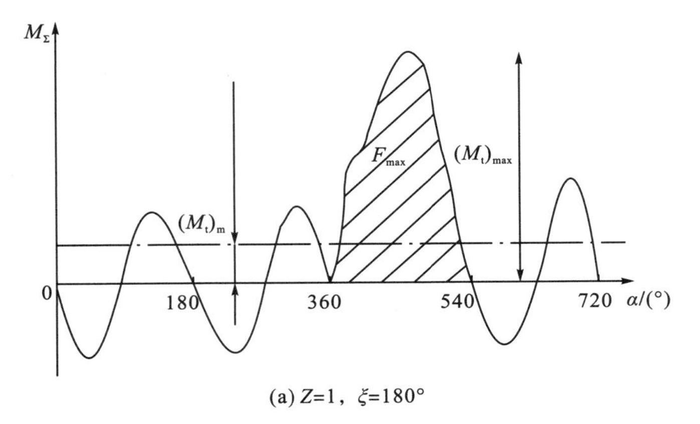

(a) Z=1，ξ=180°

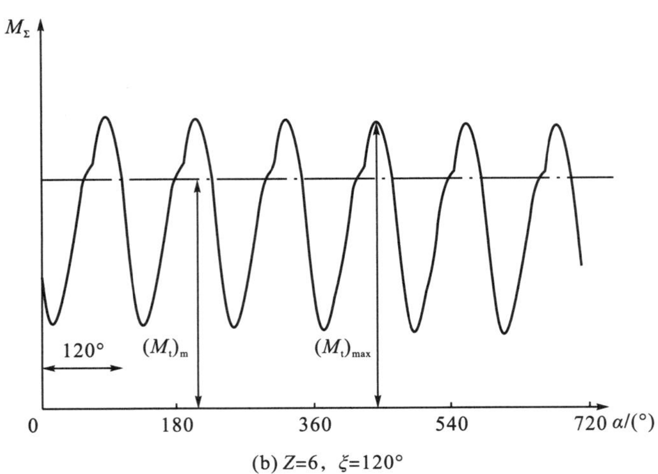

(b) Z=6，ξ=120°

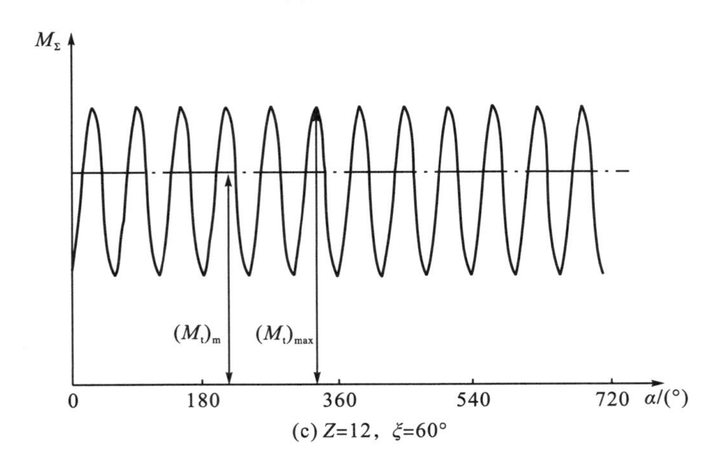

(c) Z=12，ξ=60°

图 1-25　四冲程内燃机的单缸切向力曲线和六缸、十二缸的总切向力曲线

从图 1-25 还可看出，内燃机的总切向力是波动的曲线，因此其输出扭矩 $M_t = T_\Sigma R$ 也是波动的。这种波动是由内燃机工作过程的特点所决定的，它与内燃机的冲程数、气缸数、V 型夹角及曲柄排列等有关。缸数多，发火间隔均匀，其波动情况就会减弱。

根据总切向力曲线可求出平均有效扭矩：

$$(M_t)_m = \frac{R\sum_{j=1}^{K} T_{\Sigma j}}{K} (\text{N}\cdot\text{m})$$

式中，K 为总切向力曲线在一个循环单元内的计算点数(见表 1-2，K=12)。

相应的内燃机指示功率为

$$P_i = \frac{(M_t)_m \omega}{1000} (\text{kW}) \tag{1-17}$$

以上两式分别乘以机械效率 η_m 就可求出平均有效扭矩 $(M_t)_m$ 和有效功率 P_e：

$$(M_t)_m = (M_i)_m \eta_m \quad (\text{N}\cdot\text{m}) \tag{1-18}$$

$$P_e = P_i \eta_m (\text{kW}) \tag{1-19}$$

六、飞轮惯量的校核

当内燃机稳定工作时，曲轴输出扭矩的平均值 $(M_t)_m$ 必然要等于负载(发电机、变扭器、离心式水泵等)的阻力矩 M_c。但曲轴的瞬时扭矩是波动的，这就会出现曲轴扭矩时而大于、时而小于阻力矩的情况。如图 1-26 所示，在 $\alpha_1 \sim \alpha_2$ 区段，曲轴扭矩大于阻力矩，曲轴角速度由 ω_{min} 升高至 ω_{max}；在 $\alpha_2 \sim \alpha_3$ 区段，曲轴扭矩小于阻力矩，角速度又从 ω_{max} 下降为 ω_{min}。在一个循环($\alpha_1 \sim \alpha_3$)内，曲轴的这种转速时快时慢的现象，称为曲轴回转的不均匀性，它将给内燃机组正常工作带来不利影响。克服这一缺点的办法就是在曲轴的功率输出端装上具有较大转动惯量的飞轮。

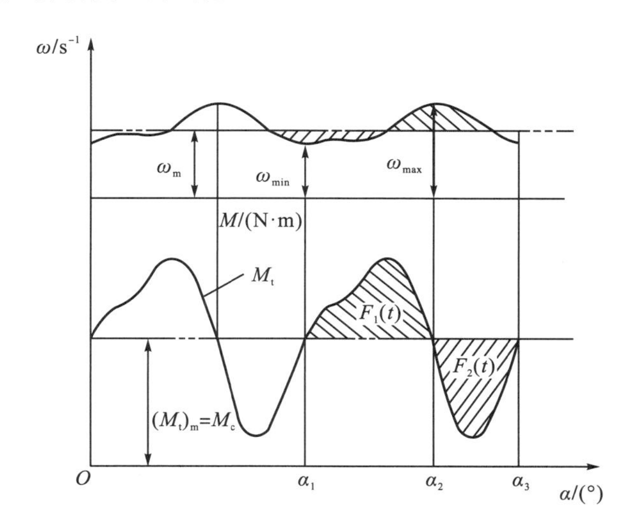

图 1-26　曲轴扭矩与曲轴角速度曲线

首先讨论曲轴输出扭矩的变化与转速波动的关系。

若在某一瞬间，曲轴扭矩 M_t 大于平均有效扭矩 $(M_t)_m$(即工作机械阻力矩 M_r)，则多

余的扭矩将使机组转速增加，即

$$M_1-(M_t)_m=I_0\frac{d\omega}{dt} \tag{1-20}$$

式中，I_0为机组的转动惯量，包括飞轮的转动惯量I_1以及内燃机组所有运动零件换算到曲轴回转中心线上的转动惯量I_m；$\frac{d\omega}{dt}$为曲轴的角加速度。

在$\alpha_1\sim\alpha_2$区间，对式(1-20)积分得

$$\int_{\alpha_1}^{\alpha_2}[M_1-(M_t)_m]d\alpha=I_0\int_{\alpha_1}^{\alpha_2}\frac{d\omega}{da}=\frac{1}{2}I_0(\omega_{max}^2-\omega_{min}^2)\cdot\frac{d\alpha}{dt}d\alpha=I_0\int_{\alpha_{min}}^{\alpha_{max}}\omega d\omega \tag{1-21}$$

式(1-21)左边的积分等于图中的阴影面积 F_1，该面积代表在$\alpha_1\sim\alpha_2$区间内，大于平均扭矩的那部分曲轴输出扭矩所做的剩余正功L_1：

$$L_1=\int_{\alpha_1}^{\alpha_2}\left[M_1-(M_t)_m\right]d\alpha=\frac{1}{2}I_0(\omega_{max}^2-\omega_{min}^2) \tag{1-22}$$

同理，图中面积F_2表示在$\alpha_2\sim\alpha_3$区间内，小于平均扭矩的那部分曲轴输出扭矩所做的负功。很明显，面积F_1与F_2相等。

取曲轴平均角速度为

$$\omega_m=\frac{\omega_{min}+\omega_{max}}{2} \tag{1-23}$$

并以ϑ表示内燃机曲轴回转的不均匀度，即

$$\vartheta=\frac{\omega_{max}-\omega_{min}}{2} \tag{1-24}$$

则由式(1-22)得

$$L_1=\frac{1}{2}I_0(\omega_{max}-\omega_{min})(\omega_{max}+\omega_{min})=I_0\omega_m^2\vartheta \tag{1-25}$$

即

$$\vartheta=\frac{L_1}{I_0\omega_m^2} \tag{1-26}$$

按照用途的不同，内燃机的回转不均匀度ϑ应控制在下列范围。

驱动水泵 $\frac{1}{40}\sim\frac{1}{25}$

驱动汽车或拖拉机 $\frac{1}{50}\sim\frac{1}{40}$

驱动直流发电机 $\frac{1}{200}\sim\frac{1}{100}$

驱动交流发电机 $\frac{1}{300}\sim\frac{1}{200}$

常在内燃机总体设计阶段，按照总体结构的要求，先行确定飞轮尺寸和形状，然后按照式(1-26)对ϑ进行校核。校核时，从总切向力曲线图量出面积F_1，并按取定的比例，算出剩余正功 L_1(若切向力曲线图上一个循环单元有好几块剩余正功，则 L_1 应取面积最大者。至于机组的转动惯量I_m，为计算方便，对小型内燃机可直接以飞轮的惯量I_1代替(在

小型内燃机中 I_1 占机组转动惯量 I_m 的 75%～90%)。在另外一些情况下，则假定 I_0 为飞轮惯量 I_1 的 2 倍。

在多缸(如八缸、十二缸)内燃机中，扭矩的不均匀度已很小，内燃机本身的运动零件也有较大的转动惯量。从理论上说，已经不必再加装飞轮。但有时为调整曲轴的固有频率，避免汽车、拖拉机起步挂挡时出现工作不稳定或熄火现象，或者为盘车的需要，一般仍加装飞轮。

第三节　曲轴轴颈和轴承的载荷

在设计曲轴和轴承时，需要掌握轴颈和轴承上的载荷情况，以便正确地选择它们的尺寸、材料和有效地组织润滑，来保证轴承副的良好工作。因此，分析和计算轴颈和轴承的载荷是十分必要的。

轴承副的实际载荷情况极为复杂。为简化计算，依如下假定：各气缸的气体力、惯性力完全相同，仅存在相位差，所有载荷都是作用在零件中心的集中载荷，这些载荷作用下的轴颈和轴承变形略去不计，只是用适当降低许用比压值的办法来考虑这些变形的影响。因此，曲轴轴颈和轴承载荷的计算仅是一种近似的方法。

一、曲柄销的载荷

如图 1-27 所示，作用在曲柄销上的力有切向力 T、法向力 K 和换算到曲柄销中心的连杆大头质量 m_{cb} 所产生的离心力 P_{rc}，根据力的合成原理，曲柄销的载荷及其模为

$$\begin{cases}\overrightarrow{R_A}=\vec{T}+\overrightarrow{(K-P_{rc})}\\ R_A=\sqrt{T^2+(K-P_{rc})^2}\end{cases}\tag{1-27}$$

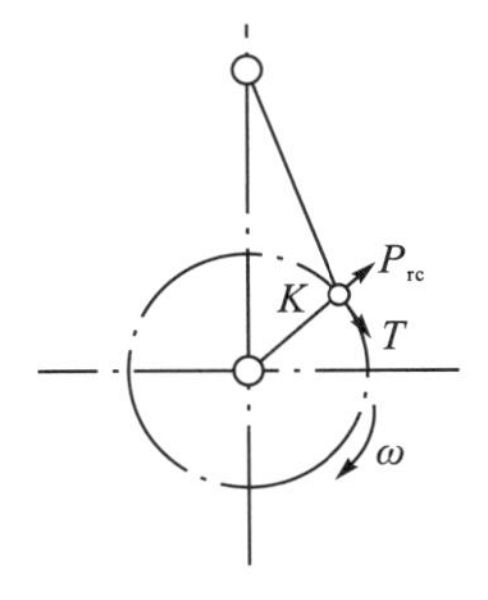

图 1-27　作用在曲柄销上的力

动力计算中，常用图解法绘制曲柄销载荷图，其步骤如下(图 1-28)：

(1) 画出曲柄的轮廓图，其中 O_2 为主轴颈中心，O_1 为曲柄销中心，并标出曲柄的转向。

(2) 按选定的比例尺，自 O_1 向活塞销方向量取 O_1B 线段，使其等于连杆大头离心惯

性力 P_{rc}，得 B 点。

(3) 以 B 为原点，作切向力 T 和法向力 K 的直角坐标。其中 T 轴方向以 T 对 O_2 产生顺时针方向的力矩为正，K 轴以指向 O_2 为正。

(4) 根据前面计算求得的，对应各曲柄转角 α 的 T 和 K 的数值，以选定的比例在坐标上画出相应的点。按 α 的先后顺序，依次圆滑连接各点，便得到曲柄销载荷由 O_1 引至载荷曲线的矢量图，例如，$\overrightarrow{R_{A70}}$ 就表示 $\alpha = 70^\circ$ 时，曲柄销载荷的大小和方向。因力作用在轴颈圆柱表面，故 $\overrightarrow{R_A}$ 的作用点应在矢量延长线与圆柱表面的交点 A 上。

图 1-28 为某内燃机计算所得曲柄销载荷图。由图 1-28 可以看出，载荷图分为头部和尾部，其头部略呈圆形，大小主要取决于往复惯性力，而尾部长度则主要取决于最高燃烧压力，O_1B 的距离则取决于 P_{rc} 的大小。

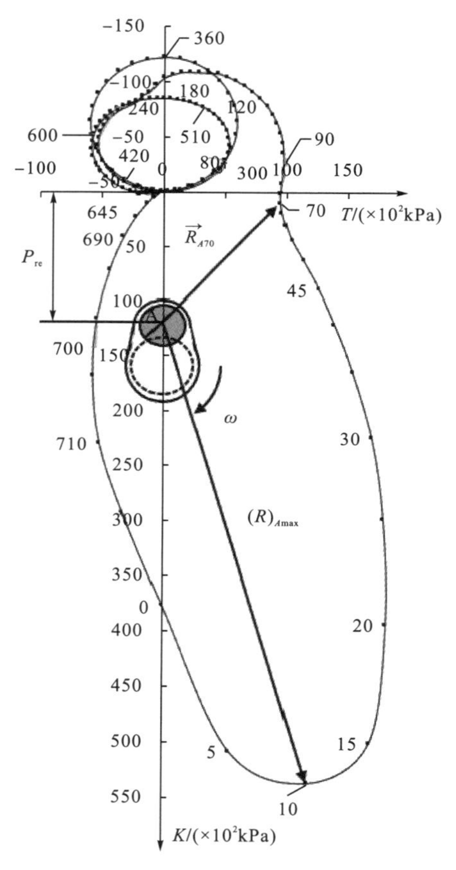

图 1-28 曲柄销载荷图

将载荷图展开成 R_A - α 曲线图，便可求得轴承的平均载荷 $(R_A)_m$（图 1-29）。最大载荷 $(R_A)_{max}$ 与平均载荷 $(R_A)_m$ 的比值表征轴颈载荷的冲击性。此比值不应大于 4。当超过此限度时，可用增大连杆离心惯性力 P_{rc} 的方法来提高 $(R_A)_m$ 和减小 $(R_A)_{max}$。但需注意，增加的质量要加在大头盖上，以免增大连杆螺栓在上止点位置时的最大载荷。

要指出的是，计算得到的平均载荷$(R_A)_m$是对单位活塞面积而言的。实际上要转换成曲柄销单位面积上的作用力$(q_A)_m$，即轴承平均压比：

$$(q_A)_m = \frac{(R_A)_m kA}{D_2 l_2} \tag{1-28}$$

式中，k为力的比例；A为活塞面积；D_2、l_2分别为曲柄销的直径和有效长度。

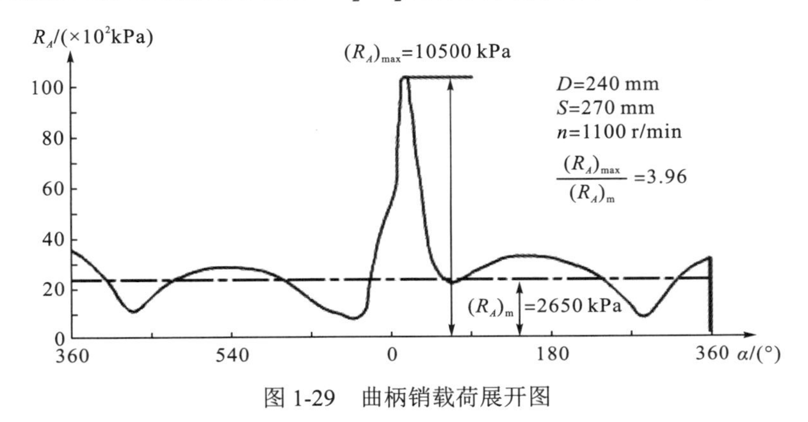

图 1-29　曲柄销载荷展开图

轴颈的平均比压$(q_A)_m$表征轴颈上载荷的大小、磨损情况及摩擦功的多少，它的许用值主要取决于轴承零件的刚度、材料及轴承的型式。

假定轴颈表面的磨损与力R_A的大小成正比，则可利用载荷图绘制轴颈磨损图，用以估计轴颈的磨损情况。具体作图方法如下：先绘出一个代表轴颈的圆，然后将载荷图上所有计算点的力R_A（如R_{A0}、R_{A10}、R_{A20}等）按其大小和方向移到这个圆周上，并在每一力R_A的作用点两边各60°范围（即认为R_A的作用范围为120°）的圆周内侧画出弧形带，弧形带的高度与力R_A的大小成正比，用这个弧形带来表示力R_A所造成的磨损量和磨损范围。将这些弧形带全部累积起来，就得到图 1-30 所示的曲柄销磨损图。磨损图虽然是近似的，但由该图仍可看出，曲柄销表面的受力和磨损情况是很不均匀的。对着主轴颈的一侧载荷最大，磨损最严重，这是惯性力作用的结果。转速越高，惯性力越大（轴颈载荷图形的头部和O_1B值越大），或者最高燃烧压力较低（图形尾部较短），轴颈磨耗越不均匀。向曲柄销供应机油的油孔，不应开在载荷最大的区域。

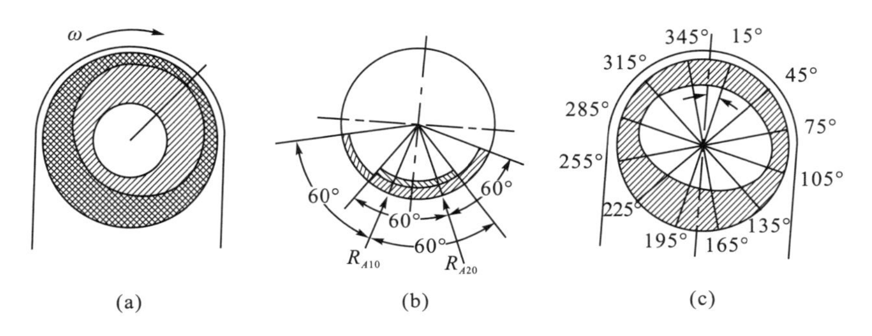

图 1-30　曲柄销磨损图

上述作图法非常烦琐。另有一种较简便也更近似的方法，它是在曲柄销中心 O_1，用 30° 角等分曲柄销载荷图，将其分为 12 个区域(345°～15°,15°～45°,…,315°～345°)，然后将落在各区域内所有计算点的力 R_A 以代数和相加，并将结果填入表 1-3 中。填表时，假设这些力的作用点均在各区域的中点(0°,30°,…,330°)，并由120° 宽的轴颈表面承受。例如，345°～15° 区域内的力 R_A 的代数和为 a，作用点在 0° 处。则 a 值应填入左右两侧 300～330°,330～0°,0～30°,30～60°,… 各栏中。以此类推。

表 1-3　轴颈磨损计算表

载荷区域	作用点	作用区域									
		0°	30°	60°	90°	120°	…	270°	300°	330°	0°
345°～15°	0°	a	a				…			a	a
15°～45°	30°	b	b	b				⋮	⋮	⋮	b
⋮	⋮	⋮	⋮	⋮							
315°～345°	330°	L							L	L	L
作用力总和	…	…	…	…	…	…	…	…	…	…	…

然后，另画一个圆表示轴颈(图 1-30(c))，将每个作用区域内力的总和求出，按比例将其移至轴颈表面，沿半径朝圆心截取相应长度，即为该处的磨损深度。将各个作用区域中的磨损深度点连成圆滑曲线，便得到曲柄销磨损图。图 1-30(c)就是用此方法按图 1-30(b)绘制的曲柄销磨损图。

二、连杆轴承载荷

求出曲柄销载荷后，根据作用力与反作用力的相互关系，即可求得连杆轴承载荷(图 1-31)。

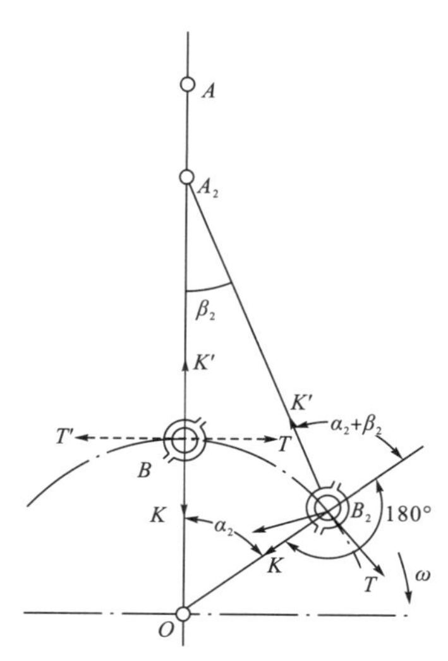

图 1-31　作用在连杆轴承上的力

这里需要进行坐标变换，因为曲柄销载荷的坐标是取在曲柄上的，并与曲柄一起旋转，它与曲柄销处于相对静止的状态，但是相对于连杆轴承来说，它却是动坐标。为了清楚表示连杆轴承载荷分布情况，需要在连杆轴承上建立新的坐标系(图 1-32)，让它随着连杆一起摆动，新坐标系相对于连杆也是静止的。

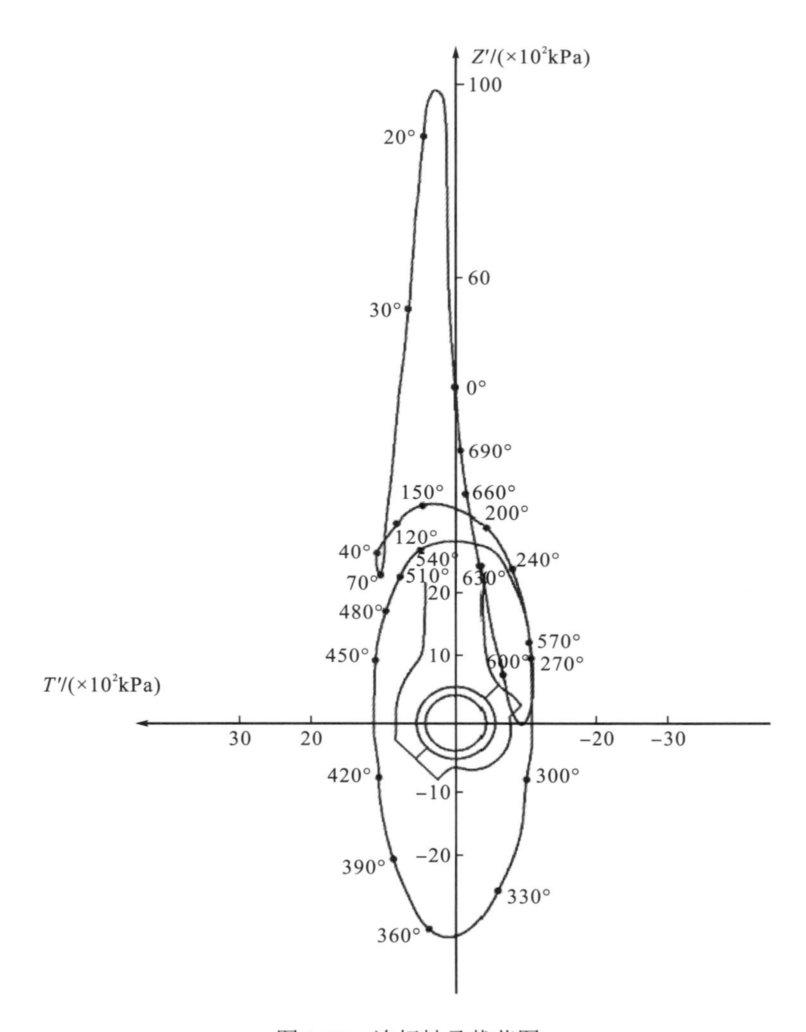

图 1-32 连杆轴承载荷图

为了前后符号统一，规定在连杆轴承负荷中，指向连杆本身的法向力 K' 方向为正。这样所建立的新坐标 T'-K' 与曲柄销上的直角坐标 T-K 之间的相位相差为$180°+\alpha+\beta$。另外，根据作用与反作用原理，曲柄销载荷与连杆轴承载荷相位相差为180°，因此在载荷转化过程中，将坐标系 T-K 先转过 180°，这样 T-K 与 T'-K' 两坐标系实际的相位差就是$\alpha+\beta$，根据这种关系，用坐标变换法计算连杆轴承载荷，其计算方法为

$$\begin{cases} Z' = T\sin(\alpha+\beta) + Z\cos(\alpha+\beta) \\ T' = T\cos(\alpha+\beta) + Z\sin(\alpha+\beta) \end{cases} \tag{1-29}$$

其中，$Z=K-P_{rc}$。

三、主轴颈载荷

先讨论最简单的单个曲柄受力情况(图 1-33)。在分析主轴颈载荷时，通常假设各曲柄沿主轴颈的中点断开，故可认为曲柄是两点支承的简支梁，其支承点就是两个主轴颈的中点。由前面的讨论可知，作用在曲柄上的力有切向力 T、法向力 K 以及连杆大头和曲柄回转不平衡质量所产生的离心惯性力 P_r，相应作用在主轴颈上的支承反力有 T'、K'、P_r'(或T''、K''及P_r'')。所谓主轴颈载荷 R_B 就是这些支承反力的矢量和。

各作用力在两个支承点上的支承反力，是按杠杆比 l''/l、l'/l 分配的。

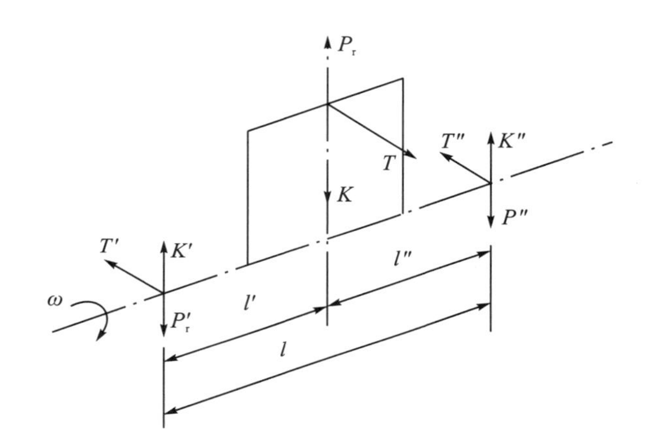

图 1-33 单曲柄受力情况

对于左侧主轴颈，有

$$T' = T\frac{l''}{l},\ K' = K\frac{l''}{l},\ P_r' = P_r\frac{l''}{l} \tag{1-30}$$

对于右侧主轴颈，有

$$T'' = T\frac{l'}{l},\ K'' = K\frac{l'}{l},\ P_r'' = P_r\frac{l'}{l} \tag{1-31}$$

因为离心惯性力 P_r 和法向力 K 作用在同一条直线上，其方向相反，所以各支承反力的矢量和为

$$\begin{cases} \overrightarrow{R_B'} = \overrightarrow{T'} + \overrightarrow{(K' - P_r')} \\ \overrightarrow{R_B''} = \overrightarrow{T''} + \overrightarrow{(K'' - P_r'')} \end{cases} \tag{1-32}$$

比较式(1-32)和式(1-27)，可以看出它们具有相同的形式。因此，对单缸机或单列多缸机的第一位和末位两个主轴颈来说，其载荷图无论是绘制方法还是图形，都同曲柄销类

似，区别仅在于 K、T 变为 K'、T'(或K''、T'') 以及离心惯性力由 P_r 变为 P_r'(或P_r'')。

对于两个曲柄之间的主轴颈，由于同时受到相邻两曲柄对它的作用力，情况就比较复杂。图 1-34 表示它的受力情况。由图(a)可以看出，P_{ri}'' 对主轴颈来说，它既承受左侧(第 i 位)曲柄传来的作用力，也承受右侧(第 i+1 位)曲柄传来的作用力。要把左右曲柄传来的力合起来才能得出该主轴颈的载荷。合成时，通常以左侧曲柄为基准，即曲柄转角、坐标系等均按第 i 位曲柄标注，将有关支反力投影到 T_i - K_i 轴后，再求其合力。对 V 型内燃机来说，则以左列的第 i 位曲柄为基准。前已说明，作用在主轴颈上各力都是支承反力，故 T_i - K_i 的坐标方向应与曲柄销的坐标方向相反。

对主轴颈而言，离心惯性力 P_r 的大小和方向都是不变的。为简化计算和便于比较不同平衡块重量对主轴颈载荷的影响，常将 P_r 产生的支承反力 P_r' 留在最后单独计算。于是，其余各力的合成便可按式(1-33)进行(对照图 1-34(b))：

$$\begin{cases} R_{T,i+1} = T_i'' + T_{i+1}' \cos\theta - K_{i+1}' \sin\theta \\ R_{K,i+1} = K_i'' + K_{i+1}' \cos\theta + T_{i+1}' \sin\theta \end{cases} \tag{1-33}$$

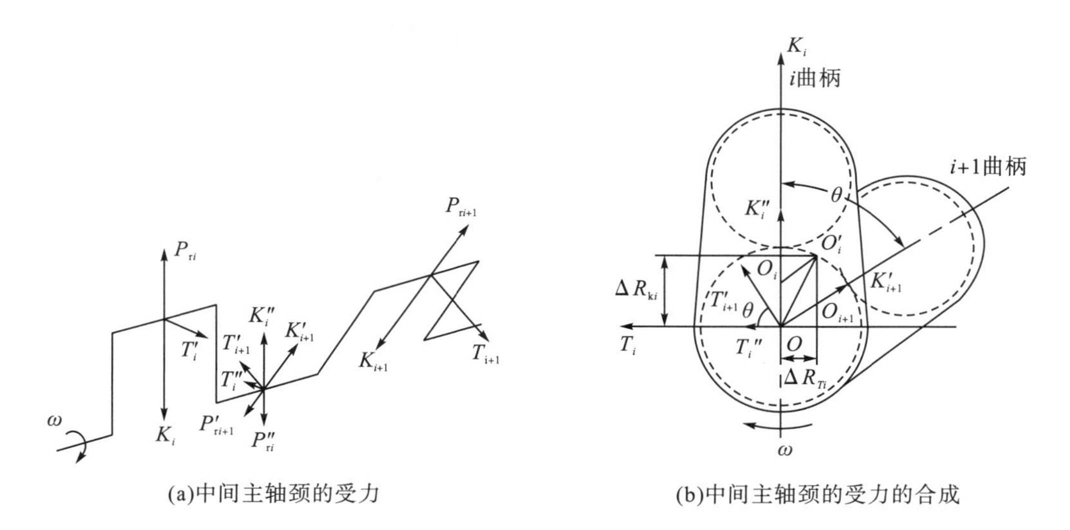

(a)中间主轴颈的受力　　(b)中间主轴颈的受力的合成

图 1-34　中间主轴颈的受力情况

可见，合成时要考虑两个因素，一是相邻两曲柄的夹角 θ (注意：不要把 θ 与曲柄图上的曲柄错角 ψ 相混淆)，它就是两曲柄支承反力合成时的夹角；一是相邻气缸的发火相位差角 ϕ，如 i+1 缸在 i 缸前 ϕ 发火，即 $\alpha_{i+1} = \alpha_i + \phi$，则 $\alpha_i = 0^\circ$ 的作用力应与 $\alpha_{i+1} = \phi$ 的作用力相加。同样 $\alpha_i = 10^\circ$ 的作用力应与 $\alpha_{i+1} = 10^\circ + \phi$ 的作用力相加，照此类推。

通常将式(1-33)列成表 1-4 以方便计算。

表 1-4 主轴颈载荷计算表

a_i	T_i	K_i	T''_i	K''_i	a_{i+1}	T_{i+1}	K_{i+1}	T'_{i+1}	K'_{i+1}
1	2	3	4	5	6	7	8	9	10
—	—	—	$T_i\dfrac{l'}{l}$	$K_i\dfrac{l'}{l}$	$\alpha_i+\phi$	—	—	$T_{i+1}\dfrac{l''}{l}$	$K_{i+1}\dfrac{l''}{l}$
0°				φ					

$T'_{i+1}\sin\theta$	$T'_{i+1}\cos\theta$	$K'_{i+1}\sin\theta$	$K'_{i+1}\cos\theta$	$R_{T,i+1}$	$R_{K,i+1}$
11	12	13	14	15	16
$\langle 9\rangle\sin\theta$	$\langle 9\rangle\cos\theta$	$\langle 10\rangle\sin\theta$	$\langle 10\rangle\cos\theta$	$\langle 4\rangle+\langle 12\rangle-\langle 13\rangle$	$\langle 5\rangle+\langle 11\rangle-\langle 14\rangle$

根据计算结果，在 T_i - K_i 坐标上绘出主轴颈载荷图(图 1-35)。

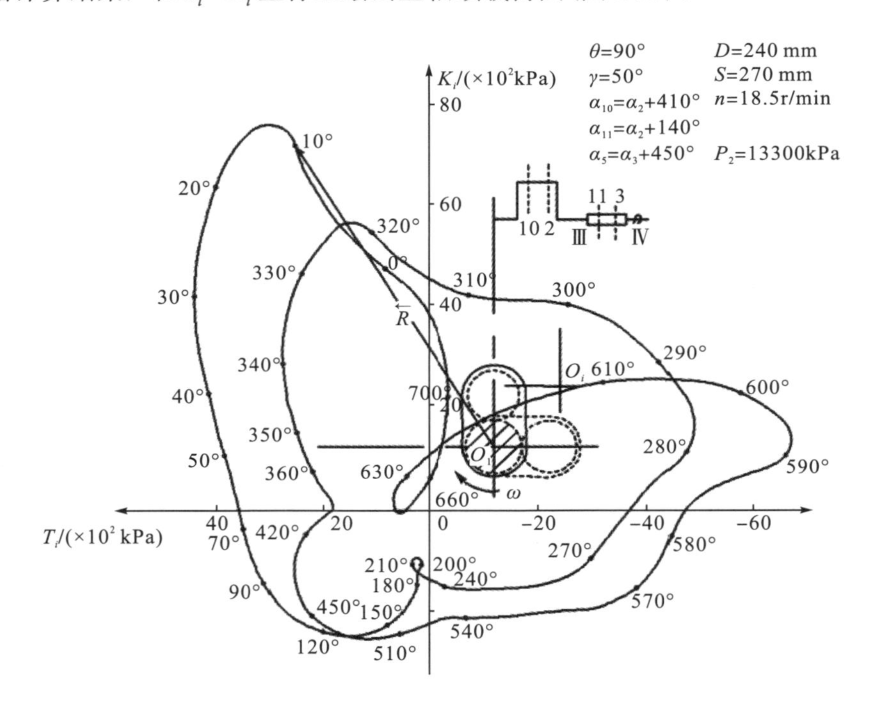

图 1-35 16V 内燃机第III位主轴颈载荷

按表 1-4 计算结果绘出的主轴颈载荷图，还要加上离心惯性力 P_r 引起的支承反力。由图 1-34(a)可看出，$P''_{r,i}$ 与K''_i 方向相反，故对第 i 曲柄而言，考虑 $P''_{r,i}$ 以后，原点应由 O 移至 O_i。同理，考虑 $P''_{r,i+1}$ 后的 i+1 曲柄坐标原点应移至 O_{i+1}。于是考虑 P_r 后，i+1 位主轴颈载荷图的坐标原点便应移至合成矢量 $P_{r\Sigma}$ 的尾端 O'_i 点。若用公式表示坐标原点的水平和垂直移动量，便得

$$\begin{cases}\Delta R_{T1} = P_{\mathrm{r},i+1}\sin\theta \\ \Delta R_{Ki} = -P''_{\mathrm{r}i} - P_{\mathrm{r},i+1}\cos\theta\end{cases} \tag{1-34}$$

图 1-35 的曲柄夹角为90°，故考虑 P_{r} 后，主轴颈载荷的坐标原点应由 O 移至 O''_i 。该载荷图有四个外伸尾部，这是由于 V 型内燃机的中间主轴颈要承受前后左右四个气缸的气体爆发力。

图 1-36、图 1-37 给出同一台 16V 内燃机Ⅱ、Ⅴ位主轴颈载荷图，形象地显示出曲柄夹角 θ 对载荷图形的影响。

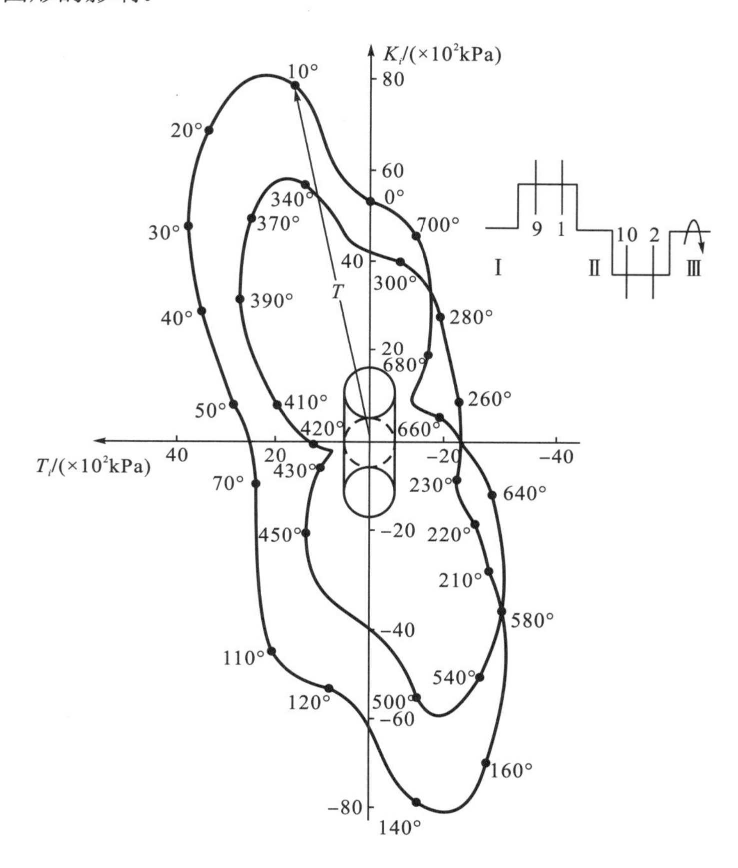

图 1-36 16V 内燃机第Ⅱ位主轴颈载荷

同曲柄销载荷图一样，主轴颈载荷图也可展开成 R_θ - α 曲线图，也需求出主轴颈最大载荷 $(R_\theta)_{\max}$ 和平均载荷 $(R_\theta)_{\mathrm{m}}$ 。

当曲柄离心惯性力过大时，主轴颈平均载荷 $(R_\theta)_{\mathrm{m}}$ 会超过允许的数值。为降低 $(R_\theta)_{\mathrm{m}}$，可在曲柄臂上加装平衡重以平衡部分离心惯性力。此时，可将平衡重产生的离心惯性力（与曲柄离心惯性力方向相反）放在式(1-34)中一并计算。加平衡重后，图 1-35、图 1-37 的坐标原点，便应从没加平衡重时的原点 O'_i 移至 O_i ，在图 1-36 中，因两曲柄的夹角为180°，两者离心惯性力相互抵消，故原点不用移动。

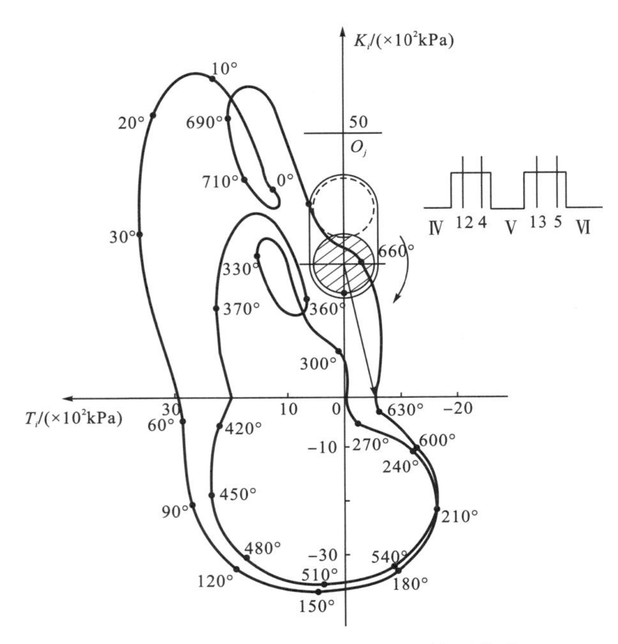

图 1-37 16V 内燃机第 V 位主轴颈载荷

四、主轴承载荷

按坐标旋转计算出各曲柄转角下的主轴承载荷：

$$
\begin{aligned}
R'_{K,i+1} &= R_{T,i+1}\sin\alpha + R_{K,i+1}\cos\alpha \\
R'_{T,i+1} &= R_{T,i+1}\cos\alpha - R_{K,i+1}\sin\alpha
\end{aligned}
\tag{1-35}
$$

式中，α 为曲柄和内燃机垂直中线的夹角。当主轴颈载荷计算中的基准曲柄位置用右列缸的曲柄转角表示且内燃机为右转时(图 1-38 中 φ_i)，$\alpha=\varphi_i+\gamma/2$，如果内燃机仍为右转，而曲柄位置用左列缸曲柄转角表示时(图 1-38 中 φ_j)，$\alpha=\varphi_j-\gamma/2$。内燃机左转时可以以此类推，由此可以得 16V 内燃机 III 位主轴承载荷，如图 1-39 所示。

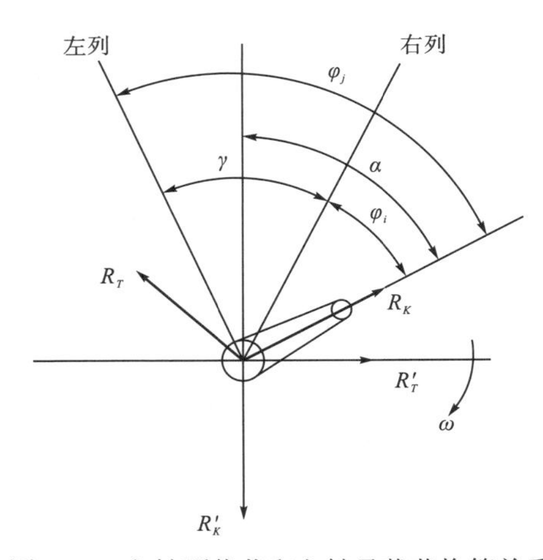

图 1-38 主轴颈载荷和主轴承载荷换算关系

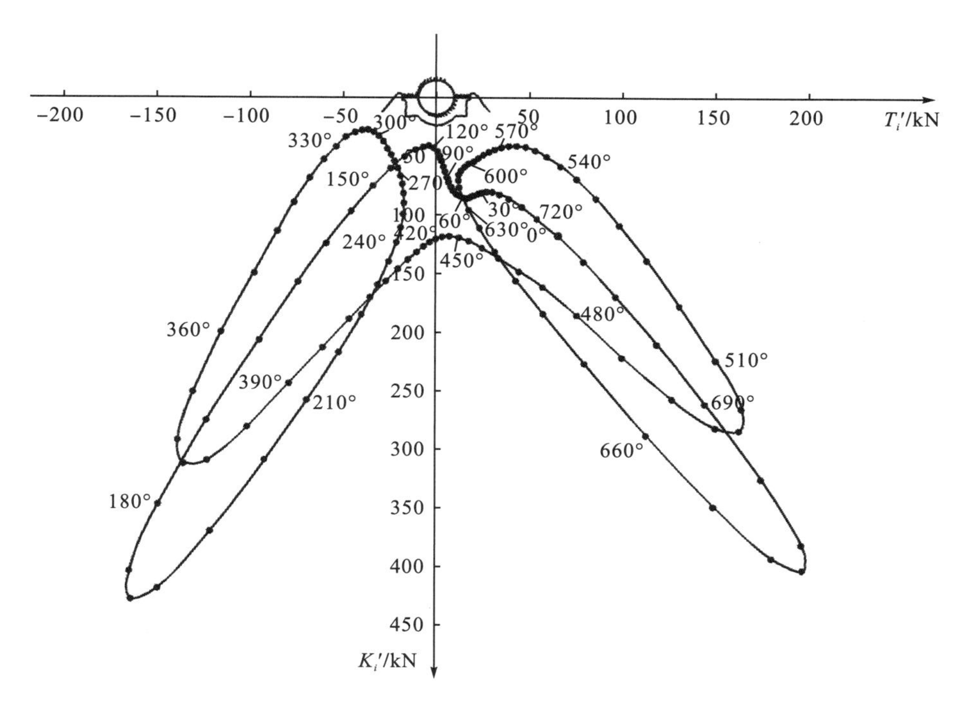

图 1-39　16V 内燃机III位主轴承载荷

第二章　动力机械振动

动力机械结构的失效绝大多数是由振动引起的疲劳失效。对内燃机的振动进行分析，可以找到其振动的原因、振动的形式，为内燃机结构的疲劳设计提供依据。

第一节　振动基本理论

一、自由振动

系统在外力或某种约束作用下而偏离其静平衡位置(或得到一个初始速度)，当去掉外力或约束后，系统将在其静平衡位置附近来回振动。这种仅依靠恢复力来维持的振动称为自由振动。换言之，自由振动是系统对初始激励的响应。系统做自由振动时，没有外部激振力的作用，即没有振动能量的输入与补充。而实际系统总是有一定的阻尼，振动时必将耗散一定的能量，因此自由振动将逐渐减小而最终趋于消失。所以说自由振动实际是一种瞬态振动。

1. 单自由度系统

图 2-1(a)为单自由度系统最简单的模型图。图中 m 为集中质量，k 为线性弹簧刚度，c 为黏性阻尼器阻尼系数。

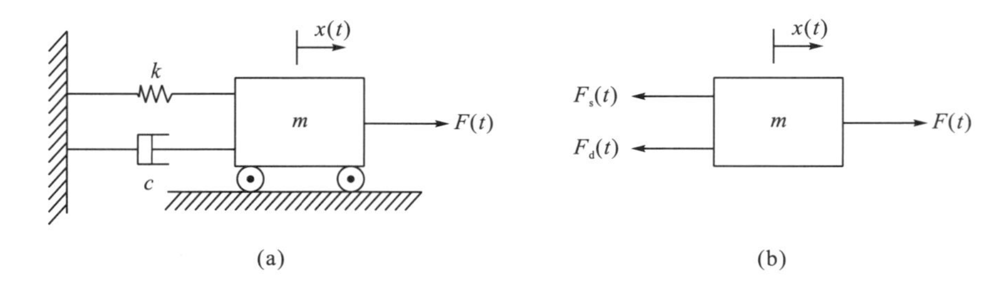

图 2-1　单自由度系统模型图

1)运动方程的建立及求解

取质量 m 的位移 x 为广义坐标，x 轴方向向右为正，取质量静平衡位置为坐标原点。重力 W 只影响静平衡位置，而对系统振动不起作用。

取任意位置时质量 m 的分离体，其受力如图 2-1(b)所示，计算弹簧回复力 kx、阻尼力 $c\dot{x}$ 以及惯性力 $m\ddot{x}$ 。

根据达朗贝尔原理，可写出运动方程式为

$$m\ddot{x}+c\dot{x}+kx=0 \tag{2-1}$$

此即有阻尼单自由度自由振动系统运动方程式，它是一个二阶线性常系数齐次微分方程。由高等数学可知其通解为

$$x=x_1+x_2=c_1\mathrm{e}^{r_1t}+c_2\mathrm{e}^{r_2t} \tag{2-2}$$

式中，r_1和r_2为特征方程$mr^2+cr+k=0$的根，又称阻尼根，其值为

$$r_{1,2}=-\frac{c}{2m}\pm\sqrt{\left(\frac{c}{2m}\right)^2-\frac{k}{m}} \tag{2-3}$$

因此方程(2-1)同时又可写为

$$x=c_1\exp\left\{\left[-\frac{c}{2m}+\sqrt{\left(\frac{c}{2m}\right)^2-\frac{k}{m}}\right]t\right\}+c_2\exp\left\{\left[-\frac{c}{2m}-\sqrt{\left(\frac{c}{2m}\right)^2-\frac{k}{m}}\right]t\right\} \tag{2-4}$$

如果$(c/2m)^2=k/m$，则式(2-2)将成为

$$x=\left(A_1+A_2t\right)\exp\left(-\frac{c}{2m}t\right) \tag{2-5}$$

$[c/(2m)]^2-k/m$称为阻尼根的判别式，有以下三种情况；当$(c/2m)^2>k/m$时，称为超临界阻尼；当$(c/2m)^2=k/m$时，称为临界阻尼；当$(c/2m)^2<k/m$时，称为亚临界阻尼。

通常将$(c/2m)^2=k/m$的阻尼系数c_c定义为临界阻尼。

$\zeta=\dfrac{c}{c_\mathrm{c}}$称为临界阻尼系数比，则有关系

$$c_\mathrm{c}/(2m)=\sqrt{k/m}=\omega_\mathrm{n} \tag{2-6}$$

$$c_\mathrm{c}=2\sqrt{mk}=2m\omega_\mathrm{n} \tag{2-7}$$

$$c/(2m)=c/c_\mathrm{c}\cdot c_\mathrm{c}/(2m)=\zeta\omega_\mathrm{n} \tag{2-8}$$

式中，ω_n为系统的固有频率，其值为

$$\omega_\mathrm{n}=\sqrt{\frac{k}{m}} \tag{2-9}$$

其中，k、m分别为系统的刚度和集中质量。

于是可将式(2-3)改写成

$$r_{1,2}=\left(-\zeta\pm\sqrt{\zeta^2-1}\right)\omega_\mathrm{n} \tag{2-10}$$

2)各种阻尼时的振动情况

对应于式(2-10)中根号内的数值为正、负或零时，有三种振动形式，下面分别进行讨论。

(1)临界阻尼$\left(\zeta=1,\dfrac{c}{2m}=\sqrt{\dfrac{k}{m}}=\omega_\mathrm{n}\right)$。

此时式(2-10)的两阻尼根为$r_1=r_2=-\omega_\mathrm{n}$，由式(2-5)得

$$x=(A_1+A_2t)\mathrm{e}^{-\omega_\mathrm{n}t} \tag{2-11}$$

设初始条件为 $t=0$ 时，$x=x_0,\dot{x}=\dot{x}_0$，代入式(2-11)得

$$x=\left[x_0+\left(\dot{x}+\omega_n x_0\right)\right]e^{-\omega_n t} \tag{2-12}$$

式(2-12)所描述的运动如图 2-2 所示。这是一个按指数规律衰减的运动，经过一定时间后，系统将不再出现振动。

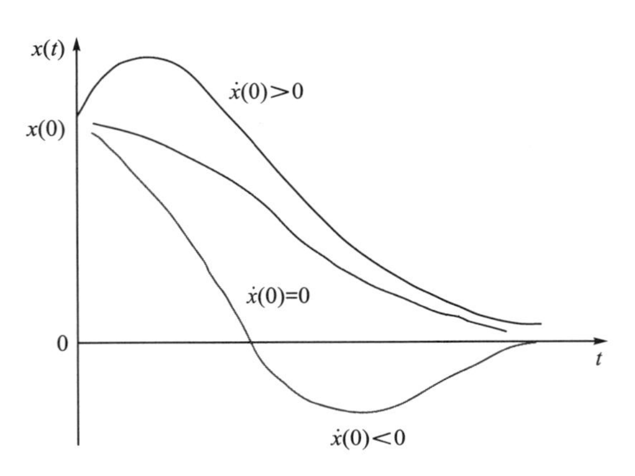

图 2-2　临界阻尼指数衰减曲线

(2) 超临界阻尼 $\left(\zeta>1,\dfrac{c}{2m}>\sqrt{\dfrac{k}{m}}\right)$。

此时式(2-10)的两个根为负实数，令

$$\alpha=(\zeta-\sqrt{\zeta^2-1})\omega_n\,,\qquad \beta=(\zeta+\sqrt{\zeta^2-1})\omega_n \tag{2-13}$$

代入式(2-10)，得 $r_1=-\alpha$，$r_2=-\beta$。

将 r_1、r_2 代入式(2-2)得

$$x=c_1e^{-\alpha t}+c_2e^{-\beta t} \tag{2-14}$$

设初始条件为 $t=1$，则得

$$x_0=c_1+c_2\,,\quad \dot{x}_0=-(\alpha c_1+\beta c_2) \tag{2-15}$$

联立上面两式，解得

$$c_1=\frac{\dot{x}_0+\beta x_0}{\beta-\alpha}\,,\quad c_2=\frac{\dot{x}_0+\alpha x_0}{\alpha-\beta} \tag{2-16}$$

将 c_1、c_2 代入式(2-14)得

$$x=\frac{\dot{x}_0+\beta x_0}{\beta-\alpha}e^{-\alpha t}+\frac{\dot{x}_0+\alpha x_0}{\alpha-\beta}e^{-\beta t} \tag{2-17}$$

式(2-17)所描述的运动如图 2-3 所示。与临界阻尼情况相似，亦是一个按指数规律衰减的运动，只不过随着阻尼的增加，质量 m 返回静平衡位置的速度变慢。

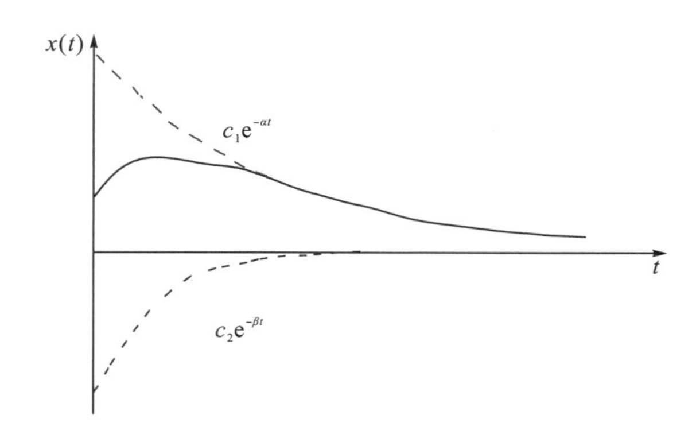

图 2-3 超临界阻尼指数衰减曲线

(3) 亚临界阻尼$\left(\zeta<1, \dfrac{c}{2m}<\sqrt{\dfrac{k}{m}}\right)$。

当$\zeta<1$时，则式(2-10)中根号内为负值，引入虚数 i 及符号ω_d，则式(2-10)变为

$$r_{1,2}=\zeta\omega_n \pm \mathrm{i}\omega_d \tag{2-18}$$

式中，ω_d为阻尼固有圆频率，$\omega_d=\omega_n\sqrt{1-\zeta^2}$。

将式(2-18)代入式(2-2)得

$$x=\mathrm{e}^{-\zeta\omega_n t}(c_1\mathrm{e}^{\mathrm{i}\omega_d t}+c_2\mathrm{e}^{-\mathrm{i}\omega_d t}) \tag{2-19}$$

由欧拉公式，式(2-19)可写为

$$x=\mathrm{e}^{-\zeta\omega_n t}\left(A\cos\omega_d t+B\sin\omega_d t\right) \tag{2-20}$$

设$t=0$时，$x=x_0$，$\dot{x}=\dot{x}_0$，代入式(2-20)得

$$x=\mathrm{e}^{-\zeta\omega_n t}\left[x_0\cos\omega_d t+\left(\frac{\dot{x}_0+\zeta\omega_n x_0}{\omega_d}\right)\sin\omega_d t\right] \tag{2-21}$$

式(2-21)亦可写成以下形式：

$$x=C\mathrm{e}^{-\zeta\omega_n t}\cos(\omega_d t-\varphi) \tag{2-22}$$

式中，

$$C=\left[x_0^2+\left(\frac{\dot{x}_0+\zeta\omega_n x_0}{\omega_d}\right)^2\right]^{\frac{1}{2}}, \quad \varphi=\arctan\left(\frac{\dot{x}_0+\xi\omega_n x_0}{\omega_d x_0}\right)$$

式(2-22)所描述的有阻尼自由振动如图 2-4 所示，这是一个幅值按指数规律衰减的伪简谐振动，振动频率为ω_d。

若忽略阻尼的影响，由式(2-22)很容易得到无阻尼自由振动的方程式：

$$\begin{cases} x=\left[x_0^2+\left(\dfrac{\dot{x}}{\omega_n}\right)^2\right]^{1/2}\cos\left(\omega_n t-\varphi\right) \\ \varphi=\arctan\dfrac{\dot{x}_0}{x_0\omega_n} \end{cases} \tag{2-23}$$

式(2-23)所描述的无阻尼自由振动是一个幅值由初始条件决定，振动频率为 ω_n 的简谐振动。

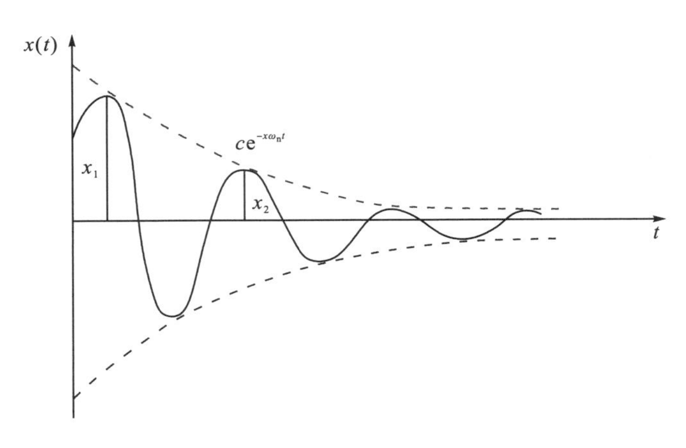

图 2-4 亚临界阻尼指数衰减曲线

2. 多自由度系统

虽然在实际的工程问题中，的确有不少可简化为单自由度系统的实例，但总体来说，要正确描述一个实际振动系统的运动，往往需要一个以上的自由度。自由度通常选取振动系统集中质量的位移，因此振动系统的自由度数一般等于振动系统的集中质量数。若振动系统由 n 个质点组成，这些质点在一个方向上的运动有 n 个自由度。确定 n 个自由度系统的运动需要 n 个独立坐标和运动方程，由此可得出 n 个固有频率和 n 种振型。

1) 运动方程

以图 2-5 所示的三自由度系统为例，选取各质量偏离其静平衡位置的位移 x_1、x_2、x_3 作为确定系统运动的广义坐标。根据达朗贝尔原理可写出三个质量运动方程，该方程经整理后得

$$\begin{cases} m_1\ddot{x}_1 + c_1\dot{x}_1 - c_1\dot{x}_2 + k_1x_1 - k_1x_2 = 0 \\ m_2\ddot{x}_2 - c_1\dot{x}_1 + (c_1 + c_2)\dot{x}_2 - c_2\dot{x}_3 - k_1x_1 + (k_1 + k_2)x_2 - k_2x_3 = 0 \\ m_3\ddot{x}_3 - c_2\dot{x}_2 + c_2\dot{x}_3 - k_2x_2 + k_2x_3 = 0 \end{cases} \tag{2-24}$$

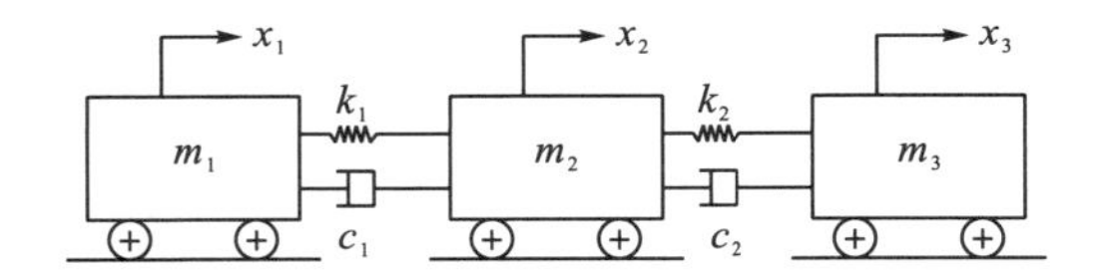

图 2-5 三自由度系统

与单自由度系统相似，每一个方程均由惯性力、阻尼力和弹簧恢复力组成。式(2-24)可改写为如下矩阵形式：

$$[M]\{\ddot{x}\}+[C]\{\dot{x}\}+[K]\{x\}=[0] \tag{2-25}$$

式中，[M]为质量矩阵，其表达式为

$$[M]=\begin{bmatrix} m_1 & 0 & 0 \\ 0 & m_2 & 0 \\ 0 & 0 & m_3 \end{bmatrix} \tag{2-26}$$

[C]为阻尼矩阵，其表达式为

$$[C]=\begin{bmatrix} c_1 & -c_1 & 0 \\ -c_1 & c_1+c_2 & -c_2 \\ 0 & -c_2 & c_2 \end{bmatrix} \tag{2-27}$$

[K]为刚度矩阵，其表达式为

$$[K]=\begin{bmatrix} k_1 & -k_1 & 0 \\ -k_1 & k_1+k_2 & -k_2 \\ 0 & -k_2 & k_2 \end{bmatrix} \tag{2-28}$$

$\{x\}$、$\{\dot{x}\}$、$\{\ddot{x}\}$ 分别为位移矢量、速度矢量和加速度矢量，其表达式分别为

$$\{x\}=\begin{Bmatrix} x_1 \\ x_2 \\ x_3 \end{Bmatrix},\quad \{\dot{x}\}=\begin{Bmatrix} \dot{x}_1 \\ \dot{x}_2 \\ \dot{x}_3 \end{Bmatrix},\quad \{\ddot{x}\}=\begin{Bmatrix} \ddot{x}_1 \\ \ddot{x}_2 \\ \ddot{x}_3 \end{Bmatrix} \tag{2-29}$$

为简明起见，用大写字母表示相应的矩阵与矢量，即

$$M\ddot{X}+C\dot{X}+KX=0 \tag{2-30}$$

方程(2-30)可以推广到任意多自由度振动系统。

2)固有频率分析

在实际的工程问题中，阻尼一般都比较小(大多数情况下$\xi<0.1$)，它对自由振动频率的影响很小，常忽略不计。这样一来，固有频率的计算就大为简化了。在式(2-30)中略去阻尼矩阵后，即得到系统的无阻尼自由振动方程：

$$M\ddot{X}+KX=0 \tag{2-31}$$

假定系统的自由振动为简谐振动，则$\ddot{X}=-\omega^2 x$，代入式(2-31)，得

$$\left(K-\omega^2 M\right)X=0 \tag{2-32}$$

式(2-32)实质上是一组多元一次代数方程，由克拉默法则可知，只有其系数行列式为零时，才能得到x的一组非零解，即

$$\det\left(K-\omega^2 M\right)=0 \tag{2-33}$$

式(2-33)称为系统的频率方程，展开后是一个ω^2的n次代数方程式。方程的n个根$\left(\omega_{n1}^2,\omega_{n2}^2,\cdots,\omega_{nn}^2\right)$开方后就得到系统的$n$个固有频率，其中最低的一个非零频率称为基频或一阶固有频率，其余由小至大排列依次称为二阶、三阶、…、n阶固有频率。

频率方程有时可能出现一个零根，即系统有一个固有频率为零。这样的系统称为半正定系统，其刚度矩阵是半正定的。从物理意义上讲，即运动时系统内所有弹簧都可能不产

生变形，意味着系统做刚体运动。对于一个边界条件为自由-自由的系统，它总有一个固有频率为零。

二、强迫振动

振动系统受周期性激振力作用时产生的振动称为强迫振动。强迫振动响应是振动分析的一个主要内容。振动响应取决于激振力的性质和系统的固有特性。本书主要讨论系统在简谐激励下的响应。

1. 单自由度系统

图 2-6 为单自由度有阻尼强迫振动系统动力学模型。

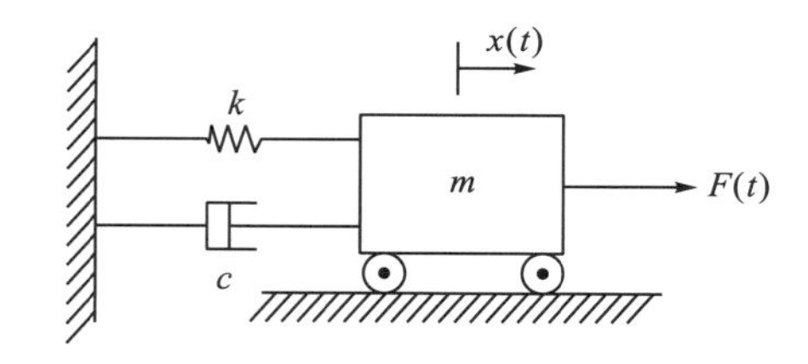

图 2-6　单自由度系统的强迫振动

以 $F(t)=F_0\sin(\omega t)$ 代替自由振动各方程等号右边的零，则其运动微分方程为

$$m\ddot{x}+c\dot{x}+kx=F_0\sin(\omega t) \tag{2-34}$$

由高等数学可知，式(2-34)的解由两部分组成：一为通解，一为特解。通解是方程(2-34)右端项为零即黏性阻尼自由振动方程的解，其内容如前所述。它是一个振动幅度按指数规律衰减的自由振动，只存在于振动开始以后的短暂时间内。特解是质块与激励频率相同的稳态振动。假设特解为

$$x=x_0\sin(\omega t-\varphi) \tag{2-35}$$

由于

$$x=x_0\sin(\omega t-\varphi)=x_0\sin(\omega t)\cos\varphi-x_0\sin\varphi\cos(\omega t) \tag{2-36}$$

$$\dot{x}=x_0\omega\cos(\omega t)\cos\varphi+x_0\omega\sin\varphi\sin(\omega t) \tag{2-37}$$

$$\ddot{x}=-x_0\sin(\omega t)\cos\varphi+x_0\omega^2\sin\varphi\cos(\omega t) \tag{2-38}$$

将 $\ddot{x}$、$\dot{x}$、x 代入式(2-34)得

$$\begin{aligned}&-mx_0\omega^2\sin(\omega t)\cos\varphi+mx_0\omega^2\cos(\omega t)\sin\varphi+cx_0\omega\cos(\omega t)\cos\varphi\\&+cx_0\omega\sin(\omega t)\sin\varphi+kx_0\sin(\omega t)\cos\varphi-kx_0\cos(\omega t)\sin\varphi=F_0\sin(\omega t)\end{aligned} \tag{2-39}$$

即

$$\begin{aligned}&x_0(k-m\omega^2)\cos\varphi+x_0(c\omega)\sin\varphi=F_0\\&x_0(c\omega)\cos\varphi-x_0(k-m\omega^2)\sin\varphi=0\end{aligned} \tag{2-40}$$

因此式(2-35)中的振幅 x_0 和相位角 φ 分别为

$$x_0=\frac{F_0}{\sqrt{(k-m\omega^2)^2+(c\omega)^2}} \tag{2-41}$$

$$\varphi=\arctan\frac{c\omega}{k-m\omega^2} \tag{2-42}$$

在简谐振动中，速度和加速度分别比位移超前 90° 和 180° 。图 2-7 表示运动微分方程中诸力矢量间的关系，由图解法亦可得到式(2-41)与式(2-42)。

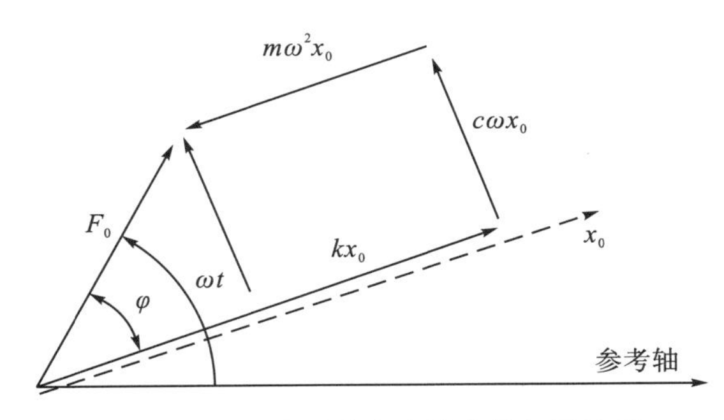

图 2-7 运动微分方程中诸力的矢量关系

式(2-41)与式(2-42)的分子分母同除以 k，并引入下列各量：ω_n 为系统的固有频率，$\omega_n=\sqrt{\frac{k}{m}}$；$c_c$ 为临界阻尼，$c_c=2m\omega_n$；ζ 为阻尼比，$\zeta=c/c_c$。

$$\frac{c_\omega}{k}=\frac{c}{c_c}\cdot\frac{c_c\omega}{k}=\zeta\cdot\frac{2m\omega_n\omega}{k}=2\zeta\frac{\omega}{\omega_n} \tag{2-43}$$

再以运动响应系数 T_M(即无因次振幅 $\frac{x_0}{x_s}=\frac{kx_0}{F_0}$)表示振幅 x_0，其中 x_s 为扰动力静位移 $(x_s=F_0/K)$，则可得振幅和相位角的无因次表示式：

$$T_M=\frac{x_0}{x_s}=\frac{1}{\sqrt{\left(1-\frac{\omega^2}{\omega_n^2}\right)^2+4\zeta^2\frac{\omega^2}{\omega_n^2}}} \tag{2-44}$$

$$\varphi=\arctan\frac{2\zeta\frac{\omega}{\omega_n}}{1-\frac{\omega^2}{\omega_n^2}} \tag{2-45}$$

上式表明，运动响应系数 T_M 和相位角 φ 是频率比 ω/ω_n 和阻尼比 ζ 的函数，如图 2-8 所示。

图 2-8(a)为各种 ζ 值时 T_M 与 ω/ω_n 的关系曲线，称为幅频特性曲线(也称共振曲线)。图 2-8(b)为各种 ζ 值时 φ 与 ω/ω_n 的关系曲线，称为相频特性曲线。由图 2-8 可得到如下几点结论：

(1)当扰动力的频率 ω 由零值接近系统的固有频率 ω_n 时，物体的振幅将不断地放大($T_M<1$)，共振时 $(\omega/\omega_n=1)$ 物体振幅最大。

(2)当扰动力的频率 ω 越过系统的固有频率 ω_n 以后 $(\omega>\omega_n)$，物体的振幅逐渐减小；

在 $\sqrt{2}\omega_n$ 附近时，则 $T_M \approx 1$，$x_0 \approx x_s$；当 ω 继续增大时，x_0 继续减小（$T_M < 1$）。

(3) 有阻尼时振幅减小，在共振区 $(\omega/\omega_n = 1)$ 较明显。阻尼越大振幅越小。

(4) 阻尼系统受迫振动的位移恒落后于激振力一个相位角，且随着频率比 ω/ω_n 的增大，相位角由 0° 逐渐趋于 180°。相频曲线的形态受阻尼的影响，但在共振 $(\omega=\omega_n)$ 时，无论阻尼大小，相位角恒等于 90°。在实际应用中，经常利用相频曲线的这一特性确定系统的固有频率，称为相位共振法。

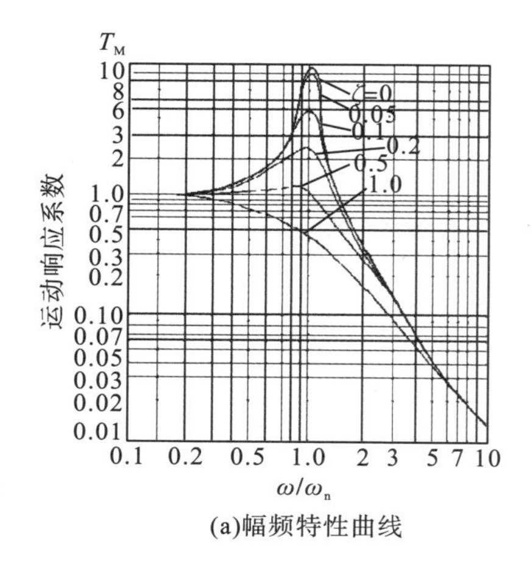

(a)幅频特性曲线

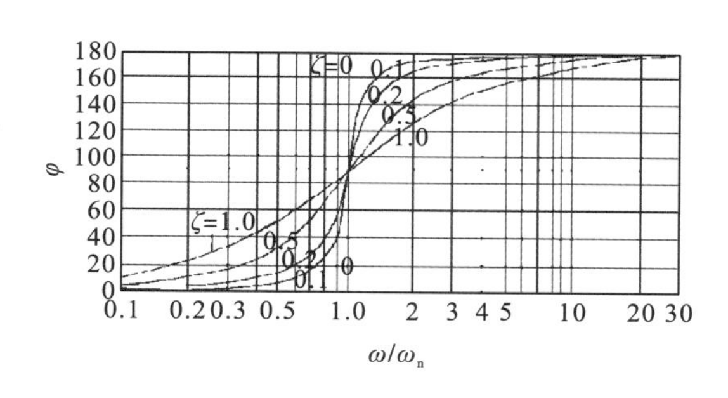

(b)相频特性曲线

图 2-8　运动响应系数的幅频和相频特性曲线

综上所述，单自由度有阻尼简谐扰动强迫振动的微分方程的全解为

$$x(t) = \frac{x_s}{\sqrt{\left(1 - \frac{\omega^2}{\omega_n^2}\right) + 4\zeta^2 \frac{\omega^2}{\omega_n^2}}} \sin(\omega t - \varphi) + x_1 e^{-\zeta\omega_n t} \sin\left(\sqrt{1-\zeta^2} \cdot \omega_n t + \varphi_1\right) \tag{2-46}$$

式中，φ_1 为有激励时的相位角；前项为特解，即稳定强迫振动；后项为通解，即瞬态阻尼衰减振动，如图 2-9 所示。

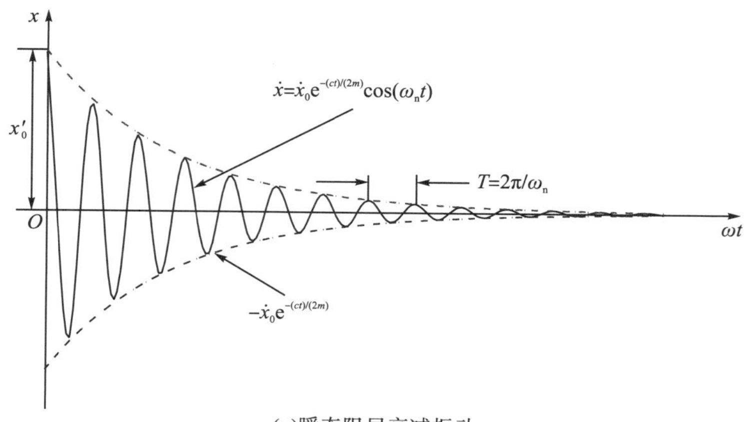

(a)瞬态阻尼衰减振动

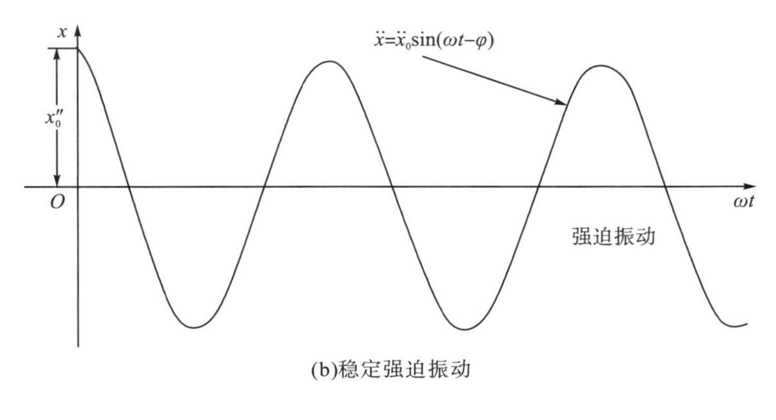

(b)稳定强迫振动

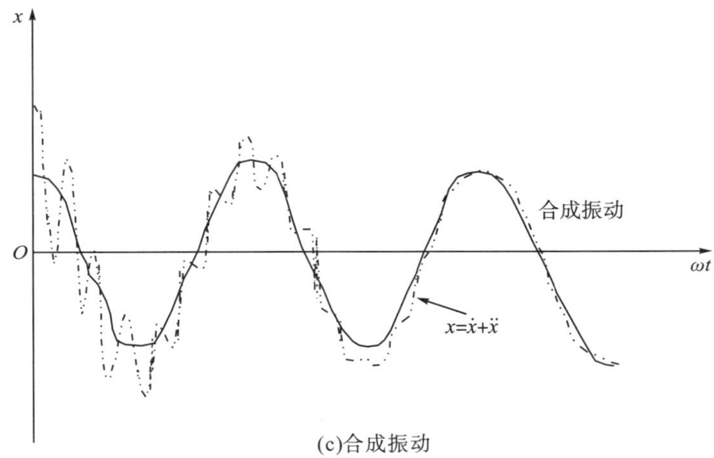

(c)合成振动

图 2-9　有阻尼强迫振动

2. 多自由度系统

多自由度系统在动态作用下的响应，一般有两类解法，即解析解法和数值解法。在任意激振力(如冲击力)作用下的响应求解多用数值解法(如逐步积分法、差分法)。这种方法一般原理比较简单，但计算工作量很大。下面以双自由度系统为例，简要介绍激振力为简谐函数的解析解法的求解过程，振动模型如图 2-10 所示。

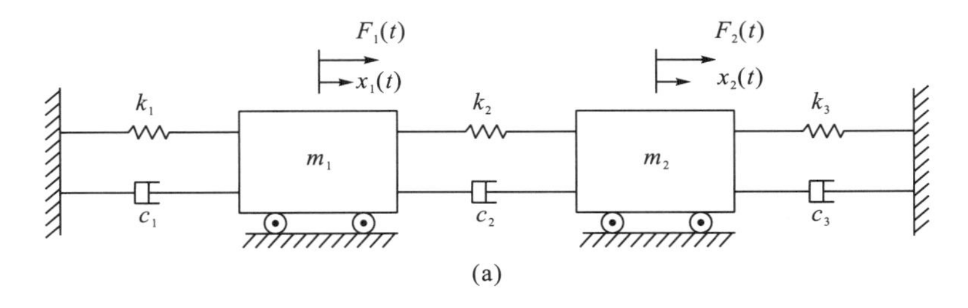

(a)

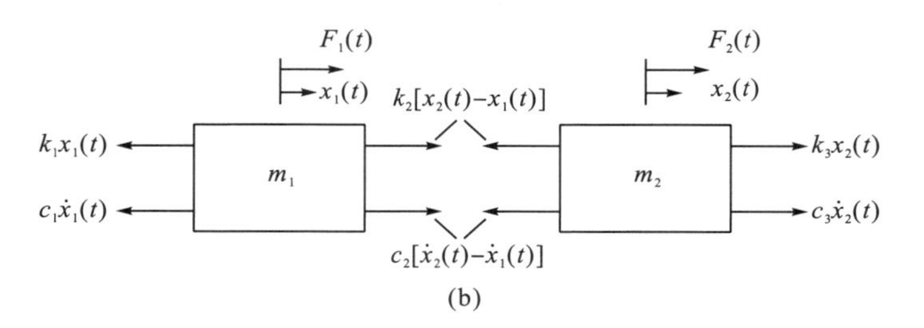

图 2-10　双自由度系统及质量分离体

假定质量 m_1 和 m_2 在任意时刻 t，在分别受到激振力 $F_1(t)$ 和 $F_2(t)$ 的作用下，位于 $x_1(t)$ 和 $x_2(t)$。设运动距离 $x_1(t)$ 和 $x_2(t)$ 很小，可认为系统运动居于线性范围之内。根据牛顿第二定律，得系统的运动微分方程为

$$m_1\ddot{x}_1+(c_1+c_2)\dot{x}_1-c_2\dot{x}_2+(k_1+k_2)x_1-k_2x_2=F_1(t) \tag{2-47}$$

$$m_2\ddot{x}_2-c_2\dot{x}_1+(c_3+c_2)\dot{x}_1-k_2x_1+(k_3+k_2)x_2=F_2(t) \tag{2-48}$$

用矩阵形式表示为

$$[M]\{\ddot{x}\}+[C]\{\dot{x}\}+[K]\{x\}=\{F(t)\} \tag{2-49}$$

式中，

$$[M]=\begin{bmatrix} m_1 & 0 \\ 0 & m_2 \end{bmatrix},\quad [C]=\begin{bmatrix} c_1+c_2 & -c_2 \\ -c_2 & c_2+c_3 \end{bmatrix} \tag{2-50}$$

$$[K]=\begin{bmatrix} k_1+k_2 & -k_2 \\ -k_2 & k_2+k_3 \end{bmatrix} \tag{2-51}$$

$$[\ddot{x}]=\begin{Bmatrix} \ddot{x}_1 \\ \ddot{x}_2 \end{Bmatrix},\quad [\dot{x}]=\begin{Bmatrix} \dot{x}_1 \\ \dot{x}_2 \end{Bmatrix},\quad [x]=\begin{Bmatrix} x_1 \\ x_2 \end{Bmatrix} \tag{2-52}$$

$$\{F(t)\}=\begin{Bmatrix} F_1(t) \\ F_2(t) \end{Bmatrix} \tag{2-53}$$

这里，常数矩阵[M]、[C]、[K]分别称为质量矩阵、阻尼矩阵和刚度矩阵。而 $\{\ddot{x}\}$ 、$\{\dot{x}\}$ 、$\{x\}$ 和 $\{F(t)\}$ 分别称为加速度矢量、速度矢量、位移矢量和力矢量。

设系统所受的激励为简谐激励，即 $F_1(t)=F_1\mathrm{e}^{\mathrm{i}\omega t}$ 、 $F_2(t)=F_2\mathrm{e}^{\mathrm{i}\omega t}$ ，同时把稳态响应写成

$$x_1(t)=x_1\mathrm{e}^{\mathrm{i}\omega t},x_2(t)=x_2\mathrm{e}^{\mathrm{i}\omega t} \tag{2-54}$$

将式(2-54)代入式(2-49)，并整理得

$$\begin{cases} \left(-\omega^2m_{11}+\mathrm{i}\omega C_{11}+K_{11}\right)x_1+\left(-\omega^2m_{12}+\mathrm{i}\omega C_{12}+K_{12}\right)x_2=F_1 \\ \left(-\omega^2m_{21}+\mathrm{i}\omega C_{21}+K_{21}\right)x_1+\left(-\omega^2m_{22}+\mathrm{i}\omega C_{22}+K_{22}\right)x_2=F_2 \end{cases} \tag{2-55}$$

设

$$Z_{ij}(\omega)=-\omega^2m_{ij}+\mathrm{i}\omega C_{ij}+K_{ij}\quad (i,\ j=1,\ 2) \tag{2-56}$$

式中，

$$m_{12}=m_{21}，\ C_{12}=C_{21}，\ K_{12}=K_{21}$$

复函数 Z_{ij} 通称为阻抗，于是方程(2-55)可写成紧凑的矩阵形式：

$$\left[Z(\omega)\right]\{x\}=\{F\} \tag{2-57}$$

式中，$\left[Z(\omega)\right]$ 为阻抗矩阵；$\{x\}$ 为位移(振幅)矩阵；$\{F\}$ 为激励矩阵。

由式(2-57)可得

$$\{x\}=\left[Z(\omega)\right]^{-1}\{F\} \tag{2-58}$$

式中，逆阵 $\left[Z(\omega)\right]^{-1}$ 可写成如下形式：

$$[Z(\omega)]^{-1}=\frac{1}{\left|[Z(\omega)]^{-1}\right|}\begin{bmatrix} Z_{22}(\omega) & -Z_{12}(\omega) \\ -Z_{12}(\omega) & Z_{11}(\omega)\end{bmatrix}=\frac{1}{Z_{11}(\omega)Z_{22}(\omega)-Z_{12}^2(\omega)}\begin{bmatrix} Z_{22}(\omega) & -Z_{12}(\omega) \\ -Z_{12}(\omega) & Z_{11}(\omega)\end{bmatrix} \tag{2-59}$$

将式(2-59)代入式(2-58)，再经乘法运算，即可得

$$\begin{cases} x_1(\omega)=\dfrac{Z_{22}(\omega)F_1+Z_{12}(\omega)F_2}{Z_{11}(\omega)Z_{22}(\omega)-Z^2{}_{12}(\omega)} \\ x_2(\omega)=\dfrac{-Z_{12}(\omega)F_1+Z_{11}(\omega)F_2}{Z_{11}(\omega)Z_{22}(\omega)-Z^2{}_{12}(\omega)} \end{cases} \tag{2-60}$$

给定一组系数参数，利用式(2-60)便可将 $x_1(\omega)$、$x_2(\omega)$ 画成与 ω 函数的关系图，这样便得到对任何激励频率 ω 的响应数值。

方程(2-57)、方程(2-58)同样可用于多自由度系统，那时阻抗矩阵 $Z(\omega)$ 为 n 阶方阵，$Z(\omega)$ 中的各元素为

$$Z_{ij}(\omega)=-\omega^2 m_{ij}+\mathrm{i}\omega C_{ij}+K_{ij} \quad (i，j=1，2，\cdots，n)$$

3. 传递力与绝对传递系数

在有阻尼情况下，传至基座的传递力由两部分组成，如图2-6所示。一部分为弹簧力 $F_{\mathrm{t}}=kx_0$，另一部分为阻尼力 $F_{\mathrm{c}}=cx_0\omega$，且两者之间相差90° 相位角，因此需要矢量合成，其矢量和(图2-11)为

$$F_T=kx+cx=F_{T_0}\sin(\omega t-\psi) \tag{2-61}$$

式中，

$$F_{T_0}=\sqrt{(kx_0)^2+(cx_0\omega)^2}=x_0\sqrt{k^2+(c\omega)^2} \tag{2-62}$$

或

$$F_{T_0}=F_0\frac{\sqrt{1+4\zeta^2\dfrac{\omega^2}{\omega_{\mathrm{n}}^2}}}{\sqrt{\left(1-\dfrac{\omega^2}{\omega_{\mathrm{n}}{}^2}\right)^2+4\zeta^2\dfrac{\omega^2}{\omega_{\mathrm{n}}^2}}} \tag{2-63}$$

相位角 ψ 为传递力与 F_{T_0} 滞后扰动力 F_0 的角度，由图2-11可知

$$\psi=\varphi-\beta \tag{2-64}$$

式中，

$$\varphi=\arctan\frac{2\zeta\dfrac{\omega}{\omega_n}}{1-\dfrac{\omega^2}{\omega_n^{\ 2}}},\qquad \beta=\arctan\frac{c\omega}{k}$$

将 φ 与 β 值代入上式得

$$\psi=\arctan\frac{2\zeta\left(\dfrac{\omega}{\omega_n}\right)^2}{1-\dfrac{\omega^2}{\omega_n^{\ 2}}+4\zeta^2\dfrac{\omega^2}{\omega_n^{\ 2}}} \tag{2-65}$$

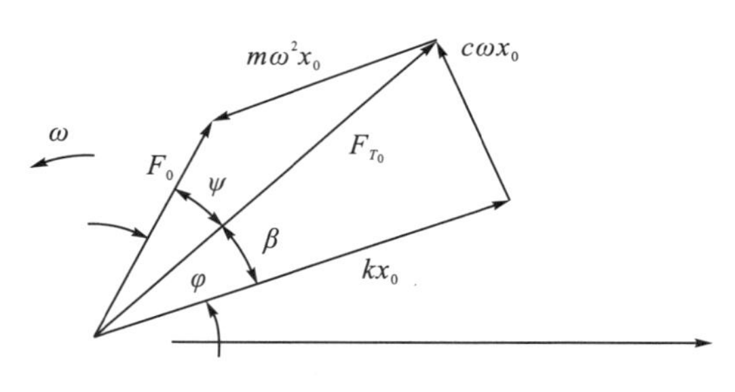

图 2-11 矢量合成图

若以绝对传递系数 T_A 代之以传至基座的传递力 F_{T_0}，则

$$T_A=\frac{F_{T_0}}{F_0}=\frac{\sqrt{1+4\zeta^2\dfrac{\omega^2}{\omega_n^{\ 2}}}}{\sqrt{\left(1-\dfrac{\omega^2}{\omega_n^{\ 2}}\right)+4\zeta\dfrac{\omega^2}{\omega_n^{\ 2}}}} \tag{2-66}$$

式中，ω/ω_n、ζ、T_A 诸参数之间的关系如图 2-12 所示。图中，η 为隔振效率曲线，表示系统在不同频率比情况下的隔振效果。

由图 2-12 可得出如下几点结论：

(1) 无论阻尼比 ζ 大小如何，只要 $\dfrac{\omega}{\omega_n}>\sqrt{2}$，则 $T_A<1$（称为隔振区）。即欲达到隔振的目的，必须使干扰力频率 ω 与隔振后的系统固有频率之比大于 $\sqrt{2}$。

(2) 当 $\dfrac{\omega}{\omega_n}>\sqrt{2}$ 时，T_A 随着 $\dfrac{\omega}{\omega_n}$ 的增大而减小，即随着 $\dfrac{\omega}{\omega_n}$ 逐步增大，隔振效果越来越好。$\dfrac{\omega}{\omega_n}$ 大，即 $\omega_n=\sqrt{\dfrac{k}{m}}$ 小。对固定在船上的发动机可用减小系统的支承刚度来实现。但支承刚度太小，静变形过大，稳定性差，容易摇晃。另外，由图 2-12 可以看出，当 $\dfrac{\omega}{\omega_n}>5$

以后，隔振效率曲线η几乎趋于水平，即再增大ω与ω_n的比值，并不能得到更好的隔振效果。

(3) 由于阻尼存在，T_A值随频率比的变化是连续的，不同阻尼下的所有曲线是连续的，且相交于$\dfrac{\omega}{\omega_n}=\sqrt{2}$处。当$\dfrac{\omega}{\omega_n}<\sqrt{2}$时，$T_A>1$，表示基座受到的传递力比干扰力放大$T_A$倍。在$\dfrac{\omega}{\omega_n}=1$时，传递力最大。当$\dfrac{\omega}{\omega_n}<\sqrt{2}$时，随着阻尼比的增加，$T_A$减小，特别在共振区更明显。当$\dfrac{\omega}{\omega_n}>\sqrt{2}$时，$T_A$随着阻尼比的增加而增大，隔振效果降低。

(4) 当$\zeta=0$时，则$T_A=T_M$，$T_{A\max}$发生在$\dfrac{\omega}{\omega_n}=1$处；当$\zeta>0$时，则$T_{A\max}$发生在$\dfrac{\omega}{\omega_n}$略小于1处。各阻尼比下$T_{A\max}$值的连线如图2-12中虚线所示。

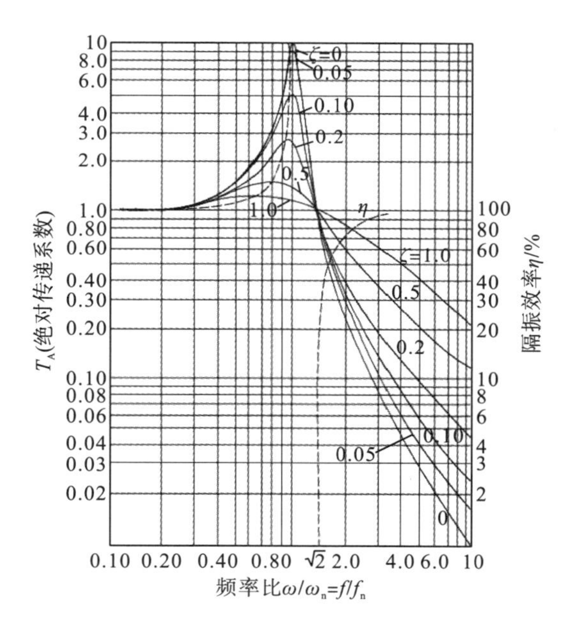

图2-12　绝对传递系数的幅频相频特性曲线

当阻尼比较小时，绝对传递系数的最大值为

$$T_{A\max}\approx\frac{1}{2\zeta}=\frac{C_c}{2c} \tag{2-67}$$

当振动系统为无阻尼系统（$\zeta=0$或$\zeta\to0$）时，隔振区的绝对传递系数T_A与运动响应系数相同，即

$$T_A=T_M=\frac{1}{\left(\dfrac{\omega}{\omega_n}\right)^2-1}=\frac{1}{\left(\dfrac{f}{f_n}\right)^2-1}\quad(\zeta=0) \tag{2-68}$$

在知道扰动力谐振频率 f 后，要求达到一定隔振效率 η 时，系统的固有频率可由式(2-69)计算：

$$f_{\mathrm{n}}=\frac{\omega_{\mathrm{n}}}{2\pi}=f\sqrt{\frac{1}{1+\frac{1}{T_{\mathrm{A}}}}}=f\sqrt{\frac{1}{1+\frac{1}{1-\eta}}} \tag{2-69}$$

第二节　振动响应分析方法

关于二阶常微分方程组的解法，原则上可利用求解常微分方程组的常用方法(如Runge-Kutta 方法)求解，但是在有限元动力分析中，因为矩阵阶数很高，一般是不经济的，所以少数有效的方法可分为两类，即直接积分法和振型叠加法。

直接积分法是直接对运动方程进行积分。而振型叠加法是首先求解无阻尼的自由振动方程，即动力特性方程，然后用解得的特征矢量，即固有振型对运动方程进行变换。如果阻尼矩阵是振型阻尼矩阵，则变换后的运动方程，各自由度是互不耦合的。最后对各个自由度的运动方程进行积分并叠加，得到问题的解答。

一、直接积分法

直接积分是指对运动方程不进行方程形式的变换而直接进行逐步数值积分。通常的直接积分法是基于两个概念，一是将在求解域 $0<t<T$ 内的任何时刻 t 都应满足运动方程的要求，代之仅在一定条件下近似地满足运动方程，例如，可以仅在相隔 Δt 的离散时间点满足运动方程；二是在一定数目的 Δt 区域内，假设位移 x、速度 $\dot{x}$、加速度 $\ddot{x}$ 的函数形式进行逐步数值求解。

在以下讨论中，假定时间 $t=0$ 的位移 x_0、速度 $\dot{x}_0$、加速度 $\ddot{x}_0$ 已知；并假定时间求解域 $0\sim T$ 等分为 n 个时间间隔 Δt $(=T/n)$。在讨论具体算法时，假定0、Δt、$2\Delta t$、…、t 时刻的解已经求得，计算的目的在于求 $t+\Delta t$ 时刻的解。由此求解过程建立起求解所有离散时间点的解的一般算法步骤。

1. 中心差分法

对于数学上是二阶常微分方程组的运动方程式，理论上不同的有限差分表达式都可以用来建立它的逐步积分公式。但是从计算效率考虑，这里仅介绍在求解某些问题时很有效的中心差分法。在中心差分法中，加速度和速度可以用位移表示，即

$$\ddot{x}_t=\frac{1}{\Delta t^2}(x_{t-\Delta t}-2x_t+x_{t+\Delta t}) \tag{2-70}$$

$$\dot{x}_t=\frac{1}{2\Delta t}(-x_{t-\Delta t}+x_{t+\Delta t}) \tag{2-71}$$

时间 $t+\Delta t$ 的位移解答 $x_{t+\Delta t}$，可由时间 t 的运动方程得到，即由

$$M\ddot{x}_t + C\dot{x}_t + Kx_t = Q_t \tag{2-72}$$

得到。为此将式(2-70)和式(2-71)代入式(2-72)即可得到中心差分法的递推公式：

$$\left(\frac{1}{\Delta t^2}M + \frac{1}{2\Delta t}C\right)x_{t+\Delta t} = Q_t - \left(K - \frac{2}{\Delta t^2}M\right)x_t - \left(\frac{1}{\Delta t^2}M - \frac{1}{2\Delta t}C\right)x_{t-\Delta t} \tag{2-73}$$

若已经求得 $x_{t-\Delta t}$ 和 x_t，则从式(2-73)可以进一步解出 $x_{t+\Delta t}$。因此，式(2-73)是求解各个离散时间点的递推公式，这种数值积分方法又称逐步积分法。需要指出的是，该算法有一个起步问题。因此，当 t=0 时，为了计算 $x_{\Delta t}$，除从初始条件已知的 x_0 以外，还需要知道 $x_{-\Delta t}$，所以必须用一专门的起步方法。为此利用式(2-70)和式(2-71)可以得到

$$x_{-\Delta t} = x_0 - \Delta t\dot{x}_0 + \frac{\Delta t^2}{2}\ddot{x}_0 \tag{2-74}$$

式中，x_0 和 $\dot{x}_0$ 可以从给定的初始条件得到，而 $\ddot{x}_0$ 则可以利用 t=0 时的运动方程式(2-72)得到：

$$\ddot{x}_0 = M^{-1}(Q_0 - C\dot{x}_0 - Kx_0) \tag{2-75}$$

至此，可将利用中心差分法逐步求解运动方程的算法步骤归结如下。

1) 初始计算

(1) 形成刚度矩阵 K、质量矩阵 M 和阻尼矩阵 C。

(2) 给定 x_0、$\dot{x}_0$ 和 $\ddot{x}_0$。

(3) 选择时间步长 Δt，$\Delta t < \Delta t_{\text{cr}}$，并计算积分常数 $c_0 = \frac{1}{\Delta t^2}$，$c_1 = \frac{1}{2\Delta t}$，$c_2 = 2c_0$，$c_3 = \frac{1}{c_2}$。

(4) 计算 $x_{-\Delta t} = x_0 - \Delta t\dot{x}_0 + c_3\ddot{x}_0$。

(5) 形成有效质量矩阵 $\hat{M} = c_0M + c_1C$。

(6) 三角分解 $\hat{M}$：$\hat{M} = LDL^{\text{T}}$。

2) 对于每一时间步长 $(t = 0, \Delta t, 2\Delta t, \cdots)$

(1) 计算时间 t 的有效载荷：

$$\hat{Q}_t = Q_t - (K - c_2M)x_t - (c_0M - c_1C)x_{t-\Delta t} \tag{2-76}$$

(2) 求解时间 $t+\Delta t$ 的位移：

$$LDL^{\text{T}}x_{t+\Delta t} = \hat{Q}_t \tag{2-77}$$

(3) 如果需要，计算时间 t 的加速度和速度：

$$\ddot{x}_t = c_0(x_{t-\Delta t} - 2x_t + x_{t+\Delta t}) \tag{2-78}$$

$$\dot{x}_t = c_1(-x_{t-\Delta t} + x_{t+\Delta t}) \tag{2-79}$$

关于中心差分法还需着重指出以下几点：

(1) 中心差分法是显式算法。这是由于递推公式是从时间 t 的运动方程导出的，因此 K 矩阵不出现在递推公式(2-71)的左端。当 M 是对角矩阵，C 可以忽略，或也是对角矩阵时，利用递推公式求解运动方程时不需要进行矩阵的求逆，仅需要进行矩阵乘法运算以获得方

程右端的有效载荷，然后可用下式得到位移的各个分量

$$x_{t+\Delta t}^{(i)} = \hat{Q}_t^{(i)} / (c_0 M_{ii}) \tag{2-80}$$

或

$$x_{t+\Delta t}^{(i)} = \hat{Q}_t^{(i)} / (c_0 M_{ii} + c_1 C_{ii}) \tag{2-81}$$

式中，$x_{t+\Delta t}^{(i)}$ 和 $\hat{Q}_t^{(i)}$ 分别是矢量 $x_{t+\Delta t}$ 和 $\hat{Q}_t$ 的第 i 分量，M_{ii} 和 C_{ii} 分别是矩阵 M 和 C 的第 i 个对角元素，并假定 $M_{ii}>0$，$C_{ii}>0$。

显式算法的上述优点在非线性分析中将更有意义。因为非线性分析中，每个增量步的刚度矩阵是修改了的。这时采用显式算法，避免了矩阵求逆的运算，计算上的好处更加明显。

(2) 中心差分法是条件稳定算法。即利用它求解具体问题时，时间步长 Δt 必须小于由该问题求解方程性质所决定的某个临界值 Δt_{cr}，否则算法将是不稳定的。

(3) 显式算法用于求解由梁、板、壳等结构单元组成系统的动态响应时，如果对角化后的质量矩阵 M 中已略去了与转动自由度相关的项，则 M 的实际阶数（即 M 的秩）仅是对于位移自由度的阶数。这时，为了使显式算法能够进行，刚度矩阵 K 的阶数应和质量矩阵 M 的阶数相同。为此，可以考虑采用主从自由度方法将转动自由度作为从自由度在单元层次就凝聚掉。

(4) 中心差分法比较适用于由冲击、爆炸类型载荷引起的波传播问题的求解。因为当介质的边界或内部某个小的区域受到初始扰动以后，是按一定的波速 C 逐步向介质内部和周围传播的。如果分析递推公式(2-71)，将发现当 M 和 C 是对角矩阵，即算式是显式时，若给定某些节点的初始扰动（即给定 x 的某些分量为非零值），在经过一个时间步长 Δt 后，和它们相关的节点（在 K 中处于同一带宽内的节点）将进入运动，即 x 中和这些节点对应的分量将成为非零量。随着时间的推移，其他节点将按此规律依次进入运动。此特点正好和波传播的特点相一致。但是从算法方面考虑，为了得到正确的答案，每一时间步长 Δt 中，网格内与新进入计算的节点相应的几何区域的扩大应大于波传播范围的扩大（$C\Delta t$），因此时间步长需要受到限制，即小于临界步长 Δt_{cr}。另外，当研究高频成分起重要作用的波传播过程时，为了得到有意义的解答，必须采用小的时间步长。这也是和中心差分法的时间步长需要受临界步长限制的要求相一致的。

反之，对于结构动力学问题，一般来说，采用中心差分法就不太适合。这是因为结构的动力响应中通常低频成分是主要的，从计算精度考虑，允许采用较大的时间步长，不必因 Δt_{cr} 的限制而使时间步长太小。同时，动力响应问题中时间域的尺度通常远大于波传播问题时间域的尺度，若时间步长太小，则计算工作量将非常庞大。因此，对于结构动力学问题，通常采用无条件稳定的隐式算法，此时的时间步长主要取决于精度要求。以下介绍的 Newmark 方法是应用最为广泛的一种隐式算法。

2. Newmark 方法

在 $t \sim t+\Delta t$ 的时间区域内，Newmark 方法采用下列假设，即

$$\dot{x}_{t+\Delta t}=\dot{x}_t+[(1-\delta)\ddot{x}_t+\delta\ddot{x}_{t+\Delta t}]\Delta t \tag{2-82}$$

$$x_{t+\Delta t}=x_t+\dot{x}_t\Delta t+\left[\left(\frac{1}{2}-\alpha\right)\ddot{x}_t+\alpha\ddot{x}_{t+\Delta t}\right]\Delta t^2 \tag{2-83}$$

式中，α 和 δ 是按积分精度和稳定性要求确定的参数。另外，α 和 δ 取不同数值代表不同的数值积分方案。当 $\alpha=1/6$ 和 $\delta=1/2$ 时，式(2-82)和式(2-83)相应于线性加速度法，因为这时它们可以由时间间隔 Δt 内线性假设的加速度表达式的积分得到。

$$\ddot{x}_{t+\tau}=\ddot{x}_t+(\ddot{x}_{t+\Delta t}-\ddot{x}_t)\tau/\Delta t \quad (0\leqslant\tau\leqslant\Delta t) \tag{2-84}$$

当 $\alpha=1/4$ 和 $\delta=1/2$ 时，Newmark 方法相应于常平均加速度法这样一种无条件稳定的积分方案。此时，Δt 内的加速度为

$$\ddot{x}_{t+\tau}=\frac{1}{2}\ddot{x}_t+\ddot{x}_{t+\Delta t} \tag{2-85}$$

和中心差分法不同，Newmark 方法中的时间 $t+\Delta t$ 的位移解答 $x_{t+\Delta t}$ 是通过满足时间 $t+\Delta t$ 的运动方程得到的，即由

$$M\ddot{x}_{t+\Delta t}+C\dot{x}_{t+\Delta t}+Kx_{t+\Delta t}=Q_{t+\Delta t} \tag{2-86}$$

得到。为此，首先从式(2-83)解得

$$\ddot{x}_{t+\Delta t}=\frac{1}{\alpha\Delta t^2}(x_{t+\Delta t}-x_t)-\frac{1}{\alpha\Delta t}\dot{x}_t-\left(\frac{1}{2\alpha}-1\right)\ddot{x}_t \tag{2-87}$$

将式(2-87)代入式(2-82)，然后再一并代入式(2-86)，则得到由 x_t、$\dot{x}_t$、$\ddot{x}_t$ 计算 $x_{t+\Delta t}$ 的两步递推公式：

$$\begin{aligned}\left(K+\frac{1}{\alpha\Delta t^2}M+\frac{\delta}{\alpha\Delta t}C\right)x_{t+\Delta t}=&Q_{t+\Delta t}+M\left[\frac{1}{\alpha\Delta t^2}x_t+\frac{1}{\alpha\Delta t}\dot{x}_t+\left(\frac{1}{2\alpha}-1\right)\ddot{x}_t\right]\\&+C\left[\frac{\delta}{\alpha\Delta t}x_t+\left(\frac{\delta}{\alpha}-1\right)\dot{x}_t+\left(\frac{\delta}{2\alpha}-1\right)\Delta t\ddot{x}_t\right]\end{aligned} \tag{2-88}$$

至此，可将利用 Newmark 方法逐步求解运动方程的算法步骤归结如下。

1) 初始计算

(1) 形成刚度矩阵 K、质量矩阵 M 和阻尼矩阵 C。

(2) 给定 x_0、$\dot{x}_0$ 和 $\ddot{x}_0$（$\ddot{x}_0$ 由式(2-75)得到）。

(3) 选择时间步长 Δt 及参数 α 和 δ，并计算积分常数。

这里要求

$$\delta\geqslant 0.50，\quad \alpha\geqslant 0.25(0.5+\delta)^2$$

$$c_0=\frac{1}{\alpha\Delta t^2}，\quad c_1=\frac{\delta}{\alpha\Delta t}，\quad c_2=\frac{1}{\alpha\Delta t}，\quad c_3=\frac{1}{2\alpha}-1$$

$$c_4=\frac{\delta}{\alpha}-1，\quad c_5=\frac{\Delta t}{2}\left(\frac{\delta}{\alpha}-2\right)，\quad c_6=\Delta t(1-\delta)，\quad c_7=\delta\Delta t$$

(4) 形成有效刚度矩阵 $\hat{K}$：$\hat{K}=K+c_0M+c_1C$。

(5) 三角分解 $\hat{K}$：$\hat{K}=LDL^{\mathrm{T}}$。

2) 对于每一时间步长($t=0,\Delta t,2\Delta t,\cdots$)

(1) 计算时间$t+\Delta t$的有效载荷：

$$\hat{Q}_{t+\Delta t}=Q_{t+\Delta t}+M(c_0x_t+c_2\dot{x}_t+c_3\ddot{x}_t)+C(c_1x_t+c_4\dot{x}_t+c_5\ddot{x}_t) \tag{2-89}$$

(2) 求解时间$t+\Delta t$的位移：

$$LDL^{\mathrm{T}}x_{t+\Delta t}=\hat{Q}_{t+\Delta t} \tag{2-90}$$

(3) 计算时间$t+\Delta t$的加速度和速度：

$$\ddot{x}_{t+\Delta t}=c_0(x_{t+\Delta t}-x_t)-c_2\dot{x}_t-c_3\ddot{x}_t \tag{2-91}$$

$$\dot{x}_{t+\Delta t}=\dot{x}_t+c_6\ddot{x}_t-c_7\ddot{x}_{t+\Delta t} \tag{2-92}$$

关于 Newmark 方法还需指出以下几点：

(1) Newmark 方法是隐式算法。从循环求解公式(2-88)可见，有效刚度矩阵$\hat{K}$中包含了矩阵K，而K总是非对角的，因此在求解$x_{t+\Delta t}$时，$\hat{K}$的求逆是必须的(当然，在等步长的线性分析中只需分解一次)。这是由于在导出式(2-88)时，利用了$t+\Delta t$时刻的运动方程式(2-86)。

(2) 关于 Newmark 方法的稳定性。当$\delta\geqslant 0.50$和$\alpha\geqslant 0.25(0.5+\delta)^2$时，算法是无条件稳定的，即时间步长$\Delta t$的大小不影响解的稳定性。此时，$\Delta t$的选择主要根据解的精度要求确定，具体说可根据对结构响应有主要贡献的若干固有振型的周期来确定。例如，可选择Δt为其中最小周期T_{p}的若干分之一(通常可选择 1/20～1/10)。一般来说，T_{p}比系统的最小振动固有周期T_{n}大得多。因此，无条件稳定的隐式算法以$\hat{K}$求逆为代价换得了可以采用比有条件稳定的显式算法大得多的时间步长Δt。这使 Newmark 方法特别适合于时程较长的系统瞬态响应分析。而且采用较大的Δt还可以滤掉高阶不精确特征解对系统响应的影响。

二、振型叠加法

分析直接积分法的计算步骤可以看到，对于每一时间步长，其运算次数和半带宽 b 与自由度数 n 的乘积成正比。如果采用有条件稳定的中心差分法，还要求时间步长Δt比系统最小的固有振动周期T_{n}小得多(例如，$\Delta t=T_{\mathrm{n}}/10$)。当$b$较大且时间历程$T\gg T_{\mathrm{n}}$时，计算将是很费时的。而振型叠加法在一定条件下正是一种好的替代，可以取得比直接积分法高的计算效率。其要点是在积分运动方程以前，利用系统自由振动的固有振型将方程组转换为n个相互不耦合的方程(即b=1 的方程组)，对这种方程可以解析或数值地进行积分。当采用数值方法时，对于每个方程可以采取各自不同的时间步长，即对于低阶振型可采用较大的时间步长。这两者结合起来相对于直接积分法是很大的优点，因此当实际分析的时间历程较长，同时只需要少数较低阶振型的结果时，采用振型叠加法将是十分有利的。利用振型叠加法求解动态响应问题的运动方程由两个步骤组成：求解系统的固有频率和固有振型；求解系统的动力响应。

1. 求解系统的固有频率和固有振型

此计算步骤是求解不考虑阻尼影响的系统自由振动方程，即

$$M\ddot{x}(t)+Kx(t)=0 \tag{2-93}$$

它的解可以假设为以下形式：

$$x=\phi\sin[\omega(t-t_0)] \tag{2-94}$$

式中，ϕ 是 n 阶向量；ω 是向量 ϕ 的振动频率；t 是时间变量；t_0 是由初始条件确定的时间常数。

将式(2-94)代入式(2-93)，就得到一个广义特征值问题，即

$$K\phi-\omega^2M\phi=0 \tag{2-95}$$

求解以上方程可以确定 ϕ 和 ω，结果得到 n 个特征解 (ω_1^2,ϕ_1)、(ω_2^2,ϕ_2)、…、(ω_n^2,ϕ_n)，其中特征值 ω_1、ω_2、…、ω_n 代表系统的 n 个固有频率，并有

$$0\leqslant\omega_1<\omega_2<\cdots<\omega_n \tag{2-96}$$

特征向量 ϕ_1、ϕ_2、…、ϕ_n 代表系统的 n 个固有振型。它们的幅度可按以下要求规定

$$\phi_i^{\mathrm{T}}M\phi_i=1 \quad (i=1,2,\cdots,n) \tag{2-97}$$

这样规定的固有振型又称为正则振型，今后所用的固有振型，只指这种正则振型。以下阐述固有振型的性质。

将特征解 (ω_i^2,ϕ_i)、(ω_j^2,ϕ_j) 代回方程式(2-95)，得到

$$K\phi_i=\omega_i^2M\phi_i,\ K\phi_j=\omega_j^2M\phi_j \tag{2-98}$$

将式(2-98)前一式两端前乘以 ϕ_j^{T}，后一式两端前乘以 ϕ_i^{T}，并由 K 和 M 的对称性推知

$$\phi_j^{\mathrm{T}}K\phi_i=\phi_i^{\mathrm{T}}K\phi_j \tag{2-99}$$

所以可以得到

$$(\omega_i^2-\omega_j^2)\phi_j^{\mathrm{T}}M\phi_i=0 \tag{2-100}$$

由式(2-100)可见，当 $\omega_i\neq\omega_j$ 时，必有

$$\phi_j^{\mathrm{T}}M\phi_i=0 \tag{2-101}$$

式(2-101)表明固有振型对于矩阵 M 是正交的。可将固有振型对于 M 的正则正交性质表示为

$$\phi_i^{\mathrm{T}}M\phi_j=\begin{cases}1 & (i=j)\\0 & (i\neq j)\end{cases} \tag{2-102}$$

将式(2-102)代回式(2-98)，可得

$$\phi_i^{\mathrm{T}}K\phi_j=\begin{cases}\omega_i^2 & (i=j)\\0 & (i\neq j)\end{cases} \tag{2-103}$$

如果定义

$$\phi=[\phi_1\quad\phi_2\quad\cdots\quad\phi_n] \tag{2-104}$$

$$\Omega=\begin{bmatrix}\omega_1^2 & & & & 0\\ & \omega_2^2 & & & \\ & & \ddots & & \\ & & & \ddots & \\ 0 & & & & \ddots \\ & & & & & \omega_n^2\end{bmatrix} \tag{2-105}$$

则特征解的性质还可以表示成

$$\Phi^{\mathrm{T}}M\Phi=I,\quad \Phi^{\mathrm{T}}K\Phi=\Omega \tag{2-106}$$

Φ 和 Ω 分别称为固有振型矩阵和固有频率矩阵。利用它们，原特征值问题可表示为

$$K\Phi=M\Phi\Omega \tag{2-107}$$

应指出的是，在有限元分析中，特别是在动力分析中，方程的阶数，即系统的自由度数 n 很高。但是无论是求解系统的动力特性本身还是进一步求解系统的动力响应，实际需要求解的特征解的个数通常是远小于系统自由度数 n 的。这类方程阶数很高而求解的特征解又相对较少的特征值问题，称为大型特征值问题。

2. 求解系统的动力响应

1）位移基向量的变换

引入变换

$$x(t)=\Phi x(t)=\sum_{i=1}^{n}\phi_i x_i \tag{2-108}$$

式中，

$$x(t)=\begin{bmatrix}x_1 & x_2 & \cdots & x_n\end{bmatrix}^{\mathrm{T}} \tag{2-109}$$

此变换的意义是将 $x(t)$ 看成 $\phi_i(i=1,2,\cdots,n)$ 的线性组合，ϕ_i 可以看成广义的位移基向量，x_i 是广义的位移值。从数学上看，是将位移向量 $x(t)$ 从以有限元系统的节点位移为基向量（又称为物理坐标）的 n 维空间转换到以 ϕ_i 为基向量（又称为振型坐标或模态坐标）的 n 维空间。

将此变换代入运动方程，两端前乘以 Φ^{T}，并注意到 Φ 的正交性，则可得到新基向量空间内的运动方程：

$$\ddot{x}(t)+\Phi^{\mathrm{T}}C\Phi\dot{x}(t)+\Omega x(t)=\Phi^{\mathrm{T}}Q(t)=R(t) \tag{2-110}$$

初始条件也相应地转换成

$$x_0=\Phi^{\mathrm{T}}Ma_0,\quad \dot{x}_0=\Phi^{\mathrm{T}}M\dot{a}_0 \tag{2-111}$$

在式(2-110)中的阻尼矩阵如果是振型阻尼，则从 Φ 的正交性可得

$$\phi_i^{\mathrm{T}}C\phi_j=\begin{cases}2\omega_i\zeta_i & (i=j)\\ 0 & (i\neq j)\end{cases} \tag{2-112}$$

或

$$\boldsymbol{\Phi}^{\mathrm{T}}\boldsymbol{C}\boldsymbol{\Phi}=\begin{bmatrix}2\omega_1\zeta_1 & & & \\ & 2\omega_2\zeta_2 & & 0 \\ 0 & & \ddots & \\ & & & 2\omega_n\zeta_n\end{bmatrix} \tag{2-113}$$

式中，$\zeta_i(i=1,2,\cdots,n)$是第i阶振型阻尼比。在此情况下，式(2-110)就成为n个相互不耦合的二阶常微分方程：

$$\ddot{x}_i(t)+2\omega_i\zeta_i\dot{x}_i(t)+\omega_i^2x_i(t)=r_i(t)\quad(i=1,2,\cdots,n) \tag{2-114}$$

上列每一个方程相当于一个单自由度系统的振动方程，可以比较方便地求解。式中，$r_i(t)=\phi_i^{\mathrm{T}}Q(t)$，是载荷向量$Q(t)$在振型$\phi_i$上的投影。若$Q(t)$是按一定的空间分布模式而随时间变化的，即

$$Q(t)=Q(s,t)=F(s)q(t) \tag{2-115}$$

则有

$$r_i(t)=\phi_i^{\mathrm{T}}F(s)q(t)=f_iq(t) \tag{2-116}$$

式中，引入符号s表示空间坐标；f_i表示$F(s)$在ϕ_i上的投影，是一常数。若$F(s)$和ϕ_i正交，则$f_i=0$，从而得到$r_i(t)\equiv0$，$x_i(t)\equiv0$。这表明结构响应中不包含ϕ_i的成分。亦即$Q(s,t)$不能激起与$F(s)$正交的振型ϕ_i。另外，如果对$q(t)$进行傅里叶(Fourier)分析，可以得到它所包含的各个频率成分及其幅值。根据其中应考虑的最高阶频率ϖ，可以确定对式(2-114)进行积分的最高阶数ω_{p}，例如，选择$\omega_{\mathrm{p}}\approx10\varpi$。综合以上两个因素，通常在实际分析中，需要求解的单自由度方程数远小于系统的自由度数n。

顺便指出，如果C是瑞利(Rayleigh)阻尼，即

$$C=\alpha M+\beta K \tag{2-117}$$

则式(2-113)还提供了一个确定常数α和β的方法。如果根据试验或相近似结构的资料已知两个振型的阻尼比ζ_i和ζ_j，从式(2-112)可以得到两个方程，从而解得常数α和β。

$$\alpha=\frac{2(\zeta_i\omega_j-\zeta_j\omega_i)}{\omega_j^2-\omega_i^2}\omega_i\omega_j \tag{2-118}$$

$$\beta=\frac{2(\zeta_j\omega_j-\zeta_i\omega_i)}{\omega_j^2-\omega_i^2} \tag{2-119}$$

2) 求解单自由度系统振动方程

单自由度系统的振动方程(2-114)的求解，在一般情况下可采用前面讨论的直接积分方法。但在振动分析中常常采用杜阿梅尔(Duhamel)积分，又称为叠加积分。这个方法的基本思想是将任意激振力$r_i(t)$分解为一系列微冲量的连续作用，分别求出系统对每个微冲量的响应，然后根据线性系统的叠加原理，将它们叠加起来，得到系统对任意激振的响应。杜阿梅尔积分的结果是

$$
\begin{aligned}
x_i(t) &= \frac{1}{\omega_i}\int_0^t r_i(\tau)\mathrm{e}^{-\zeta_i\bar{\omega}_i(t-\tau)}\sin\bar{\omega}_i(t-\tau)\mathrm{d}\tau \\
&\quad + \mathrm{e}^{-\zeta_i\bar{\omega}_i t}(a_i\sin\bar{\omega}_i t + b_i\cos\bar{\omega}_i t)
\end{aligned}
\tag{2-120}
$$

式中，$\bar{\omega}_i = \omega_i\sqrt{1-\zeta_i^2}$；$a_i$、$b_i$ 是由起始条件决定的常数。式(2-120)右端前一项代表 $r_i(t)$ 引起的系统强迫振动项，后一项代表在一定起始条件下的系统自由振动项。

当阻尼很小，即 $\zeta_i \to 0$时，$\bar{\omega}_i = \omega_i$，这时杜阿梅尔积分的结果是

$$
x_i(t) = \frac{1}{\omega_i}\int_0^t r_i(\tau)\sin\omega_i(t-\tau)\mathrm{d}\tau + a_i\sin(\omega_i t) + b_i\cos(\omega_i t) \tag{2-121}
$$

在一般情况下，杜阿梅尔积分式(2-120)或式(2-121)也需利用数值积分方法进行计算，但是对于少数简单情形，可以得到解析的结果。

3) 振型叠加得到系统的响应

得到每个振型的响应以后，按式(2-108)将它们叠加起来就得到系统的响应，亦即每个节点的位移是

$$
x(t) = \sum_{i=1}^{n}\phi_i x_i(t) \tag{2-122}
$$

在叙述了振型叠加法的算法步骤以后，对此方法的一些性质和特点可以指出以下几点：

(1) 振型叠加法中，将系统位移转换到以固有振型为基向量的空间，这对系统的性质并无影响，而是以求解广义特征值问题为代价，得到非耦合的 n 个单自由度系统的运动方程。如果在振型叠加法中，对于 n 个单自由度系统的运动方程都进行积分，且采用和直接积分法相同的积分方案及时间步长，则最后通过振型叠加得到的 $a(t)$ 和直接积分法得到的结果在积分方案的误差和计算机舍入误差的范围内将是一致的。

(2) 振型叠加法中对于 n 个单自由度系统运动方程的积分，比对联立方程组的直接积分节省计算时间。另外，如前面已叙及的，通常只要对非耦合运动方程中的一小部分进行积分。例如，只需得到对应于前 p 个特征解的响应，就能很好地近似系统的实际响应。这是由于通常情况下高阶的频率成分对系统的实际响应影响较小。另外，有限元方法中求解特征方程(2-95)得到的高阶特征解和实际情形相差也很大。这是因为有限元的自由度有限，对于低阶特征解近似性较好，而对于高阶特征解近似性则较差，因此，求解高阶特征解的意义不大，而低阶特征解对于结构设计则常常是必需的。但是采用振型叠加法需要增加求解广义特征值问题的计算时间，所以在实际分析中究竟采用哪种方法还应根据具体情况确定。

(3) 对于非线性系统通常必须采用直接积分法。因为此时 $K = K(t)$，所以系统的特征解也将随时间变化，因此无法利用振型叠加法。

第三节　曲轴系统的扭转振动

一、扭转振动的基本概念

在内燃机工作过程中，由于受到气体压力和惯性力的共同作用，内燃机各个机构会受到周期性变化的不平衡力，从而造成振动。此外，内燃机的曲轴在工作过程中还会存在扭转振动，即曲轴在转动的同时，各曲轴段间还会发生周期性相互扭转的振动，其对内燃机运行的稳定性和可靠性会产生十分重要的影响，会导致曲轴疲劳断裂，从而造成重大事故，并会引发其他一系列的问题。因此，人们对扭转振动的研究比较深入，也比较成熟。

1. 产生的现象及原因分析

现象：①发动机在某一转速下发生剧烈抖动，噪声增加，磨损增加，油耗增加，功率下降，严重时发生曲轴扭断。②发动机偏离该转速时，上述现象消失。

原因：①曲轴系统由具有一定弹性和惯性的材料组成，本身具有一定的固有频率。②系统上作用有大小和方向呈周期性变化的干扰力矩。③干扰力矩的变化频率与系统固有频率合拍时，系统产生共振。

2. 研究目的

通过计算找出临界转速、振幅、扭振应力，决定是否采取减振措施，或避开临界转速。

3. 内燃机当量扭振系统的组成与简化

内燃机曲轴扭振系统是曲轴和与曲轴一起运动的有关机件(如活塞、连杆、飞轮、齿轮、带轮、传动轴、风扇、螺旋桨、发电机转子、凸轮轴等)的总称。这些都是连续的体系，有复杂的几何形状，而且有些零件并不是做简单的旋转运动(如活塞、连杆)。在传统的计算方法中，为了便于研究，在保证一定计算精度的前提下，往往要把复杂的系统简化：将非旋转运动简化为旋转运动，将连续分布体系简化为由集中质量和扭转弹性直轴段组成的离散体系。为此，需要换算各机件的转动惯量和扭转刚度，以组成动力学等效离散化多自由度扭振系统。其转化原则是要保证转化前后的系统动力学等效，这样才可以保证两者的固有频率和固有振型基本相同。所说的动力学等效是指固有振动(或自由振动)中两系统的位能和动能对应相等，为此需要将对应的轴段简化为只有惯量而无弹性的集中旋转质量(圆盘)和只有刚度而无惯量的轴。

简单来说，当量扭振系统的组成就是根据动力学等效原则，将当量转动惯量布置在实际轴上有集中质量的地方(如曲拐、飞轮等)；当量轴段刚度与实际轴段刚度等效，但没有质量。这一换算过程实际上就是确定各轴段的弹性参数和惯性参数，并组成便于计算的简化系统的过程。

虽然现在已经广泛应用三维实体设计软件，所有零部件绕任意轴转动惯量、质心、惯性矩等都能利用三维软件方便地求出，但设计者还是有必要了解复杂零件的扭转刚度、转动惯量的换算方法，以便有效地利用各种软件进行动力学计算分析。

二、曲轴系统的激发力矩

1. 作用在内燃机上的单缸扭矩

单缸扭矩 M 由气压力形成的扭矩 M_{g} 和往复惯性力形成的转矩 M_{j} 两部分组成，即 $M = M_{\mathrm{g}} + M_{\mathrm{j}}$，它虽然是周期函数，但变化规律很复杂。但根据傅里叶级数理论，每一个周期函数均可用一个由不同初相位、不同振幅和不同周期的简谐量组成的无穷级数来表达。在一定的精度内，可以用一定项数的有限级数和来逼近。

把图 2-13 所示的转矩周期函数分解为傅里叶级数的工作，称为调和分析或简谐分析。该转矩原是由离散点表示的曲线，横坐标表示将曲轴转角分成 m 等份。假设每一循环的单缸转矩都是一样的，是周期性变化的，根据傅里叶级数理论，这样一个周期函数可以用三角级数和的形式表示为

$$
\begin{aligned}
M &= M_0 + \sum_{k=1}^{k=\infty} M_k^a \sin(\omega_k t + \delta_k) \\
&\approx M_0 + \sum_{k=1}^{n} M_k^a \sin(\omega_k t + \delta_k) \\
&= M_0 + \sum_{k=1}^{n} M_k^a \sin(k\omega_t t + \delta_k)
\end{aligned}
\tag{2-123}
$$

上述过程也称为傅里叶变换，其中，

$$
\begin{cases}
M_k^a = \sqrt{A_k^2 + B_k^2} \\
A_k \approx \dfrac{1}{\pi}\sum\limits_{i=1}^{m} M_i \dfrac{2\pi}{m}\cos(k\alpha_i) = \dfrac{2}{m}\sum\limits_{i=1}^{m} M_i \cos(k\alpha_i) \\
B_k \approx \dfrac{1}{\pi}\sum\limits_{i=1}^{m} M_i \dfrac{2\pi}{m}\sin(k\alpha_i) = \dfrac{2}{m}\sum\limits_{i=1}^{m} M_i \sin(k\alpha_i) \\
M_0 = \dfrac{1}{2\pi}\sum\limits_{i=1}^{m} M_i \dfrac{2\pi}{m} = \dfrac{1}{m}\sum\limits_{i=1}^{m} M_i
\end{cases}
\tag{2-124}
$$

这里为了进行傅里叶变换而将一个周期内的单缸转矩分成了 m 等份。其中，M_0 为平均转矩，$M_k^a \sin\left(k\omega_t t + \delta_k\right)$ 为转矩的第 k 阶谐量，表示该谐量在 2π 周期内变化 k 次，称为简谐次数。

对于二冲程内燃机，曲轴一转即 $T = 2\pi$ 为一个周期，k 为自然数；对于四冲程发动机，曲轴两转即 $T = 4\pi$ 为一个周期。因此，四冲程的简谐次数存在半数阶，即 k=0.5，1，1.5，…。故对于四冲程内燃机，扭矩的简谐分析表达式为

$$
M = M_0 + \sum_{k=0.5}^{n} M_k^a \sin\left(k\omega_t t + \delta_k\right) \tag{2-125}
$$

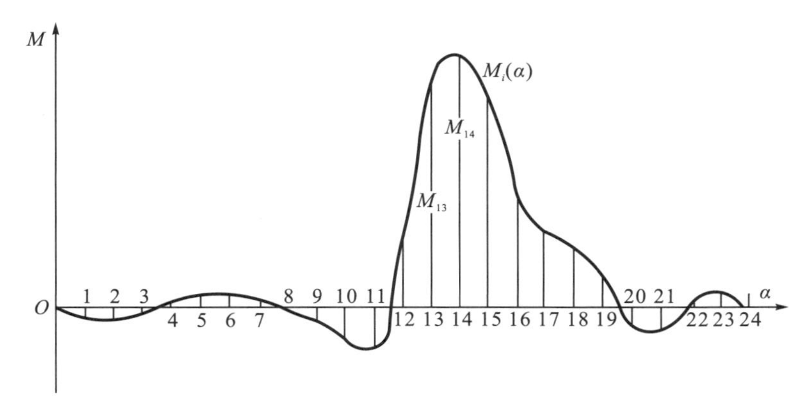

图 2-13　单缸转矩曲线

图 2-14 为一个单缸四冲程内燃机的转矩及各阶简谐分量。可以明显地看出各阶简谐分量在 720°周期内的变化次数及幅值的变化。

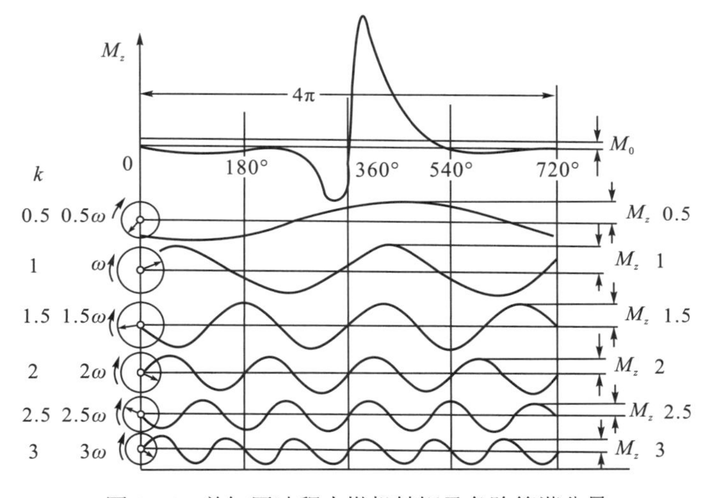

图 2-14　单缸四冲程内燃机转矩及各阶简谐分量

图 2-15 为一个汽油机单缸转矩振幅随阶数变化的直方图。可以看出，随着阶数的增加，幅值总体趋于变小，但是中间有波动。一般取 n=12～24 就能够满足精度要求。

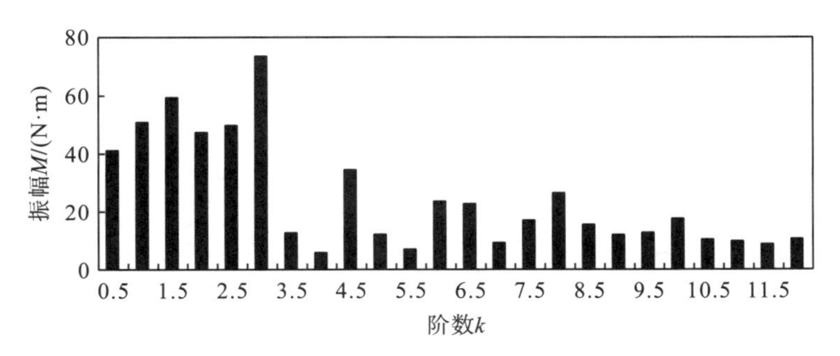

图 2-15　单缸转矩振幅随阶数变化的直方图

从图 2-15 可以看出，此单缸机转矩的第 3 阶谐量振幅值很大，当汽油机为两缸、三缸或六缸时，这一阶都是主谐量，如果引起共振都是比较危险的。

2. 多拐曲轴上第 k 阶力矩谐量的相位关系

多拐曲轴其他拐上的力矩谐量与第一拐上的相同，只是在相位上依工作顺序有所不同。设第一拐上的第 k 阶力矩为

$$M_{ki}=M_{ki}^{a}\sin\left(k\alpha+\delta_{k1}\right)\quad(\alpha=\omega_t t) \tag{2-126}$$

则第 i 拐上的第 k 阶力矩为

$$M_{ki}=M_{ki}^{a}\sin\left[k\left(\alpha-\theta_i\right)+\delta_{k1}\right]=M_{ki}^{a}\sin\left[k\alpha+\left(\delta_{k1}-k\theta_i\right)\right] \tag{2-127}$$

式中，θ_i 为第 i 拐与第一拐的点火间隔角，即第 i 拐上的 k 阶力矩初相位为 $\delta_{ki}=\delta_{kl}-k\theta_i$，第 i 拐与第一拐上 k 阶力矩(幅值)间的相位差为

$$\delta_{ki}-\delta_{kl}=-k\theta_i \tag{2-128}$$

例：六缸四冲程发动机(1—5—3—6—2—4)，求各阶简谐力矩的相位差，并作出相位图。

解：对于四冲程发动机，$k=\frac{1}{2},1,1\frac{1}{2},2,2\frac{1}{2},\cdots$。

第五拐上第 k 阶力矩相位差为 $\delta_{k2}-\delta_{k1}=-k\theta_2=-k\times480°$。

第三拐上第 k 阶力矩相位差为 $\delta_{k3}-\delta_{k1}=-k\theta_3=-k\times240°$。

第六拐上第 k 阶力矩相位差为 $\delta_{k6}-\delta_{k1}=-k\theta_6=-k\times360°$。

第二拐上第 k 阶力矩相位差为 $\delta_{k2}-\delta_{k1}=-k\theta_2=-k\times480°$。

第四拐上第 k 阶力矩相位差为 $\delta_{k4}-\delta_{k1}=-k\theta_4=-k\times600°$。

取 $k=\frac{1}{2},1,1\frac{1}{2},2,2\frac{1}{2},\cdots$，得到相位图如图 2-16 所示。

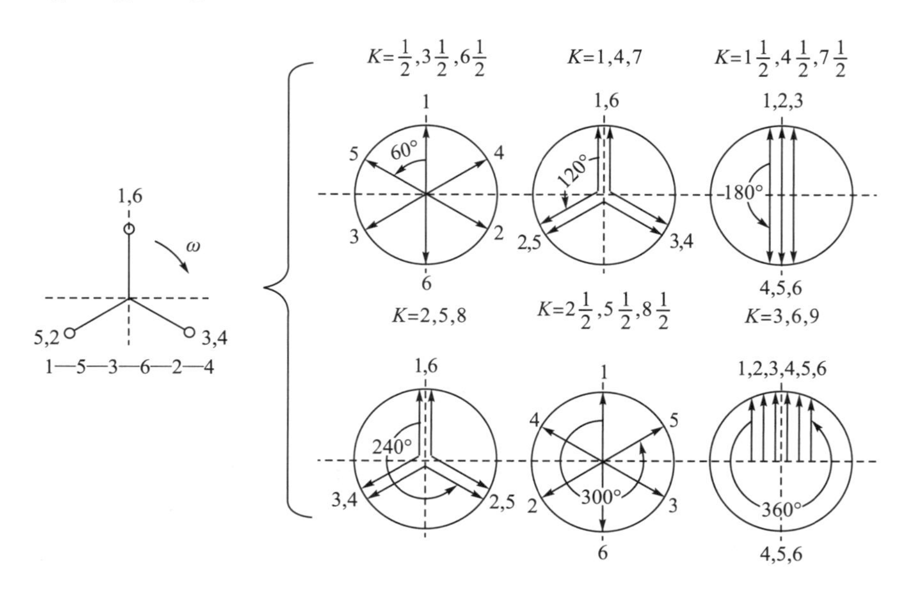

图 2-16　单列四冲程六缸发动机各拐各阶简谐力矩相位图

观察图 2-16，可以得到如下结论：

(1) 当谐量的阶数为曲轴每一转中发火次数的整数倍 $k = m\dfrac{2i}{\tau}$ 时，该阶振幅矢量位于同一方向，可以用代数方法合成，该阶谐量称为主谐量。此时主谐量的相位与发火顺序无关。

(2) 当 $k = \dfrac{i}{\tau}(2m-1)$ 时，各曲拐该阶力矩幅值作用在同一直线上方向不同，称为次主谐量。如上例中的 $k = 1.5, 4.5, 7.5, \cdots$。

(3) 曲拐侧视图有 q 个不同方向的曲拐，则有 $\dfrac{\tau}{2}q$ 个相位图。

三、曲轴系统的强迫振动与共振

1. 临界转速

曲轴与外界干扰力矩“合拍”，产生扭转共振的转速称为临界转速。共振时，有

$$\omega_e = k\omega_t \tag{2-129}$$

$$n_e = kn_t \tag{2-130}$$

计算和分析扭转共振的三个条件为：n_t 在发动机工作转速范围内；一般只考虑 $3 \leqslant k \leqslant 18$ 的情况(图 2-17)，因为当 k 值太大时，对应的谐量幅值 M_k^a 很小；一般只考虑前几阶固有频率。

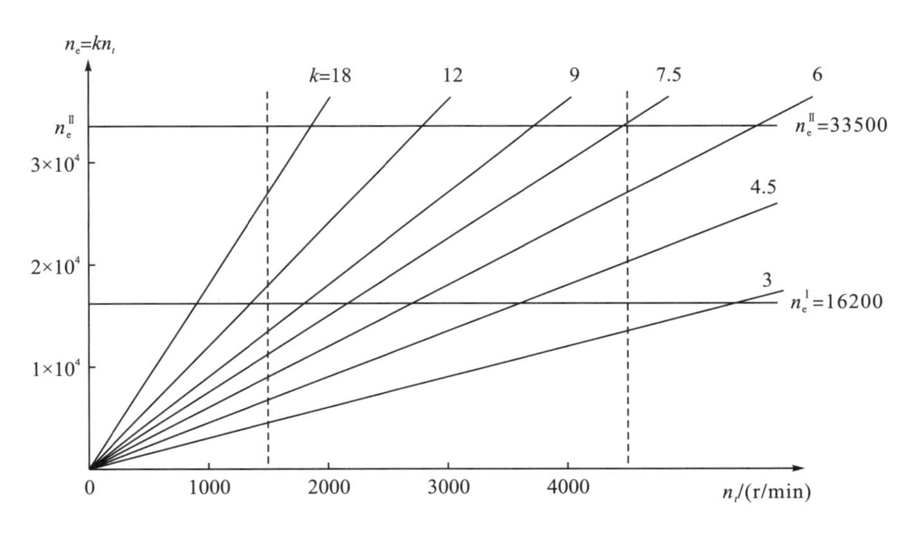

图 2-17　固有频率与发动机转速的简谐关系曲线

2. 曲轴系统的共振计算

假设：由强迫振动引起的共振振型与自由振动的振型相同；只有引起共振的那一阶(第 k 阶)力矩对系统有能量输入；共振时激振力矩所做的功等于曲轴上的阻尼功。

1）激发力矩所做的功

激发力矩为

$$M_{ki}=M_{ki}^{a}\sin\left(k\omega_{t}t+\delta_{ki}\right) \tag{2-131}$$

角位移为

$$\varphi_{ki}=\phi_{i}\sin\left(k\omega_{t}t+\varepsilon\right)=\phi_{1}a_{i}\sin\left(k\omega_{t}t+\varepsilon\right) \tag{2-132}$$

式中，φ_{ki}为角位移；ϕ_1为角振幅。共振时，$k\omega_t=\omega_e$。

第k阶激发力矩在第i个拐上的激振功为

$$\begin{aligned}W_{ki}&=\int_0^{2\pi}M_{ki}\mathrm{d}\varphi_{ki}\\&=\int_0^{2\pi}M_{ki}^{a}\sin\left(\omega_{e}t+\delta_{ki}\right)\mathrm{d}\left[\phi_1 a_i\sin\left(\omega_e t+\varepsilon\right)\right]\\&=\pi M_{ki}^{a}\phi_1 a_i\sin\left(\delta_{ki}-\varepsilon\right)\\&=\pi M_{ki}^{a}\phi_1 a_i\sin\psi_k\end{aligned} \tag{2-133}$$

式中，ψ_k是干扰力矩与振动角位移的相位差。当$\psi_k=0$或π时，$W_{ki}=0$；当$\psi_k=\dfrac{\pi}{2}$时，$W_{ki}=W_{ki\max}$。

第k阶激发力矩对多拐曲轴的激振功为

$$\begin{aligned}W_k&=\pi M_{k1}^{a}\phi_1 a_1\sin\psi_1+\pi M_{k2}^{a}\phi_1 a_2\sin\psi_2+\cdots+\pi M_{kz}^{a}\phi_1 a_z\sin\psi_z\\&=\pi\sum_{i=1}^{z}M_{ki}^{a}\phi_1 a_i\sin\psi_i\\&=\pi M_{k1}^{a}\phi_1\sum_{i=1}^{z}a_i\sin\psi_i\\&=\pi M_{k1}^{a}\phi_1\sin\psi\sum_{i=1}^{z}\overrightarrow{a_i}\end{aligned} \tag{2-134}$$

2）阻尼功

阻尼力矩为

$$M_{\zeta}=-\zeta\dot{\varphi}_i \tag{2-135}$$

角位移为

$$\varphi_i=\phi_i\sin(k\omega_t t+\psi_k)=\phi_1 a_i\sin(k\omega_t t+\psi_k) \tag{2-136}$$

第i拐上的阻尼功为

$$\begin{aligned}W_{\zeta i}&=\int_0^{2\pi}M_{\zeta}\mathrm{d}\varphi_i\\&=-\zeta\phi_i^2(k\omega_t)^2\int_0^{2\pi}\cos^2(k\omega_t t+\psi_k)\mathrm{d}t\\&=-\pi\zeta k\omega_t\phi_i^2\end{aligned} \tag{2-137}$$

多拐曲轴的阻尼功为

$$W_{\zeta} = -\pi\zeta k\omega_t \sum_{i=1}^{z} \phi_i^2 = -\pi\zeta k\omega_t \phi_1^2 \sum_{i=1}^{z} a_i^2 \tag{2-138}$$

3) 共振时的幅值

因为共振时阻尼功等于激振功，激振频率等于固有频率，即

$$W_{\zeta} = W_k \tag{2-139}$$

$$k\omega_t = \omega_e \tag{2-140}$$

所以

$$\phi_1 = \frac{M_k^a \left|\sum_{i=1}^{z} \vec{a}_i\right|}{\zeta\omega_e \sum_{i=1}^{z} a_i^2} \tag{2-141}$$

则由 $\phi_i = \phi_1 a_i$，可以求出所有集中质量的绝对振幅，即集中质量的扭转振动角位移。

4) 共振附加应力

$$\tau_d = \frac{M_{\varphi}}{W_{\tau}} = \frac{C_i(\phi_i - \phi_{i+1})}{W_{\tau}} = \frac{C_i(a_i - a_{i+1})\phi_1}{W_{\tau}} \tag{2-142}$$

第一个角振幅 ϕ_1 是关键参数，应该首先控制，一般 $\phi_1 < 0.3°$。

第四节　内燃机的机体振动

一、采用弹性支承的机体振动计算

1. 支承对振动的影响

支承的位置和型式对机体振动的影响很大，应引起足够重视，下面分别介绍。

1) 支承位置

对支承位置总的要求是：各支承应尽量对称于柴油机的重心，支承面尽量与重心位于同一水平面上。若能满足上述要求，则有如下两方面优点：一是柴油机的 3 个位移振动 x、y、z 和 3 个角振动 α、β、γ 不相耦合，如图 2-18 所示。因此，柴油机的 6 个自由度的固有频率不会由于相互耦合而扩大其范围。在柴油机运转情况下稳定性好，不易出现共振，若存在耦合振动，则机体和支承受力情况以及振型均将发生变化，使问题变得更加复杂。二是支承面与重心在同一水平面上，激振力引起的振动幅值可减小。

在强化柴油机中，常出现曲轴箱体结构强度不够坚固的情况，以致影响柴油机的可靠性和耐用性。为解决此矛盾，以往多采用上曲轴箱下沉的方法，即将上下曲轴箱的结合面和支承面都下移到曲轴中心以下的位置，如图 2-19 所示。这种设计对整机振动十分不利。

如以 8V-150 柴油机为例，将上曲轴箱下沉 50mm，则使得 6 个自由度中最大的固有频率（横摇固有频率）由 15.6Hz 增至 16.4Hz，最小固有频率（横振固有频率）由 3.39Hz 降到 3.23Hz，总的固有频率范围扩大了，这会耦合振动产生的不良后果。

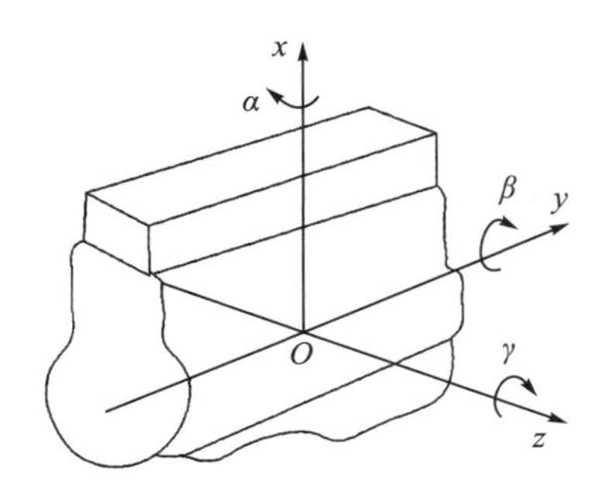

图 2-18 柴油机坐标系

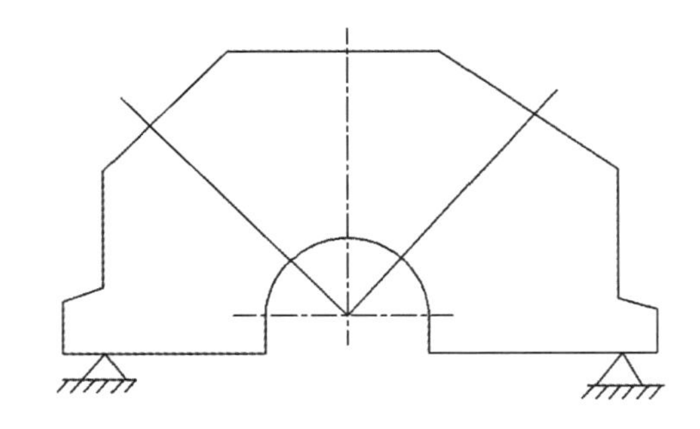

图 2-19 上曲轴箱下沉示意图

2) 支承的型式

柴油机的支承型式多采用平置式和斜置式两种，如图 2-20 所示。

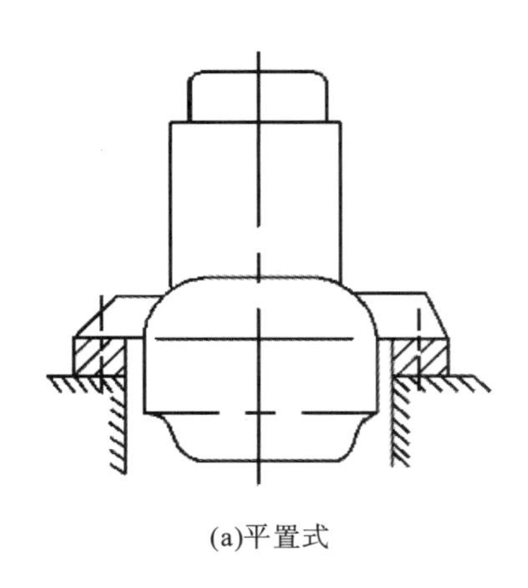

(a)平置式

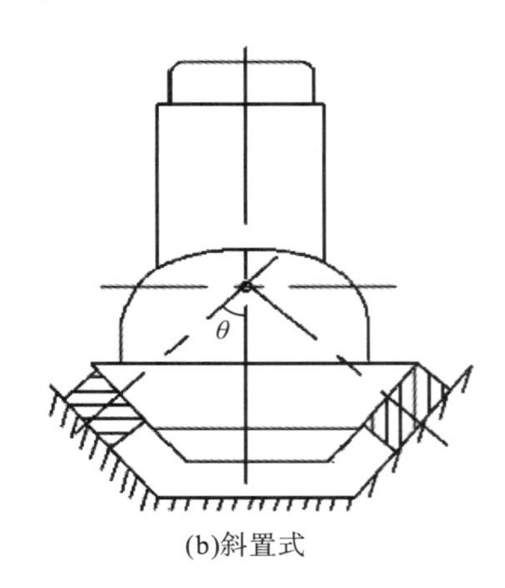

(b)斜置式

图 2-20 柴油机的支承型式

平置式结构简单，安装方便，横向尺寸小。斜置式的减振效果较好，但由于系统的固有频率与 θ 角有关，以及考虑到减振块的剪切变形不宜过大，因而一般取 $\theta < 35°$。对于柴油机重心高度已定、支承面相同的情况下，采用平置式弹性支承和斜置式弹性支承两种不同的支承方式，其固有频率差异很大。

2. 机体单自由度隔振系统的振动计算

机体的隔振属于积极隔振。即隔离动力机械本身的振动，以避免或减小其振动通过支承传到基座，对周围的环境、建筑结构等造成影响。图 2-21 为机体单自由度隔振系统模型。机体上作用一往复扰动力 F，由于减振垫的作用，传到基座上的作用力为 F_t（图 2-21）。

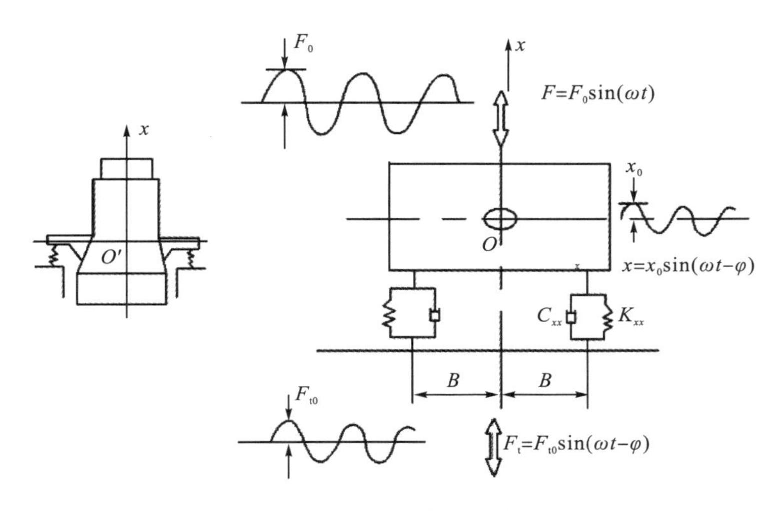

图 2-21　机体单自由度隔振系统模型

1) 扰动力 F

$$F = F_0 \sin(\omega t) \tag{2-143}$$

式中，F_0 为扰动力幅值(N)；ω 为扰动力圆频率(rad/s)。

2) 固有频率 ω_n

在工程技术中一般所谓的固有频率都是指忽略了阻尼而言的，即

$$\omega_n = \sqrt{\frac{K_{xx}}{m}} \tag{2-144}$$

式中，K_{xx} 为弹性支承沿 ox 方向的总的往复运动(N/cm)。如果计及阻尼，则有

$$\omega_{nd} = \omega_n \sqrt{1-\zeta^2} \tag{2-145}$$

一般因隔振材料的阻尼比 ζ 较小，故 ω_{nd} 与 ω_n 之间相差甚微，通常均忽略阻尼的影响，而取 ω_n 作为系统的固有频率。通常人们习惯用每秒振动次数 f_n 表示固有频率，f_n 与 ω_n 的关系为

$$f_n = \frac{\omega_n}{2\pi} = 0.159\omega_n \,(\text{Hz}) \tag{2-146}$$

可改写成

$$f_n = 4.98\sqrt{\frac{d}{\delta_{\varepsilon l}}}\,(\text{Hz}) \tag{2-147}$$

式中，$\delta_{\varepsilon l}$ 为弹性支承在物体总重量作用下的静挠度(cm)；d 为隔振材料的动态系数，其值等于隔振器的动刚度与静刚度之比。

d 值一般范围如下：金属弹簧 $d≈1$；天然橡胶 d=1.2～1.6；丁腈橡胶 d=1.5～2.5；氯丁橡胶 d=1.4～2.8；橡皮垫 d=1.5～3.0。

3）响应特性

（1）运动响应。

$$\begin{cases} X = X_0 \sin(\omega t - \varphi) \\ X_0 = T_{\mathrm{M}} \cdot \dfrac{F_0}{K_{xx}} \end{cases} \tag{2-148}$$

$$\begin{cases} T_{\mathrm{M}} = \dfrac{1}{\sqrt{\left[1-\left(\dfrac{\omega}{\omega_{\mathrm{n}}}\right)^2\right]^2 + \left[2\left(\dfrac{C_{xx}}{C_{\mathrm{c}}}\right)\left(\dfrac{\omega}{\omega_{\mathrm{n}}}\right)\right]^2}} \\ \varphi = \arctan \dfrac{2\left(\dfrac{C_{xx}}{C_{\mathrm{c}}}\right)\left(\dfrac{\omega}{\omega_{\mathrm{n}}}\right)}{1-\left(\dfrac{\omega}{\omega_{\mathrm{n}}}\right)^2} (\mathrm{rad}) \end{cases} \tag{2-149}$$

式中，C_{xx} 为弹性支承沿 ox 方向的总的往复阻尼系数；C_{c} 为临界阻尼系数，$C_{\mathrm{c}} = 2\sqrt{K_{xx}m}$ 。

当忽略阻尼时，则

$$T_{\mathrm{M}} = \frac{1}{\sqrt{\left[1-\left(\dfrac{\omega}{\omega_{\mathrm{n}}}\right)^2\right]^2}} \tag{2-150}$$

当共振 $\left(\dfrac{\omega}{\omega_{\mathrm{n}}} = 1\right)$ 时，则

$$T_{\mathrm{M}} = \frac{1}{2\left(\dfrac{C_{xx}}{C_{\mathrm{c}}}\right)} \tag{2-151}$$

运动响应系数 T_{M} 一般只用于积极隔振中。

（2）传递力 F_{t} 。

$$\begin{cases} F_{\mathrm{t}} = F_{\mathrm{t0}} \sin(\omega t - \varphi) \\ F_{\mathrm{t0}} = T_{\mathrm{A}} F_0 \end{cases} \tag{2-152}$$

式中，T_{A} 为绝对传递系数（是隔振设计中最主要的指标）。

$$T_{\mathrm{A}} = \sqrt{\frac{1+\left[2\left(\dfrac{C_{xx}}{C}\right)\left(\dfrac{\omega}{\omega_{\mathrm{n}}}\right)\right]^2}{1+\left(\dfrac{\omega}{\omega_{\mathrm{n}}}\right)^2 + \left[2\left(\dfrac{C_{xx}}{C_{\mathrm{c}}}\right)\left(\dfrac{\omega}{\omega_{\mathrm{n}}}\right)\right]^2}} \tag{2-153}$$

$$\psi=\arctan\frac{2\left(\frac{C_{xx}}{C_0}\right)\left(\frac{\omega}{\omega_n}\right)^2}{1-\left(\frac{\omega}{\omega_n}\right)^2+\left[2\left(\frac{C_{xx}}{C_0}\right)\left(\frac{\omega}{\omega_n}\right)\right]^2} \tag{2-154}$$

当忽略阻尼时，则

$$T_A=\frac{1}{\sqrt{\left[1-\left(\frac{\omega}{\omega_n}\right)^2\right]^2}} \tag{2-155}$$

当共振$\left(\frac{\omega}{\omega_n}=1\right)$时，则

$$T_A=\sqrt{1+\left(\frac{C_c}{2C_{xx}}\right)^2} \tag{2-156}$$

4）衰减指标

（1）隔振效率。

隔振效率又称减振度，它表示采用隔振后，传到基座上的传递力（力矩）较诸外界的扰动力（力矩）减小的程度，常用百分数表示，即

$$\eta=\frac{F_0-F_{t0}}{F_0}=\frac{M_0-M_{t0}}{M_0}=(1-T_A)\times100\% \tag{2-157}$$

（2）隔声系数。

隔声系数又称衰减量，它表示采用隔振措施后振动级降低的程度，用以评定结构噪声的减弱情况，单位常用 dB 表示：

$$N=20\lg\frac{F_0}{F_{t0}}=20\lg\frac{1}{T_A}=10\lg\frac{\left[1-\left(\frac{\omega}{\omega_n}\right)^2\right]^2+\left(2\frac{C_{xx}}{C_c}\cdot\frac{\omega}{\omega_n}\right)^2}{1+\left(2\frac{C_{xx}}{C_c}\cdot\frac{\omega}{\omega_n}\right)^2}(\mathrm{dB}) \tag{2-158}$$

如果忽略阻尼的影响，则得

$$N=20\lg\sqrt{\left[1-\left(\frac{\omega}{\omega_n}\right)^2\right]^2}\,(\mathrm{dB}) \tag{2-159}$$

3. 机体多自由度隔振系统的振动计算

一般情况下，机体受到 3 个方向的扰动力和 3 个平面内的扰动力矩作用。现以 xoz 平面为例讨论有横向力和力矩作用的情况（图 2-22）。

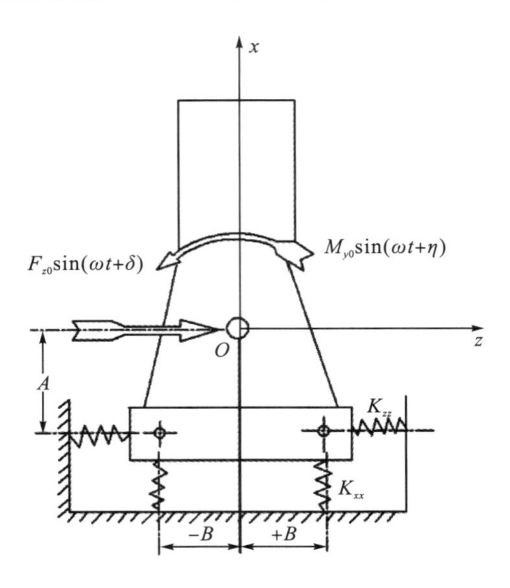

图 2-22 机体多自由度隔振系统模型

1) 扰动特性

扰动力 $F_z = F_{z0}\sin(\omega t+\delta)$；扰动力矩 $M_y = M_{y0}\sin(\omega t+\eta)$

2) 固有频率

在隔振系统中影响振动模式及固有频率的主要参数为：隔振器的布置位置及其刚度、机体的质量及其惯性矩等。为了在设计阶段能大致确定耦合振动的各个频率，常找出上述参数与固有频率间的关系。对于平置式横向-横摇耦合振动，其固有频率计算公式为

$$\omega_{nz\beta}^2 = \frac{1}{2}\left[\left(\omega_{nz}^2+\omega_{n\beta}^2\right)^2 \pm \sqrt{\left(\omega_{nz}^2-\omega_{n\beta}^2\right)^2+4\frac{K_{z\beta}^2}{m\cdot J_y}}\right] \tag{2-160}$$

式中，ω_{nz} 为独立的横向振动的固有频率，$\omega_{rc}=\sqrt{\frac{K_{zz}}{m}}(\mathrm{rad/s})$；$K_{z\beta}$ 为弹性支承总的横向—横摇耦合刚度；$\omega_{n\beta}$ 为独立的横摇振动的固有频率：

$$\omega_{n\beta}=\sqrt{\frac{K_{\beta\beta}}{J_y}}=\sqrt{\frac{K_{xx}\cdot B^2+K_{zz}\cdot A^2}{m\rho_y^2}}(\mathrm{rad/s}) \tag{2-161}$$

其中，A 为隔振器至机体重心距离(沿 ox 方向)；B 为隔振器至机体重心距离(沿 oz 方向)；J_y 为物体绕 oy 轴的质量惯性矩(横摇转动质量)；ρ_y 为物体质心距离 oy 轴的距离。

$$J_y=m\rho_y^2 \tag{2-162}$$

去耦条件为 $K_{z\beta}=0$。对于平置式 $K_{z\beta}=0$，亦即 A=0，换句话说，隔振器应布置在 yoz 平面内。此时横振只能由横向扰动力激起，而横摇则只能由扰动力矩激起，不再产生耦合

振动，即两种振动间互不相关，各按其固有频率振动。

3）响应特性

单自由度隔振系统中一些用于评定响应特性的无因次系数T_{M}、T_{A}等，在多自由度隔振系统中也是适用的，但要复杂些，因为牵涉的因素比较多。

(1)运动响应。

机体横向振动：

$$z = z_0 \sin(\omega t + \varphi)(\mathrm{cm})$$

机体横摇振动：

$$\beta = \beta_0 \sin(\omega t + \phi)(\mathrm{rad})$$

$$z_0 = \frac{F_{x0}}{K_{zz}} \cdot T_{\mathrm{M}z1} + \frac{M_{y0}A}{K_{\beta\beta}} \cdot T_{\mathrm{M}z2} \tag{2-163}$$

$$\beta_0 = \frac{M_{y0}}{K_{\beta\beta}} \cdot T_{\mathrm{M}\beta 1} + \frac{F_{z0}A}{K_{\beta\beta}} \cdot T_{\mathrm{M}\beta 2} \tag{2-164}$$

式中，$T_{\mathrm{M}z1}$为由扰动力引起的横向挠度的放大系数；$T_{\mathrm{M}z2}$为由扰动力矩引起的横向挠度的放大系数；$T_{\mathrm{M}\beta 1}$为由扰动力矩引起的横摇转角的放大系数；$T_{\mathrm{M}\beta 2}$为由扰动力引起的横摇转角的放大系数。

上面给出的是个别的放大系数，如要得到综合的运动响应系数可将z_0及β_0的数值与$\omega = 0$时的$(z_0)_\zeta$及$(\beta_0)_\zeta$相比求之。用公式表示即为

$$\begin{aligned} T_{\mathrm{M}z} &= z_0 / (z_0)_\xi \\ T_{\mathrm{M}\beta} &= \beta_0 / (\beta_0)_\xi \end{aligned} \tag{2-165}$$

$$\begin{aligned} (z_0)_\zeta &= \frac{K_{\beta\beta}}{K_{\beta\beta} - K_{zz}A^2}\left[\frac{F_{z0}}{K_{zz}} + \frac{M_{y0}A}{K_{\beta\beta}}\right] \\ (\beta_0)_\zeta &= \frac{K_{\beta\beta}}{K_{\beta\beta} - K_{zz}A^2}\left[\frac{M_{y0}}{K_{\beta\beta}} + \frac{F_{z0}A}{K_{\beta\beta}}\right] \end{aligned} \tag{2-166}$$

式中，$K_{\beta\beta}$为弹性支承绕oy轴(横摇)的总回转刚度。

对于平衡式，$K_{\beta\beta} = \sum\left(K_{xx} \cdot B^2\right) + \sum\left(K_{zz} \cdot A^2\right)$。

(2)传递力和传递力矩。

横向传递力为

$$F_{\mathrm{t}z} = K_{zz}\sqrt{{z_0}^2 + A^2\beta_0^2 - 2Az_0\beta_0\cos(\phi - \varphi)} \tag{2-167}$$

当$\varphi = \phi = 0$时，有

$$F_{\mathrm{t}z} = K_{zz}(z_0 - A\beta_0) \tag{2-168}$$

横摇传递力矩为

$$M_{ty} = K_{zz}B^2\beta_0 \tag{2-169}$$

垂向传递力为

$$F_{tx}=\frac{1}{2}K_{xx}\cdot z_0 \tag{2-170}$$

在 yoz 平面内振动情况与 xoz 平面情况相似，只需改变其中相应的参数即可得到有关振动形式。

在 xoy 平面内，若重心与形心在 x 及 y 轴上均有一定距离，当有一扰动力及力矩作用时将会产生三联耦合振动(纵向、垂向振动以及纵摇振动)，亦可用上述相似的分析方法求得振动情况。

如果在 3 个主平面内都存在扰动力及力矩，则机体有 6 个自由度，一般情况下将产生 6 个自由度的振动。但若重心与形心完全重合，这时机体将产生相互完全无关的 6 个独立振动，而不再耦合，即相当于 6 个单自由度振动。

二、机体分体式弹性垂直振动计算

前面计算模型中是将机体作为完全刚性体处理的，可实际上机体是一个弹性体，即当发动机工作时，机体不仅有六个自由度的整体刚性振动，还有弹性变形振动。气缸内的气体压力向上作用在气缸盖上，向下通过曲柄连杆机构作用到主轴承上，虽然在机体内部平衡了，但由于机体的弹性关系而产生伸缩振动。往复惯性力和离心力会引起机体纵向弯曲振动，而侧推力会引起机体横向弯曲振动。分体式弹性振动计算，考虑了曲柄连杆机构、气缸盖、曲柄箱等的弹性以及气体压力、往复惯性力作用，使计算具有较高精度。现以单缸四冲程 8.5/11 柴油机为例介绍如下。

1. 振动计算模型

8.5/11 单缸四冲程柴油机计算模型如图 2-23 所示。图中，m_1 为活塞及连杆小头质量，m_2 为曲柄及连杆大头质量，m_3 为曲柄箱和气缸体质量，m_4 为气缸盖质量，m_5 为基础质量。K_1、C_1 为连杆刚度及阻尼，K_2、C_2 为曲柄刚度及阻尼，K_3、C_3 为机体刚度和阻尼，K_4、K_5 和 C_4、C_5 分别为气缸盖和螺栓的刚度及阻尼，K_6、C_6 为基础的刚度和阻尼。各零件刚度按拉-压计算，阻尼由试验按式(2-171)确定：

$$C = 2mdf_0 \tag{2-171}$$

式中，m 为质量；f_0 为振动频率；d 为振动对数衰减率(由试验确定)。

系统中垂向扰动力：气体作用力 $P_g = P_{g0}\sin(\omega t)$ 及曲柄连杆机构的惯性力 $P_j = P_{j0}\sin(\omega t)$。$P_1 = P_{g0}$ 作用于 m_4，$P_2 = P_{g0} - P_{j0}$ 作用于 m_1。

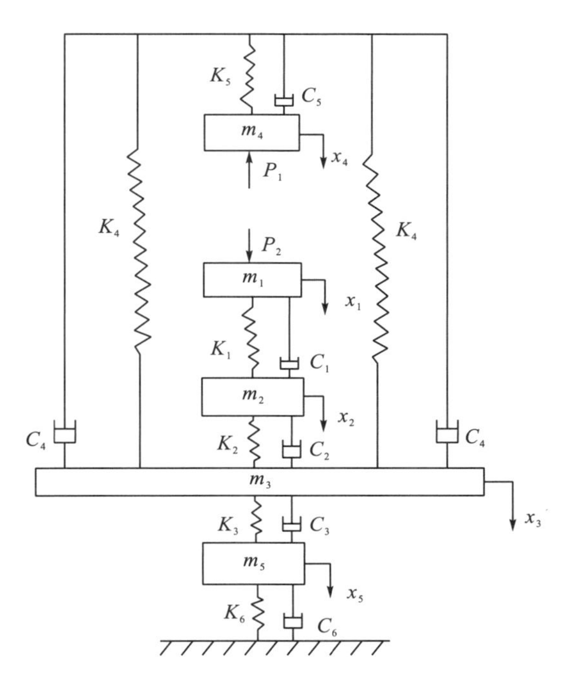

图 2-23　8.5/11 柴油机计算模型

2. 运动方程

对每一质量的受力情况，应用牛顿第二定律写出运动方程，得系统线性二阶联立方程组为

$$\begin{cases} m_1\ddot{x}_1 + K_1(x_1 - x_2) + C_1(\dot{x}_1 - \dot{x}_2) = P_2\sin(\omega t) \\ m_2\ddot{x}_2 + K_1(x_2 - x_1) + C_1(\dot{x}_2 - \dot{x}_1) + K_2(x_2 - x_3) + C_2(\dot{x}_2 - \dot{x}_3) = 0 \\ m_3\ddot{x}_3 + K_2(x_3 - x_2) + C_2(\dot{x}_3 - \dot{x}_2) + K_3(x_3 - x_5) + C_3(\dot{x}_3 - \dot{x}_5) + K_4(x_3 - x_4) + C_4(\dot{x}_3 - \dot{x}_4) = 0 \\ m_4\ddot{x}_4 + K_4(x_4 - x_4) + C_4(\dot{x}_4 - \dot{x}_3) = -P_1\sin(\omega t) \\ m_5\ddot{x}_5 + K_5x_5 + C_5x_5 + K_3(x_5 - x_3) + C_3(\dot{x}_5 - \dot{x}_3) = 0 \end{cases} \tag{2-172}$$

3. 响应

系统的解由通解及特解两部分组成。自由振动的通解由于有阻尼存在将很快消失，故可不考虑，只需要求出其受迫振动的特解。系统的特解为

$$x_k = A_{2k-1}\sin(\omega t) + A_{2k}\cos(\omega t) \quad (k = 1,2,3,4,5) \tag{2-173}$$

将 $x_k, \dot{x}_k, \ddot{x}_k$ 代入运动方程(2-172)使 $\sin(\omega t)$ 及 $\cos(\omega t)$ 左部及右部系数相等，便可得到关于 $A_1, A_2, \cdots, A_{10}$ 的线性代数方程组，进而求解可得发动机任何计算点的振动振幅。

第三章　动力机械疲劳强度设计

动力机械中绝大多数零部件都是在交变载荷下工作的，它们的破坏形式主要是疲劳破坏。例如，轴系有 50%以上是疲劳破坏的，其他如机架、缸盖、叶片、齿轮和螺栓的断裂，属疲劳破坏的比例相当高。因此，疲劳强度计算在动力机械工程设计中是十分重要的。

第一节　疲劳破坏的特征及断口分析

一、疲劳破坏的特征

机械零部件在交变载荷作用下发生的破损断裂，称为疲劳破坏。交变载荷是指载荷的大小和方向随时间做周期性或者不规则的变化。交变载荷也常称为疲劳载荷。疲劳破坏的特征与在静应力下的失效有本质上的区别，主要表现如下：

(1) 在交变载荷作用下，构件中的交变应力在远小于材料的强度极限 σ_b 和屈服强度 σ_s 的情况下，就可能导致构件的破损断裂事故发生。

(2) 无论是塑性材料还是脆性材料，疲劳断裂在宏观上均表现为无明显塑性变形的突然断裂，即疲劳断裂表现为低应力类脆性断裂。这一特征使疲劳破坏具有更大的危害。

(3) 疲劳破坏常具有局部性质，而与机械零部件整体结构关系不大。因此，改变零部件的局部设计或者工艺措施，即可明显地提高疲劳寿命。

(4) 疲劳破坏是一个累积损伤的过程，需经一段时间，甚至很长的时间。实践表明，疲劳断裂由 3 个过程组成，即裂纹形成、裂纹扩展和裂纹扩展到临界尺寸的快速断裂。

(5) 疲劳破坏的宏观断口按照断裂过程有 3 个区域，疲劳核心区(疲劳源)、疲劳裂纹扩展区和最终断裂区，如图 3-1 所示。裂纹扩展方向一般与疲劳条纹垂直。

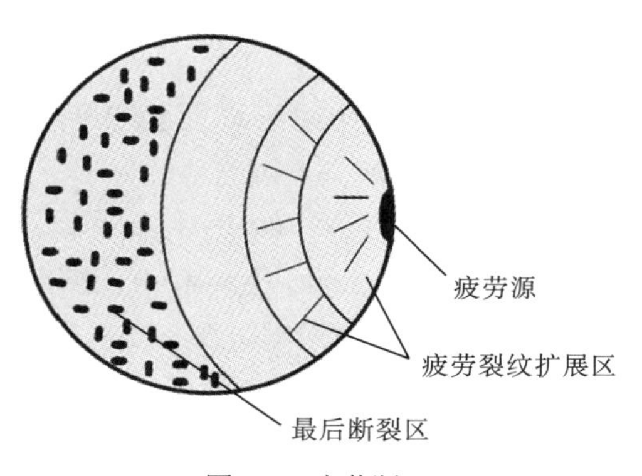

图 3-1　疲劳断口

二、疲劳破坏的断口分析

金属材料的断口分析是一门研究金属材料断面的科学。疲劳破坏的断口分析是判定断裂性质，分析、寻找破坏原因，研究疲劳断裂机理，提出防止断裂事故措施的重要依据。

断口分析一般包括宏观分析和微观分析。前者是指用肉眼或20倍以下的低倍放大镜分析断口，后者则指用光学显微镜或电子显微镜分析研究断口。断口的宏观分析和微观分析构成了断口分析不可分割的整体，他们之间不能相互替代，只能相互补充。宏观断口分析不受零件几何尺寸的限制，是最基本最常用的断口分析，它可以从断口的全局出发，初步确定断裂的性质；但宏观断口分析只能用肉眼或低倍放大镜观察，无法进行深入细致的观察分析，因此得出的结论是初步的、粗浅的，有时甚至是错误的。微观断口分析的局限在于每一次可观察的区域很小，如果方法不当，可能会犯盲人摸象的错误。因此，断口分析的一般程序为先进行宏观分析，在此基础上选定具有代表性的部位，进而取样进行微观分析。

实践证明，大多数工程材料的断裂过程包括裂纹核心的形成和裂纹扩展两个阶段，因此断口分析针对这两个阶段进行深入研究。

(一)断口的宏观分析

1. 静载荷下的断口宏观形貌

为能准确识别疲劳断口的宏观形貌，先要简要介绍静载荷破坏的断口宏观形貌。图 3-2(a)所示为钢制光滑试件的拉伸断口照片，图 3-2(b)为其断口三区域的示意图。图中标明的纤维区 F、放射区 R 和剪切唇 S，就是断口特征三要素。纤维区一般位于断口中央，呈现粗糙的纤维状，属于正断型断裂，其纤维区的裂纹扩展宏观平面与拉伸应力轴垂直。裂纹核心在该区域形成，并且最先产生缩紧的中央。放射区是紧靠纤维区的第二个区域。纤维区与放射区的交界线标志着裂纹由缓慢扩展向快速的不稳定扩展转化。放射区的特征是有放射花样，每根放射花样称为放射元，放射方向与裂纹扩展方向平行，且垂直于裂纹前沿的轮廓线，并逆向指向裂纹源。断裂过程的最后阶段形成剪切唇。剪切唇表面较光滑，与拉伸应力轴的交角约为 45°，是一种典型的切断型断裂。剪切唇也是裂纹快速不稳定扩展，但是按照断裂力学的观点，它是在平面应力条件下发生的不稳定断裂。

在进行断口分析时，根据三个区域所占的比例可对材料的性能做出初步评价。例如，纤维区较大，表明材料的塑性较好；反之，放射区增加，表明材料的塑性较差，脆性增大。另外，随着环境条件的变化，三个区域所占比例也会发生变化。环境温度降低，纤维区及剪切唇减小，放射区增大，材料脆性增加。另外，随着环境条件的变化，三个区域所占比例也会发生变化，如环境温度降低，纤维区及剪切唇减小，放射区增大，材料的脆性增加。

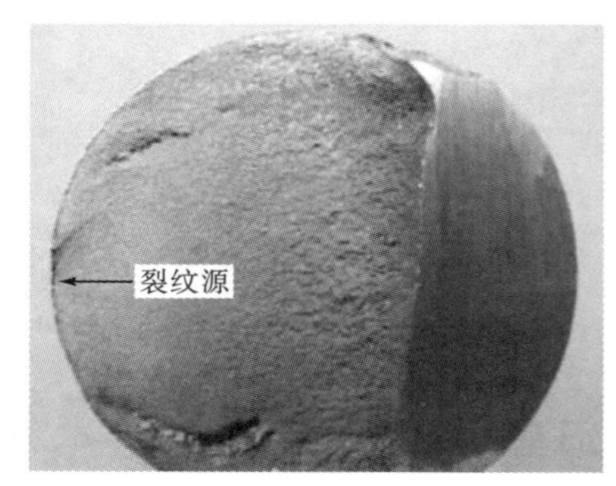

(a) 4340钢珠光体状态下的拉伸

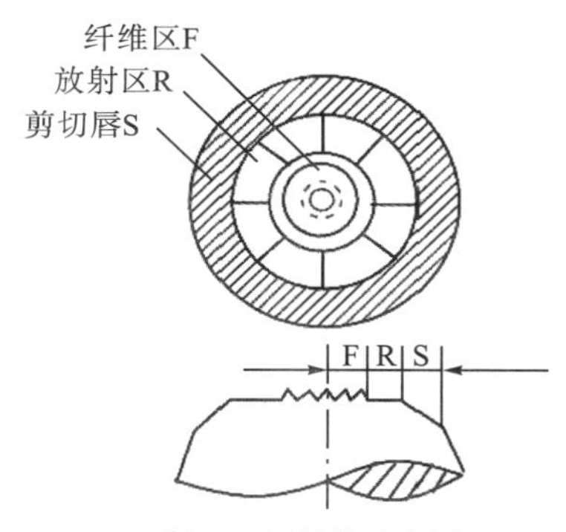

(b) 断口三区域的示意图

图 3-2 光滑圆试样的拉伸断口

图 3-3 为带缺口试件的拉伸断口形貌示意图。与图 3-2 相比，两者有明显的区别：由于缺口处有应力集中，裂纹直接产生在缺口或缺口附近，除非缺口较钝，应力集中系数较小，裂纹才有可能首先在中心形成；纤维区不再位于试件的中央，而沿圆周分布；裂纹由纤维区逐渐向内部扩展；最终断裂区较其他部位的断口要粗糙得多，一般无剪切唇。这种由缺口处应力集中造成的脆断也称为缺口脆断。

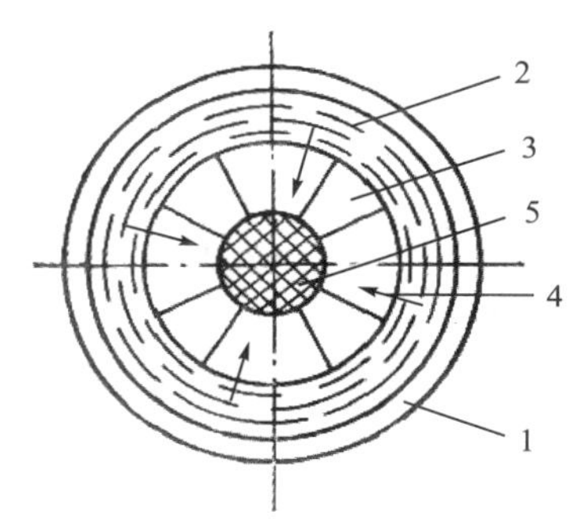

1-表面缺口；2-纤维区；3-放射区；4-裂纹扩展方向；5-最终断裂区

图 3-3 缺口拉伸试样的断口形貌示意图

完全脆性破坏的断口几乎没有塑性变形，它是一种沿结晶面的分离破坏，在断口分析中称为解理破坏。因为断口上的结晶面呈现无序方向，所以在转动断口时，可以看到断口上闪闪发光，这是解理破坏的一个特征。例如，在铸铁的拉伸断口上就可看见这种现象。

2. 疲劳断口的宏观形貌

典型的疲劳破坏断口按照断裂过程有 3 个区域：疲劳核心区(疲劳源)、疲劳裂纹扩展区和瞬时破断区，如图 3-4 所示。图 3-4 为驱动轴发生疲劳断裂的断口照片，是一个典型的疲劳断口。

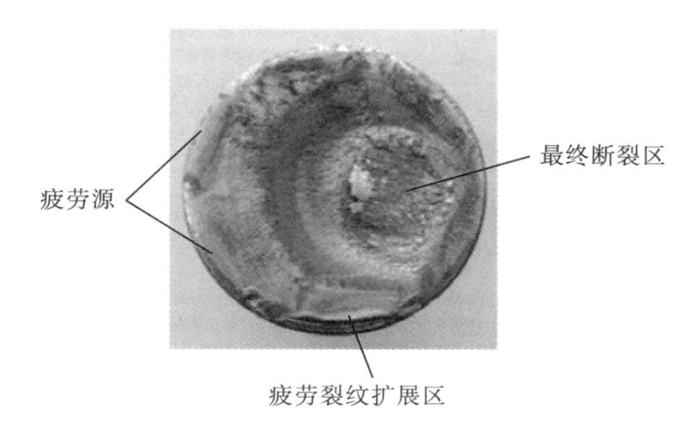

图 3-4　驱动轴的疲劳断口

疲劳源是疲劳破坏的起点，常发生在零部件表面，特别是有应力集中的地方。但若零部件内部存在缺陷，如脆性夹杂物、孔洞、化学成分的偏析等，也会在零部件的表层下或者内部产生疲劳源。此外，零件间相互擦伤的地方也常是疲劳破坏开始的地方。必须指出，疲劳源的数目可能是一个，也可能是多个，尤其低周疲劳，其应变幅值较大，往往会出现多个疲劳源。

疲劳裂纹扩展区是疲劳断口上最重要的特征区域，常呈贝纹状、蛤壳状或者海滩波纹状。贝纹状的推进线标志着发动机开动或停止时，疲劳裂纹在扩展过程中留下的痕迹，多见于低应力高周疲劳断口。对于低周疲劳断口一般观察不到此类贝纹状波纹。在实验室做恒应力或恒应变试验时，断口表面由于多次反复压缩摩擦变得光滑，呈现细晶状，有时甚至光洁得像瓷质状，此即疲劳断口中常称的光滑区，这时也看不到贝壳状波纹。

在疲劳裂纹展开的后期，由于有效截面不断减小，构件的实际应力不断增大，裂纹扩展速率提高，出现疲劳加速发展区。该区域的断口平面往往不与疲劳应力轴呈 90°角，断口比较粗糙且不规则，常伴有材料撕裂而造成的台阶、小丘，有时还可以看到很大的剪切条带，如图 3-5 所示。此具有弧形条带区的区域，有人称为“第二疲劳区”。一般情况下，第二疲劳区疲劳裂纹的扩展速率较快，并含有静载和疲劳两种破断方式。

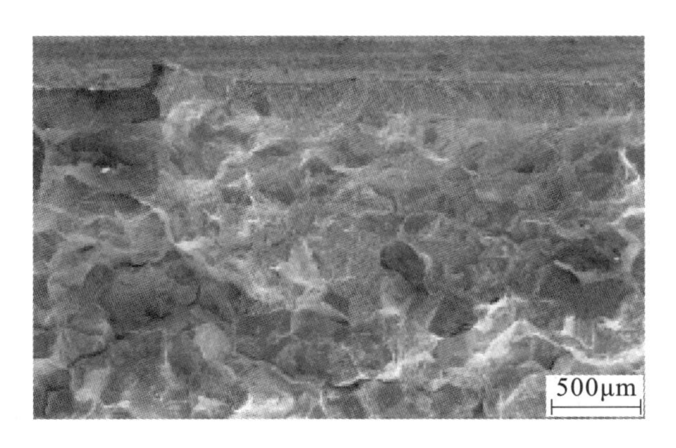

图 3-5　窄裂纹引发剪切条带

最终断裂区的大小，通常与材料力学性质、应力大小以及应力集中等因素有关。一般应力较高、材料较脆时，最终断裂区面积较大；反之，应力较低、材料韧性较大时，最终断裂区面积较小。最终断裂区的形状也可以分为平断部分和斜断部分，前者属正断型，后者属切断型。另外，最终断裂区在断口上的分布形状与受载形式、有无尖锐缺口的应力集中等情况有关。

疲劳断口按其载荷类型可以分为弯曲疲劳断口、轴向(拉-拉、拉-压或脉动)疲劳断口、扭转疲劳断口和复合疲劳断口。平时遇到最多的是弯曲疲劳断口。表 3-1、表 3-2 和表 3-3 分别列出了弯曲疲劳断口、轴向疲劳断口和扭转疲劳断口的各种形态。

表 3-1　弯曲疲劳断口的各种形态

弯曲形式	试样的几何形状					
	无缺口		钝缺口		尖缺口	
	低载荷	高载荷	低载荷	高载荷	低载荷	高载荷
单向弯曲						
双向弯曲						
旋转弯曲	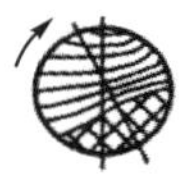	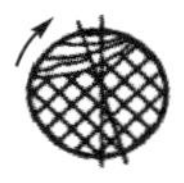				

表 3-2　轴向疲劳应力作用下的断口形态

高载荷			低载荷		
无缺口	钝缺口	尖缺口	无缺口	钝缺口	尖缺口
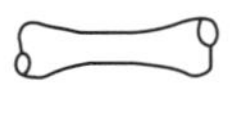					
 *a*	 *b*	 *c*	 *d*	 *e*	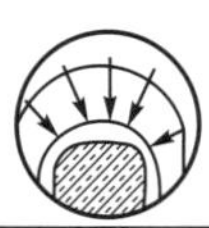 *f*

注：阴影区表示瞬时破断区；箭头表示疲劳裂纹扩展方向；弧线表示疲劳裂纹前沿推进线（它与实际断口的贝纹线相一致）。

表 3-3　扭转疲劳断口的各种形态

扭转断裂的类型	基本型	变异型	
		1	2
正断型		锯齿状	45° 星型
剪断型		小台阶	大台阶
复合型		45° 45°	45° 45°

实际上，机械零部件在使用过程中发生的疲劳破坏断口的形貌还要复杂得多，但只要能熟练掌握上述典型基本断口形貌，再结合受力分析，就可能对实际的机械零部件的疲劳破坏断口做出正确的判断。图 3-6 表示有键槽的轴，在扭转弯曲下发生疲劳破坏的断口，其疲劳裂纹起源于键槽底角的应力集中处，瞬时断裂区发生在疲劳源的对面，但由于扭转存在，最终断裂区相对于轴的扭转方向逆偏转一个角度 θ 。该现象称为偏转现象。因此，从疲劳核心与最终断裂区相对位置便可推知轴的扭转方向。

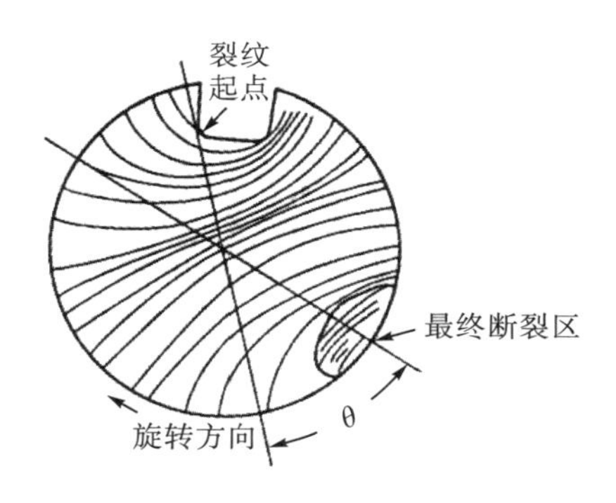

图 3-6　扭转弯曲疲劳最终断裂位置的偏转现象

(二)断口的微观分析

为了解金属材料疲劳破坏过程的本质，从金属微观组织研究疲劳机理进行过大量工作，取得了很大的进展，但至今对疲劳破坏机理尚未完全搞清楚。疲劳破坏断口的微观分析是研究疲劳破断过程十分重要的方面，其内容相当丰富，这里仅简略叙述一些重要结论。

1. 疲劳裂纹的形成

疲劳裂纹总是首先在应力最高、强度最弱的基体上形成。对于采用普通材料制造的零部件，机械加工的切削刀痕、结构上的内圆角以及亚表面的夹杂物等应力集中处，是裂纹形成的重要部位。疲劳裂纹萌生的主要形式有滑移带开裂、晶界开裂以及夹杂物和基体界面开裂等，分别介绍如下。

1)滑移带开裂

几乎所有的疲劳裂纹形成过程的试验研究都发现，在低于屈服强度下，疲劳试样的表面有滑移带出现。某些滑移带的形变非常强烈，疲劳裂纹就常在该处产生。疲劳应力越高，强烈滑移带的数目就越多，疲劳裂纹的形成也就越早。但许多试验也表明，滑移带的形成并不一定造成裂纹。

在交变载荷作用下，表面光滑的试件上会产生许多条细密的滑移线，且随着循环次数的增加，这些滑移线会逐渐变粗变宽。在应力小于疲劳极限时，虽然也会出现滑移线，但它们很细小，不会形成裂纹。当应力高于疲劳极限时，则形成较粗大的滑移线。有些粗大的滑移线即使经电解抛光工艺也难以从表面清除，这些留下的滑移线通常称为“驻留滑移线”。试验观察表明，疲劳裂纹正是从这些滑移带上产生的。对金属的屈服强度、硬度以及迟滞回线进行的测量都说明驻留滑移线是比基体更弱的地区。

有时在承受交变应力的试件表面可以观察到“挤出”和“挤入”的现象。“挤出”通常产生在滑移量最严重的区域。发生“挤出”的另一面通常出现“挤入”，或在“挤出”相应的金属内产生孔洞。图 3-7 为金属材料表面滑移带的“挤出”和“挤入”示意图。图 3-8 为试件表面滑移带“挤出峰”的金相照片。

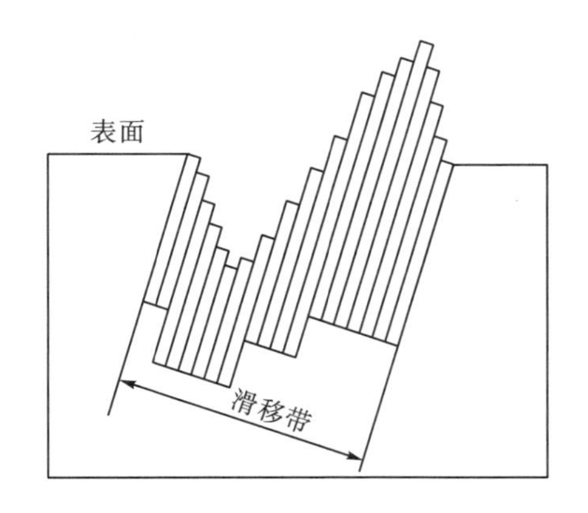

图 3-7 表面滑移带“挤出”和“挤入”示意图

图 3-8 钢试件滑移带“挤出峰”的金相照片

对于塑性良好的纯金属及单向合金，滑移带的“挤出”和“挤入”是形成疲劳裂纹的主要方式。其形成机理有两种观点：一种观点认为，在驻留滑移带内，由于循环滑移不断进行，形成了大量的空穴、孔洞之类的显微缺陷。这些显微缺陷的凝集、连接，就形成了裂纹核心。另一种观点认为，驻留滑移带组成的挤入沟本身就存在很高的应力集中，其实际应力即超过了材料的断裂强度，产生疲劳裂纹是必然的。以后，裂纹沿滑移带方向扩展，并穿过晶粒，直至形成宏观裂纹。

2）晶界开裂

对于高温下的材料，滑移带到达晶界时一方面受到晶界阻碍，一方面引起晶界应变。随着交变载荷的反复作用，滑移带在晶界上引起的应变不断增加，在晶界前造成位错塞积（图 3-9）。当位错塞积形成的应力达到理论断裂强度时，便使晶界开裂并形成微裂纹。材料的晶粒尺寸越大，晶界上的应变量越大，位错塞积群越大，应力集中就越高，就最易于形成裂纹。因此，采用细化晶粒的工艺措施，能推迟疲劳裂纹的形成。近年来，这方面的研究已取得了可喜的成就，如用镍基合金单晶制造涡轮机叶片，成功地防止了晶界疲劳开裂。

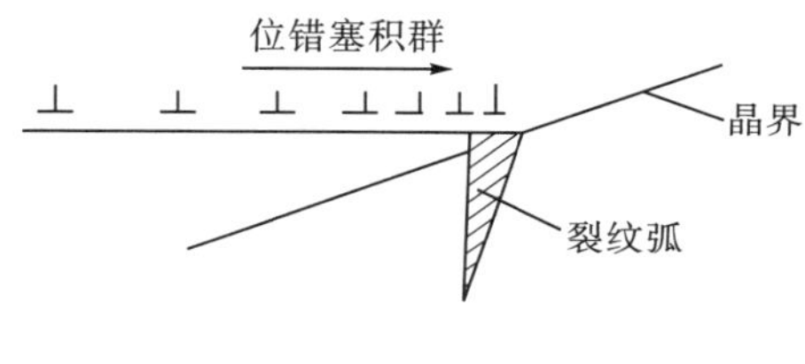

图 3-9 晶界开裂

3）夹杂物和基体界面开裂

在金属材料中，均不同程度地存在一些非金属夹杂物；此外，为了提高材料的强度而常引入第二相。这些夹杂物或第二相质点，在循环变应力作用下，可能会与基体沿界面分离。另外，合金中的第二相质点和夹杂物在循环变应力作用下，其本身也可能发生断裂。这两种情况都能导致疲劳裂纹形成。因此，减少夹杂物或第二相的粗大质点，是延迟疲劳裂纹形成的有效措施，钢液在真空处理以及电渣重熔等工艺措施下，能减少钢材中的气体及夹杂物，使其“无裂纹寿命”提高。

2. 疲劳裂纹扩展的两个阶段

疲劳裂纹的扩展一般可分为两个阶段，下面简要说明。

第一阶段：疲劳裂纹核心一旦在试样表面滑移带或缺陷处、晶界上形成，立即沿滑移带的主滑移面向金属内部扩展，滑移面的取向大致与主应力轴线成 45°交角。当裂纹遇到晶界时，其方位稍有偏离，但就裂纹宏观平面的总体来说，仍保持与主应力轴成 45°交角，第一阶段裂纹总是沿着最大剪应力方向的滑移面扩展。该阶段裂纹扩展速率很慢，每一应力循环下的裂纹扩展距离为 0.1nm 数量级。由于该阶段扩展的断口区域极小，对断口形貌的研究比较困难，目前关于这方面的研究文献不多。

裂纹按照第一阶段方式扩展到一定距离后，将改变方向，沿着与主应力垂直的方向扩展。正应力对裂纹的扩展产生重大影响，这就是裂纹扩展的第二阶段。该阶段裂纹扩展速率比第一阶段快，每一应力循环下的裂纹扩展距离为微米数量级。图 3-10 为疲劳裂纹扩展的第一阶段与第二阶段示意图。

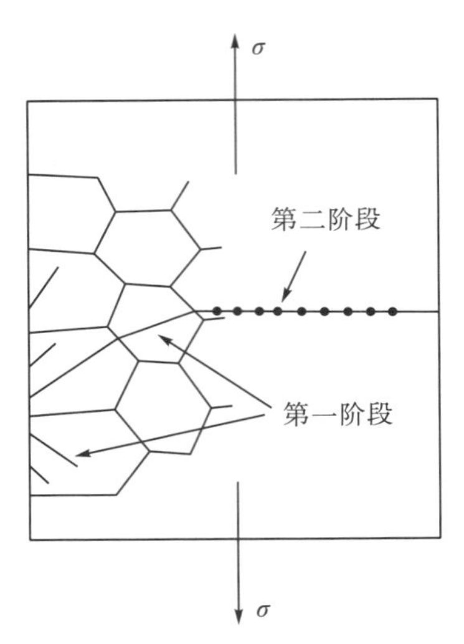

图 3-10　疲劳裂纹扩展的第一阶段与第二阶段示意图

第二阶段的断口特征是有疲劳条纹存在。这种条纹的主要特征为一系列基本上相互平行、略带弯曲的波纹，且与裂纹局部扩展方向垂直。在微观范围内，疲劳断口通常由许多大小不同，高低不等的小断块组成。每一小断块上的疲劳纹连续而平行，但相邻小断块上的疲劳纹不连续、不平行，如图 3-11 所示。电子显微镜的观察分析已经证实，每一条疲劳裂纹通常代表一次载荷循环，且条纹间距随外加载荷的变化而变化。载荷大，间距宽；载荷小，间距窄。

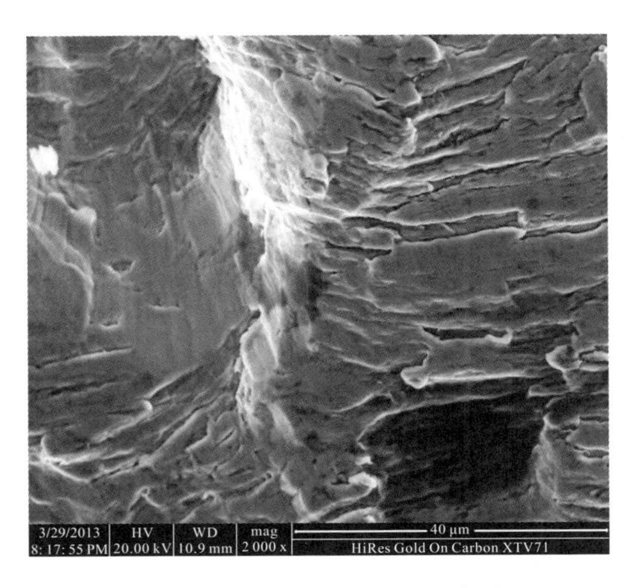

图 3-11　疲劳断口微观组织示意图

通常将疲劳分成脆性疲劳和塑性疲劳两种类型，如图 3-12 所示。脆性疲劳断裂是指构件未经明显的变形而发生的断裂，即断裂时材料几乎没有发生过塑性变形，材料的脆性是引起构件脆断的重要原因。因材料脆性而发生的脆断断口平齐，呈结晶状，有金属光泽，与主应力垂直(即与构件表面垂直)。脆性疲劳断口较少出现，起初在高强度铝合金中发现，后来在铸铝、铸钢中发现，近年来在超高强度金属中常可发现。塑性疲劳断裂是指构件经过大量变形后发生的断裂，主要特征是发生了明显的宏观塑性变形(不包括压缩失稳)，断口的尺寸(如直径、厚度)与原始尺寸相比也明显变化。

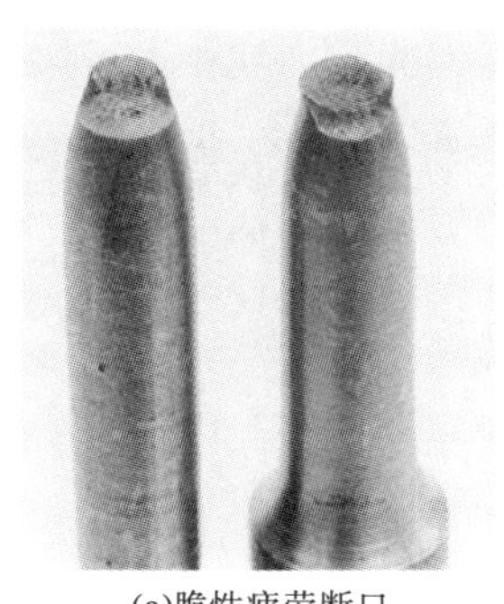

(a)脆性疲劳断口

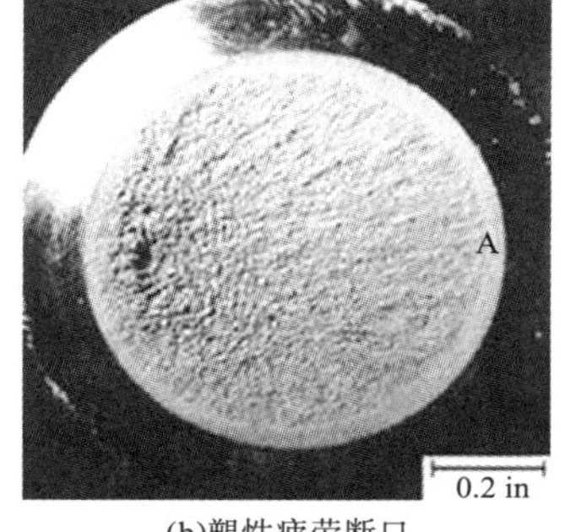

(b)塑性疲劳断口

图 3-12　脆性疲劳断口与塑性疲劳断口的示意图

图 3-13 所示的条纹看起来类似于树横截面上的年轮。条纹表示裂纹在一个加载周期内的扩展过程。

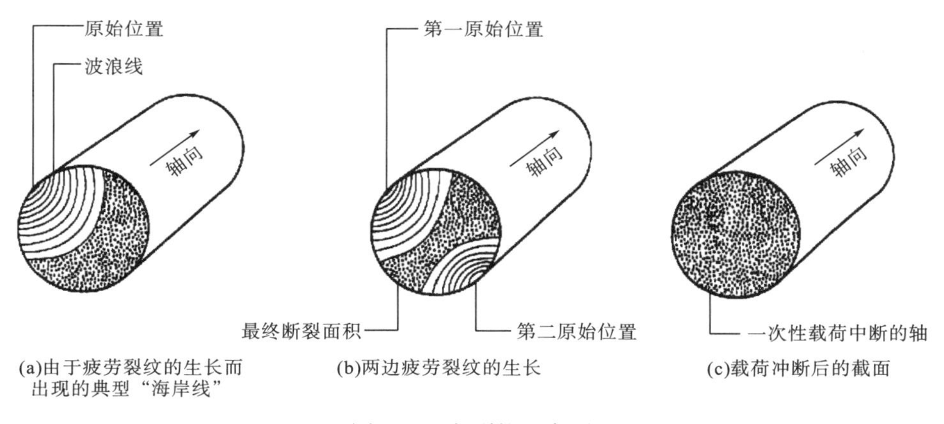

(a)由于疲劳裂纹的生长而出现的典型“海岸线”　(b)两边疲劳裂纹的生长　(c)载荷冲断后的截面

图 3-13　断裂柱口底面

第二节　影响疲劳强度的主要因素

通常文献里提供的疲劳强度数据，一般是使用标准抛光试件(直径多为 10mm)在室温为 20℃下测得的试验数据。实际构件的疲劳强度要受许多因素影响，有外部的，也有内部的，如载荷特性、载荷交变频率、使用温度、环境介质、尺寸效应、缺口效应、表面粗糙度、表面防腐蚀以及化学成分、金相组织、纤维方向、内部缺陷、表面冷作硬化、表面热处理、表面敷层等。通过长期的生产实践和科学试验，人们对影响疲劳强度的很多因素有了一定的认识，但还在不断地扩展和深化。下面简述一些影响疲劳强度的主要因素。

一、应力集中的影响

由于使用及工艺上的要求，动力机械零部件常带有台肩圆角、沟槽缺口、开孔以及螺纹、键槽等，使横截面产生突然变化，从而引起局部的应力集中，导致零部件的疲劳强度显著下降。评定应力集中的指标，常用应力集中系数α_σ或α_τ表示。

对于正应力(拉、压、弯)有

$$\alpha_\sigma = \sigma_{\max} / \sigma_{\mathrm{n}} \tag{3-1}$$

对于剪应力(扭转)，有

$$\alpha_\tau = \tau_{\max} / \tau_{\mathrm{n}} \tag{3-2}$$

式中，σ_{n}和τ_{n}分别为名义正应力和名义剪应力；$\sigma_{\max}$和$\tau_{\max}$分别为最大正应力和最大剪应力。

这种用试验方法或分析计算方法求得的局部最大应力与名义应力之比得出的应力集中系数，常称为理论应力集中系数。它只考虑了零件的几何形状影响，而没有考虑几何尺寸、材料形态、载荷种类等因素对应力集中的影响。因此，又产生了有效应力集中的概念，它的定义如下。

弯曲(或拉压)时的有效应力集中系数为

$$K_\sigma = \sigma_{-1} / \sigma_{-1K} \tag{3-3}$$

扭转时的有效应力集中系数为

$$K_\tau = \tau_{-1} / \tau_{-1K} \tag{3-4}$$

式中，σ_{-1}和τ_{-1}分别为弯曲、扭转时光滑试件对称循环的疲劳极限；σ_{-1K}和τ_{-1K}分别为弯曲、扭转时与光滑试件相同的材料制成的、具有应力集中因素试件的对称循环疲劳极限。

必须指出的是，有效应力集中系数是按试件或零件的特定材料及形状直接由试验得出的，最接近零件的实际情况，因此在疲劳设计时，应尽可能采用。但这类现成可用的图表很有限，一般多从理论应力集中系数着手，经过一定的转换关系，再计算出有效应力集中系数。

有效应力集中系数 K，一般都是小于理论应力集中系数α的。为了在数量上估计 K 与α之间的差别，通常引入一个表征材料对应力集中敏感程度的系数q。q的定义如下：

$$q = \frac{K_\sigma - 1}{\alpha_\sigma - 1}\left(\text{或} q = \frac{K_\tau - 1}{\alpha_\tau - 1}\right) \tag{3-5}$$

即

$$\begin{cases} K_\sigma = 1 + q(\alpha_\sigma - 1) \\ K_\tau = 1 + q(\alpha_\tau - 1) \end{cases} \tag{3-6}$$

q 由试验确定。对于疲劳设计用钢，可用下列经验公式计算 q 的近似值：

$$q = \frac{1}{1 + \sqrt{\alpha} / \sqrt{r}} \tag{3-7}$$

式中，r 为缺口(或沟槽、圆孔等)的圆角半径，mm；α 为材料常数。

对于正应力，有

$$(\sqrt{\alpha})_\sigma = \frac{(\sqrt{\alpha})_{\sigma_b} + (\sqrt{\alpha})_{\sigma_s/\sigma_b}}{2}$$

对于剪应力，有

$$(\sqrt{\alpha})_\tau = (\sqrt{\alpha})_{\sigma_s/\sigma_b} \tag{3-8}$$

$(\sqrt{\alpha})_{\sigma_b}$ 是根据材料的强度极限 σ_b 查得的 $\sqrt{\alpha}$ 值，可由图 3-14 的曲线查出。$(\sqrt{\alpha})_{\sigma_s/\sigma_b}$ 为根据材料的屈强比求得的 $\sqrt{\alpha}$ 值，即

$$(\sqrt{\alpha})_{\sigma_s/\sigma_b} = \sqrt{5.08\left(1 - \frac{\sigma_s}{\sigma_b}\right)^3 \left(1 - \frac{1.27}{d}\right)} \tag{3-9}$$

式(3-9)适用于 d>3.2mm 的情况，d 为零件的最小截面直径。

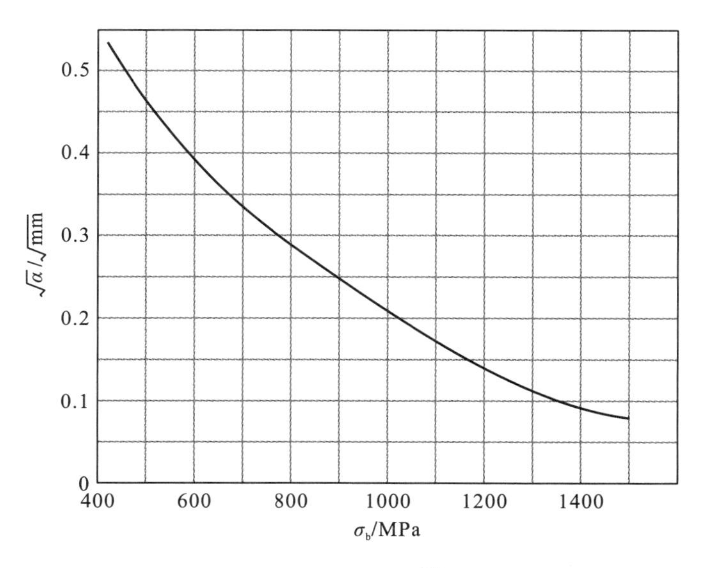

图 3-14　钢的强度极限与 $\sqrt{\alpha}$ 的关系曲线

对于铝合金的 q，可用式(3-10)求其近似值：

$$q = \frac{1}{1 + 0.9 / r} \tag{3-10}$$

有效应力集中系数 K_σ、K_τ 和理论应力集中系数 α_σ、α_τ 可查阅有关文献。

二、尺寸效应的影响

零件的尺寸对疲劳强度也有较大的影响。一般情况下，零件的疲劳强度随其尺寸的增大而降低。这是因为尺寸不同，在相应的应力形式下，若最大应力值相同，则零件的应力梯度不同，且零件尺寸大的高应力区大，从统计概率理论分析，产生疲劳裂纹的概率大。各种冷、热加工工艺造成缺陷的概率也随零件尺寸的增大而增加。另外，大尺寸零件本身所包含的可能产生疲劳裂纹的因素也比小尺寸零件的多。

通常采用尺寸系数来反映尺寸效应对零件疲劳强度的影响。尺寸系数 $\varepsilon_\sigma(\varepsilon_\tau)$ 的定义如下：

$$\begin{cases}\varepsilon_\sigma=(\sigma_{-1})_d/(\sigma_{-1})_{d_0}\\ \varepsilon_\tau=(\tau_{-1})_d/(\tau_{-1})_{d_0}\end{cases} \tag{3-11}$$

式中，$(\sigma_{-1})_d$ 和 $(\tau_{-1})_d$ 分别为尺寸为 d 的光滑试件的疲劳极限；$(\sigma_{-1})_{d_0}$ 和 $(\tau_{-1})_{d_0}$ 分别为直径为 d_0 的光滑试件的疲劳极限（常取 d_0=7～10mm）。

尺寸系数是小于 1 的数。图 3-15 所示的是钢的 ε_σ - d 关系曲线。图中曲线 1 适用于 $\sigma_b=400\sim500\,\text{MN/m}^2$ 的普通钢，曲线 2 适用于 $\sigma_b=1200\sim1400\,\text{MN/m}^2$ 的高强度合金钢。由图可以看出，强度极限 σ_b 高的钢材，其尺寸系数 ε_σ 小。

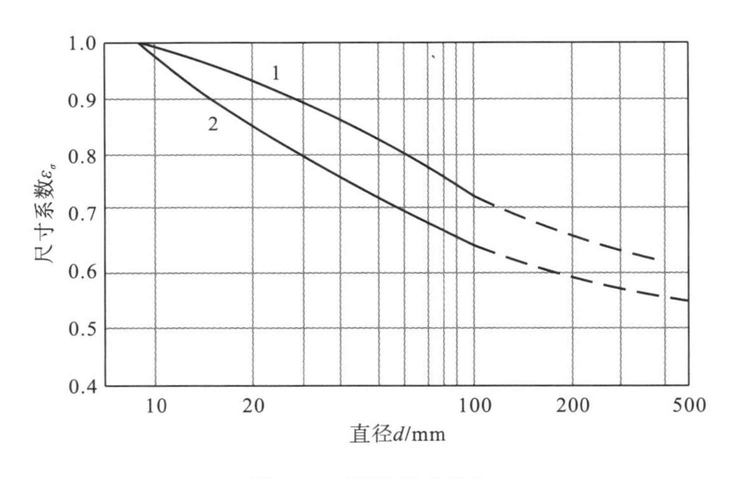

图 3-15 钢的尺寸系数

三、表面状态的影响

1. 表面加工的影响

在零件表面上，刀具刻痕根部的应力集中，会使零件的疲劳强度降低。表面加工的影响用表面加工系数 β_1 表示，即

$$\beta_1 = \sigma_{-1\beta} / \sigma_{-1} \tag{3-12}$$

式中，σ_{-1} 为经磨削加工的光滑试件的疲劳极限；$\sigma_{-1\beta}$ 为同一材料在各种不同表面加工条件下的疲劳极限。

图 3-16 是在几种不同的加工方法下，零件表面敏感系数随强度极限 σ_b 的变化情况。可以看出，除抛光加工外，β_1 均小于 1，且 β_1 随着 σ_b 的增大而降低。因此，钢材强度越高，越要合理加工，使其表面尽量光洁，以充分发挥高强度合金钢的作用。

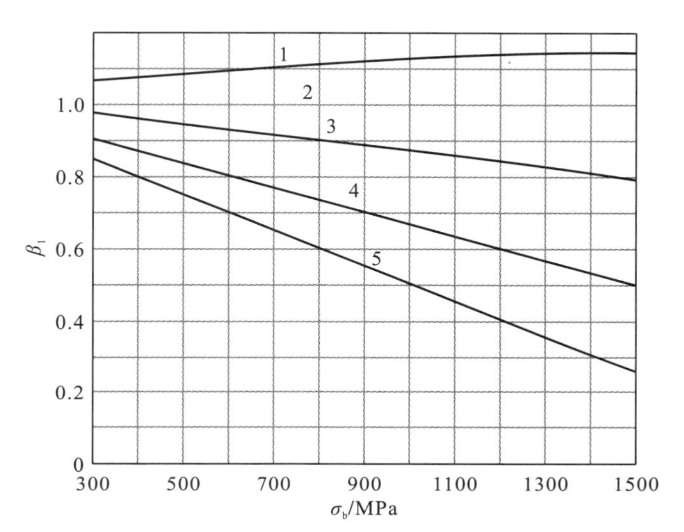

1-抛光，粗糙度0.1以上；2-磨削，粗糙度0.4~0.2；3-精车，粗糙度3.2~0.8；4-粗车，粗糙度25~6.3；5-轧制，未加工表面

图 3-16　几种不同加工方法的表面敏感系数 β_1 随强度极限 σ_b 的变化

2. 表面腐蚀的影响

金属零部件在腐蚀介质(淡水或海水)中工作时，腐蚀作用造成表面粗糙，促使其产生疲劳裂纹、降低疲劳强度。腐蚀介质对疲劳强度的影响用表面腐蚀系数 β_2 表示：

$$\beta_2=\sigma_{-1\sigma} / \sigma_{-1} \tag{3-13}$$

式中，σ_{-1} 为试件在干燥空气中的疲劳极限；$\sigma_{-1\sigma}$ 为同一材料在腐蚀介质中的疲劳极限。

影响表面腐蚀系数 β_2 的因素很多，有试验频率、应力集中、绝对尺寸、表面强化工艺与镀层，以及应力状态、环境等。因为腐蚀的产生与发展是要经历一个过程的，所以腐蚀疲劳强度与腐蚀介质作用的时间有关，试验频率对腐蚀疲劳强度有很大影响。当试验频率降低时，腐蚀疲劳极限也随之降低(图 3-17)。这是由于当试验频率降低时，完成一定数量的循环所需的时间比高频率时的多，腐蚀效应较大。因此，在腐蚀环境下的疲劳强度，一般是指在某一频率和循环次数下的疲劳强度。

腐蚀疲劳强度还与应力状态有关。在腐蚀环境中，应力集中和腐蚀对疲劳强度的影响，不同于上述因素的单独作用。一般来讲，腐蚀环境下的有效应力集中系数比在空气中要小。图 3-18 为 20Cr 钢的磨光试件及有缺口试件在空气、机油及水中的腐蚀疲劳曲线(对称循环)。

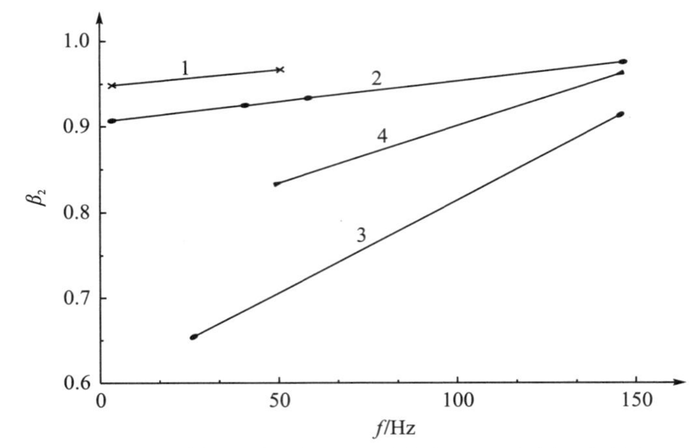

1-在航空油中，试样磨光，粗糙度 0.4；2-在航空油+2%油酸中，粗糙度 0.4；
3-在清水+20%异戊醇中，粗糙度 0.4；4-在清水+2%异戊醇中，试样车削，粗糙度 12.5

图 3-17 试验频率对 20Cr 钢试样腐蚀疲劳强度的影响

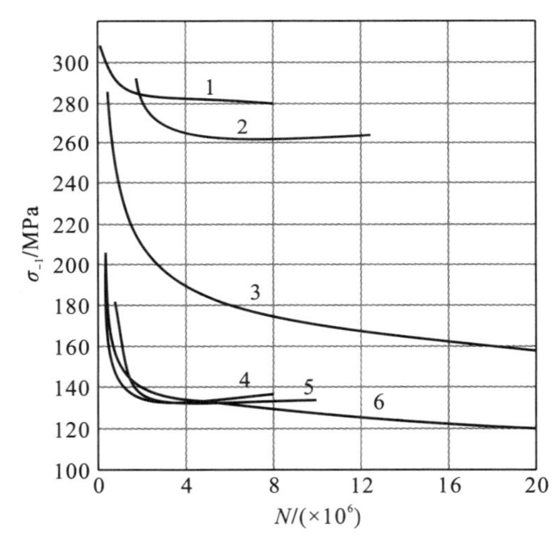

1-在空气中，光试样；2-在机油中，光试样；3-在水中，光试样；4-在空气中，有缺口试样；5-在机油中，有缺口试样；6-在水中，有缺口试样

图 3-18 20Cr 钢试样的腐蚀疲劳曲线

假定有缺口试件在空气中试验的有效应力集中系数为 K_σ，则在腐蚀环境中，有效应力集中系数 $K_{\sigma f}$ 的近似计算公式为

$$K_{\sigma f} = K_\sigma + \frac{1}{\beta_2} - 1 \tag{3-14}$$

为提高抗腐蚀疲劳强度，可以进行表面保护或强化处理，如表面滚压和喷丸强化可提高材料的抗腐蚀疲劳强度，进行表面氮化处理最为有效，见表 3-4。

表 3-4　氮化对 30 钢的腐蚀疲劳的影响

试样	疲劳极限/MPa（试样基数 N=10^7）		
	在空气中	在 0.004%NaCl 溶液中	在 3%NaCl 溶液中
未经氮化	250	167	100
氮化（600℃，2h）	357	361	197

3. 表面强化的影响

由于金属表面是易于产生疲劳裂纹核心的部位，加之大部分零件的表面应力最大，所以强化表面是提高疲劳强度的有效途径。生产中常用的表面强化方法有表面冷作变形（如喷丸、滚压等）和表面热处理（如渗碳、氰化、高频或火焰淬火、氮化等）。

表面强化处理不仅直接提高了表面层的疲劳极限，而且由于强化层存在，使表层产生残余压应力，这样就降低了交变载荷下表面层的拉应力，并使疲劳裂纹不易产生或扩展，如图 3-19 所示。这种有利影响对于缺口试件或零件更为显著，这是由于残余压应力也可在缺口处有效地降低拉应力。

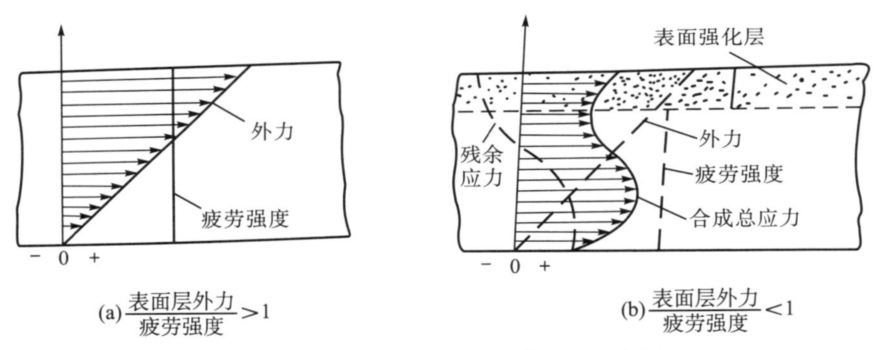

图 3-19　表面强化层提高疲劳极限示意图

试验结果表明，残余应力 s_r 与疲劳极限 s 之间的关系为

$$s=-m(s_m+s_r)+s_{-1} \tag{3-15}$$

式中，s_m 为平均应力；s_{-1} 为无残余应力时的对称循环疲劳极限；s_r 为残余应力，拉应力时为 $+s_r$，压应力时为 $-s_r$；m 为系数。

残余压应力对疲劳极限的有利影响程度，除与残余压应力的大小有关外，还与残余压应力区的深度及分布状况有关，如图 3-20 所示。由图可以看出，当残余应力层深度与裂纹深度之比大于 5 时，再继续增大残余压力层深度的作用就不大了。

残余压应力不仅能提高零件的疲劳强度极限，而且可以降低裂纹扩展速率 $\frac{da}{dN}$。由 Forman 公式可知，残余应力是通过循环特征 r 对 $\frac{da}{dN}$ 产生影响的。

若无残余压应力，则 $r=\frac{s_{min}}{s_{max}}$；若存在残余压应力，则 $r=\frac{s_{min}-s_r}{s_{max}-s_r}$。

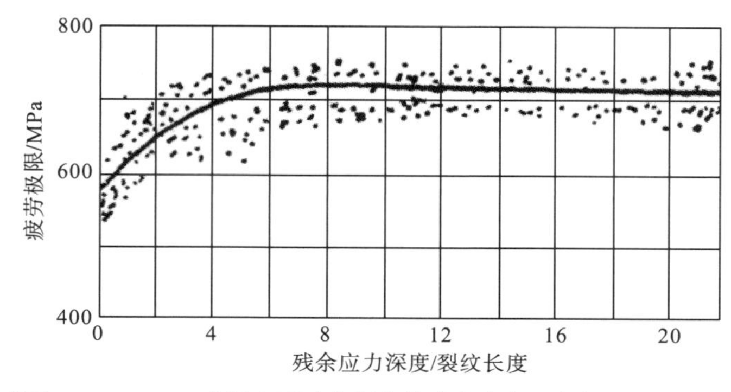

图 3-20 40CrNiMo 钢（$\sigma_b=1330\text{MPa}$）经表面喷丸强化的残余应力深度与裂纹长度之比对疲劳极限的影响

因为

$$\frac{s_{\min}-s_r}{s_{\max}-s_r}<\frac{s_{\min}}{s_{\max}}$$

即

$$r_r<r$$

所以

$$\left(\frac{\mathrm{d}a}{\mathrm{d}N}\right)_r<\frac{\mathrm{d}a}{\mathrm{d}N}$$

四、温度效应的影响

试验结果表明，无论是光滑的还是有缺口的试件，低温下的疲劳强度皆随工作温度的降低而提高，见表 3-5。从表中所列数据可以看出，一般金属材料在−196～−186℃时，疲劳强度提高的幅度最大，较软的碳钢比合金钢明显；光滑试件比有缺口试件明显。表中括号内的数字是计算平均值时的试验测定次数。

表 3-5 在低温和室温下疲劳强度的比较

材料	$\left(\frac{\text{低温下疲劳强度}}{\text{室温下疲劳强度}}\right)$的平均比值			$\left(\frac{\text{低温下缺口试件}\sigma_{-1}}{\text{室温下缺口试件}\sigma_{-1}}\right)$的平均比值		$\left(\frac{\text{疲劳强度}}{\text{拉伸强度}}\right)$的平均比值(无缺口)			
	−40℃	−78℃	−196～−186℃	−78℃	−196～−186℃	大气温度	−40℃	−78℃	−196～−186℃
碳钢	1.24(4)	1.30(6)	2.57(4)	1.10(6)	1.47(4)	0.43(10)	0.47(3)	0.45(6)	0.67(4)
合金钢	1.06(6)	1.13(36)	1.61(11)	1.06(29)	1.23(7)	0.48(47)	0.51(6)		
合金铸钢	1.0	1.22(3)		1.05(3)		0.27(3)		0.27(3)	
不锈钢	1.15(5)	1.21(2)	1.54(2)			0.52(7)	0.50(5)	0.57(2)	0.59(2)
铝合金	1.14(16)	1.16(9)	1.69(3)		1.35(2)	0.42(5)		0.46(5)	0.59(3)
钛合金		1.12(2)	1.40(3)	1.22(2)	1.41(3)	0.70(3)		0.63(2)	0.54(3)

注：表中括号内的数字是计算平均值时的试验测定的次数。

在高温情况下，金属的疲劳强度随温度变化的曲线如图 3-21 所示。可以看出，随着温度的升高，纯金属和单相合金的疲劳强度下降，但对于多相合金则并不单调下降，而是在某一温度范围内出现疲劳强度增高的现象。一般碳钢、合金钢在 400℃以上时，疲劳强度急剧下降，而耐热钢的疲劳强度下降温度常为 550～650℃，甚至更高一些。在高温时，金属材料的疲劳曲线没有水平部分，不存在疲劳极限，而是用条件疲劳极限代替。对于一些重要的零部件，如汽轮机的叶片、内燃机的气缸盖等，应该按条件疲劳极限进行寿命估算。另外，循环应力频率对高温疲劳强度的影响也比较敏感，如有些耐热合金在一定的频率范围内其高温疲劳强度较高，而在低频和高频条件下，其高温疲劳强度均较低，如图 3-22 所示。

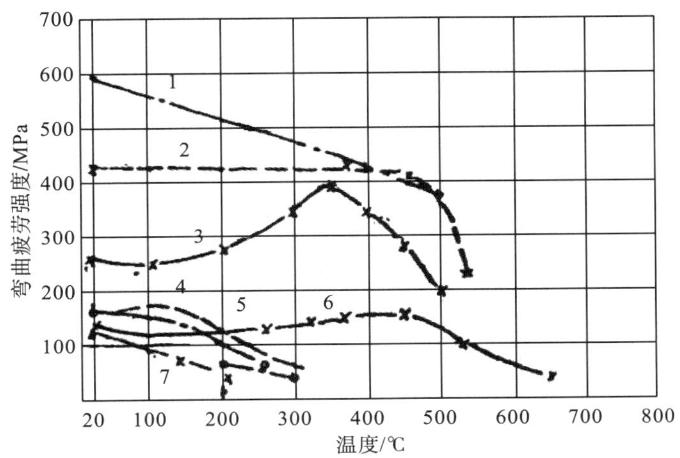

1-钛合金；2-镍铬钼钢（SAE4340）；3-0.17%碳钢；4-铝铜合金；5-铝锌合金；6-刚强度铸铁；7-镁铝锌合金

图 3-21　温度对金属疲劳强度的影响

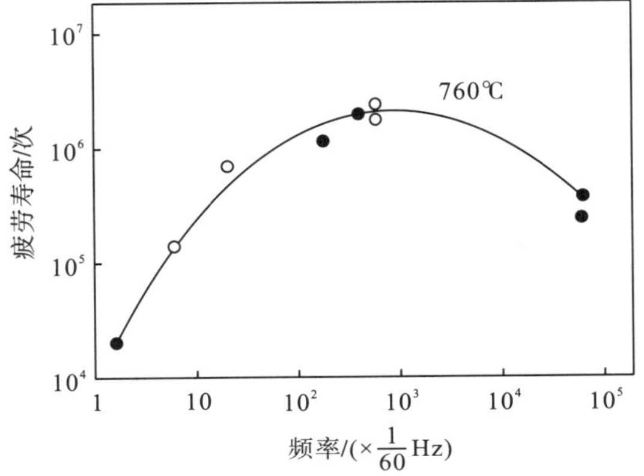

图 3-22　频率对镍基耐热合金高温疲劳寿命的影响

第三节　疲劳强度计算

交变应力在循环中，若其周期、应力幅和平均应力都保持不变，则这种应力称为稳定变应力；反之，则称为非稳定变应力。

一、交变应力的种类和特性

由于金属材料的疲劳破坏是在交变应力作用下，经过一定循环周次之后才出现的，且金属材料的疲劳寿命不仅与交变应力的大小有关，还与它的特性有关，所以需要了解交变应力的特性。交变应力是指应力的大小、方向，或大小和方向随时间发生周期性变化(或无规律变化)的一类应力，如图 3-23 所示。图 3-23(a)表示不随时间变化而变化的应力，称为静应力。图 3-23(b)表示交变应力的变化幅度保持常数，并有一个确定的变化周期，称为稳定循环变应力。图 3-23(c)表示的交变应力虽有随时间按一定规律变化的周期，但变化幅度不是常数，称为不稳定循环变应力。如果变化不呈周期性，而带有偶然性，则称为随机变应力[图 3-23(d)]。瞬间作用的过载或冲击产生的应力称为尖峰应力。

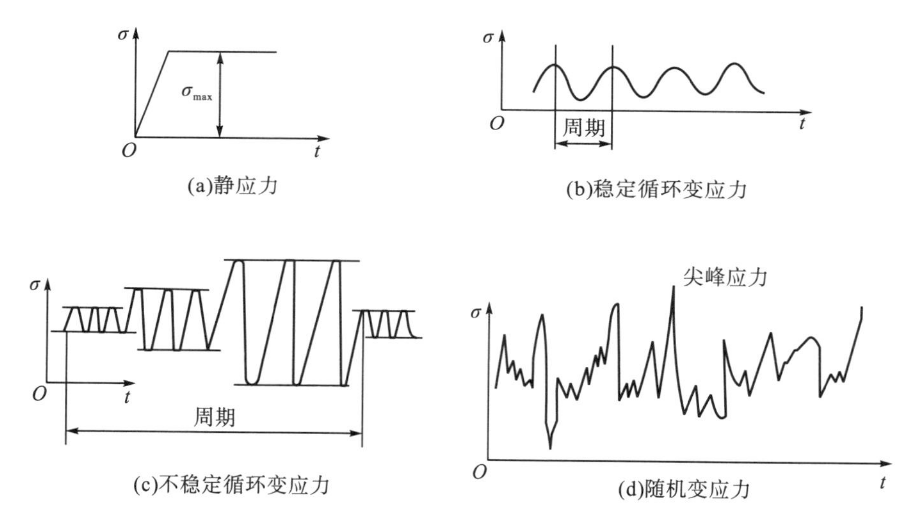

图 3-23　交变应力示意图

对于稳定循环变应力，其特性可用图 3-24 所示的几个参数来表述。图中 σ_{max} 为最大应力，σ_{min} 为最小应力，σ_a 为应力幅，σ_m 为平均应力，r 称为循环特征(或称应力循环不对称系数)。它们之间的关系为

$$\begin{cases} \sigma_{a} = \dfrac{\sigma_{max} - \sigma_{min}}{2} \\ \sigma_{m} = \dfrac{\sigma_{max} + \sigma_{min}}{2} \end{cases} \tag{3-16}$$

$$r = \sigma_{min} / \sigma_{max} \tag{3-17}$$

式中，r 表示交变应力的变化性质。对于对称应力循环，$r=-1$，如推进轴系的扭转，如图 3-24(a)所示。$r=0$，称为脉动循环，如齿轮齿根的弯曲，如图 3-24(b)所示。对于 $r \neq -1$ 的应力循环，均称为不对称循环，如滚动轴承的滚珠承受的循环压应力，其 $r=\infty$，如图 3-24(c)所示。内燃机气缸盖螺栓所受的循环应力如图 3-24(d)所示，$0<r<1$；内燃机连杆身所受的循环应力如图 3-24(e)所示，$r<0$。

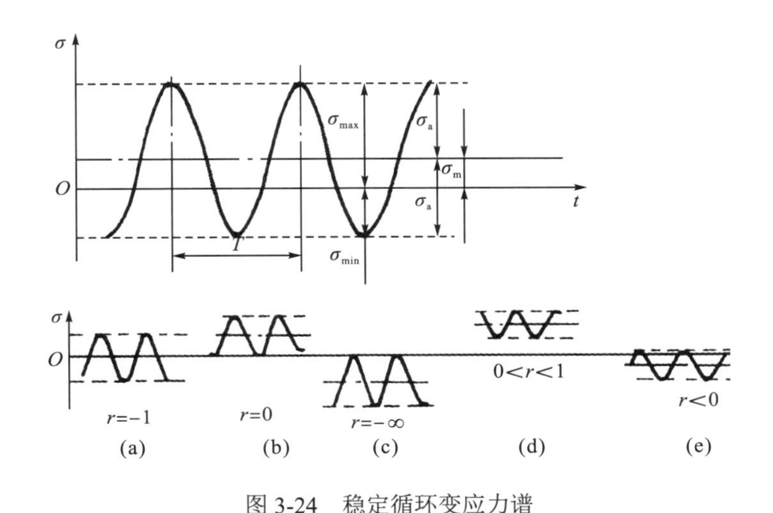

图 3-24 稳定循环变应力谱

二、材料的疲劳极限

1. S-N 曲线

在交变载荷下，金属材料承受的交变应力和断裂周次之间的关系，通常用疲劳曲线(S-N 曲线)来描述。多年来，人们在金属材料疲劳强度的研究中发现，金属材料承受的最大交变应力 σ_{max} 越大，则断裂时交变应力的循环次数 N 越小；反之，σ_{max} 越小，则 N 越大。如果将施加的最大应力 σ_{max} 作为纵坐标，到达断裂时的循环次数 N 作为横坐标绘制成图，便得到图 3-25 所示的 σ - N 曲线。这里 σ 可以是弯曲应力，也可以是拉压应力。如果交变应力为扭转剪应力 τ，则可得扭转的 τ - N 曲线。这些疲劳曲线，统称 S-N 曲线，即材料的疲劳强度与寿命的关系曲线，此处“S”表示强度。由图 3-25 可以看出，每一应力对应一个断裂循环次数，即相应的疲劳寿命。但当应力低于某一值时，无论循环次数增至多大，材料也不会发生疲劳断裂，此应力称为材料的疲劳极限(σ_{r})。由于疲劳断裂时的

循环次数 N 一般都很大，因而工程上常采用 $S\text{-}\ln N$ 坐标绘制疲劳曲线。

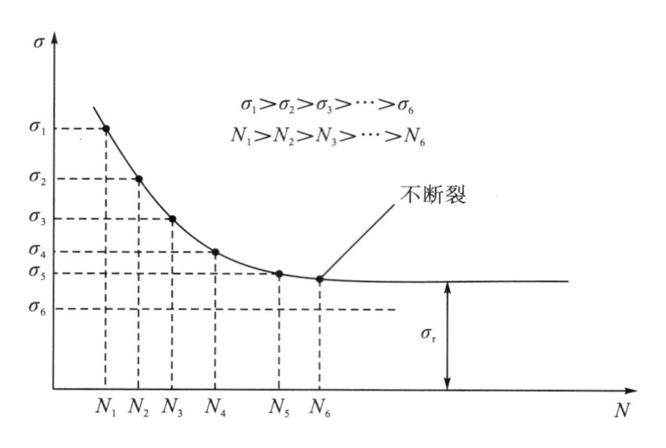

图 3-25 疲劳曲线示意图

不同材料的疲劳曲线形状不同，大致可分为两种类型，如图 3-26 所示。对于具有应变时效现象的合金，如常温下的钢铁材料，疲劳曲线上有明显的水平部分(图 3-26(a))，疲劳曲线转折处的循环次数 N_0 称为循环基数，相应的交变应力 $S_{-1}(\sigma_{-1}$或$\tau_{-1})$ 称为疲劳极限。而对于没有应变时效现象的金属合金，如部分有色金属合金以及在高温下或腐蚀介质中工作的钢材等，它们的疲劳曲线上没有水平部分(图 3-26(b))，这时就规定某一 N_0 值所对应的应力 S_{-1} 作为“条件疲劳极限”或“有限疲劳极限”，N_0 是根据实际动力机械的零部件工作条件和使用寿命来确定的，如汽车发动机的曲轴一般取 $N_0 = 12\times10^7$，汽轮机叶片一般取 $N_0 = 25\times10^{10}$ 等。

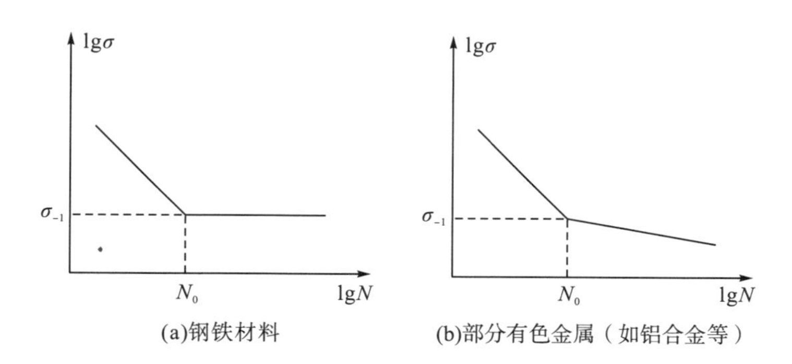

(a)钢铁材料 (b)部分有色金属（如铝合金等）

图 3-26 两种类型疲劳曲线

1) $S\text{-}N$ 曲线法

在结构疲劳评估中，应力分为三类，即名义应力、热点应力和缺口应力。相应地，疲劳评估采用的 $S\text{-}N$ 曲线法也据此分为名义应力法、热点应力法和缺口应力法三类。

(1)结构名义应力是结构相关截面上计算出的平均应力，它不包括焊接接头结构细部处所产生的应力集中，但是结构的宏观几何形状(如大的开孔、缺口等)的影响必须包括在内。名义应力的计算最简单，但在进行疲劳评估时，所使用的 S-N 曲线必须与之对应。由于结构形式千差万别，若再考虑焊接的影响，则需要由试验来确定 S-N 曲线的构件类别，可谓数不胜数。

(2) 热点应力法是当前应用最多的方法。热点应力指最大结构应力或“结构中危险截面上危险点的应力”。热点应力法是基于下述假设形成的：

①所有构件的 S-N 曲线数据的斜率是相同的，各曲线之间在相同 N 下的 $\lg S$ 的比值反映了不同节点之间结构几何形状的差别。

②局部疲劳破坏同节点类型无关，节点之间疲劳特性的差别是由结构几何形状不同引起的。

③热点应力集中系数能够反映结构几何形状的差别。热点应力由薄膜应力和弯曲应力两部分组成，是构件表面热点处薄膜应力和弯曲应力之和的最大值，不包括焊趾处局部缺口引起的非线性应力峰值。

(3) 缺口应力是焊趾处的总应力，包括几何应力和焊缝本身引起的应力，可由几何应力乘以一个应力集中系数得到，或者用非常细密网格的有限元模型计算。

2) 典型的疲劳曲线

低周循环疲劳区：$N<10^3(10^4)$；高周循环疲劳区：$N\geqslant 10^4(10^5)$。

图 3-27 中曲线 AB 段($10^4(10^5)\leqslant N<N_0$)代表有限寿命疲劳阶段。在此范围内，材料试件经过一定次数的交变应力作用后总会发生疲劳破坏。曲线 AB 段上任何一点所代表的疲劳极限，称为有限寿命疲劳极限，用符号 σ_{rN} 表示。角标 r 代表该变应力的应力比，N 代表相应的应力循环次数。曲线 AB 段可用式(3-18)来描述：

$$\begin{cases}\sigma_{rN}^m N=\sigma_r^m N_0=C\\ \tau_{rN}^m N=\tau_r^m N_0=C'\end{cases}\tag{3-18}$$

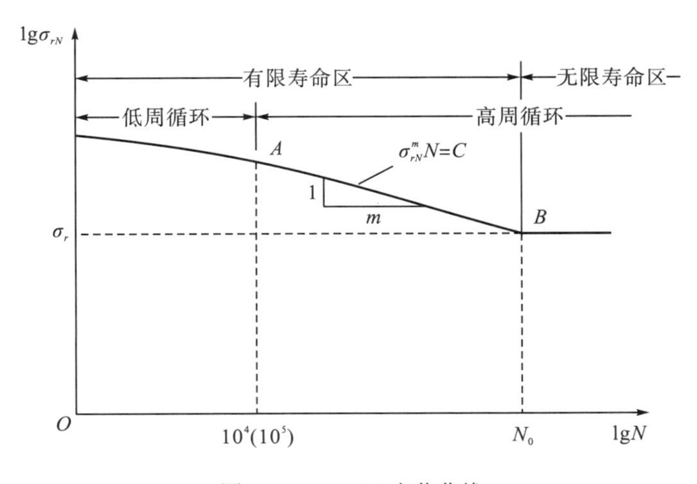

图 3-27　σ - N 疲劳曲线

式中，m 和 C 均为材料常数，在 AB 段内，疲劳极限随 N 的增加而降低，如果作用的变应力的最大应力小于 B 点的应力，则无论应力变化多少次，材料都不会破坏。故点 B 以后的线段代表试件无限寿命疲劳阶段，可用式(3-19)描述：

$$\sigma_{rN}=\sigma_r \tag{3-19}$$

式中，σ_r 为点 B 所对应的疲劳极限，常称为持久疲劳极限；对各种工程材料来说，点 B 所对应的循环次数 N_0 一般为 $10^6\sim25\times10^7$。由式(3-15)可得到有限寿命区间内任意循环次数 N 时疲劳极限 σ_{rN} 的表达式为

$$\begin{cases}\sigma_{rN}=\sqrt[m]{\dfrac{N_0}{N}}\sigma_r=k_N\sigma_r\\ \tau_{rN}=\sqrt[m]{\dfrac{N_0}{N}}\tau_r=k_N\tau_r\\ k_N=\sqrt[m]{\dfrac{N_0}{N}}\end{cases} \tag{3-20}$$

式中，k_N 为寿命系数，其值为 σ_{rN} 与 σ_r 的比值。式(3-20)中，材料常数 m 的值由试验来确定。在初步计算中，钢制零件受弯曲疲劳时中等尺寸零件取 m=9、$N_0=5\times10^6$；大尺寸零件取 $m=9$、$N_0=10^7$。

3) 关于疲劳曲线方程的几点说明

(1) 循环基数 N_0。

与材料和硬度有关。钢的硬度越大，N_0 越大。如钢：硬度≤350HB，$N_0=10^6\sim10^7$；硬度>350HB，$N_0=10\times10^7\sim25\times10^7$。

(2) 指数 m。

由疲劳曲线方程求得

$$m=\frac{\lg N_0-\lg N}{\lg\sigma_{rN}-\lg\sigma_r}$$

(3) 不同 r 时的疲劳曲线形状相似(图 3-28)，r 越大 σ_{rN} 也越大。

(4) 多数钢的疲劳曲线类似图 3-27，当需作疲劳曲线时，可仿图 3-27 作出。

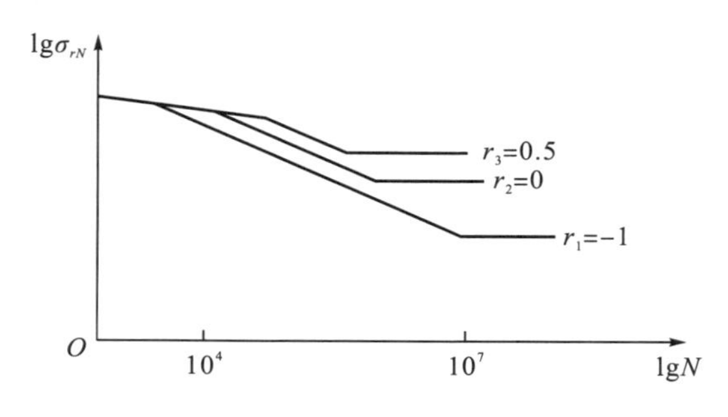

图 3-28 不同 r 时的疲劳曲线

4) S-N 曲线的绘制

(1) 试验法。

通常情况下，S-N 曲线都是根据疲劳试验数据经过处理后绘制而成的，常用的疲劳试验法有单件法、成组法和升降法等。由于本书篇幅所限，具体内容从略。

(2) 经验公式法。

由疲劳试验绘制 S-N 曲线是一项时、资耗费很大的工作，因此有用经验公式来描述 S-N 曲线变化规律的做法。下面介绍两种常见的经验公式。

①指数函数公式。

$$Ne^{\alpha S} = C \tag{3-21}$$

式中，α 和 C 为取决于材料性能的材料常数。

式(3-21)两边取对数，得

$$\alpha S \lg e + \lg N = \lg C \tag{3-22}$$

由此可见，指数函数的经验公式相当于在半对数坐标图上，S 与 $\lg N$ 呈线性关系。

②幂函数公式。

$$S^{\alpha} N = C \tag{3-23}$$

式中，α 和 C 为取决于材料性能的材料常数。

式(3-23)两边取对数，得

$$\alpha \lg S + \lg N = \lg C \tag{3-24}$$

可见，幂函数的经验公式相当于在双对数坐标图中，$\lg S$ 与 $\lg N$ 呈线性关系。

上述经验公式中的待定系数 α 和 C，皆要通过试验确定。但可参考同类型材料 S-N 曲线的变化规律，用经验公式拟合少数几个经验数据画出 S-N 曲线，这样做一般来说是比较方便的。

(3) 近似法。

当缺少材料的 S-N 曲线时，可由材料的拉伸强度极限 σ_b 作出近似的 S-N 曲线。具体做法如下：

设 $N=10^3$ 时的对称弯曲疲劳极限 $\sigma_{-1} = 0.9\sigma_b$。设循环基数 $N_0=10^6$，其相应的对称弯曲疲劳极限 σ_{-1} 根据材料选取：对于锻钢，$\sigma_{-1} = 0.5\sigma_b$；对于轧钢材、铸钢和铸铁，$\sigma_{-1} = 0.4\sigma_b$。连接两点 $(10^3, 0.9\sigma_b)$和$(10^6, 0.5\sigma_b)$，即可得出弯曲应力下的材料 S-N 曲线。在拉压应力下，取 $N=10^3$ 时的疲劳极限 $\sigma_{-1_l} = 0.75\sigma_b$，$N=10^6$ 时的 $\sigma_{-1_l} = 0.85\sigma_{-1}$。在扭转应力下，取 $N=10^3$ 时的扭转疲劳极限 $\tau_{-1} = 0.9\tau_b$，$N=10^6$ 时的 $\tau_{-1} = 0.85\sigma_{-1}$。对于钢铁材料，可取 $\tau_b = 0.8\sigma_b$，对于有色金属，可取 $\tau_b = 0.7\sigma_b$。

2. *P-S-N* 曲线

图 3-29 为钢试件对称拉压疲劳试验的 *S-N* 曲线，σ_{-1_l} 为对称拉压疲劳极限，σ_b 为材料的强度极限。

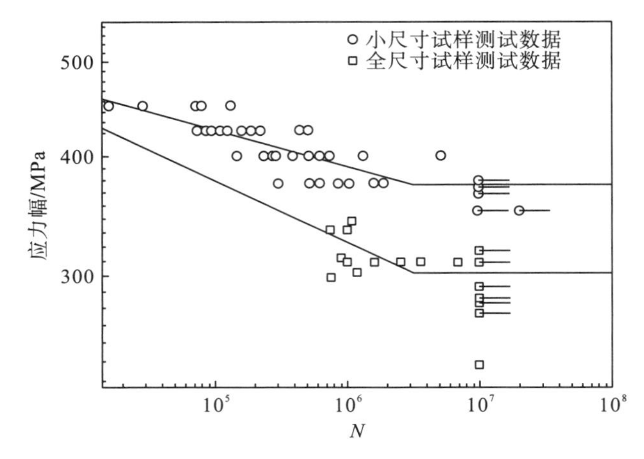

图 3-29 EA4T 轴钢拟合的疲劳 *S-N* 曲线

由图 3-29 可以看出，疲劳试验数据的离散性是很大的。图中的曲线为断裂概率为 50% 的曲线。严格地说，疲劳曲线的研究应建立在概率论的基础上，考虑疲劳断裂概率的因素，绘制图 3-30 所示的疲劳曲线（*P-S-N*）图。图中，*P* 表示疲劳断裂概率，*P*=0.99 表示这条曲线以下疲劳断裂概率为 99%。也就是说，在此种情况下发生疲劳断裂的可能性达 99%。通常绘制的 *S-N* 曲线相当于 $P = 0.5$ 时的 *P-S-N* 曲线，一般试验测定的疲劳极限 S_{-1} 值也是相当于 $P = 0.5$ 时 *P-S-N* 曲线中的平均值。在动力机械工程设计中，如果属无限寿命或长寿命设计，即在材料的疲劳极限以下工作，那么用较多试件测定的疲劳极限的平均值一般能满足设计要求。但对于有限寿命设计，则需要考虑疲劳试验数据的离散性问题，以 *P-S-N* 曲线作为寿命设计的依据。

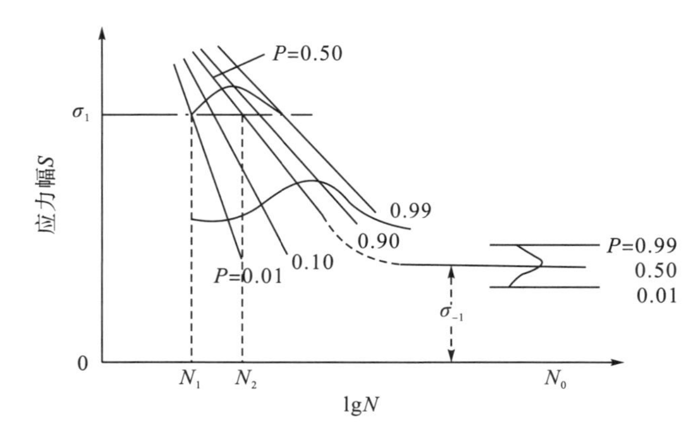

图 3-30 疲劳曲线的统计性示意图（*P-S-N* 曲线）

3. 疲劳极限线图

前面介绍的 S-N 曲线，可以由对称循环变应力的试验得到，也可以由不对称循环变应力的试验得到。图 3-31 所示的是 LY12CZ 铝合金板材光滑试件在不同平均应力 S_m 下的 S-N 曲线。图中的每条曲线是在不同的 S_m 下绘制的。由图 3-31 可见，当最大应力 S_{max} 值一定，平均应力 S_m 或循环特征 r 不同时，疲劳断裂的循环次数是不同的，即 S-N 曲线是不同的。由于工程实际应用时，通常需要知道对应于一定应力状态下材料的疲劳特性，因此往往通过试验作出材料在不同应力状态下的等寿命疲劳曲线图(又称疲劳极限线图)。

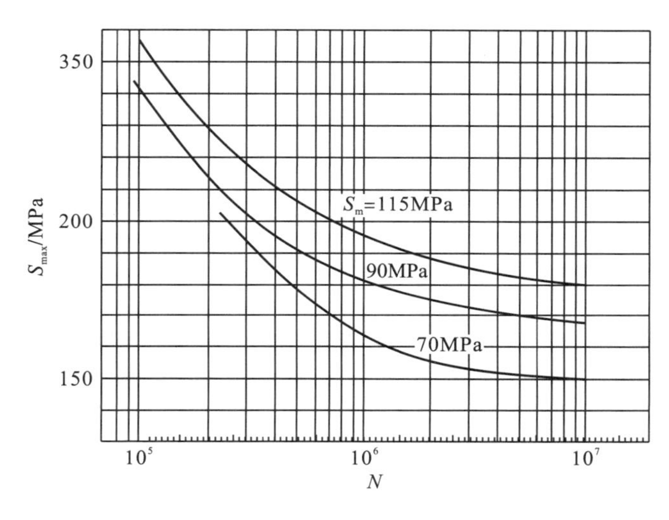

图 3-31 LY12CZ 铝合金板材光滑试件 S-N 曲线

常用的等寿命图有两种：第 1 种是以平均应力 S_m 为横坐标，最大应力 S_{max} 和最小应力 S_{min} 为纵坐标绘制而成的(图 3-32)；第 2 种是以平均应力 S_m 为横坐标、应力幅 S_a 为纵坐标绘制而成的(图 3-33)。在图 3-32 中，*AEB* 为最大应力 S_{max} 线，*CFB* 为最小应力 S_{min} 线。图中曲线 *OAEBFC* 所包围的区域，表示在规定的寿命(该图是 $N=10^7$)内，材料不发生断裂。*B* 是最大应力线与最小应力线的交点，它的应力特性是最大应力等于最小应力，即循环特征 $r=1$，是静载荷断裂点。图中 *D* 是最大应力线上的点，它的纵坐标值为脉动循环变应力的疲劳极限 S_0。纵轴上的 *A* 及 *C* 点在原点 *O* 的上、下方，平均应力 $S_m=0$，故它们的纵坐标值为对称循环的疲劳极限 S_{-1}。

图 3-33 是等寿命图另一种形式。这种曲线形式更清楚地表明应力幅 S_a 随平均应力 S_m 的变化而变化。在 $S_m>0$ 的条件下，S_a 随着 S_m 的增大而减小。图中，*A* 点表示对称循环变应力下产生疲劳断裂的临界点，该点的纵坐标值表示对称循环的疲劳极限 S_{-1}。*B* 点为静强度断裂的点，其横坐标值为强度极限 S_b。过原点 *O* 作与横坐标轴成 45° 角的直线交曲线 *ACB* 于 *C* 点，则 $OD=DC$，因为 $S_{max}=S_a+S_m$，所以 *C* 点对应的循环特征为脉动循环，并有 $OD=DC=S_0/2$ 的关系。曲线 *ACB* 下面区域内的任一点，在规定寿命(此处为 $N=10^7$)

期间都不会发生断裂事故。如图中的 E 点，在其对应的平均应力 S_m 和应力幅 S_a 下循环加载，直到循环次数 $N=10^7$ 时材料也不会发生断裂。顺便指出，上述一些分析只是为了阐明等寿命曲线的意义，而没有涉及试验结果的离散型，所以有不甚确切的地方。

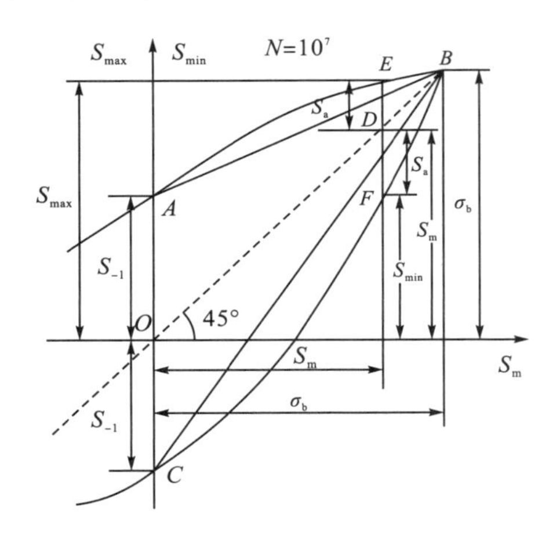

图 3-32 等寿命图(第 1 种)

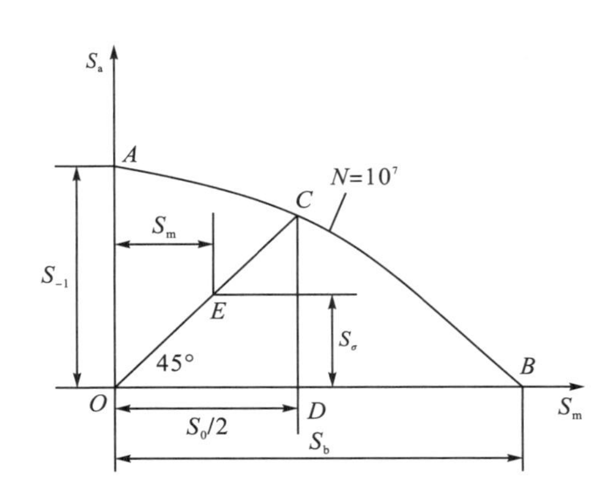

图 3-33 等寿命图(第 2 种)

等寿命曲线的形状因不同的材料而异。图 3-34 表示的是一种灰口铸铁的等寿命曲线。由于铸铁的抗压性能比抗拉性能好，所以它的等寿命图的形状与一般钢材的图形不同。

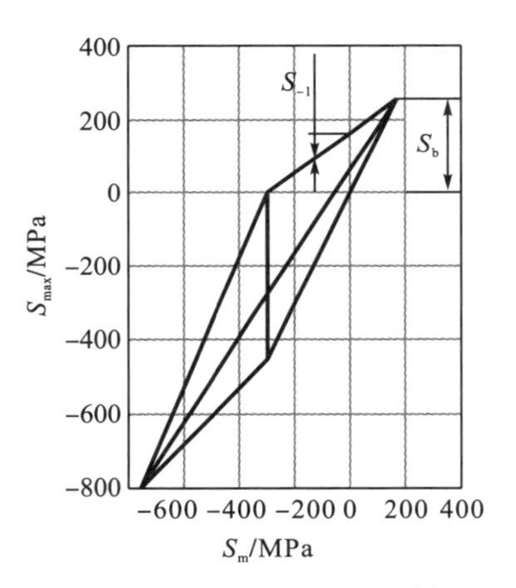

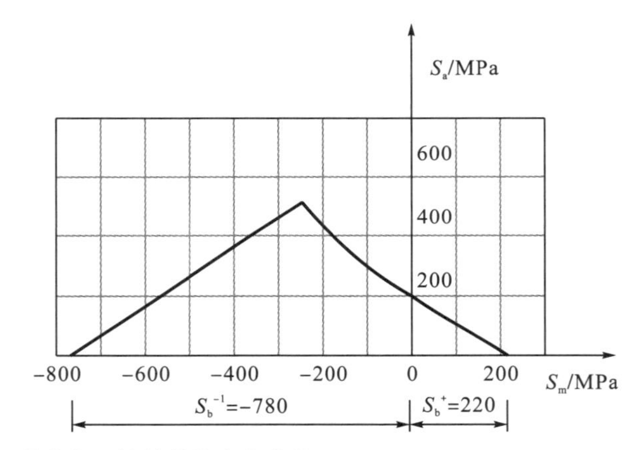

图 3-34 某种灰口铸铁的等寿命曲线

以上各图所示材料的等寿命图都是根据试验结果绘制的。目前，也常用经验公式表示材料的等寿命曲线。主要有以下几种：

抛物线公式，又称戈倍尔(Gerber)抛物线(图 3-35 中的曲线 1)公式，即

$$S_a = S_{-1}\left[1-\left(\frac{S_m}{S_b}\right)^2\right] \tag{3-25}$$

式中，S_b 为材料的强度极限。

直线公式，又称古德曼(Goodman)直线(图 3-35 中的曲线 2)公式，即

$$S_a = S_{-1}\left(1 - \frac{S_m}{S_b}\right) \tag{3-26}$$

索德倍尔格(Soderberg)直线(图 3-35 中的曲线 3)公式，即

$$S_a = S_{-1}\left(1 - \frac{S_m}{S_s}\right) \tag{3-27}$$

式中，S_s为材料的屈服强度。

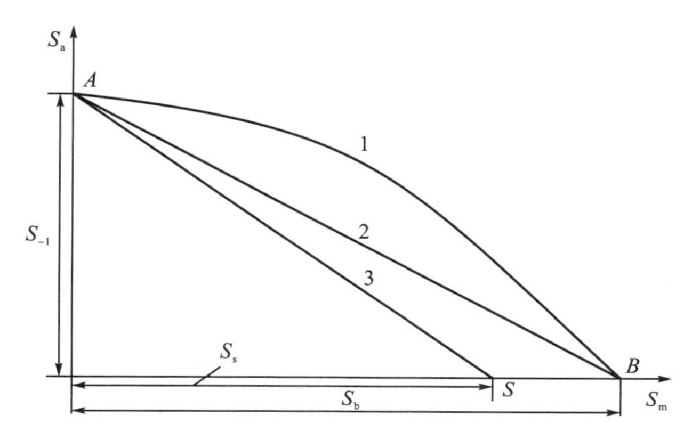

图 3-35　疲劳极限线图

折线公式：用经过对称循环变应力的疲劳极限 A 点、脉动循环变应力的疲劳极限 C 点及静强度极限 B 点的折线近似代替抛物线(图 3-36)，其直线 AC 部分的方程式为

$$S_a = S_{-1} - \frac{2S_{-1} - S_0}{S_0} S_m \tag{3-28}$$

在上述几个公式中，式(3-25)对低碳钢比较合适，式(3-26)对高强度钢比较合适。由于直线公式比较简单，一般又偏安全，因此工程上经常采用。式(3-27)太保守，一般仅用于塑性材料。折线公式(3-28)兼有计算精度较高、又不太复杂的特点，因此亦常为工程上采用。

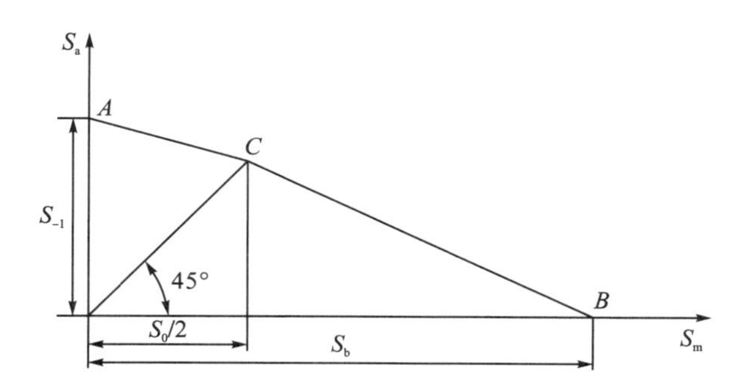

图 3-36　疲劳极限线的折线图

在结构的抗疲劳设计中，为了把材料的疲劳性能更清晰更全面地反映出来，常利用所谓的“典型疲劳特性图”，如图 3-37 所示。这个图的中间部分，实际上就是 S_a-S_m 图，只

是 S_a 与 S_m 的坐标轴倾斜了一个方向。图中纵坐标表示 S_{max}，横坐标表示 S_{min}。在典型疲劳特性图中，过原点的任一射线上的点所对应的比值 $r=S_{min}/S_{max}$ 为一常数，并在图上做了标注。根据疲劳寿命要求和应力的循环特性 r，可直接从图 3-27 所示的典型疲劳特性图中查找到相应的应力幅 S_a 和平均应力 S_m 的大小。反过来，若已知 S_a 和 S_m（或 S_{max} 和 S_{min}）的值，也可由图查到相应的疲劳寿命。所以说材料的典型疲劳特性图在疲劳设计及疲劳寿命计算中是很有用的。

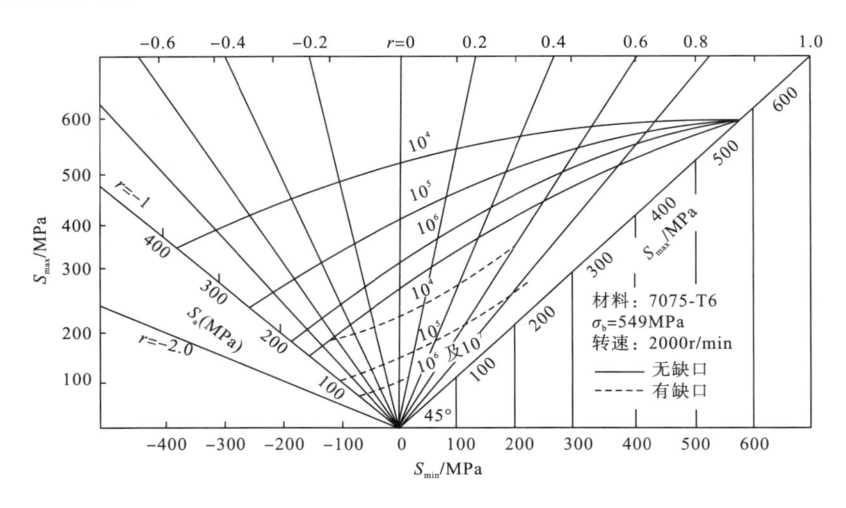

图 3-37 典型疲劳特性图

三、稳定变应力下的疲劳强度计算

1. 单向应力下的安全系数计算

零部件的单向循环应力，是指只承受单向正应力或单向剪应力，若仅承受单向拉压变应力、弯曲变应力或扭转变应力。动力机械中有不少零部件是在单向循环应力下工作的，如内燃机的连杆螺栓和凸轮轴的挺杆等。交变应力在循环中，若其周期、应力幅和平均应力都保持不变者，则称这种应力为稳定变应力；反之，则称为非稳定变应力，如图 3-38 所示。

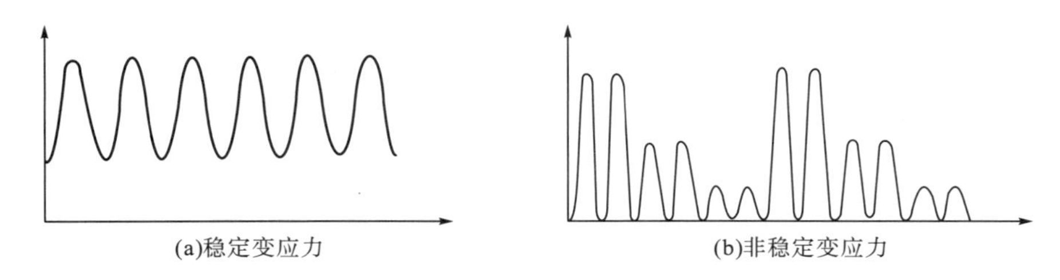

图 3-38 应力谱

根据不同的等寿命曲线方程组可推演出不同的安全系数计算公式。现采用 Goodman 图（图 3-39 中的直线 AB）做如下推导。

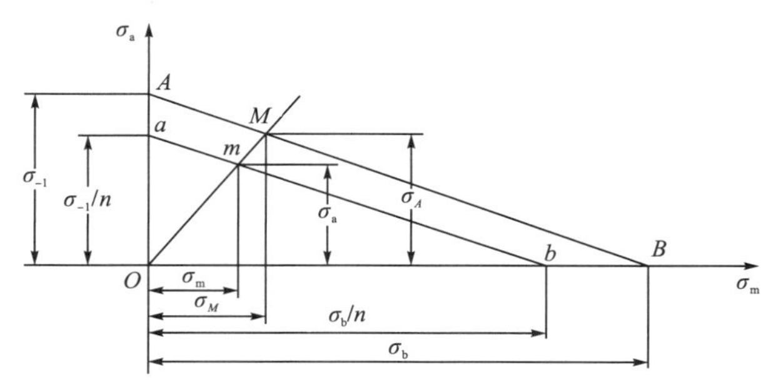

图 3-39　计算安全系数简图(按直线公式)

图 3-39 中的 AB 直线上各点，均表示将要发生疲劳破坏的点。设有安全系数 $n>1$ 的应力点 m，其不对称系数为 r，则此点一定在△OAB 中。连接直线 Om 并交 AB 直线于 M 点，则 M 点的不对称系数也等于 r，称 M 点的循环变应力与 m 点的相似。m 点的安全系数 n，即为 M 点的最大应力与 m 点最大应力的比值。可以证明，在应力条件相似的情况下，最大应力之比等于应力幅之比，或平均应力之比。因此，若过 m 点作 AB 直线的平行线 ab，则 ab 线上任意点的安全系数 n 均相等。设 M 点与 m 点的应力分别为 σ_A、σ_M及σ_a、σ_m，则过 M 点的 AB 直线方程[由式(3-26)改成]为

$$\sigma_{-1}=\sigma_A+\frac{\sigma_{-1}}{\sigma_b}\sigma_M \tag{3-29}$$

对于式(3-29)可以这样来理解，AB 线上任意点 M 的应力状态，实际上是变应力为σ_A、静应力为σ_M的不对称循环应力，可用等效的对称循环变应力代替。该等效对称循环变应力由两部分组成，一部分为σ_A，另一部分为σ_M乘以材料常数$\dfrac{\sigma_{-1}}{\sigma_b}$，后一项为由静应力部分转化而成的等效的变应力部分。

同理，可写出过 m 点的 ab 直线的方程为

$$\frac{\sigma_{-1}}{n}=\sigma_a+\frac{\sigma_{-1}}{\sigma_b}\sigma_m \tag{3-30}$$

由式(3-30)得

$$n=\frac{\sigma_{-1}}{\sigma_a+\dfrac{\sigma_{-1}}{\sigma_b}\sigma_m}$$

当变应力部分计入应力集中系数K_σ、尺寸系数ε_σ及表面状态系数β_σ的综合影响后，式(3-30)可改写为

$$n=\frac{\sigma_{-1}}{\dfrac{K_\sigma}{\varepsilon_\sigma\beta_\sigma}\sigma_a+\psi_\sigma\sigma_m} \tag{3-31}$$

式中，$\psi_\sigma=\sigma_{-1}/\sigma_b$，由材料性能决定。

用图 3-34 所示的等寿命曲线及其方程式(3-28)也可推得与式(3-31)略有不同的安全系数计算公式。设图 3-40 中有安全系数 $n>1$ 的工作应力点 m，连接 Om 线并与 AC 线相交

于 M 点，则有关系 $n=OM/Om$。再过 m 点作直线 AC 的平行线 ac，因△mkc 与△ALC 相似，其对应边成比例，从而得

$$\frac{\sigma_a-\dfrac{\sigma_0}{2n}}{\dfrac{\sigma_0}{2n}-\sigma_m}=\frac{\sigma_{-1}-\dfrac{\sigma_0}{2}}{\dfrac{\sigma_0}{2}} \tag{3-32}$$

解得安全系数

$$n=\frac{\sigma_{-1}}{\sigma_a+\dfrac{2\sigma_{-1}-\sigma_0}{\sigma_0}\sigma_m} \tag{3-33}$$

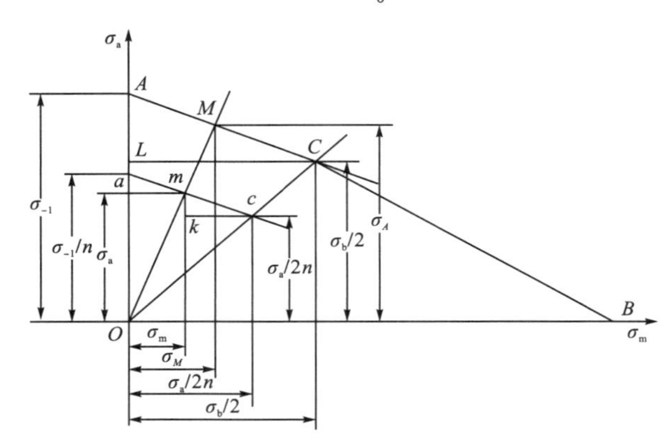

图 3-40 计算安全系数简图(按折线公式)

变应力部分考虑应力集中系数 K_σ，尺寸系数 ε_σ 和表面状态系数 β_σ 的综合影响后，得

$$n=\frac{\sigma_{-1}}{\dfrac{K_\sigma}{\varepsilon_\sigma\beta_\sigma}\sigma_a+\psi_\sigma\sigma_m} \tag{3-34}$$

式中，ψ_σ 为不对称循环敏感系数，$\psi_\sigma=(2\sigma_{-1}-\sigma_0)/\sigma_0$。

式(3-34)只适用于 AC 段，即从对称循环到脉动循环的一段范围。而对于 CB 段的安全系数计算，建议用式(3-31)。

式(3-31)与式(3-34)适用于承受单向拉压变应力或单向弯曲变应力下零部件的安全系数计算，而对于承受单向扭转变应力下零部件的安全系数计算公式，只需将上述公式中的正应力改成相应的剪应力，K_σ、β_σ、ε_σ 改成相应的 K_τ、β_τ、ε_τ，而公式的形式不变。

2. 复合应力状态下的安全系数计算

在动力机械中，有许多零部件是在复合应力状态下工作的，内燃机的曲轴就是一个典型的例子，它在工作时间同时受有弯曲正应力的扭转剪应力的复合作用。复合应力的变化各种各样，相当复杂。目前，经过理论分析和试验得到的比较成熟、有实用价值的数据只有对称循环，且两种应力具有相同的周期和相位。对于非对称循环复合应力的研究工作还很不完善，只能借用对称循环的结果。

对于小尺寸、没有应力集中的光滑试件，在对称循环的弯曲-扭转联合作用下进行疲劳试验时，其数据基本上符合图 3-41 中椭圆弧的规律。表示椭圆弧 BAC 的方程式为

$$\left(\frac{\sigma_a}{\sigma_{-1}}\right)^2+\left(\frac{\tau_a}{\tau_{-1}}\right)=1 \tag{3-35}$$

图 3-41 中的 BAC 表示安全系数为 1 的极限应力曲线，bac 表示安全系数为常数 n 的等安全系数曲线。bac 曲线的作法：由原点 O 引一辐射线 OA，并在 OA 线上截取 Oa 线段，使 OA 与 Oa 的比值为 n，然后过 a 点作椭圆弧 bac。

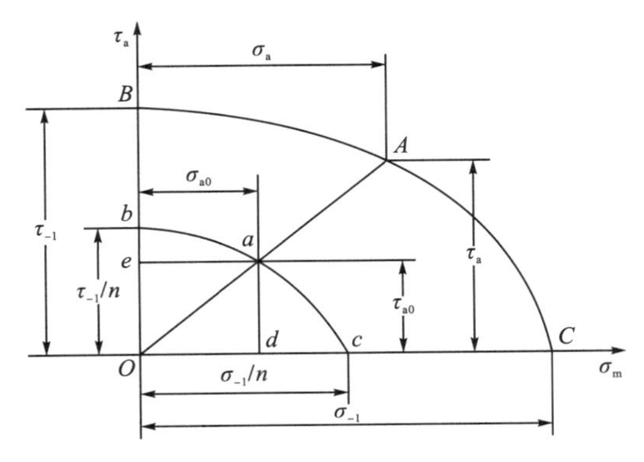

图 3-41　复合应力的极限应力图

在辐射线上，由于线段 OA 与 Oa 的比值为 n，则根据两相似直角三角形的关系可知，A 点与 a 点的纵坐标之比和横坐标之比均等于 n，即

$$\frac{\sigma_a}{\sigma_{a0}}=\frac{\tau_a}{\tau_{a0}}=n \tag{3-36a}$$

式中，σ_a、τ_a 为 A 点的应力幅；σ_{a0}、τ_{a0} 为 a 点的应力幅(图 3-41)。

弯曲正应力的安全系数为

$$n_\sigma=\frac{\sigma_{-1}}{\sigma_{a0}} \tag{3-36b}$$

扭转剪应力的安全系数为

$$n_\tau=\frac{\tau_{-1}}{\tau_{a0}} \tag{3-36c}$$

n_σ及n_τ 相应于单向弯曲(d 点)及单向扭转(e 点)的安全系数。

将式(3-36)的第一项分子分母同除以σ_{a0}，第二项分子分母同除以τ_{a0}，再考虑式(3-36a)、式(3-36b)、式(3-36c)的关系，得

$$\frac{1}{n^2}=\frac{1}{n_\sigma^2}+\frac{1}{n_\tau^2}$$

进而可写成如下的常见形式：

$$n=\frac{n_\sigma n_\tau}{\sqrt{n_\sigma^2+n_\tau^2}} \tag{3-37}$$

式(3-37)可推广应用于非对称循环的复合应力的安全系数计算。但需要注意的是，在计算n_σ和n_τ时，不要忘记应力集中、尺寸效应和表面状态效应对变应力幅σ_a、τ_a的影响。

强度判据为

$$n>[n] \tag{3-38}$$

式中，$[n]$为许用安全系数。

四、非稳定交变应力下的疲劳强度计算

1. 非稳定变应力的种类

图3-42为变应力谱。图(a)为规律性的稳定循环变应力谱，图(b)与图(a)相似，但它是由多个循环相同的应力组成的，且每一循环由若干不同的应力组组成，每组又由若干幅值完全相同的变应力组成。图(c)为没有规律性的随机变应力谱。

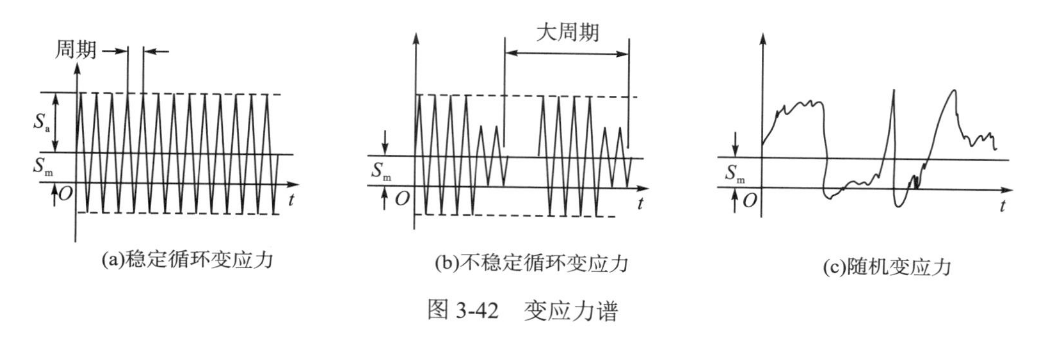

图3-42 变应力谱

2. 疲劳累积损伤的概念

在简单的疲劳试验机上进行疲劳试验时，整个试验过程的应力幅是不变的。但多数零部件在工作中所承受的循环载荷是变幅的，有些是有规则变化的，有些是随机变化的。例如，船舶轴系上所受的载荷随船舶航速的大小、海面风浪情况而变化；再如，汽车、拖拉机的传动轴，由于道路不平、土质变化而引起的载荷变化更为复杂。对于承受变幅载荷的零部件如何设计，如何使用上述磨光试件在等幅应力下进行试验得到疲劳极限及*S-N*图，这是设计者必须解决的一个重要问题。

当零部件承受循环变幅应力时，如果将应力集中处某一点产生的最大应力作为工作应力，或者将工作载荷中出现的少数几次最高载荷作为工作载荷，利用*S-N*曲线确定零部件的寿命，势必会把零部件设计得很笨重。为了解决这个现实的设计理论问题，一些研究者萌生了一种新的想法，即在零部件工作的历程中允许出现大于疲劳极限的应力。但当零部件承受高于疲劳极限的应力时，每一循环皆使零部件产生一定量的损伤，并认为这种损伤是可以累积的，一旦损伤累积到某一临界值，零部件即将发生疲劳破坏。这就是疲劳累积损伤理论。

对于疲劳累积损伤规律，人们从宏观上进行了多年研究，提出了不下数十种积累损伤假说。但是在工程上真正具有实用价值并已广泛应用的并不多。现就工程设计中常用的线

性累积损伤理论进行简要介绍。

3. 疲劳累积损性线性方程式

目前工程上广泛采用的累积损伤理论是帕尔姆格林(Palmgren)和迈内尔(Miner)先后提出的线性累积损伤假说。这一假说的基本点是金属材料在疲劳失效以前所吸收的总功，无论应力谱如何，都是相等的。假定试件在变幅应力水平分别为$\sigma_1,\sigma_2,\sigma_3,\cdots,\sigma_n$的作用下，工作时间分别达到$n_1,n_2,\cdots,n_n$循环次数后，试件失效。如果对应各应力水平的每次循环所吸收的功为$W_1,W_2,\cdots,W_n$，试件失效前所吸收的总功为

$$W = W_1 \times n_1 + W_2 \times n_2 + \cdots + W_n \times n_n \tag{3-39a}$$

如图 3-39 所示，各应力水平对应的疲劳失效循环次数分别为$N_1,N_2,\cdots,N_n$，则有关系$W=W_1N_1$，$W=W_2N_2,\cdots$，$W=W_nN_n$，从而得

$$W_1 = \frac{W}{N_1}，\quad W_2 = \frac{W}{N_2},\cdots,W_n = \frac{W}{N_n} \tag{3-39b}$$

将式(3-39b)代入式(3-39a)，经整理得

$$\frac{n_1}{N_1} + \frac{n_2}{N_2} + \cdots + \frac{n_n}{N_n} = 1$$

或写成

$$\sum_i \frac{n_i}{N_i} = 1 \tag{3-39c}$$

此即疲劳累积损伤线性方程式。

实践表明，图 3-43 有一定的局限性。当应力是对称循环时，$\sum_i \frac{n_i}{N_i}<1$，偏于危险。当应力为非对称循环时，$\sum_i \frac{n_i}{N_i}>1$，偏于安全；当有尖峰应力存在时，$\sum_i \frac{n_i}{N_i}$亦往往大于1。另外，加载次序对累积损伤也有一定的影响，如应力幅先高后低比先低后高要危险些。这是因为先加低应力时，材料产生一种低载“锻炼”效应，使裂纹形成时间延迟。反之，先加高应力时，会促使提前形成裂纹。这些因素在 Miner 线性累积损伤理论中均未考虑。尽管如此，疲劳累积损伤线性方程在非稳定交变应力的疲劳强度计算中仍广泛采用。

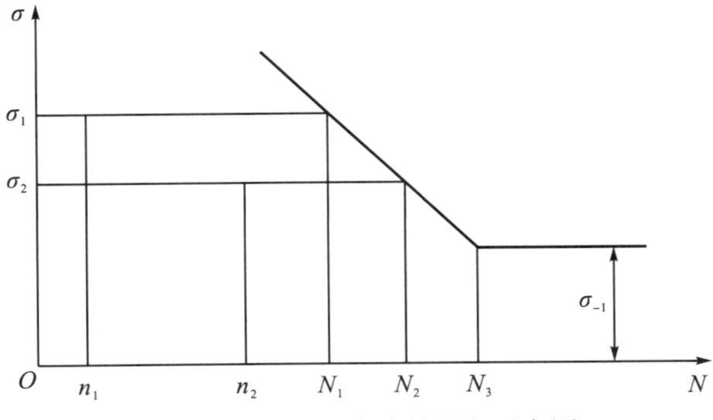

图 3-43　疲劳损伤线性累积示意图

4. 非稳定交变应力下的疲劳强度计算

零件的非稳定交变应力疲劳强度计算大致有两种方法：一是计算当量应力 σ_d ，二是计算当量循环次数 N_d 。

1) 当量应力法

这种方法是将非稳定的各级应力水平 σ_i 转化为一个循环次数为 N_0 的当量应力 σ_d ，如图 3-43 所示。

将式(3-39)的分子分母同乘以 σ_i^m ，则得

$$\sum_i \frac{\sigma_i^m \cdot n_i}{\sigma_i^m \cdot N_i} = 1 \tag{3-40a}$$

式中， σ_i 为作用于试件上的第 i 级应力水平； N_i 为在第 i 级应力水平 σ_i 作用下，材料发生疲劳破坏时的循环数； m 为疲劳曲线斜率的幂指数。

因为

$$\sigma_i^m N_i = \sigma_{-1}^m N_0 = \text{常数} \tag{3-40b}$$

所以可用 $\sigma_{-1}^m N_0$ 代替式(3-40a)中的 $\sigma_i^m N_i$ 。又由于 σ_{-1} 和 N_0 为材料的特性常数，故可提到求和号之外。整理后得

$$\sqrt[m]{\frac{1}{N_0}\sum_i \sigma_i^m n_i} \leqslant \sigma_{-1} \tag{3-40c}$$

式(3-40c)左边相当于一个稳定变化的当量应力 σ_d ，于是得

$$\begin{aligned}\sigma_d &= \sqrt[m]{\frac{1}{N_0}\sum_i \sigma_i^m \cdot n_i} = \sqrt[m]{\frac{N_c}{N_0}\sum_i \left(\frac{\sigma_i}{\sigma_{max}}\right)^m \cdot \frac{n_i}{N_c}} \cdot \sigma_{max} \\ &= \sqrt[m]{\frac{N_c}{N_0}\sum_i m_i^m t_i} \cdot \sigma_{max} = k\sigma_{max}\end{aligned} \tag{3-41}$$

式中，

$$k = \sqrt[m]{\frac{N_c}{N_0}\sum_i \sigma_i^m t_i}$$

其中， k 为应力折算系数； σ_{max} 为最大工作应力； N_c 为零部件工作循环的总数； m_i 为相对应力幅， $m_i = \dfrac{\sigma_i}{\sigma_{max}}$ ； t_i 为相对循环数 $t_i = \dfrac{n_i}{N_c}$ 。考虑应力集中系数 K_σ 、尺寸系数 ε_σ 及表面状态系数 β_σ 后，得到单向循环变幅弯曲应力下的安全系数为

$$n_\sigma = \frac{\sigma_{-1}}{\dfrac{K_\sigma}{\varepsilon_\sigma\beta_\sigma}\sigma_d} = \frac{\sigma_{-1}}{\dfrac{K_\sigma}{\varepsilon_\sigma\beta_\sigma}\cdot\sqrt[m]{\dfrac{N_c}{N_0}\sum_i m_i^m t_i} \cdot \sigma_{max}} = \frac{\sigma_{-1}}{\dfrac{K_\sigma}{\varepsilon_\sigma\beta_\sigma}\cdot k \cdot \sigma_{max}} \tag{3-42}$$

同理，可得单向对称循环变幅扭转应力下的安全系数为

$$n_{\tau}=\frac{\tau_{-1}}{\frac{K_{\tau}}{\varepsilon_{\tau}\beta_{\tau}}\tau_{\mathrm{d}}}=\frac{\tau_{-1}}{\frac{K_{\tau}}{\varepsilon_{\tau}\beta_{\tau}}\cdot\sqrt[m]{\frac{N_{\mathrm{c}}}{N_{0}}\sum_{i}m_{i}^{m}t_{i}}\cdot\tau_{\max}}=\frac{\tau_{-1}}{\frac{K_{\tau}}{\varepsilon_{\tau}\beta_{\tau}}\cdot k\cdot\tau_{\max}} \tag{3-43}$$

式中，$m_i=\tau_i/\tau_{\max}$。

弯扭合成的复合应力的安全系数为

$$n=\frac{n_{\sigma}n_{\tau}}{\sqrt{n_{\sigma}^{2}+n_{\tau}^{2}}} \tag{3-44}$$

利用上述原理，可将不对称循环中的应力幅 σ_{a} 及平均应力 σ_{m} 转化为疲劳损伤效应与不对称循环应力幅相等的对称循环应力幅，即

$$(\sigma_{\mathrm{a}})_{\mathrm{d}}=\sigma_{\mathrm{a}}+\psi_{\sigma}\sigma_{\mathrm{m}} \tag{3-45}$$

考虑应力集中系数、表面状态系数和尺寸系数的影响后，式(3-45)可写为

$$\left[\frac{K_{\sigma}}{\varepsilon_{\sigma}\beta_{\sigma}}(\sigma_{\mathrm{a}})_{\mathrm{d}}\right]_{i}=\left[\frac{K_{a}}{\varepsilon_{\sigma}\beta_{\sigma}}\sigma_{\mathrm{a}}+\psi_{\sigma}\sigma_{\mathrm{m}}\right]_{i} \tag{3-46}$$

式(3-46)相当于式(3-40)中的 σ_i，并且已考虑了应力集中系数等因素的影响。为书写简化起见，令

$$\sigma_{\mathrm{d}i}=\left[\frac{K_{\sigma}}{\varepsilon_{\sigma}\beta_{\sigma}}(\sigma_{\mathrm{a}})_{\mathrm{d}}\right]_{i}=\left[\frac{K_{a}}{\varepsilon_{\sigma}\beta_{\sigma}}\sigma_{\mathrm{a}}+\psi_{\sigma}\sigma_{\mathrm{m}}\right]_{i} \tag{3-47}$$

参照式(3-42)，可写出不对称循环的安全系数公式：

$$n_{\sigma}=\frac{\sigma_{-1}}{\sqrt[m]{\frac{N_{\mathrm{c}}}{N_{0}}\sum_{i}\left(\frac{\sigma_{\mathrm{d}i}}{\sigma_{\mathrm{d}\max}}\right)^{m}\cdot\frac{n_{i}}{N_{\mathrm{c}}}}\sigma_{\mathrm{a}\max}} \tag{3-48}$$

同理，写出与式(3-48)相似的不对称循环扭转应力下的安全系数为

$$n_{\tau}=\frac{\tau_{-1}}{\sqrt[m]{\frac{N_{\sigma}}{N_{0}}\sum_{i}\left(\frac{\tau_{\mathrm{d}i}}{\tau_{\mathrm{d}\max}}\right)^{m}\cdot\frac{n_{i}}{N_{\mathrm{c}}}}\tau_{\mathrm{a}\max}} \tag{3-49}$$

上述有关计算公式适用于图3-42(a)、(b)所示的规律性非稳定交变应力的疲劳强度计算。对于无规律性非稳定交变应力(图3-42(c))，若能简化成规律性的变应力，则可使用前面一些计算公式，否则可按下述方法计算。

一般的随机载荷引起的应力幅和平均应力都是随机的，但这种随机疲劳计算比较复杂。现仅就应力幅是随机变化的情况讨论如下：

由于随机过程的应力幅变化是连续的，令 $P(\sigma)$ 为其概率密度函数，则在应力幅 $\sigma_i\sim\sigma_i+\mathrm{d}\sigma_i$ 区间内的应力循环的概率为 $P(\sigma_i)\mathrm{d}\sigma_i$。令 n_{Σ} 为到达破坏时的总循环数，在应力区间 $\mathrm{d}\sigma_i$ 内的循环数为 n_i，则关系为

$$n_i=n_{\Sigma}\cdot P(\sigma_i)\mathrm{d}\sigma_i \tag{3-50}$$

将式(3-50)代入式(3-40c)，并将式中的求和换成积分，则

$$\sqrt[m]{\frac{1}{N_0}\sum_i \sigma_i^m n_i} = \sqrt[m]{\frac{1}{N_0}\sum_i \sigma_i^m n_\Sigma P(\sigma_i)\mathrm{d}\sigma_i} = \sqrt[m]{\frac{n_\Sigma}{N_0}\int_{\sigma_r}^{\sigma_{\max}} \sigma_i^m P(\sigma_i)\mathrm{d}\sigma_i} \leqslant \sigma_{-1} \tag{3-51}$$

式中，σ_r 为试件的疲劳极限(对于在腐蚀和高温环境中工作的零部件，S-N 曲线没有水平部分，此时取 $\sigma_r = 0$)；$\sigma_{\max}$ 为在载荷时间历程中的最大应力幅。

考虑到应力集中等因素的影响，零部件的安全系数 n_σ 可由式(3-52)推得

$$n_\sigma = (\sigma_{-1})_G \Bigg/ \sqrt[m]{\frac{n_\Sigma}{N_G}\int_{(\sigma-1)_G}^{\sigma_{\max}} \sigma_i^m p(\sigma_i)\mathrm{d}\sigma_i} \tag{3-52}$$

式中，$(\sigma_{-1})_G$ 为零部件的疲劳极限，$(\sigma_{-1})_G = \frac{\varepsilon_\sigma \beta_\sigma}{K_\sigma}\sigma_{-1}$；$p(\sigma_i)$ 为 σ_i 概率的分布密度函数(通常根据试验测定的 σ_i 按统计理论确定其分布特性)。若 σ_i 符合正态分布规律，则

$$p(\sigma_i) = \frac{h}{\sqrt{\pi}}\mathrm{e}^{-h^2(\sigma_i-\mu)^2} \tag{3-53}$$

式中，h 为精确度指数，$h = (\sigma\sqrt{2})^{-1}$；$\sigma$ 为标准差，$\sigma = \left(\frac{\sum n_i \sigma_i^2}{n-1}\right)^{1/2}$；$\mu$ 为均值，$\mu = \frac{\sum \sigma_i n_i}{\sum n_i}$。弯曲时碳钢的指数 m 和循环基数 N_0 的数值可参考表 3-6。当有零件试验资料或零件的相似模型试验资料时，应直接根据疲劳曲线确定 m 和 N_0。

表 3-6 弯曲时碳钢的指数 m 和循环基数 N_0 参考值

试验条件	m	N_0
无应力集中的抛光试件	9 ~ 18	(1~5) ×10^6
有应力集中的抛光试件	6 ~ 16	(1~5) ×10^6
紧配合的轴、心轴	6 ~ 10	(5~10) ×10^6
经表面强化处理的试件	18 ~ 20	(1~5) ×10^6

2) 当量循环次数 N_d 的计算

取某一应力 σ 作为计算的基准，而将各级应力水平 σ_i 下的循环作用次数 n_i 转化为对应于基准应力 σ 的当量循环次数 N_d。根据疲劳累积损伤假说，基准应力 σ 循环 N_d 次的效应等于非稳定变应力下各级应力水平 σ_i 循环 n_i 次的总效应，如图 3-44 所示，即

$$\sigma_m N_d = \sum_i \sigma_i^m n_i \tag{3-54}$$

于是，当量循环次数为

$$N_d = \sum_i \left(\frac{\sigma_i}{\sigma}\right)^m n_i \tag{3-55}$$

由式(3-40b)可得寿命为当量循环次数 N_d 时的疲劳极限：

$$\sigma_{N_d} = \sqrt[m]{\frac{N_0}{N_d}} \cdot \sigma_{-1} = k_N \sigma_{-1} \tag{3-56}$$

式中，k_N 为寿命系数，$k_N=\sqrt[m]{\dfrac{N_0}{N_\mathrm{d}}}$。

对于受非稳定剪应力的零部件计算，只需将上述公式中的正应力σ用剪应力τ替代即可。

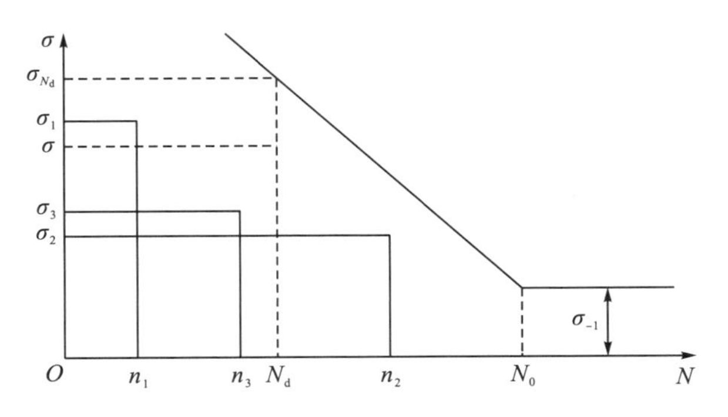

图 3-44　当量循环次数 N_d 示意图

第四节　疲劳寿命计算

零部件的疲劳寿命计算方法大体可分为两类，一是由疲劳累积损伤理论出发，二是由断裂力学理论出发。现分别介绍如下。

一、疲劳有限寿命计算方法

1. 应力-寿命

对于承受非稳定变载荷的零部件，其寿命一般可用线性疲劳累积损伤理论计算。若零部件上的应力变化是不规则的随机量(图 3-45)，可经过整理将其简化为图 3-46 所示的“程序加载”的应力谱。图 3-46 中的σ_1、σ_2、σ_3为各级应力水平的大小，n_1、n_2、n_3为相应应力水平下的循环数。

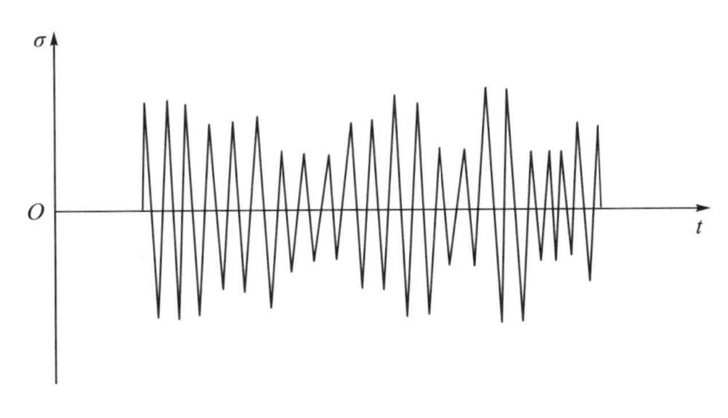

图 3-45　随机应力谱

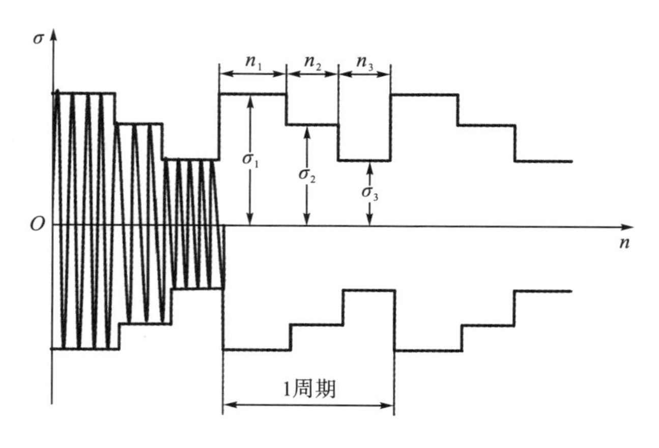

图 3-46 “程序加载”应力谱

由图 3-47 可知，设 N_1 为零部件在等应力幅 σ_1 作用下的失效循环数，则

$$N_1 = \left(\frac{\sigma_{-1}}{\sigma_1}\right)^m \cdot N_0 \tag{3-57}$$

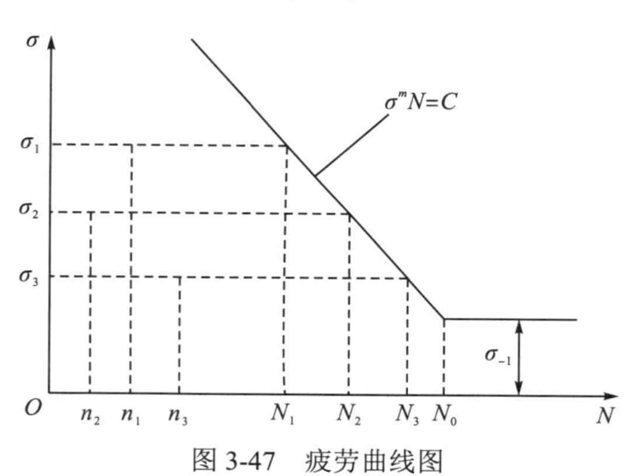

图 3-47 疲劳曲线图

设零部件失效的总周期数为 j，则零部件受到应力 σ_1 的损伤率为 $j\cdot\frac{n_1}{N_1}$。同理，应力 σ_2、σ_3 对零部件的损伤率分别为 $j\cdot\frac{n_2}{N_2}$、$j\cdot\frac{n_3}{N_3}$。

根据线性累积损伤理论，当各级应力水平对零部件的损伤率总和达到 1 时，零部件即发生疲劳破坏，故关系为

$$j\cdot\frac{n_1}{N_1} + j\cdot\frac{n_2}{N_2} + j\cdot\frac{n_3}{N_3} + \cdots = 1 \tag{3-58}$$

一般情况下，可写为

$$j\cdot\sum\frac{n_i}{N_i} = 1 \tag{3-59a}$$

式中，i 为各级应力水平的序号；$\frac{n_i}{N_i}$ 为循环比；j 为产生的变应力的总周期数，即疲劳寿命。

试验表明，$j\cdot\sum\frac{n_i}{N_i}$一般不等于 1，而是某一数值 a，即

$$a=j\cdot\sum\frac{n_i}{N_i} \tag{3-59b}$$

式中，a 为抗过载系数(与材料性质及应力变化情况有关)。

一般 $a>1$，在缺少试验数据时，可假定 $a=1$。得到零部件的工作寿命：

$$j=1\Big/\sum\frac{n_i}{N_i} \tag{3-59c}$$

或

$$j=a\Big/\sum\frac{n_i}{N_i} \tag{3-59d}$$

2. 应变-寿命

1) 低周疲劳现象和特点

高周疲劳与低周疲劳的区别见表 3-7。

表 3-7 高周疲劳和低周疲劳

疲劳类型	高周疲劳	低周疲劳
定义	破坏循环数大于 10^4~10^5	破坏循环数小于 10^4~10^5
应力	低于弹性极限	高于弹性极限
塑性变形情况	无明显塑性变形	有明显塑性变形
应力-应变关系	线性关系	非线性关系
设计变量	应力	应变

金属在交变载荷作用下，由塑性应变的循环作用所引起的疲劳破坏称为低周疲劳。高周疲劳的交变应力一般都较低，低周疲劳的交变应力则很高，一般接近或超过材料的屈服强度。低周疲劳寿命较短，一般只有 10^2～10^5 周次。应指出的是，通常以 10^5 次作为高、低周疲劳的分界点，只是为了实用上的方便，而并无严格的科学依据。

图 3-48(a)为以应力表示的低周疲劳的 σ-N 曲线，当 $N<10^5$ 时，由于试件表面的应力进入屈服极限，相应的一段 σ-N 曲线比较平坦，在该段曲线中，应力水平 σ 对寿命 N 影响很大。因此在低周疲劳中，用应力很难描述实际寿命的变化。如将试验数据整理成 ε-N 曲线(图 3-48(b))，则是一条很有规律的光滑曲线。如果应变幅已知，则由 ε-N 曲线便可得到产生破坏的循环数。其作用与高周疲劳中的 σ-N 曲线相同。因此，低周疲劳又称应变疲劳，高周疲劳又称应力疲劳。

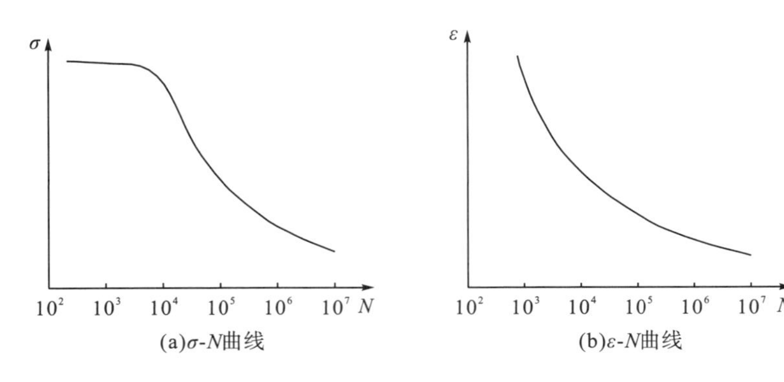

图 3-48 低周疲劳的 σ - N 曲线

材料在低周疲劳过程中，其应力应变行为可用滞后回线表征，如图 3-49 所示。

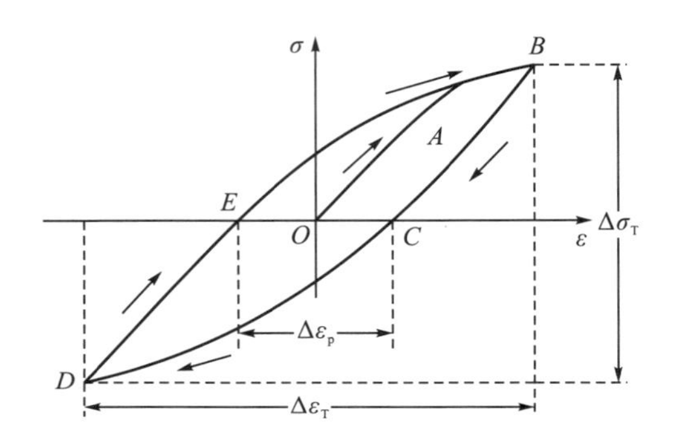

图 3-49 低周疲劳的应力-应变曲线

一次循环变应力产生的总应变为

$$\Delta\varepsilon_T = \Delta\varepsilon_e + \Delta\varepsilon_p \tag{3-60}$$

式中，$\Delta\varepsilon_e$ 为弹性应变；$\Delta\varepsilon_p$ 为塑性应变。

根据应力应变循环的特性，可将金属材料分为“循环硬化”和“循环软化”两类。“循环硬化”是指金属材料在应变保持一定的情况下，形变抗力在循环过程中不断增高的现象，如图 3-50(a)所示。而“循环软化”是指材料的形变抗力在循环过程中下降，即产生一定的应变所需的应力逐渐减小，如图 3-50(b)所示。试验证明，无论循环硬化还是循环软化，当达到一定循环次数(总寿命的 20%～50%)后，逐步趋于稳定状态，即形成一个稳定的滞后环(图 3-49)。

由于周期应变会导致材料变形抗力变化，使材料的强度变得不稳定，发生硬化或软化。因此，对于承受较大应力的零部件，应选用循环稳定或循环硬化型的材料。如果采用循环软化的材料，由于材料在使用过程中发生软化，便会产生过量的塑性变形而使构件破坏或失效。试验发现，当 $\sigma_b/\sigma_{0.2}>1.4$ 时，材料表现为循环硬化；而 $\sigma_b/\sigma_{0.2}<1.2$ 时，则表现为循环软化；至于比值为 1.2～1.4 者，则表现倾向不定，但一般表现循环稳定。

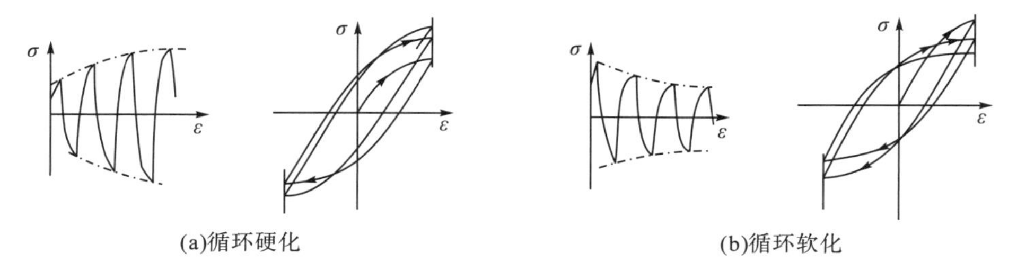

图 3-50　“循环硬化”和“循环软化”曲线

2）曼桑-柯芬（Manson-Coffin）定理

图 3-51 中的直线 1 为塑性应变幅 $\frac{\Delta\varepsilon_p}{2}$ 与寿命 N_c 的关系曲线。该直线与纵轴交点的坐标，为第一次循环应变下的应变值。它等于在静拉伸试验中，该材料断裂时所得的真实应变值 ε_f。图中的直线 2 为应力幅 σ_a 与寿命 N_c 的关系曲线。为了与 1 比较，已将应力幅 σ_a 用 $\frac{\Delta\varepsilon_e}{2}=\frac{\sigma_a}{E}$ 的关系换算成了应变幅。两直线的交点 P 表示低周与高周疲劳的分界点。在 P 点右侧，弹性应变起主导作用，为高周疲劳区；在 P 点左侧，塑性应变起主导作用，为低周疲劳区。图中曲线 3 是根据试验数据画出的总应变幅 $\frac{\Delta\varepsilon_T}{2}$ 与寿命 N_c 的关系曲线。由图可以看出，在 P 点的左侧，曲线 3 与低周疲劳的直线 1 吻合，P 点的右侧，则与高周疲劳的直线 2 吻合。P 点对应的寿命 N_t 称为过渡寿命，与材料性能有关，可用式(3-61)进行估算：

$$N_t=\left(\frac{E\varepsilon_f}{\sigma_f}\right)^2 \tag{3-61}$$

式中，E 为弹性模量；ε_f、σ_f 为静拉伸试验断裂时的真实应变及真实应力。

由上式显而易见，提高材料强度时，P 点左移；提高材料韧性时，P 点右移。

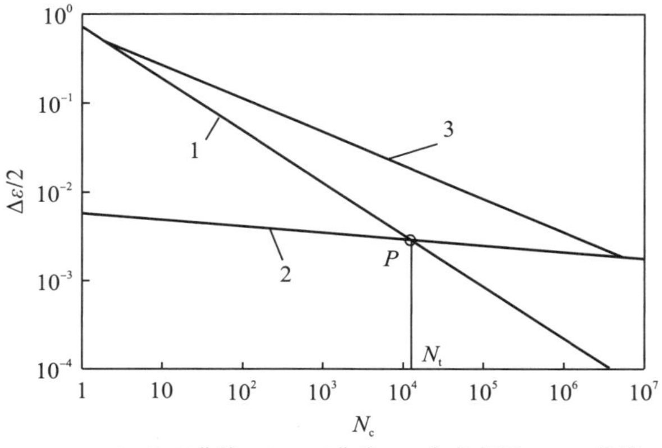

1-$\Delta\varepsilon_p/2$-N_c曲线；2-σ_a-N_c曲线；3-全应变幅$\Delta\varepsilon/2$-N_c曲线

图 3-51　对称循环全应变幅与循环数的关系

曼桑和柯芬等先后对几十种静强度不同的材料，进行了低周等应力幅的塑性应变疲劳试验，提出了具有一定普遍意义的低周疲劳计算公式：

$$\Delta\varepsilon_{p}N^{\alpha}=C \tag{3-62}$$

式中，$\Delta\varepsilon_{p}$ 为塑性应变幅度；N 为材料到达疲劳断裂时的循环数，即疲劳寿命；α 为材料的塑性指数(一般 $\alpha=0.1\sim0.8$，见表 3-8)；C 为材料常数(柯芬建议取 $C=0.5\varepsilon_{f}\sim\varepsilon_{f}$，曼桑建议取 $C=\varepsilon_{f}$)

表 3-8　曼桑-柯芬公式中的塑性指数

材料	$\Delta\varepsilon_{p}$	α
软钢	—	0.591
30CrMo 钢	—	0.621
4340 钢	—	0.556
0Cr18NI9 钢	＞0.0038	0.794
0Cr18NI9 钢	＜0.0038	0.139
工业纯铝 L5	—	0.693
硬铝 LYI2	—	0.590

拉伸断裂真应变：

$$\varepsilon_{f}=\ln\frac{100}{100-\psi} \tag{3-63}$$

式中，ψ 为断面收缩率，%。

式(3-62)称为曼桑-柯芬定理，亦称曼桑-柯芬公式。若参量 α 及 C 已知，当材料的滞后回线能画出、$\Delta\varepsilon_{p}$ 可求得时，可用式(3-62)算出疲劳寿命 N。

二、疲劳裂纹扩展寿命计算

前面介绍的疲劳寿命计算的主要依据是光滑试件(无缺陷)进行的疲劳试验所取得的疲劳极限。而实际上的零部件与光滑试件不同，往往带有裂纹、夹渣等缺陷。对于这种零部件的寿命，主要是指裂纹由初始尺寸扩展到临界尺寸时经历的循环数。

1. 疲劳裂纹的扩展机理

关于疲劳裂纹扩展机理，众说纷纭，下面仅就塑性和脆性疲劳条纹的扩展机理分别介绍目前较为流行的两种模型机理。

1) 塑性钝化模型

塑性钝化模型就是描述疲劳裂纹的扩展是由裂纹尖端的钝化→锐化→再钝化这种循环扩展来进行的一种模型。结合图 3-52 进行如下说明。

图 3-52(a)表示未加载时的一条裂纹，其尖端处于锐化状态。图 3-52(b)表示当循环

应力为拉应力时，裂纹张开，裂纹尖端塑性区内沿 45° 方向产生滑移变形，并且裂纹尖端由锐化状态变为钝化状态。循环拉应力达到最大值时，裂纹张开最大，裂纹前端的滑移带变宽，裂纹顶端被“钝化”成圆弧形，并向前扩展了一个长度 $\Delta a'$，如图 3-52(c)所示。由于塑性变形而使裂纹前端附近的应力集中效应得以松弛，滑移停止，裂纹也停止扩展。当循环应力转为压应力时，裂纹前端附近塑性区的滑移将向相反的方向发展，并把张开的裂纹压扁，形成新的锐化状态，如图 3-52(d)所示。最后形成了一个向前扩展距离为 Δa 的新裂纹，如图 3-52(e)所示。如此循环往复，裂纹不断向前扩展。

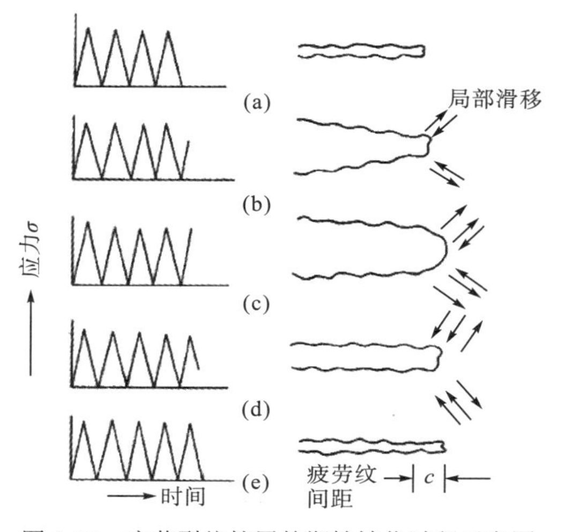

图 3-52　疲劳裂纹扩展的塑性钝化过程示意图

2) 解理疲劳裂纹的扩展

脆性解理疲劳裂纹扩展的基本过程为：在疲劳载荷作用下，首先沿解理面解理断裂一小段距离，然后因裂纹前端塑性变形而停止扩展。当下一个周期开始后，又进行解理断裂，如此往复循环，使得解理疲劳裂纹不断扩展。结合图 3-53 具体说明如下。

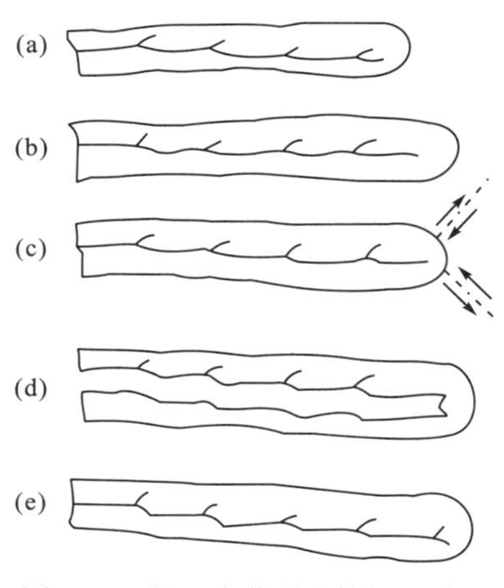

图 3-53　解理疲劳裂纹的扩展过程

假定裂纹初始状态如图 3-53(a)所示。当载荷增加时，裂纹前端因解理断裂向前扩展一段距离，如图 3-53(b)所示。然后因塑性钝化，解理停止。因为解理材料的充分硬化，所以形变集中在裂纹前端非常狭窄的滑移带内，如图 3-53(c)所示。当裂纹前端在载荷作用下充分张开时，其裂纹前端形状如图 3-53(d)所示。进入去载或压缩载荷阶段时，裂纹闭合，裂纹前端重新变得尖锐而形成与图 3-53(a)相似的形状(图 3-53(e))，但图 3-53(e)较图 3-53(a)长一个距离 Δa 。上述解理疲劳裂纹的扩展机理与塑性钝化过程有关。

2. 疲劳裂纹的扩展速率

1)应力强度因子

断裂力学认为，零部件中都存在裂纹或类裂纹的缺陷，当有正应力作用时，便在裂纹尖端附近产生一个弹性应力场。应力强度因子就是描述应力场的参量，它的大小与物体的几何形状、裂纹尺寸和位置、作用于物体上的应力分布和大小等因素有关。当应力强度因子 K 到达临界值 K_0 时，就发生脆断。对于一个图 3-54 所示的任意形状的裂纹，在外力作用下，其表面位移可有 3 种类型，如图 3-55 所示，其中 3-55(a)是张开型，简称 I 型，构成裂纹两个面的位移相对离开；图 3-55(b)为滑动型，简称 II 型，构成裂纹两个面的位移沿垂直于裂纹的前缘方向相对滑动；图 3-55(c)为撕裂型，简称III型，构成裂纹两个面的位移沿平行与裂纹的前缘方向相对滑动。

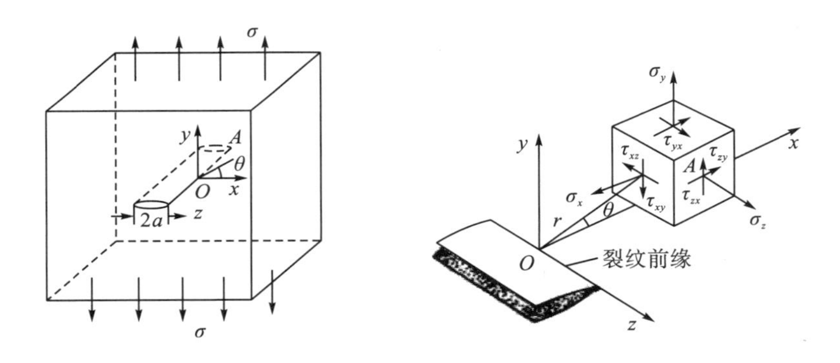

图 3-54　裂纹尖端处应力场坐标系

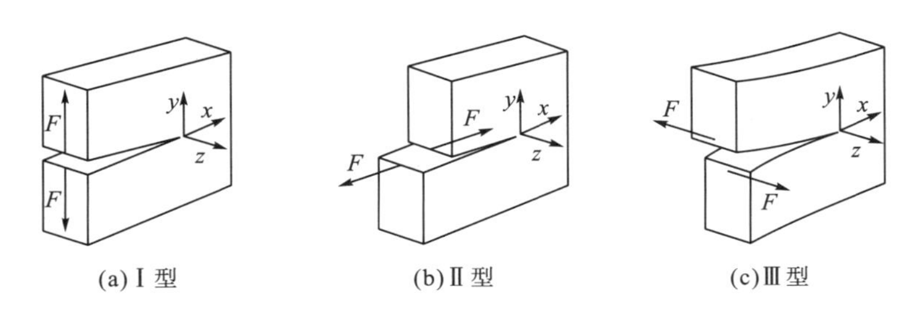

(a) I 型　　(b) II 型　　(c) III 型

图 3-55　三种裂纹表面的位移模型

在上述三种裂纹类型中，最常见的是张开型。对于张开型中的平面应变状态，因其裂纹前缘处于三向应力场下，最易发生脆断。张开型是线弹性断裂力学中最重要的一类。其应力强度因子用 K_{I} 表示，材料的断裂韧性用 K_{IC} 表示。因此，带裂纹构件产生脆断的临界条件(又称为脆性断裂判据)为

$$K_{\mathrm{I}}=K_{\mathrm{IC}} \tag{3-64}$$

对于受均匀拉应力作用的“无限大”平板中有长 $2a$ 的穿透裂纹，其尖端处的应力强度因子为

$$K_{\mathrm{I}}=\sigma\sqrt{\pi a} \tag{3-65}$$

式中，σ 为均匀拉应力，$\mathrm{MN/m^2}$；K_{I} 的单位为 $\mathrm{N\cdot m^{-3/2}}$，其工程单位为 $\mathrm{kgf/mm^{3/2}}$。目前国际上有许多资料用 $\mathrm{ksi}\sqrt{\mathrm{in}}$ 做单位。三者间的换算关系为

应力　$1\,\mathrm{MN/m^2}=0.102\,\mathrm{kgf/mm^2}=0.145\,\mathrm{ksi}$

应力强度因子　$1\,\mathrm{MN/m^{3/2}}=3.226\,\mathrm{kgf/mm^{3/2}}=0.910\,\mathrm{ksi}\sqrt{\mathrm{in}}$

对于一般的平板，考虑到受力、几何形状、边界条件的变化，应力强度因子为

$$K_{\mathrm{I}}=A\sigma\sqrt{\pi a} \tag{3-66}$$

式中，A 为根据平板受力、几何形状及边界条件决定的修正系数(一般情况下 $A>1$，具体数值可查阅相关资料)。

对于具有穿透裂纹受均匀拉应力作用的“无限大”平板，将 $K_{\mathrm{I}}=\sigma\sqrt{\pi a}$ 代入式(3-64)，即可得到外载荷、裂纹尺寸与材料抗断性能之间的关系为

$$\sigma\sqrt{\pi a}=K_{\mathrm{IC}} \tag{3-67}$$

式中，K_{IC} 与材料的力学性质屈服强度 σ_{s} 或强度极限 σ_{b} 相仿，但物理意义不同，可用试验方法测得，亦可从有关文献中查得。

由式(3-67)可见，若已知初始裂纹尺寸 a，可以计算出裂纹产生失稳扩展的临界应力 σ_{c}；或在一定的工作应力 σ 下，可求得带裂纹物体的临界裂纹尺寸 a_0。

2) 疲劳裂纹的扩展速率

研究疲劳裂纹的扩展速率是为了能够对疲劳寿命进行定量评估。长期以来，科技工作者在大量试验资料的基础上总结出许多经验公式。通常用来描述疲劳裂纹的扩展速率公式为

$$\frac{\mathrm{d}a}{\mathrm{d}N}=C\sigma_{\mathrm{a}}^{m}a^{n} \tag{3-68}$$

式中，$\dfrac{\mathrm{d}a}{\mathrm{d}N}$ 为疲劳裂纹扩展速率；C 为常数(与平均负荷、应力变化、频率、材料的力学性能有关)；σ_{a} 为应力幅；a 为疲劳裂纹长度；m、n 为指数(m 为 2～4，n 为 1～2)。

近年来，应用断裂力学的方法对疲劳裂纹扩展速率的研究获得了较大的进展。目前广泛使用的帕里斯(Paris)经验公式为

$$\frac{da}{dN}=C(\Delta K)^m \tag{3-69}$$

式中，ΔK 为应力强度因子范围。

$$\Delta K = K_{max} - K_{min} \tag{3-70}$$

C、m 为材料常数。由于影响 C 和 m 的因素很复杂，表 3-9 给出的数据只能作为参考。必须指出，此表给出的 C、m 值是在应力强度因子范围 ΔK 的单位为 kgf/ $mm^{3/2}$ 情况下的值。若 ΔK 的单位为 MN/ $m^{3/2}$，则可根据裂纹扩展速率不变的原则，由式(3-69)推得，$C'=0.31^m C$。

表 3-9　材料的裂纹扩展速度公式（$da/dN=C(\Delta K)^m$）

材料名称	C	m	材料名称	C	m
软钢	6.21×10^{-11}	3.3	34CrNi3MoV	5.06×10^{-11}	3.18
钢 25	9.58×10^{-12}	3.6	14MnMoNbB	14×10^{-10}	2.5
钢 30	4.26×10^{-13}	4.6	14MnMoVB	2×10^{-10}	3
钢 40	3.1×10^{-11}	3	18MnMoNb	2.13×10^{-12}	3.8
钢 40A	1.74×10^{-11}	3.58	20SiMn2MoV	1.76×10^{-9}	2.4
钢 45	3.83×10^{-10}	2.75	40CrNiMoA	$(8.1\sim14.2)\times10^{-10}$	2.5
15MnMoVCu	1.649×10^{-11}	3.6	14SiMnCrNiMoA	3.42×10^{-9}	2.44
22K	3.58×10^{-12}	4.05	30CrMnSiNi2MoA	10×10^{-10}	2.44
20G	6.08×10^{-10}	2.58	50Mn18Cr4WN	4.61×10^{-12}	3.7
铁素体珠光体钢	2.1×10^{-10}	3	GH36	8.2×10^{-10}	2.63
奥氏体钢	1.3×10^{-10}	3.25	马氏体钢	1×10^{-8}	2.25
1Cr13	9.3×10^{-9}	2.14	HY-130	4.14×10^{-9}	2.13
17CrMo1V	5.76×10^{-10}	2.58	HY-80	1.45×10^{-9}	2.54
34CrMo1A	1.75×10^{-10}	2.97	铝合金 LC9	2.09×10^{-10}	3.96
30Cr2MoV	7.645×10^{-12}	3.68	铝合金 LD10	4.19×10^{-9}	3.44
34CrNi3Mo	1.32×10^{-9}	2.5			

式(3-69)仅表示应力强度因子范围对疲劳裂纹扩展速率的影响，为进一步考虑外加平均应力强度因子 $K_m=\frac{1}{2}(K_{max}+K_{min})$ 的影响，霍曼提出了下面的修正公式：

$$\frac{da}{dN}=\frac{C(\Delta K)^m}{(1-r)K_C-\Delta K} \tag{3-71}$$

式中，$r=K_{min}/K_{max}$ 就是传统疲劳概念中的不对称系数，这里用来考虑平均应力强度因子的影响。K_C 为平面应力下的材料断裂韧性，若平面为应变状态，则可用 K_{IC} 代替 K_C。

道纳亨(Donahne)和穆凯里(Mceily)考虑到应力强度因子接近其“门槛值”时的特点，提出了如下经验公式：

$$\frac{\mathrm{d}a}{\mathrm{d}N}=C\left(K_{\max}^{2}-\Delta K_{\mathrm{th}}^{2}\right) \tag{3-72}$$

式中，ΔK_{th} 为应力强度因子范围的下门槛值(又称界限应力强度因子范围)。

当 $K_{\max}\to\Delta K_{\mathrm{th}}$ 时，$\frac{\mathrm{d}a}{\mathrm{d}N}\leqslant 10^{-7}\ \mathrm{mm/cyc}$，通常将这时的扩展速率作为零处理。

从上面介绍的几个经验公式来看，$\mathrm{d}a/\mathrm{d}N$ 与 ΔK 之间的关系是复杂的。图 3-56 是由几种材料的试验曲线归纳出来的裂纹扩展速率示意曲线。由图可以看出，$\mathrm{d}a/\mathrm{d}N$ - ΔK 曲线可以分为三个区段。在 $\Delta K<\Delta K_{\mathrm{th}}$ 的第Ⅰ区段，由于疲劳裂纹核心尺寸没有达到临界尺寸，裂纹处于不扩展的稳定状态。因此，下门槛值 ΔK_{th} 是一个非常重要的特征值。它与平均应力值有关。当应力循环不对称系数 r 增加时，ΔK_{th} 值将减小。此外，ΔK_{th} 值还与材料性能有关。巴萨姆提出了一个估算 ΔK_{th} 值的近似公式为

$$\Delta K_{\mathrm{th}}=7.04(1-0.85r)(\mathrm{MN/m^{3/2}}) \tag{3-73}$$

但式(3-73)没有反映材料性能的影响。根据国内有关资料的报道，按照巴萨姆公式的估算值与实际测量结果相比是偏低的。在我国《在用含缺陷压力容器安全评定》(GB/T 19624—2019)中，建议 ΔK_{th} 取值如下。

对于低碳钢和碳锰钢：

$$\Delta K_{\mathrm{th}}=6.08\left(1-0.76r\right)(\mathrm{MN/m^{3/2}})$$

对于其他钢材：

$$\Delta K_{\mathrm{th}}=7.1\left(1-0.85r\right)(\mathrm{MN/m})^{3/2}\ (r>0.1)$$

$$\Delta K_{\mathrm{th}}=6.11\mathrm{MN/m^{3/2}}\ (r\leqslant 0.1)$$

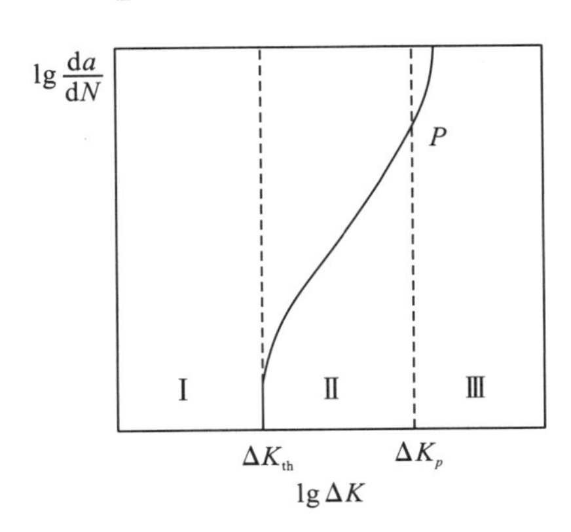

图 3-56 裂纹扩展速率示意图

表 3-10 列出了几种常用金属材料在不同循环特征下的 ΔK_{th} 试验值。可以看出，在 $r=-1$ 的情况下，低碳钢、结构钢和镍铬铁合金的 $\Delta K_{\mathrm{th}}=6.262\sim 6.355\mathrm{MN/m^{3/2}}$。这一数值表明，当应力水平相同时，普通结构钢件上的界限裂纹长度(临界裂纹尺寸)要比铝合金或高强度钢件上的界限裂纹长度大十倍甚至几十倍。另外还可以看出，ΔK_{th} 值随 r 的增大而减小，表明平均应力对 ΔK_{th} 的影响。

表 3-10　各种材料的界限应力强度因子幅度 ΔK_{th} 值

材料	强度极限 σ_b / (MN/ m^2)	不对称系数 r	ΔK_{th}（裂纹长度为 0.5～5mm）/ (MN/m$^{3/2}$)
低碳钢	430	−1	6.355
		0.13	6.603
		0.35	5.146
		0.49	4.278
		0.64	3.193
		0.75	3.844
低合金结构钢	830	−1	6.262
		0	6.572
		0.33	5.053
		0.5	4.402
		0.64	3.286
		0.75	2.201
镍铬钢	920	−1	6.355
马氏体时效钢	1990	0.67	2.697
18/8 奥氏体不锈钢	—	−1	6.045
		0	6.045
		0.33	5.921
		0.62	4.619
		0.74	4.061
铝	76.8	−1	1.023
		0	1.649
		0.33	1.426
		0.53	1.209
镍铬铁合金（Ni、14Cr、6Fe）	416	−1	6.386
		0	7.13
		0.57	4.712
		0.71	3.937
4.5%Cu-Al 合金	446	−1	2.089
		0	2.089
		0.33	1.649
		0.5	1.538
		0.67	1.209
钢	216	−1	2.666
		0	2.527
		0.33	1.758
		0.5	1.454
		0.8	1.318
磷青铜	324	−1	3.751
		0.33	4.061
	363	0.5	3.193
		0.74	2.418
黄铜（60/40）	324	−1	3.078
		0	5.503
		0.33	3.078
		0.51	2.635
		0.72	2.635
钛（工业纯）	539	0.62	2.201
镍	431	−1	5.921
		0	7.905
		0.33	6.479
		0.57	5.146
		0.71	3.627
镍铬高强度钢	1686	−1	1.758

注：马氏体时效钢的裂纹长度为 0.0025mm。

在图 3-56 中的第 II 区段，$\Delta K_{\mathrm{th}} < \Delta K < K_p$，$\lg\frac{\mathrm{d}a}{\mathrm{d}N}$ - $\lg\Delta K$ 基本呈线性关系。对于同一系列的合金，虽然其成分和组织彼此不同，但基本可用同一方程式描述。例如，当 σ_s 水平处于 310～2100MN/m^2 时，m 值为 2.25，C 值为 9.63×10^{-9}，这条直线的计算公式为

$$\frac{\mathrm{d}a}{\mathrm{d}N} = 9.63\times10^{-9}(\Delta K)^{2.25}$$

对于确定的ΔK值，$\dfrac{\mathrm{d}a}{\mathrm{d}N}$的上下限之差约为4倍。

由图3-56还可以看出，当$K_{\max}$达到或超过上门槛值ΔK_p时，裂纹扩展将偏离式(3-69)而迅速增大。对于高强度钢，此转折非常明显，且$\Delta K_p \approx (0.7 \sim 0.8)K_{\mathrm{IC}}$（或$K_{\mathrm{C}}$）。通常将$K_{\max} \geqslant \Delta K_p$称为疲劳裂纹扩展上限条件，它表明疲劳裂纹将失稳而高速扩展，引起最终的裂断。试验结果表明，ΔK_p所对应的裂纹顶端张开位移δ的幅度$\Delta\delta_{\mathrm{t}}$值，对于各种金属材料来说，基本上是个常数。其大小约为$3.96\times10^{-2}\,\mathrm{mm}$。根据断裂力学理论，在平面应力条件下，应力强度因子与裂纹张开位移之间的关系为

$$\frac{\Delta K^2}{E} = \sigma_{\mathrm{s}}(\Delta\delta) \tag{3-74}$$

用$\Delta\delta = \Delta\delta_{\mathrm{t}} = 3.96\times10^{-2}\,\mathrm{mm}$代入式(3-74)得到的$P$点对应处的$\Delta K_p$值与试验结果基本吻合，见表3-11。这个结果表明，P点对应的ΔK_p值取决于材料屈服强度的高低。

表3-11　计算与试验的P点所对应的ΔK_p值

材料	P点的张开位移$\Delta\delta_{\mathrm{t}}$ /mm	屈服强度σ_{s} /(MN/m^2)	ΔK_p /(MN/m$^{3/2}$)	
			计算值	试验值
10Ni-Cr-Mo-Co钢	3.96×10^{-2}	1330	104	约110
HY-130钢	3.96×10^{-2}	980	93.5	约110
HY-30钢	3.96×10^{-2}	590	70.3	77
A514钢	3.96×10^{-2}	770	70.3	82.5
5456-H321铝合金	3.96×10^{-2}	260	27.5	27.5

3. 影响疲劳裂纹扩展的因素

如上所述，应力强度因子幅度ΔK是决定疲劳裂纹扩展的主要力学参数，是疲劳裂纹扩展的原动力。此外，影响疲劳裂纹扩展的因素还有很多，如平均应力、尖峰载荷、加载温度、频率和环境介质等。下面简单介绍几种主要因素对疲劳裂纹扩展的影响。

1) 平均应力的影响

平均应力可以用循环特征性r来表示。由霍曼公式不难得出，随着r的增大，疲劳裂纹的扩展速率提高了。同时，霍曼公式还反映了材料韧性K_{C}对$\mathrm{d}a/\mathrm{d}N$的影响；即K_{C}值越高，$\mathrm{d}a/\mathrm{d}N$值越小。这一点对零部件的选材非常重要。

2) 尖峰载荷的影响

实际零部件所承受的交变载荷一般均非单一的、幅度保持不变的等幅载荷，而往往是一个由若干载荷幅度组成的载荷谱。试验表明，零部件在载荷谱作用下的疲劳寿命与其在单一的等幅交变载荷作用下的寿命是不同的，相邻不同幅度的载荷循环之间的相互

影响作用是很大的。例如，若在等幅交变载荷疲劳试验过程中施加一个尖峰载荷，就会使在继续进行的等幅循环中疲劳裂纹的扩展速率显著降低，甚至可能降低到0，如图3-57所示。这就表明，过载尖峰对疲劳裂纹扩展有延缓或停滞作用。这种延缓效应要持续数千次甚至数万次循环后，疲劳裂纹扩展速率才会慢慢恢复到相应裂纹长度下的正常扩展速率。

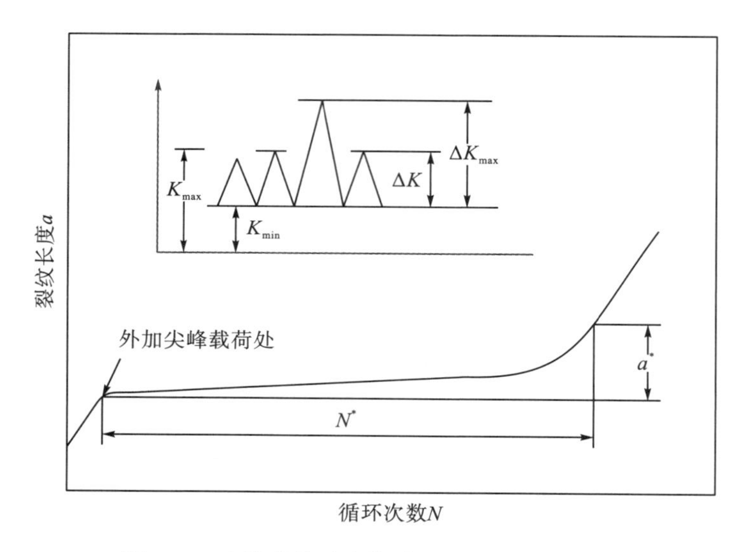

图3-57　尖峰载荷对疲劳裂纹扩展影响的示意图

关于过载尖峰对疲劳裂纹扩展的延缓作用机理，至今尚未完全揭示，这里简要介绍乌希莱尔模型。该模型认为，过载尖峰使裂纹尖端产生比在正常等幅载荷下更大的塑性区，从而增加了裂纹扩展的阻力，并且使随后在等幅载荷下的疲劳裂纹扩展速率降低。随着裂纹继续向前扩展，一直到穿越过这个大塑性区后，过载尖峰的延缓作用才消失。

必须指出的是，上面所说的过载尖峰对于疲劳裂纹扩展速率的延缓作用，都是针对拉伸载荷而言的，而压缩载荷的过载尖峰不仅无此等延缓作用，还会对拉伸过载尖峰的延缓效应起到抑制作用。这主要是由于压缩过载尖峰会部分抵消拉伸过载所造成的残余应力。

3）温度的影响

温度对疲劳裂纹扩展速率的影响因材料而异。在一定温度范围内（一般是20~350℃），温度对一般结构钢的$\mathrm{d}a/\mathrm{d}N$值无明显影响。但在更高的温度下，$\mathrm{d}a/\mathrm{d}N$值将随着温度的升高而增大。图3-58所示的是SS316LN在不同温度下的$\mathrm{d}a/\mathrm{d}N$-ΔK曲线。由图可以看出，当ΔK值较小时，温度的影响尤为显著。在同一ΔK值时，高温下的$\mathrm{d}a/\mathrm{d}N$值要比室温下高一个数量级以上。随着ΔK的提高，温度的影响将逐渐减小。

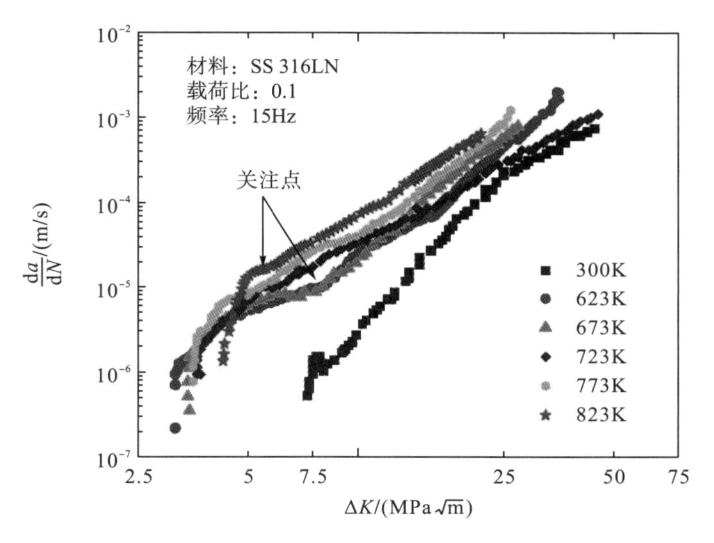

图 3-58　温度对 SS 316LN 的 da/dN 影响

4) 加载频率的影响

总体来说，在 ΔK 值较低时加载频率对裂纹扩展速率的影响是很小的。但在 ΔK 值较大时，特别是在高温下，由于频率与蠕变的交互作用，加载频率对 da/dN 有明显影响。随着加载频率的降低，da/dN 值将有所增大。

4. 疲劳裂纹扩展寿命计算

1) 高周疲劳裂纹扩展寿命

目前广为采用的疲劳裂纹扩展速率计算公式为

$$\frac{\mathrm{d}a}{\mathrm{d}N} = C\left(\Delta K\right)^m$$

可直接推得寿命计算公式为

$$N_c = \int_0^{N_c} \mathrm{d}N = \int_{a_0}^{a_c} \frac{\mathrm{d}a}{C\left(\Delta K\right)^m} \tag{3-75a}$$

式中，a_0 为初始裂纹尺寸；a_c 为临界裂纹尺寸；N_c 为由初始裂纹尺寸 a_0 扩展至失稳断裂，即达到临界裂纹尺寸 a_c 时经历的循环数(即使用寿命)；ΔK 为每一循环中应力强度因子变化幅度(可根据应力变化幅度 $\Delta\sigma$ 算得，如均匀拉伸无限大平板穿透裂纹，$\Delta K = \Delta\sigma\sqrt{\pi a}$)；$C$，$m$ 为常数(可通过疲劳裂纹扩展速率试验曲线确定，见表 3-9)。

将 $\Delta K = \Delta\sigma\sqrt{\pi a}$ 代入式(3-75a)，得

$$N_c = \int_{a_0}^{a_c} \frac{\mathrm{d}a}{C(\Delta\sigma\sqrt{\pi a})^m} = \int_{a_0}^{a_c} \frac{\mathrm{d}a}{CM^m\sqrt{a^m}} \tag{3-75b}$$

式中，M 为与裂纹形状、受力情况及边界条件有关的因子(如受均匀拉伸无限大平板穿透裂

纹 $M=\Delta\sigma\sqrt{\pi}$，表面浅裂纹 $M=\Delta\sigma\cdot\dfrac{1\cdot1\sqrt{\pi}}{\sqrt{Q}}=\Delta\sigma\cdot\dfrac{1.95}{\sqrt{Q}}$，深埋圆盘形裂纹 $M=\Delta\sigma\cdot\dfrac{2}{\sqrt{\pi}}$ 等)。

对(3-75b)式积分，得到以下公式。

当 $m\neq2$ 时，有

$$N_{\mathrm{c}}=\frac{2}{(2-m)CM^{m}}\left(a_{\mathrm{c}}^{1-\frac{m}{2}}-a_{0}^{1-\frac{m}{2}}\right) \tag{3-75c}$$

当 $m=2$ 时，有

$$N_{\mathrm{c}}=\frac{1}{CM^{2}}\ln\frac{a_{\mathrm{c}}}{a_{0}} \tag{3-76}$$

经过 N_{f} 次循环后，裂纹长度 a_{f} 可由式(3-69)积分得

$$a_{\mathrm{f}}=\frac{1}{\left[\dfrac{1}{a_{0}^{\frac{m}{2}-1}}-\dfrac{(m-2)N_{\mathrm{f}}CM^{m}}{2}\right]^{\frac{2}{m-2}}} \tag{3-77}$$

式(3-75)～式(3-77)是对称循环等效应力幅情况下的裂纹扩展期的寿命计算方程式，亦可近似用于非对称循环等应力幅的情况。严格来说，为了考虑非对称等幅应力情况下的平均应力对裂纹扩展期寿命的影响，最好采用由霍曼公式(3-75a)推导出来的寿命计算公式。

2) 低周疲劳裂纹扩展寿命

(1) 裂纹张开位移。

在低周疲劳中，应以应变代替高周疲劳中的应力，写出裂纹扩展速率公式。为此需要了解裂纹张开位移(COD)的概念。此概念是威尔斯(A.A.Wells)于 1963 年首先提出来的。研究裂纹扩展不是从裂纹端部应力场的特征参数 K_{I} 出发，而是从裂纹端部的张开位移值 δ 出发(图 3-59)，以裂纹端部在开裂时的临界张开位移值 δ_{c} 作为断裂韧性的指标。

为了分析裂纹端部的张开位移，杜格达尔(Dugdale)应用摩斯海利希维利解法，研究了无限宽广的薄板承受拉伸(平面应力)时，横向裂纹端的塑性变形问题，提出了 D-M 模型，如图 3-59 所示。

在 D-M 模型中，假定裂纹尖端附近的塑性区被挖去，代之以压应力 σ_{s}，且裂纹长度从原来的 $2a$ 扩展到 $2c$。经此处理之后，一个弹塑性问题就变成了弹性问题。由图 3-59 可以看出，整个薄板中只受两种应力作用，一种是存在于薄板边缘上的外加应力 σ (图未标出)，它促使裂纹开裂；另一种是存在于($-c$，$-a$)与(a，c)区间内的压应力 σ_{s}，它促使裂纹闭合，两者的作用相反。根据弹性力学方法解得塑性区尺寸为

$$r_{\mathrm{s}}=a\left(\sec\frac{\pi\sigma}{2\sigma}-1\right) \tag{3-78}$$

古迪尔(Goodier)进一步得出 D-M 模型在 $x=\pm a$ 处沿 y 方向的裂纹张开位移 δ 的计算式。

$$\delta=\frac{8\sigma_s a}{\pi E}\ln\sec\left(\frac{\pi\sigma}{2\sigma_s}\right) \tag{3-79}$$

式(3-79)反映了裂纹尖端张开位移 δ 与裂纹半长度 a、外加应力 σ 及屈服强度 σ_s 之间的关系。该式是目前广泛应用的计算 COD 的基本公式。但它的最大局限性是，只能用于 $\frac{\sigma}{\sigma_s}<1$，因为当 $\frac{\pi\sigma_s}{2\sigma_s}=\frac{\pi}{2}$ 时，δ 值为无限大，显然不合理，主要原因在于推导式(3-79)时忽略了塑性区的应变硬化。某些试验结果证明，该式只适用于低应力水平（$\frac{\sigma}{\sigma_s}\leqslant 0.5$）下计算小范围屈服时的裂纹张开位移。

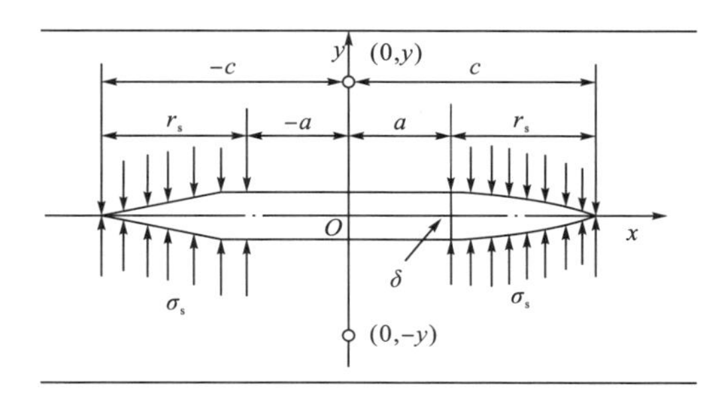

图 3-59　D-M 模型

(2)材料的临界 COD 值计算。

与线弹性范围内的 K_{IC} 相同，裂纹端部的临界张开位移 δ_c 也表征材料的断裂韧度，δ_c 值由试验确定。对于碳素钢钢板，$\delta_c=0.114\sim0.147$mm；对于低合金钢板，$\delta_c=0.170\sim0.187$mm；对于 16MngC、15MnVR 和 15MnVgC 等合金钢，$\delta_c=0.076\sim0.090$mm；对于 18MnMoNbR、14MnMoVg、12CrMo 和 15CrMn 等合金钢，$\delta_c=0.101\sim0.130$mm。若无试验数据，可通过计算求之，现介绍如下。

既然 δ_c 与 K_{IC} 均为材料断裂韧性的指标，又皆是材料的固有属性，因此在一定条件下，两者间必然存在一定的转换关系。

因为

$$\sec\left(\frac{\pi\sigma}{2\sigma_s}\right)\approx 1+\frac{1}{2}\left(\frac{\pi\sigma}{2\sigma_s}\right)^2$$

所以

$$\ln\sec\left(\frac{\pi\sigma}{2\sigma_s}\right)\approx\ln\left[1+\frac{1}{2}\left(\frac{\pi\sigma}{2\sigma_s}\right)^2\right]\approx\frac{1}{2}\left(\frac{\pi\sigma}{2\sigma_s}\right)^2$$

将上式代入式(3-79)得近似式：

$$\delta=\frac{8\sigma_s}{\pi E}\left[\frac{1}{2}\left(\frac{\pi\sigma}{2\sigma_s}\right)^2\right]=\pi\varepsilon_s a\left(\frac{\sigma}{\sigma_s}\right)^2 \tag{3-80}$$

因为

$$\varepsilon_s=\sigma_s/E$$
$$K_I=\sigma\sqrt{\pi a}$$

故式(3-80)可改写为

$$\delta=\varepsilon_s\left(\frac{K_I}{\sigma_s}\right)^2 \tag{3-81}$$

或

$$\delta_c=\varepsilon_s\left(\frac{K_{IC}}{\sigma_s}\right)^2 \tag{3-82}$$

式(3-82)是低应力水平下的 δ_c 与 K_{IC} 的换算公式。当 $\delta=\delta_c$ 时，零部件就要发生断裂失效，因此 $\delta=\delta_c$ 通常称为 COD 断裂判据。

(3)低周疲劳寿命估算公式。

将式(3-79)推广应用于循环应力时，以应力幅度 $\Delta\sigma$ 代替 σ，裂纹张开位移幅度 $\Delta\delta$ 代替 δ，于是可得

$$\Delta\delta=\frac{8\sigma_s a}{\pi E}\ln\sec\left(\frac{\pi\Delta\sigma}{2\sigma_s}\right)=\zeta a \tag{3-83}$$

$$\zeta=\frac{8\sigma_s a}{\pi E}\ln\sec\left(\frac{\pi\Delta\sigma}{2\sigma_s}\right) \tag{3-84}$$

用 $\Delta\delta$ 来描述高应变低周疲劳裂纹的扩展规律，仿照式(3-69)，可写成如下表达式：

$$\frac{da}{dN}=D\left(\Delta\delta\right)^n \tag{3-85}$$

式中，D 和 n 为常数，可由试验确定。

由式(3-81)推得

$$K_I=\sqrt{E\sigma_s\delta} \tag{3-86}$$

在循环应变情况下，式(3-86)可改写为

$$\Delta K_I=\sqrt{E\sigma_s\cdot\Delta\delta} \tag{3-87}$$

或

$$\Delta K_{IC}=\sqrt{E\sigma_s\cdot\Delta\delta_c} \tag{3-88}$$

实际上，式(3-88)是式(3-82)的又一种表达形式。

将式(3-87)代入式(3-69)得

$$\frac{da}{dN}=C\left(\Delta K_I\right)^m=C\left(E\sigma_s\right)^{m/2}\cdot\Delta\delta^{m/2} \tag{3-89}$$

将式(3-89)与式(3-85)相比较，可见

$$D = C(E\sigma_s)^{m/2}, \quad n = m/2 \tag{3-90}$$

将$\Delta\delta = \zeta a$代入式(3-85)，得

$$\frac{da}{dN} = D(\zeta a)^n = D\zeta^n a^n \tag{3-91}$$

或写成

$$dN = \frac{1}{D\zeta^n} \cdot \frac{da}{a^n} \tag{3-92}$$

积分后有

$$N = \int_{a_0}^{a} \frac{da}{D\zeta^n a^n} = -\frac{1}{D\zeta^n}\int_{a_0}^{a} \frac{da}{a^n} \tag{3-93}$$

由此可得，裂纹从长度a_0扩展到a时的循环数N为

当$n \neq 1$时，有

$$N = \frac{1}{D\zeta^n}\frac{1}{n-1}\left[\left(\frac{1}{a_0}\right)^{n-1} - \left(\frac{1}{a}\right)^{m-1}\right] \tag{3-94}$$

当$n = 1$时，有

$$N = \frac{1}{D\zeta^n \ln\dfrac{a}{a_0}} \tag{3-95}$$

若裂纹的长度a为临界裂纹长度a_0，则由式(3-94)或式(3-95)得到的N_c即为断裂寿命。

第四章　动力机械强度可靠性设计

第一节　可靠性的基本概念

可靠性问题是在第二次世界大战中提出来的。最初是在电子技术和航空技术领域，后来又逐步发展到机械技术和现代管理领域，成为一门新兴的边缘科学。它的理论基础是概率论和数理统计。它的任务是研究产品的质量、产品的可靠性设计；研究电子元器件、机械零件的寿命试验，对部件、系统进行可靠性评估；讨论可修设备的可靠性、维修性；讨论产品可靠性检验和质量控制等。它的目的是提高产品质量，提高经济效益，提高产品的技术水平和提高科学研究水平。

一、可靠性的定义

作为一门学科，“可靠性”是有其确切含义的，即产品在规定的条件下和规定的时间内，完成规定功能的能力定义为产品的可靠性。

现对可靠性定义中的三个规定和一个能力简要解释如下。

“规定的条件”，通常是指使用条件、环境条件、维护条件和操作技术等。规定的条件不同，产品的可靠性是不同的。例如，同一机械产品及使用时载荷不同，其可靠性是不同的。再如，同一设备在实验室、野外、海上、空中等不同的环境条件下的可靠性也是各不相同的。因此，不在规定条件下讨论可靠性问题就失去了比较产品质量的前提。

“规定的时间”，这是可靠性定义中的核心。因为不谈时间就没有可靠性可言，而规定时间的长短又随着产品不同和使用场合不同而异。例如，火箭的成败型系统仅要求在几十秒内可靠，而汽轮发电机组则要求几十年内可靠。一般来讲，产品的可靠性随其使用的延长而逐渐降低。因此，一定的可靠性是对一定时间而言的。

“规定的功能”，常用的产品主要由性能指标来描述，如果柴油机通过试验，其功率、转速、油耗、排放、振动和噪声等主要性能指标都在规定的范围内，则称该柴油机完成了规定的功能，否则称其丧失了规定的功能。通常把产品丧失规定功能的状态称为产品发生故障或者失效，相应的性能指标称为故障判据或者失效判据。在进行可靠性分析时，必须给出合理的、明确的失效判据。

“能力”，在这里不能作为一个定性的概念来理解，必须对它进行定量描述，以便说明产品可靠性程度。因为产品在实际工作中，常因各种偶然因素而发生故障，所以对一个具体产品来说，它在规定的条件下和规定的时间内，能否完成规定的功能是难以预料的。

因此，只有在统计大量的同类产品工作情况之后，才能确定其可靠性的高低。例如，产品在规定的时间和规定的条件下，失效数和产品总量之比越小，其可靠性就越高；或者产品在规定的条件下，平均无故障工作时间越长，其可靠性也就越高。这种用来度量产品可靠性的能力称为可靠性指标。随着可靠性的研究对象不同，可靠性指标亦不一样，常见的可靠性指标有“可靠度”“失效率”和“平均寿命”等。

二、可靠性的尺度

衡量可靠性的尺度有概率指标和寿命指标。可靠性用概率表示称为可靠度，即完成规定功能的概率；反之，完不成规定功能的概率称为不可靠度，或称为故障概率、失效概率、破坏概率。可靠性的寿命指标有平均故障间隔时间 m_b 和平均失效时间 m_t 。

1. 可靠度

可靠度是评价产品可靠性最重要的定量指标。可靠度的定义是：产品在规定的条件下和规定的时间 t 内，无故障地完成规定功能的概率，记为 $R(t)$。因为可靠度表示的是一个概率，所以 $R(t)$ 的取值范围为

$$0 \leqslant R(t) \leqslant 1 \tag{4-1}$$

产品在规定的条件下和规定的时间 t 内，丧失功能的概率称为不可靠度或失效概率，记为 $F(t)$。由于失效与不失效是两个相互对立的事件，根据概率互补定理，两对立事件的概率之和恒为 1，因此 $R(t)$ 与 $F(t)$ 的关系为(图 4-1)

$$R(t)=1-F(t) \tag{4-2}$$

2. 失效率

产品的失效率是可靠性理论中的重要概念，是产品可靠性的重要指标。在实践中常用失效率的大小来确定产品的等级。失效率的定义是：已工作到时刻 t 的产品，在时刻 t 后的单位时间 $(t,\ t+1)$ 内发生失效的概率称为该产品在时刻 t 的失效率，记为 $\lambda(t)$ 。

设有 N 个产品从 $t=0$ 时刻开始工作，到时刻 t 的失效数为 $n(t)$，则 t 时刻的残存产品数为 $N-n(t)$。又若在 $(t,\ t+\Delta t)$ 时间内，有 $\Delta n(t)$ 个产品失效，则根据上述定义，时刻 t 的失效率为

$$\lambda(t)=\frac{\Delta n(t)}{[N-n(t)]\Delta t}=\frac{n(t+\Delta t)-n(t)}{[N-n(t)]\Delta t} \tag{4-3}$$

失效率的基本单位是菲特(failure unit)，用 Ft 表示，其定义为

$$1\mathrm{Ft}=10^{-9}\mathrm{h}^{-1}$$

其意义是每 1000 个产品工作 100 万 h 后，只有 1 个失效；或者每 1 万个产品工作 10 万小时后，只有 1 个失效。依次类推，失效率为 10Ft 的意义是每 1000 个产品工作 100 万小时后，只有 10 个失效。由此可见，产品的失效率越小，其可靠性越高。我国电子元器件的

可靠性等级就是按照失效率的大小来确定的。

图 4-2 是典型的失效率曲线，因其形状似浴盆，故称浴盆曲线。此曲线具有明显的三个特征区，对应产品的三个时期：图中区域Ⅰ为早期失效期，区域Ⅱ为偶然失效期，区域Ⅲ为耗损失效期。λ_1 为规定的失效率，对应的为使用寿命。

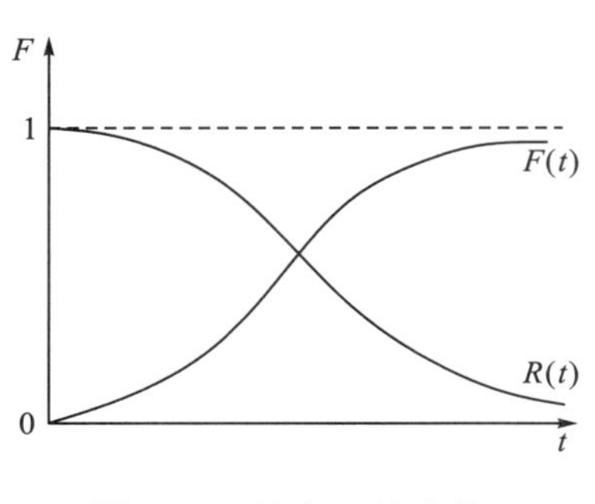

图 4-1　$R(t)$ 与 $F(t)$ 曲线

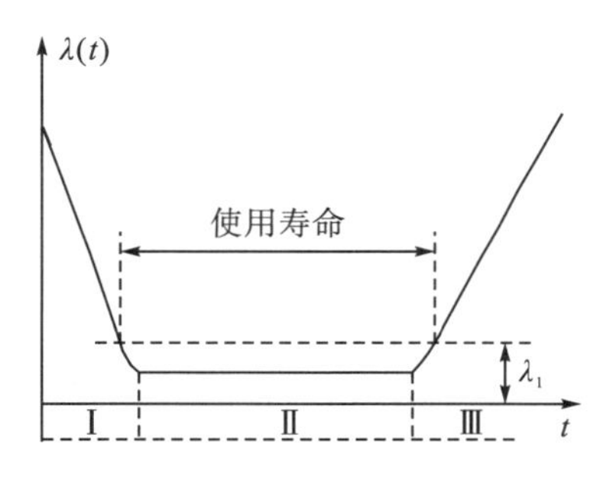

图 4-2　失效率曲线

早期失效期出现在产品工作的早期阶段，一般为试车磨合阶段。其特点是失效率较高，且产品的失效率随着使用时间的延长而迅速下降。早期失效主要是由设计和制造工艺上的缺陷、材料欠佳、检验质量控制不严等因素引起的。为了提高产品的可靠性，动力机械在交付使用之前，必须按照一定的规范进行试车和跑合。新产品在研制阶段出现的失效多为早期失效，因此要特别注意查找失效原因，并采取各种措施发现隐患和纠正缺陷，使失效率下降且逐渐趋于稳定。

早期失效期终了后，失效率基本稳定下来，进入区域Ⅱ。在这一时期内，因为故障的发生是随机的，故称为偶然失效期。在此阶段产品的失效率最低而且最稳定，相当于产品的最佳运行状态期。这个时期的长短程度，决定着产品的有效寿命。因此，研究这一时期的失效因素，对提高产品的可靠性具有十分重要的意义。

耗损失效期出现在产品使用的后期，其特点是失效率随工作时间的增加而上升。耗损失效主要是由产品的老化、疲劳、磨损和其他耗损造成的。降低耗损失效的方法是提高零部件的工作寿命。对于寿命短的零部件，在整机设计时就要制定预防性检修和更新措施，在它们达到耗损失效期前及时予以检修或更换。这种办法可以延长可修复产品的有效寿命。

3. 平均寿命

在可靠性寿命的尺度中最常用的是平均寿命，通常记作 m_b 或 m_t。

平均寿命 m_b (mean time between failure) 又称平均故障间隔时间，是指经修理或更换零件还能继续工作的可修复设备或系统，从一次故障到下一次故障的平均工作时间，其数学表达式为

$$m_b = \frac{1}{\sum_{i=1}^{N} n_i} \sum_{i=1}^{N} \sum_{i=1}^{n_i} t_{i,j} \tag{4-4}$$

式中，$t_{i,j}$ 为第 i 个产品从 j-1 次故障到第 j 次故障的工作时间(h)；n_i 为第 i 个测试产品的故障数；N 为测试产品的总数。

平均寿命 m_t (mean time to failure) 又称平均无故障时间，是指一旦发生故障不能修理的产品，从开始使用到发生故障的平均工作时间，其数学表达式为

$$m_t = \frac{1}{N}\sum_{i=1}^{N} t_{fi} \tag{4-5}$$

式中，t_{fi} 为第 i 个零部件或设备的无故障工作时间(h)；N 为测试零部件或设备的总数。m_b 与 m_t 等效，统称为平均寿命 m，即

$$m = \frac{\text{所有零部件或设备的总工作时间}}{\text{总故障数}}$$

如果被测试零部件的样本数很多时，即 N 比较大，计算总和比较费时，可采用分组法。将 N 个测试值按时间间隔分成 l 个组，设 t_i 为每组中值，Δn_i 为落在 $\left(t_i - \frac{1}{2}\Delta t, t_i + \frac{1}{2}\Delta t\right)$ 间隔中的样本数(Δt 为组距)，则平均寿命可写为

$$m = \frac{1}{N}\sum_{i=1}^{l} t_i \Delta n_i$$

由上式可得

$$m = \sum_{i=1}^{l} t_i \frac{\Delta n_i}{N} = \int_0^{\infty} t \mathrm{d}F(t) = \int_0^{\infty} tf(t)\mathrm{d}t \tag{4-6}$$

式中，$F(t)$ 为失效概率，$F(t) = \frac{n(t)}{N}$；$f(t)$ 为失效概率密度函数，可由定义直接得到 $f(t) = \mathrm{d}F(t)/\mathrm{d}t$。

因此，平均寿命 m 的另一种数学表达形式为

$$m = E(T) = \int_0^{\infty} tf(t)\,\mathrm{d}t$$

即产品的平均寿命 m 等于产品失效概率密度函数 $f(t)$ 的数学期望 $E(T)$。

三、可靠度与失效率的关系

将不可靠度 $F(t)$ (即失效概率) 对时间微分，即为故障发生的时间比率，称为故障密度函数，其表达式为

$$f(t) = \frac{\mathrm{d}F(t)}{\mathrm{d}t} = -\frac{\mathrm{d}R(t)}{\mathrm{d}t} \tag{4-7}$$

失效率的计算公式(4-3)可改写成如下形式：

$$\lambda(t) = \frac{1}{N - n(t)} \cdot \frac{\mathrm{d}n(t)}{\mathrm{d}t}$$

上式分子分母同时除以 N，得

$$\lambda(t)=\frac{1}{\frac{N-n(t)}{N}}\cdot\frac{\frac{\mathrm{d}n(t)}{N}}{\mathrm{d}t}=\frac{1}{R(t)}\cdot\frac{\mathrm{d}F(t)}{\mathrm{d}t}=\frac{f(t)}{R(t)} \tag{4-8}$$

式中，$R(t)=\frac{N-n(t)}{N}$，此关系可由可靠度的定义直接给出。

将式(4-7)代入式(4-8)，得

$$\lambda(t)=\frac{f(t)}{R(t)}=-\frac{1}{R(t)}\cdot\frac{\mathrm{d}R(t)}{\mathrm{d}t} \tag{4-9}$$

式(4-9)即为失效率 $\lambda(t)$ 与可靠度 $R(t)$ 的关系式。

当 $R(t)$ 或 $F(t)=1-R(t)$ 已知时，可由式(4-9)求出 $\lambda(t)$；反之，若 $\lambda(t)$ 已知，将式(4-9)变形积分，可求得 $R(t)$。

$$\int_0^t\lambda(t)\,\mathrm{d}t=-\int_0^{R(t)}\frac{1}{R(t)}\mathrm{d}R(t)=-\ln R(t)$$

因此

$$R(t)=\mathrm{e}^{-\int_0^t\lambda(t)\mathrm{d}t} \tag{4-10}$$

式(4-10)为可靠性函数 $R(t)$ 的一般方程，$\lambda(t)$ 为变量，$R(t)$ 为以 $\lambda(t)$ 对时间积分为指数的指数型函数。当 $\lambda(t)$ 为常量时，即 $\lambda(t)=\lambda$，则

$$R(t)=\mathrm{e}^{-\lambda t} \tag{4-11}$$

图4-3是浴盆曲线(图4-2)三个失效期的可靠度函数 $R(t)$、故障(失效)密度函数 $f(t)$ 及失效率函数 $\lambda(t)$ 的曲线形状。

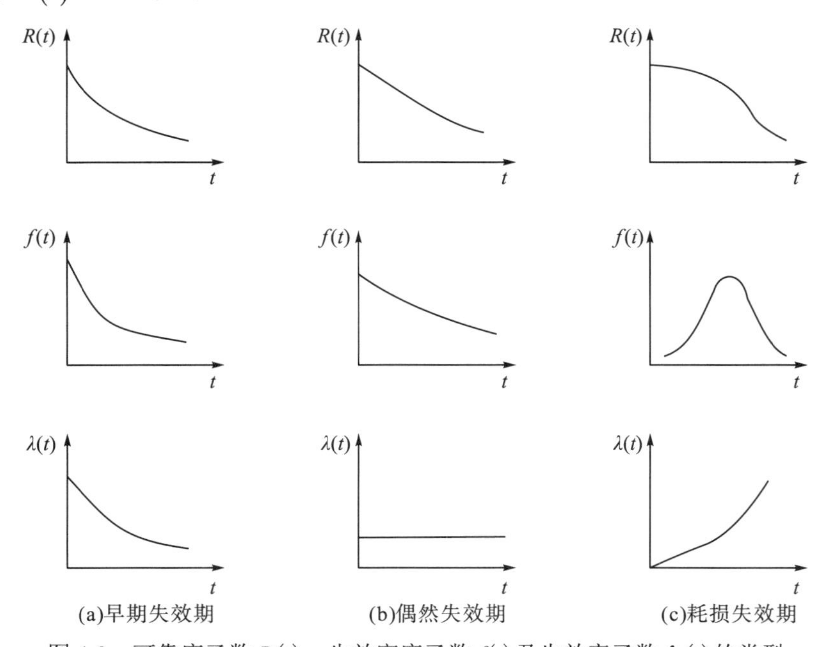

图 4-3　可靠度函数 $R(t)$、失效密度函数 $f(t)$ 及失效率函数 $\lambda(t)$ 的类型

四、平均寿命与失效率的关系

将式(4-7)代入式(4-6)，得

$$m=\int_0^{\infty} t\left(-\frac{\mathrm{d}R(t)}{\mathrm{d}t}\right)\mathrm{d}t=\int_0^{\infty}-t\mathrm{d}R(t)$$

采用分部积分法对上式积分，得

$$m=-\left[tR(t)\right]_0^{\infty}+\int_0^{\infty}R(t)\,\mathrm{d}t$$

可以证明，上式等号右边第一项为零，故有

$$m=\int_0^{\infty}R(t)\,\mathrm{d}t \tag{4-12}$$

上式表明，对可靠度函数 $R(t)$ 在 $[0,\infty]$ 时间区间上积分，即可求得产品的总体平均寿命。下面讨论 λ 等于常数的特殊情况。

将式(4-11)代入式(4-12)，得

$$\begin{aligned}m&=\int_0^{\infty}R(t)\,\mathrm{d}t=\int_0^{\infty}\mathrm{e}^{-\lambda t}\left(\frac{-\lambda}{-\lambda}\right)\mathrm{d}t=-\frac{1}{\lambda}\int_0^{\infty}\mathrm{e}^{-\lambda t}\mathrm{d}(-\lambda t)\\&=-\frac{1}{\lambda}\left(\mathrm{e}^{-\lambda t}\right)_0^{\infty}=-\frac{1}{\lambda}\left(\mathrm{e}^{-\infty}-\mathrm{e}^{0}\right)=\frac{1}{\lambda}\end{aligned} \tag{4-13}$$

从式(4-13)可以看出，指数分布的平均寿命 m 与失效率 λ 为倒数关系。当 $t=m=1/\lambda$ 时，$R(t)=\mathrm{e}^{-1}=0.368$，即对失效率服从指数分布的一批产品而言，能够工作到平均寿命的仅占 36.8%左右，其余 63.2%的产品将在到达平均寿命前失效。

五、可靠寿命与中位寿命

用产品的寿命指标来描述其可靠性时，除前面介绍的平均寿命外，还有可靠寿命和中位寿命等。

1. 可靠寿命

使可靠度等于给定值 r 时的产品寿命称为可靠寿命，记作 t_r，其中 r 称为可靠水平。可靠寿命 t_r，可由可靠度函数 $R(t_r)=r$ 解得 $t_r=R^{-1}(r)$。式中，R^{-1} 为可靠度函数 R 的反函数。

对于 λ=常数的指数分布，有关系

$$R(t_r)=\mathrm{e}^{-\lambda t_r}=r$$

对上式两边取对数，得

$$-\lambda t_r\lg\mathrm{e}=\lg r$$

即

$$t_r=-\frac{1}{\lambda}\frac{\lg r}{\lg\mathrm{e}}=-\frac{1}{\lambda}(2.3026\lg r) \tag{4-14}$$

因此，利用对数表，即可求得在任意可靠水平下的可靠寿命。表 4-1 是在各种可靠水平下以平均寿命 $m=\dfrac{1}{\lambda}$ 为单位的指数分布的可靠寿命。由表可见，在指数分布的情况下，要达到较高的可靠性，产品必须在远小于平均寿命的时间内工作。例如，为了保证产品具有 99%的可靠度，产品的工作时间就不能超过 0.01m。

表 4-1 指数分布在不同可靠度水平下的可靠寿命 （单位：m）

r	t_r	r	t_r
0.9999	0.0001	0.5	0.693
0.999	0.001	0.4	0.916
0.99	0.01	0.3	1.204
0.9	0.105	0.2	1.609
0.8	0.223	0.1	2.302
0.7	0.357	0.05	3
0.6	0.511	0.01	4.605

2. 中位寿命

r=0.5 时的可靠寿命 $t_{0.5}$ 称为中位寿命。当产品工作到中位寿命时，其可靠度与失效率均为 50%，即产品的工作时间等于中位寿命时，正好有一半失效。中位寿命也是一个常用的寿命特征。对于指数分布，由式(4-7)可得

$$t_{0.5}=-\frac{1}{\lambda}\left(2.3021\lg 0.5\right)=\frac{1}{\lambda}\times 0.693=0.693\mathrm{m} \tag{4-15}$$

第二节 可靠性设计的常用分布形式

一、指数分布

指数分布是可靠性工程中最常用的分布类型之一。当失效率 λ 为常数时，可靠度函数 $R(t)$、失效分布函数 $F(t)$ 和失效密度函数 $f(t)$ 均为指数分布，即

$$R(t)=\mathrm{e}^{-\lambda t}$$
$$F(t)=1-\mathrm{e}^{-\lambda t}$$
$$f(t)=\lambda\mathrm{e}^{-\lambda t}$$

由上面第一式可知，对于失效率 λ 为常数的情况，可靠度 $R(t)$ 完全取决于时间 t，只要给出失效率 λ，便可求得 $R(t)$。当失效率 λ 大时，可靠度曲线下降迅速；当失效率 λ 小时，可靠性曲线下降缓慢，如图 4-4 所示。

在失效率为常数的串联系统中，若 $R(t)$ 按指数分布，则系统的平均寿命 m 等于失效率 λ 的倒数。此时式(4-11)可改写为

$$R_s(t)=e^{-\lambda_s t}=e^{-\frac{t}{m_t}} \tag{4-16}$$

式中，λ_s为整个串联系统的失效率；m_t为整个串联系统的寿命。

其中，

$$\lambda_s=\lambda_1+\lambda_2+\lambda_3+\cdots+\lambda_i+\cdots \tag{4-17}$$

$$\frac{1}{m_s}=\frac{1}{m_1}+\frac{1}{m_2}+\frac{1}{m_3}+\cdots+\frac{1}{m_i}+\cdots \tag{4-18}$$

式中，λ_i为第i个子系统的失效率；m_i为第i个子系统的平均寿命。

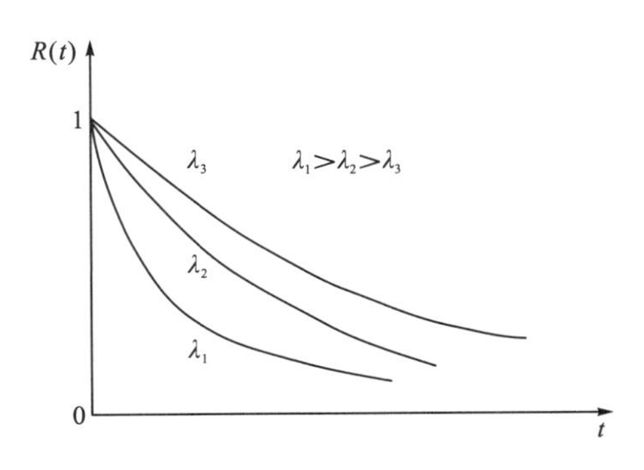

图 4-4　$R(t)$曲线变化图

对于失效率为常数的并联系统，若$R(t)$按指数分布，则整个系统的失效率$F_s(t)$的公式为

$$F_s(t)=\prod_{i=1}^{n}(1-R_i(t)) \tag{4-19}$$

因此整个并联系统的可靠度$R_s(t)$和失效率$\lambda_s(t)$可分别按式(4-20)进行计算：

$$\begin{cases} R_s(t)=1-F_s(t)=1-\prod\limits_{i=1}^{n}\left(1-R_i(t)\right) \\ \lambda_s(t)=-\dfrac{1}{R_s(t)}\dfrac{\mathrm{d}R_s(t)}{\mathrm{d}t} \end{cases} \tag{4-20}$$

式中，n为子系统的个数；$R_s(t)$为第i个子系统的可靠度。

动力机械及其装置一般都是在失效率比较稳定的那段时间内工作，因此按指数分布计算可靠度是比较接近实际情况的。另外，指数分布的计算比较简单，$e^{-\lambda t}$的值可制成表格备查，使用非常方便。所以指数分布在可靠性工程上得到广泛应用。

二、威布尔分布

1. 威布尔分布函数

指数分布的失效率为常数，这使指数分布的应用受到限制。实际上有许多产品的失效率不是递增，就是递减，且为非常数。假定产品的失效率$\lambda(t)$是按照幂函数变化的。

假如

$$\lambda(t)=\frac{m}{t_0}(t-r)^{m-1} \quad (t \geqslant r) \tag{4-21}$$

式中，m 和 t_0 均为正的参数；r 为任意实数。由式(4-21)可以看出，当 $m>1$ 时，$\lambda(t)$ 是递增的；当 $m<1$ 时，$\lambda(t)$ 是递减的；当 $m=1$ 时，$\lambda(t)$ 为常数，即指数分布。图 4-5 是在 $r=0$、$t_0=1$ 的条件下，$m=1/2$、1、2、4 的失效率曲线。

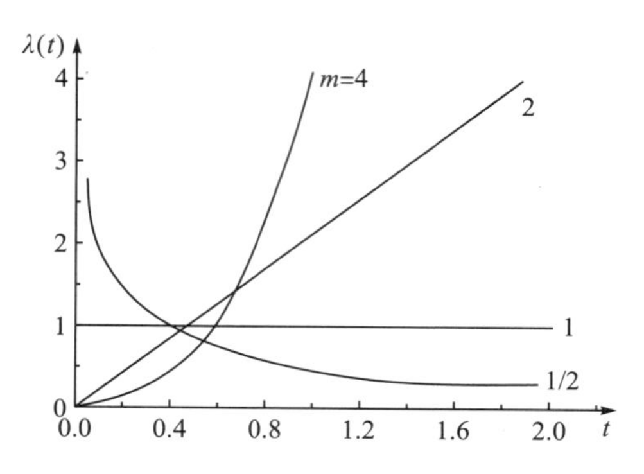

图 4-5　不同 m 时的失效率曲线

在失效率为幂函数的情况下，相应的可靠度函数 $R(t)$ 由式(4-10)推得：

$$\begin{aligned} R(t) &= \exp\left[-\int_0^t \lambda(t)\mathrm{d}t\right] = \exp\left[-\frac{1}{t_0}\int_0^t m(t-r)^{m-1}\mathrm{d}t\right] \\ &= \mathrm{e}^{-\frac{1}{t_0}(t-r)^m} \quad (t \geqslant r) \end{aligned} \tag{4-22}$$

其失效分布函数为

$$F(t)=1-\mathrm{e}^{-\frac{1}{t_0}(t-r)^m} \quad (t \geqslant r) \tag{4-23}$$

这就是著名的威布尔分布，它含有三个参数，其中 t_0 称为尺度参数，r 称为位置参数，m 称为形状参数。它的密度函数 $f(t)$ 为

$$f(t)=F'(t)=\frac{m}{t_0}(t-r)^{m-1}\mathrm{e}^{-\frac{1}{t_0}(t-r)^m} \quad (t \geqslant r) \tag{4-24}$$

图 4-6 为 $t_0=1$、$r=0$、不同的 m 时威布尔分布的密度曲线。图 4-7 为 $r=0$、m 固定、不同的 t_0 时威布尔分布的密度曲线。

根据不同的要求，威布尔分布还有其他书写形式：

$$R(t)=\mathrm{e}^{-\left(\frac{t-r}{\eta}\right)^m} \quad (t \geqslant r) \tag{4-25a}$$

$$F(t)=1-\mathrm{e}^{-\left(\frac{t-r}{\eta}\right)^m} \quad (t \geqslant r) \tag{4-25b}$$

$$f(t)=\frac{m}{\eta}\left(\frac{t-r}{\eta}\right)^{m-1}\mathrm{e}^{-\left(\frac{t-r}{\eta}\right)^m} \quad (t \geqslant r) \tag{4-26}$$

式中，η 为尺度参数。

尺度参数 η 与另一尺度参数 t_0 的关系为

$$\eta = t_0^{\frac{1}{m}}$$

大量实践表明：凡是因某一局部失效或故障就会引起全局机能停止运行的元件、器件、设备、系统等的寿命均服从威布尔分布。

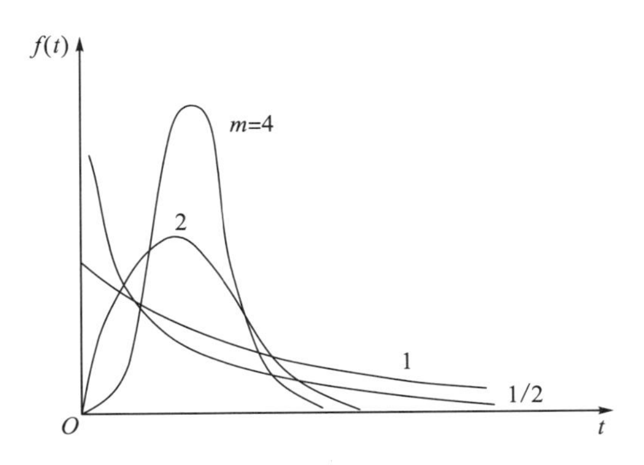

图 4-6　t_0=1、r=0、m 不同时威布尔分布的密度曲线

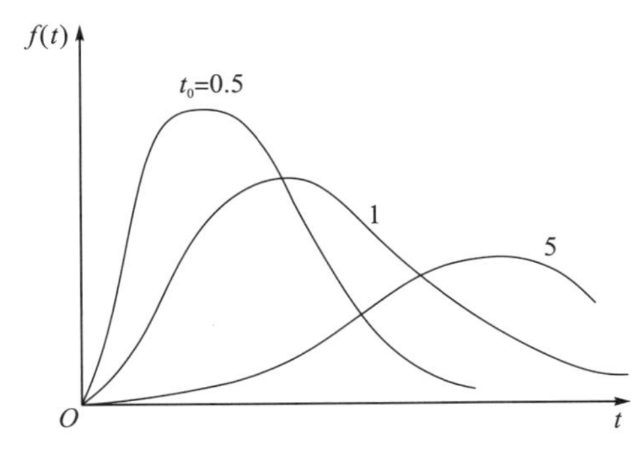

图 4-7　$r=0$、m 固定、t_0 不同时威布尔分布的密度曲线

在疲劳强度试验中，威布尔分布函数中的时间 t 用疲劳寿命 N(循环数)代替。这时威布尔分布的破坏概率函数为

$$F(N) = 1 - \mathrm{e}^{-\left(\frac{N-N_0}{N_a-N_0}\right)^m} \quad (N_0 < N < \infty)$$

威布尔分布的概率密度函数 $f(N)$ 为

$$f(N) = \frac{m}{N_a - N_0}\left(\frac{N - N_0}{N_a - N_0}\right)^{m-1} \mathrm{e}^{-\left(\frac{N-N_0}{N_a-N_0}\right)^m} \quad (N_0 < N < \infty)$$

式中，N_0 称为“最小寿命”，N_a 是发生在 63.2%破坏概率时的寿命，称为“特征寿命”。

2. 威布尔分布参数的意义

1) 形状参数 m

形状参数是三个参数中最重要的一个，威布尔分布曲线的形状取决于 m 值的大小。因此，在可靠性设计中，m 占有重要的地位。$m<1$ 的曲线代表失效率随时间而减小的情况，它反映了早期失效的过程；$m=1$ 时，失效率为常数，它描述了随机失效过程；$m>1$ 时，失效率随时间而增大，它反映了耗损失效过程。根据试验数据求得 m 值后，便可大致判断该零件的失效类型。

2) 尺寸参数 η

现在研究 η 的改变对 $f(t)$ 的影响。为简单起见，设位置参数 r=0，则式(4-26)变为

$$f(t)=\frac{m}{\eta}\left(\frac{t}{\eta}\right)^{m-1}\mathrm{e}^{-(t/\eta)^m}\quad(t\geqslant 0)\tag{4-27a}$$

为研究η对$f(t)$的影响，先设η=1，这时式(4-27a)变成

$$y=f(t)=mt^{m-1}\mathrm{e}^{-tm}\quad(t\geqslant 0)\tag{4-27b}$$

当$\eta\neq 1$时，引入新的标尺y'及t'，并令$y=y'/\eta$，$t=\eta t'$，这相当于横轴和纵轴上的标尺放大和缩小，将上式关系代入式(4-27a)得

$$y'=\eta y=\eta f(t)=mt'^{m-1}\mathrm{e}^{-t'm}\quad(t\geqslant 0)\tag{4-27c}$$

比较式(4-27b)和式(4-27c)可以看出，当m相同时，两表达式的曲线形状完全一样，但纵轴和横轴的标尺分别由y变成y'，由t变成t'。换言之，尺度参数η的影响，只是把横轴和纵轴上的刻度改变，而对威布尔分布的密度曲线形状不起作用。当r=0、$\eta\neq 1$、m相同时，只要把横轴和纵轴上的尺度进行适当的改变，密度曲线即与r=0、η=1时的曲线重合。图4-8是一簇m=2、r=0、η取不同值时威布尔分布的概率密度函数曲线。

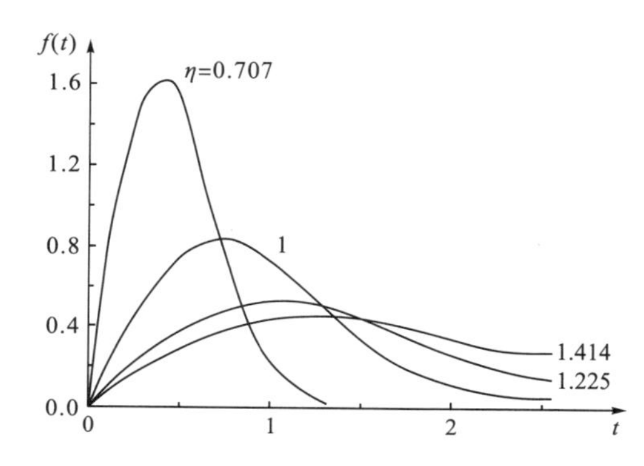

图4-8 m=2、r=0、η值不同时的威布尔分布的密度曲线

3) 位置参数r

当r=0，则式(4-26)变为

$$y=f(t)=\frac{m}{\eta}\left(\frac{t}{\eta}\right)^{m-1}\mathrm{e}^{-(t/\eta)^m}\quad(t\geqslant 0)\tag{4-28a}$$

若$r\neq 0$，并令$t=t'+r$，$y=y'$，则式(4-26)变成

$$y'=f(t'+r)=\frac{m}{\eta}\left(\frac{t'}{\eta}\right)^{m-1}\mathrm{e}^{-(t/\eta)^m}\quad(t\geqslant 0)\tag{4-28b}$$

比较式(4-28a)与式(4-28b)，可见两式形式相同，所不同的仅是新坐标系中的横坐标做了平移，即$t'=t-r$，而纵坐标y没有变化。图4-9为η=1、m=2、r不同时威布尔分布的概率密度函数曲线。由图可见，在m和η为定值时，不同的r并不影响威布尔分布曲线的形状，只是曲线的位置有所变化；当r>0时，曲线由r=0的位置向右平移，移动距离为r；当$r<0$时，曲线由r=0的位置向左平移距离$|r|$。

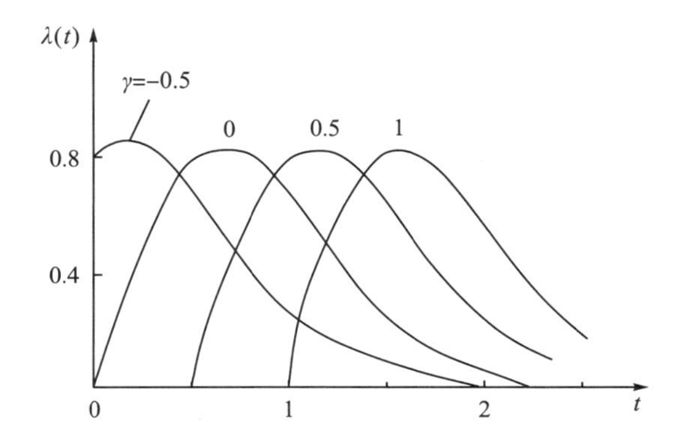

图 4-9　$\eta=1$、m=2、r 不同时威布尔分布的密度曲线

3. 威布尔分布的几个特征数值

1) 均值与方差

威布尔分布的均值，在 $r=0$ 时，可按式(4-29)计算：

$$\mu=\int_0^{\infty} tf(t)\,\mathrm{d}t=\int_0^{\infty} t\frac{m}{t_0}t^{m-1}\mathrm{e}^{-(t/t_0)^m}\mathrm{d}t=t_0^{1/m}\Gamma\left(1+\frac{1}{m}\right)=\eta\Gamma\left(1+\frac{1}{m}\right) \tag{4-29}$$

式中，$\Gamma(x)=\int_0^{\infty} t^{x-1}\mathrm{e}^{-t}\mathrm{d}t$，称为伽玛函数，$\Gamma(x)$ 的值可由数学手册中的 $\Gamma(x)$ 函数表(表 4-2)查得。

表 4-2　$\Gamma(x)$ 函数表

m	$\Gamma\left(1+\frac{1}{m}\right)$	m	$\Gamma\left(1+\frac{1}{m}\right)$	m	$\Gamma\left(1+\frac{1}{m}\right)$	m	$\Gamma\left(1+\frac{1}{m}\right)$
0.1	101	1.1	0.965	2.1	0.886	3.1	0.894
0.2	61	1.2	0.941	2.2	0.886	3.2	0.896
0.3	9.26	1.3	0.923	2.3	0.886	3.3	0.897
0.4	3.323	1.4	0.911	2.4	0.886	3.4	0.898
0.5	2	1.5	0.903	2.5	0.887	3.5	0.9
0.6	1.505	1.6	0.897	2.6	0.888	3.6	0.901
0.7	1.266	1.7	0.892	2.7	0.889	3.7	0.902
0.8	1.133	1.8	0.889	2.8	0.89	3.8	0.904
0.9	1.052	1.9	0.887	2.9	0.892	3.9	0.905
1.0	1	2.0	0.996	3.0	0.894	4.0	0.906

当 $r\neq0$ 时，有

$$\mu=r+t_0^{1/m}\Gamma\left(1+\frac{1}{m}\right)=r+\eta\Gamma\left(1+\frac{1}{m}\right) \tag{4-30}$$

威布尔分布的方差为

$$\sigma^2=\int_0^\infty (t-\mu)^2 f(t)\mathrm{d}t=t_0^{2/m}\left[\Gamma\left(1+\frac{2}{m}\right)-\Gamma^2\left(1+\frac{1}{m}\right)\right]$$
$$=\eta^2\left[\Gamma\left(1+\frac{2}{m}\right)-\Gamma^2\left(1+\frac{1}{m}\right)\right] \tag{4-31}$$

2) 可靠寿命、特征寿命和中位寿命

在可靠性设计中，往往要求出相应于给定可靠度 R 的产品工作时间，即可靠寿命 t_r，其计算公式可由式(4-22)求得：

$$t_r=r+t_0^{1/m}\left(\ln\frac{1}{R}\right)^{1/m}=r+\eta\left(\ln\frac{1}{R}\right)^{1/m} \tag{4-32}$$

若设 $R=\frac{1}{\mathrm{e}}$ 和 R=0.5，代入式(4-32)，即可分别得到特征寿命 t_η 和中位寿命 $t_{0.5}$ 的计算公式：

$$t_\eta=r+t_0^{1/m}=r+\eta \tag{4-33}$$

$$t_{0.5}=r+t_0^{1/m}(\ln 2)^{1/m}=r+\eta(\ln 2)^{1/m} \tag{4-34}$$

3) 更换寿命和筛选寿命

若预先给定某失效率值 λ，则根据式(4-8)，有

$$\lambda=\frac{f(t)}{R(t)}$$

求其相应的时间解，就称为更换寿命，记作 ζ_λ。所谓“更换”是指元器件使用到 ζ_λ 时必须更新，否则失效率高于 ζ_λ。因此，更换寿命是对那些失效率函数为随使用时间上升的产品来讲的。如果失效率函数是随使用时间下降的，那么这样的元器件则应在规定的 ζ_λ 以前进行更换或筛选，而在 ζ_λ 以后可不必更换。此时 ζ_λ 称为筛选寿命。

将式(4-25a)和式(4-26)代入式(4-8)，整理后得

$$\lambda=\frac{m}{\eta}\left(\frac{\zeta_\lambda-r}{\eta}\right)^{m-1} \tag{4-35}$$

由式(4-35)可解得

$$\zeta_\lambda=r+\eta\left(\frac{\lambda\eta}{m}\right)^{\frac{1}{m-1}}\quad(m\neq 1) \tag{4-36}$$

三、正态分布

设连续型随机变量 x 在 $(-\infty,\infty)$ 上取值，其概率密度函数为

$$f(x)=\frac{1}{\sqrt{2\pi}\sigma}\exp\left[-\frac{(x-\mu)^2}{2\sigma^2}\right] \tag{4-37}$$

式中，μ 与 σ 二参数的取值范围为 $-\infty<\mu<\infty$，$\sigma>0$，则称此随机变量 x 服从参数为 μ、

σ^2的正态分布，记为$x \sim N\left(\mu,\sigma^2\right)$。$\mu$称为数学期望(均值)，$\sigma$称为标准差(均方差)，$\sigma^2$称为方差。

在实际工程技术问题中，有许多试验测量数据是服从或近似服从正态分布的，如材料强度、零件加工尺寸、机器设备所受的工作负荷以及测试误差等。

1. 正态分布的特点

(1) 正态分布的密度函数$f\left(x\right)$是一种钟形曲线，这条曲线是关于直线$x=\mu$对称的；它在$x=\mu$处达到最大值$1/\sqrt{2\pi\sigma}$；在$x=\mu\pm\sigma$处有拐点；当$x\to\pm\infty$时，$f\left(x\right)\to 0$，即x轴为$f\left(x\right)$的渐近线。以μ为中心，则$\left[-\sigma,\sigma\right]$区间的概率为68.27%，$\left[-2\sigma,2\sigma\right]$区间的概率为95.45%，$\left[-3\sigma,3\sigma\right]$区间的概率为99.73%。图4-10是正态分布密度函数$f\left(x\right)$的曲线。

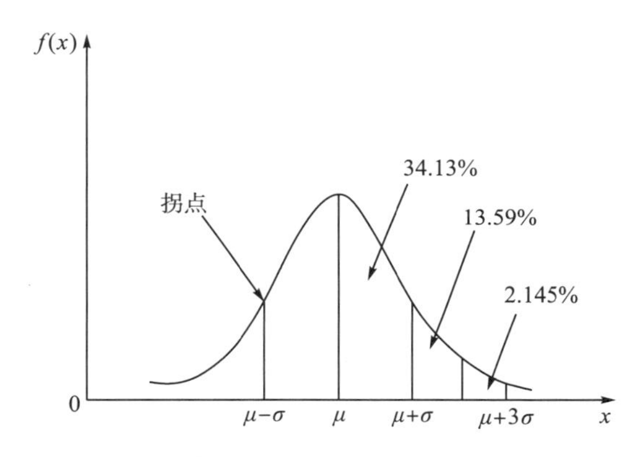

图4-10　正态分布密度函数$f(x)$曲线

(2) 若σ值不变而仅改变μ值，则分布曲线的形状不变，而仅发生位置变化，如图4-11所示。若μ值保持不变，则分布曲线的形状随σ的变化而变化。当比较小时，分布曲线形状类似一座尖塔；当σ比较大时，则其形似一座土丘。如图4-12所示。

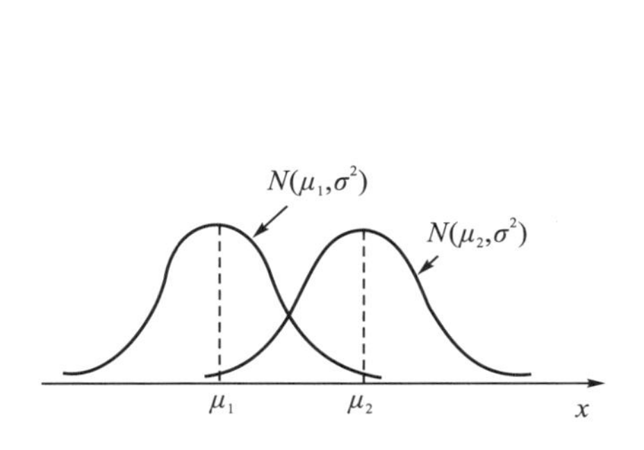

图4-11　σ相同而μ不同的正态曲线

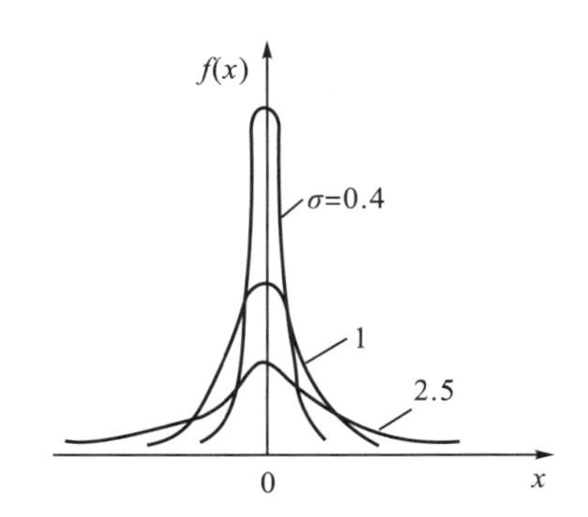

图4-12　μ相同而σ不同的正态曲线

(3) μ=0、σ=1 时的正态分布 $x \sim N\left(0,1^2\right)$ 称为标准正态分布。它的密度函数为

$$\varphi(x)=\frac{1}{\sqrt{2\pi}}\mathrm{e}^{-x^2/2} \quad (-\infty < x < \infty) \tag{4-38}$$

式(4-38)不含 μ 和 σ，因此 x 在任一已知区间[a，b]上取值的概率为

$$P(a \leqslant x \leqslant b)=\int_a^b \varphi(x)\mathrm{d}x$$

均可算出。由于上式的积分不能用初等函数表示，故为使用方便，通常记为

$$\phi(X)=\int_{-\infty}^{x} \varphi(t)\mathrm{d}t = P(x \leqslant X) \tag{4-39}$$

并称 $\phi(X)$ 为标准正态分布函数。对于不同的 X，可由标准正态概率积分表 4-3 查到 $\phi(X)$ 的函数值。

表 4-3　正态概率积分表(由 Z 求 R)

Z	0	0.01	0.02	0.03	0.04	0.05	0.06	0.07	0.08	0.09
0	0.50000	0.50339	0.50798	0.51179	0.51595	0.51994	0.52994	0.52790	0.53188	0.53586
0.1	0.53986	0.54380	0.54776	0.55172	0.55567	0.55962	0.56356	0.56749	0.57142	0.57535
0.2	0.57926	0.58317	0.58706	0.59095	0.59483	0.59871	0.60257	0.60642	0.61062	0.61409
0.3	0.61791	0.62172	0.62552	0.62930	0.63307	0.63683	0.64058	0.64431	0.64803	0.65173
0.4	0.65542	0.6591	0.66276	0.66640	0.67003	0.67364	0.67724	0.68082	0.68493	0.68796
0.5	0.69146	0.69497	0.69847	0.70194	0.70540	0.70884	0.71226	0.71566	0.71904	0.72240
0.6	0.72575	0.72907	0.73237	0.73565	0.73891	0.74215	0.74537	0.74857	0.75175	0.75490
0.7	0.75804	0.76115	0.76424	0.76730	0.77035	0.77337	0.77637	0.77935	0.78230	0.78524
0.8	0.78814	0.79103	0.79889	0.79673	0.79955	0.80234	0.80511	0.80735	0.81057	0.81327
0.9	0.81594	0.81859	0.82121	0.82381	0.82639	0.82894	0.83147	0.83398	0.83646	0.83891
1.0	0.84134	0.84375	0.84614	0.84850	0.85083	0.85341	0.85543	0.85769	0.85993	0.86214
1.1	0.86433	0.86650	0.86804	0.87076	0.87286	0.87493	0.87698	0.87900	0.88100	0.88298
1.2	0.88493	0.88686	0.88877	0.89065	0.89251	0.89435	0.89617	0.89796	0.89973	0.90147
1.3	0.90320	0.90490	0.90658	0.90824	0.90988	0.91149	0.91309	0.91466	0.91621	0.91774
1.4	0.91942	0.92073	0.92200	0.92364	0.92507	0.92647	0.92786	0.92922	0.93056	0.93189
1.5	0.93319	0.93443	0.93574	0.93699	0.93822	0.93943	0.94062	0.94179	0.94295	0.94408
1.6	0.94520	0.94630	0.94738	0.94845	0.94950	0.95053	0.95154	0.95254	0.95352	0.95449
1.7	0.95543	0.95637	0.95728	0.95818	0.95907	0.95994	0.96080	0.96164	0.96246	0.96327
1.8	0.98407	0.96485	0.96562	0.96638	0.96712	0.96784	0.96856	0.96926	0.96995	0.97062
1.9	0.97128	0.97193	0.97257	0.97320	0.97381	0.97441	0.97500	0.97558	0.97615	0.97670
2.0	0.97725	0.97778	0.97831	0.97882	0.97932	0.97982	0.9803	0.98077	0.98124	0.98169
2.1	0.98214	0.98257	0.98300	0.98341	0.98382	0.98422	0.98461	0.98500	0.98537	0.98574
2.2	0.98610	0.98645	0.98679	0.98713	0.98745	0.98778	0.98809	0.98840	0.98870	0.98899
2.3	0.98928	0.98956	0.98983	0.99010	0.99036	0.99061	0.99086	0.99111	0.99134	0.99158
2.4	0.99180	0.99202	0.99224	0.99245	0.99266	0.99286	0.99305	0.99324	0.99343	0.99361

续表

Z	0	0.01	0.02	0.03	0.04	0.05	0.06	0.07	0.08	0.09
2.5	0.99379	0.99396	0.99413	0.9943	0.99446	0.99461	0.99477	0.99492	0.99506	0.99520
2.6	0.99534	0.99547	0.99560	0.99570	0.99585	0.99598	0.99609	0.99621	0.99632	0.99643
2.7	0.99653	0.99664	0.99674	0.99683	0.99693	0.99702	0.99711	0.99720	0.99728	0.99736
2.8	0.99744	0.99754	0.99760	0.99767	0.99774	0.99781	0.99788	0.99795	0.99801	0.99807
2.9	0.99813	0.99819	0.99825	0.99831	0.99836	0.99841	0.99846	0.99851	0.99856	0.99861
Z	0	0.1	0.2	0.3	0.4	0.5	0.6	0.7	0.8	0.9
3.0	0.9^2855	0.9^3032	0.9^3313	0.9^3617	0.9^3663	0.9^3767	0.9^3841	0.9^3892	0.9^4277	0.9^4519
4.0	0.9^4683	0.9^4793	0.9^44867	0.9^5146	0.9^5459	0.9^566	0.9^5789	0.9^5870	0.9^5207	0.9^6521
5.0	0.9^6713	0.9^683	0.9^7004	0.9^7421	0.9^7667	0.9^7810	0.9^7893	0.9^8401	0.9^8668	0.9^8818
6.0	0.9^9013	0.9^947	0.9^9718	0.9^9851	$0.9^{10}223$	$0.9^{10}598$	$0.9^{10}749$	$0.9^{10}896$	$0.9^{11}477$	$0.9^{11}740$

注：表中 9 字的指数表示 9 字重复出现的次数。本表由该公式计算得到： $R=\frac{1}{\sqrt{2\pi}}\int_{-\infty}^{Z}e^{-\frac{t^2}{2}}dt$ 。

$$
\begin{aligned}
P(a<x\leqslant b)&=\int_a^b\varphi(t)dt=\int_{-\infty}^{b}\varphi(t)\,dt-\int_{-\infty}^{a}\varphi(t)\,dt \\
&=\phi(b)-\phi(a)
\end{aligned}
\tag{4-40}
$$

可见，利用标准正态概率积分表，可算得服从标准正态分布的随机变量 x 在任一已知区间 $(a,\ b)$ 上取值的概率，且

$$
\phi(+\infty)=1,\ \ \phi(-\infty)=0
$$

因为 $\phi(-x)=1-\phi(x)$（图 4-13），所以一般只编制 $x>0$ 的正态分布表。

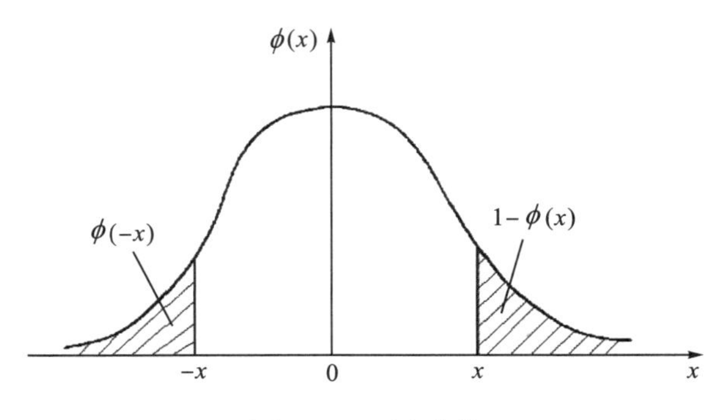

图 4-13　正态曲线

2. 正态分布曲线的归一化

正态分布曲线归一化，就是将一般正态分布函数变换为标准正态分布函数。这样一来，就可直接利用正态分布函数表，使计算顺利完成。

对于正态分布 $X\sim N(\mu,\sigma^2)$，其分布函数为

$$
P(X)=\frac{1}{\sqrt{2\pi}\sigma}\int_{-\infty}^{X}e^{-\frac{(t-u)^2}{2\sigma^2}}dt
$$

令 $z=\dfrac{t-\mu}{\sigma},\mathrm{d}z=\dfrac{\mathrm{d}t}{\sigma}$，由上式得

$$P(X)=\frac{1}{\sqrt{2\pi}}\int_{-\infty}^{\frac{X-\mu}{\sigma}}\mathrm{e}^{-\frac{z^2}{2}}\mathrm{d}z=\phi\left(\frac{X-\mu}{\sigma}\right)$$

于是

$$P(X_1<x<X_2)=\frac{1}{\sqrt{2\pi}\sigma}\int_{X_1}^{X_2}\mathrm{e}^{-\frac{(t-\mu)^2}{2\sigma^2}}\mathrm{d}t$$

令 $z=\dfrac{t-\mu}{\sigma}$，进而可得

$$\begin{aligned}P(X_1<x<X_2)&=\frac{1}{\sqrt{2\pi}}\int_{\frac{X_1-\mu}{\sigma}}^{\frac{X_2-\mu}{\sigma}}\mathrm{e}^{-\frac{z^2}{2}}\mathrm{d}z\\&=\frac{1}{\sqrt{2\pi}}\int_{-\infty}^{\frac{X_2-\mu}{\sigma}}\mathrm{e}^{-\frac{z^2}{2}}\mathrm{d}z-\frac{1}{\sqrt{2\pi}}\int_{-\infty}^{\frac{X_1-\mu}{\sigma}}\mathrm{e}^{-\frac{z^2}{2}}\mathrm{d}z\\&=\phi\left(\frac{X_2-\mu}{\sigma}\right)-\phi\left(\frac{X_1-\mu}{\sigma}\right)\end{aligned}\tag{4-41}$$

【例 1】有一批钢制轴，规定轴的直径不超过 30mm 为合格品，已知轴的直径尺寸 x 服从正态分布，$x\sim N(29.9，0.05^2)$ mm，试问该批轴中的废品率是多少？

解：已知 μ=29.9，σ=0.05，$X=30$，则该批轴中的废品率为

$$\begin{aligned}P(x>X)&=1-P(x\leqslant X)=1-P(x\leqslant 30)=1-P\left\{\frac{x-29.9}{0.05}\leqslant\frac{30-29.9}{0.05}\right\}\\&=1-P\{z\leqslant 2\}=1-\phi(2)\end{aligned}$$

由表 4-3 查得 $\phi(2)=0.97725$，代入上式得

$$P(x>30)=1-0.997725=0.02275$$

此批钢轴的废品率为 2.275%。

【例 2】在例 1 中，如果要保证有 95%的合格率，那么，应该规定钢轴的合格尺寸是多少？

解：由 μ=29.9，σ=0.05，求 X 使

$$P(x\leqslant X)=0.95$$

因为

$$0.95=P(x\leqslant X)=P\left\{\frac{x-29.9}{0.05}\leqslant\frac{X-29.9}{0.05}\right\}=P(z\leqslant\mu_{0.95})=\phi(\mu_{0.95})$$

其中

$$\mu_{0.95}=\frac{X-29.9}{0.05}$$

由表 4-4 查得 $\mu_{0.95}$=1.645，代入上式得

$$X=29.9+1.645\times0.05=29.98\text{mm}$$

钢轴的合格尺寸应该规定为 29.98mm。

表 4-4 正态概率积分表(由 R 求 Z)

R	0	1	2	3	4	5	6	7	8	9
0.99	2.32625	2.36582	2.40892	2.45726	2.51214	2.57583	2.65207	2.74778	2.87816	3.09023
0.9	1.28155	1.34076	1.40537	1.47579	1.55477	1.64485	1.75069	1.88079	2.05375	2.32635
0.8	0.84162	0.87790	0.91537	0.95417	0.99446	1.03643	1.08032	1.12639	1.17499	1.22653
0.7	0.52440	0.55338	0.58284	0.61281	0.94335	0.67449	0.7063	0.73885	0.77219	0.80642
0.6	0.25225	0.27932	0.30548	0.33185	0.35846	0.38532	0.412446	0.41246	0.46770	0.49585
0.5	0	0.02507	0.05015	0.07527	0.10043	0.12566	0.15097	0.15097	0.20189	0.22754

R	Z	R	Z	R	Z
0.5	0	0.995	2.576	0.999999	4.753
0.9	1.288	0.999	3.091	0.9999999	5.199
0.95	1.645	0.9999	3.719	0.99999999	5.612
0.99	2.32	0.99999	4.265	0.999999999	5.997

注：本表由该公式计算得到：$R=\frac{1}{\sqrt{2\pi}}\int_{-\infty}^{Z}\mathrm{e}^{-\frac{t^2}{2}}\mathrm{d}t$ 。

3. 对数正态分布

当产品寿命的对数服从正态分布时，这种产品的寿命分布为对数正态分布。通常记作 $L\sim N\left(\mu,\sigma^2\right)$。

对数正态分布的密度函数为

$$f(t)=\frac{\lg\mathrm{e}}{\sqrt{2\pi}\sigma t}\mathrm{e}^{-(\lg t-\mu)^2/2\sigma^2}\quad(t>0)\tag{4-42}$$

这里，$\lg\mathrm{e}=0.4343$，在时间 t 时的破坏概率为

$$F(t)=\int_0^t\frac{\lg\mathrm{e}}{\sqrt{2\pi}\sigma x}\mathrm{e}^{-(\lg x-\mu)^2/2\sigma^2}\mathrm{d}x\tag{4-43}$$

其标准正态分布形式为

$$F(t)=\int_{-\infty}^{\mu_p}\frac{1}{\sqrt{2\pi}}\mathrm{e}^{-\frac{z^2}{2}}\mathrm{d}z=\phi\left(\mu_p\right)\quad(t>0)\tag{4-44}$$

式中，$\mu_p=(\lg t-\mu)/\sigma$。

可靠度为

$$R(t)=\int_{\mu_p}^{\infty}\frac{1}{\sqrt{2\pi}}\mathrm{e}^{-\frac{Z^2}{2}}\mathrm{d}z=1-\phi\left(\mu_p\right)\quad(t>0)\tag{4-45}$$

失效率函数为

$$\lambda(t)=\frac{f(t)}{R(t)}=\frac{\frac{\lg\mathrm{e}}{\sqrt{2\pi}\sigma t}\mathrm{e}^{-\mu_p^2/2}}{1-\phi\left(\mu_p\right)}\quad(t>0)\tag{4-46}$$

对数正态分布的两个参数 μ 和 σ，分别称为对数均值和对数标准差。图 4-14 为对数均值 μ=1，对数标准差 σ 取不同值时，对数正态分布的密度函数和失效率函数的曲线。

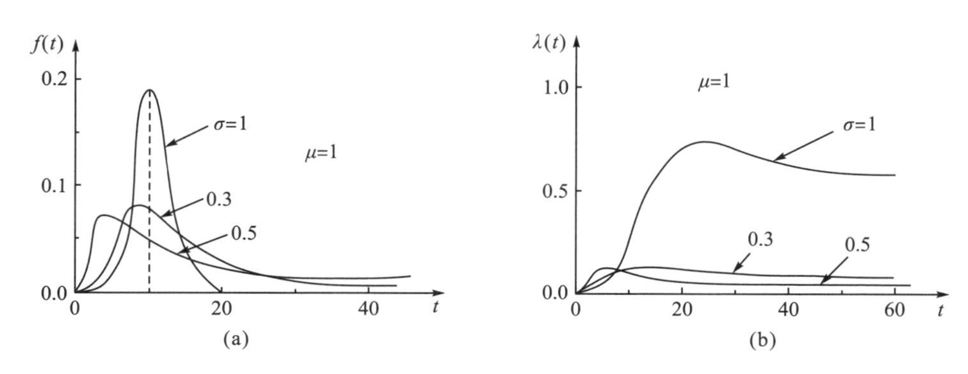

图 4-14　对数正态分布的密度函数和失效率函数曲线

因为对数正态分布的数据处理比较复杂，所以通常的做法是，先将各个数据取对数，然后按正态分布进行数据处理。这样，对数正态分布的数据便简化成正态分布的数据，使问题得到简化。

四、正态分布函数的统计特征值计算

设 $f(x)$ 为随机变量分布函数 $F(x)$ 的概率密度函数，则按概率论的定义，有

数学期望：

$$E[F(x)]=\int_{-\infty}^{\infty}F(x)f(x)\mathrm{d}x$$

方差：

$$V[F(x)]=\int_{-\infty}^{\infty}\{F(x)-E[F(x)]\}^{2}f(x)\mathrm{d}x$$

对于二元随机变量函数 $F(x,y)$，若随机变量 x 和 y 的联合概率密度函数为 $f(x,y)$，则

数学期望：

$$E[F(x,y)]=\int_{-\infty}^{\infty}\int_{-\infty}^{\infty}F(x,y)f(x,y)\mathrm{d}x\mathrm{d}y$$

方差：

$$V[F(x,y)]=\int_{-\infty}^{\infty}\int_{-\infty}^{\infty}\{F(x,y)-E[F(x,y)]\}^{2}f(x,y)\mathrm{d}x\mathrm{d}y$$

由于篇幅限制，具体演算过程略，现将正态分布下的统计特征值列于表 4-5，供查用。

表 4-5　正态分布函数的统计特征值

函数形式	数学期望	标准差
$Z=a$	a	0
$Z=ax$	$a\mu_x$	$a\sigma_x$
$Z=X+a$	μ_x+a	σ_x

续表

函数形式	数学期望	标准差
$Z = X \pm Y$	$\mu_x \pm \mu_y$	$\sqrt{\sigma_x^2 + \sigma_y^2}$
$Z = XY$	$\mu_x \mu_y$	$\approx \sqrt{\mu_x^2 \sigma_y^2 + \mu_y^2 \sigma_x^2}$
$Z = X / Y$	μ_x / μ_y	$\approx \frac{1}{\mu_y^2} \sqrt{\mu_x^2 \sigma_y^2 + \mu_y^2 \sigma_x^2}$
$Z = X^2$	μ_x^2或$\mu_x^2 + \sigma_x^2$	$\sqrt{4\mu_x^2 \sigma_x^2 + 2\sigma_x^4}$
$Z = X^{1/2}$	$\left[\frac{1}{2}\sqrt{4\mu_x^2 - 2\sigma_x^2}\right]^{1/2}$	$\left[\mu_x - \frac{1}{2}\sqrt{4\mu_x^2 - 2\sigma_x^2}\right]^{1/2}$
$Z = X^3$	μ_x^3或$\mu_x^3 + 3\sigma_x^2 \mu_x$	$3\mu_x^2 \sigma_x$或$\left(3\sigma_x^6 + 8\sigma_x^4 \mu_x^2 + 5\sigma_x^2 \mu_x^4\right)^{1/2}$
$Z = X^n$	μ_x^n	$n\mu_x^{n-1}\sigma_x$

第三节　机械强度的可靠性设计

在常规的机械强度设计计算中，材料强度、载荷和零部件尺寸等数据，均作为确定量处理。但实际上，即使零部件的制造和装配精度要求很高，又在严格控制的载荷下工作，那么同一批零件的疲劳寿命数据离散性还是不能避免的，这是因为材料强度、载荷和零部件实际尺寸等，皆为服从一定分布规律的随机变量。因为试验数据存在离散性，所以在常规强度设计计算中，引入了安全系数，并根据已知零部件破坏的经验，推荐许用安全系数取值范围，以保证零部件在工作中安全运行。这种方法虽有一定科学道理和实践依据，但许用安全系数是根据经验确定的，因此对于同一产品，不同的设计者往往采用不同的安全系数。为了保险起见，一般安全系数都取得比较大。这样一来，就带来了一些问题，如设计的零部件尺寸过大，不仅浪费材料，使产品显得笨重，而且影响产品的性能。若柴油机曲轴的轴径尺寸设计得过大，则连杆大头的尺寸亦要随之增大，这样不仅使曲柄连杆机构的重量增加，平衡性能变坏，而且为使连杆能从气缸套中抽出，往往要在连杆大头端采取一些结构措施，如改平切口为斜切口，改两只连杆螺钉连接为四只连杆螺钉等，结果使得连杆大头的某些局部区域的安全系数下降，甚至使得整机变得不安全。类似这种由于片面追求增大部分零件的安全系数而使整机变得不安全的事例，在其他产品设计中亦屡见不鲜，时有发生。

机械强度可靠性的设计理论是建立在概率统计基础上的。它的基本出发点是认为零件材料的极限应力和作用于零件危险截面上的工作应力均为随机变量，运用概率论和数理统计的方法、可靠性的理论及其计算方法来进行设计计算，以得出更加符合实际的结果。所以可靠性设计通常又称为概率设计。机械强度的可靠性设计，最早应用在飞机、火箭、原子能和高压容器等领域。随着计算技术和测试技术的不断提高，随着机械强度的研究不断深入发展，机械强度的可靠性设计技术已延伸到了一般机械设计领域。目前，机械强度可靠性设计正处在方兴未艾的发展阶段，其主要表现有：开展这方面的研究课题越来越多，专论、专著不断发表，各高等院校竞相开设专修课程等。

一、机械强度概率设计的基本理论

1. 机械强度概率设计的基本假设

机械强度概率设计有两个基本假设：一是假设零部件的应力参量，如载荷、尺寸及其影响因素等均为随机变量，由此求得的作用于零部件危险截面上的工作应力也是随机变量，并服从于概率密度函数为 $f_y(x)$ 的某一分布规律；二是假设零部件的强度参量，材料的力学性能、零件的尺寸系数、表面加工系数和应力集中系数等都是随机变量，由此求得的零件材料强度极限也是随机变量，并服从概率密度函数为 $f_q(x)$ 的某一分布规律，如图 4-15 所示。

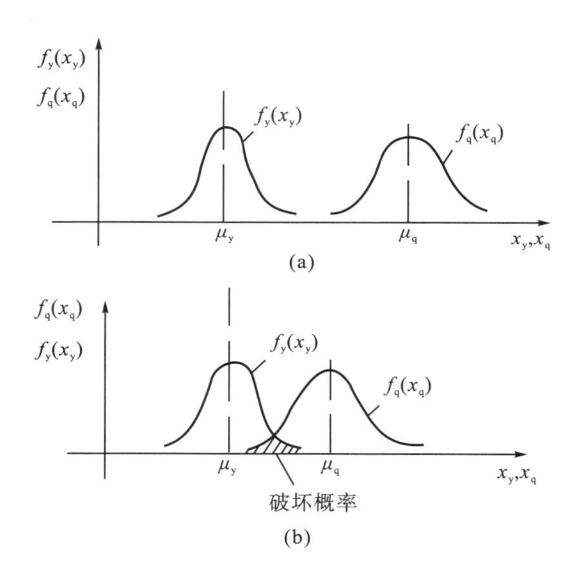

图 4-15 应力分布和强度分布的模型

图 4-15(a)所示的两概率密度曲线不重叠，即可能出现的最大工作应力小于可能出现的最小强度极限。因此，工作应力大于零件强度是不可能发生的事件，即工作应力大于零件强度的失效概率等于零。若用安全系数的概念，则安全系数小于 1 的概率等于零。即

$$P(x_y > x_q) = 0, \qquad P(n < 1) = 0$$

满足上述强度-应力关系的机械零件是安全的，其可靠度 R 为 1，即不会发生强度破坏。

图 4-15(b)所示的两概率分布曲线中有一部分相重叠。由图可知，尽管零件的工作应力均值 μ_y 远小于其强度极限均值 μ_q，但在图中的阴线区域内却出现了零件的工作应力大于其强度极限的情况，即零件的失效概率大于零。

$$P(x_y > x_q) > 0$$

虽然以均值计算的安全系数$n = \mu_q / \mu_y > 1$，但就总体来说，其失效概率是大于零的。反过来说，$n < 1$亦不意味着在任何情况下，零件的工作应力x_y都大于材料强度极限x_q，所以其失效概率也一定小于1，即

$$P(n > 1) > 0$$

或

$$P(n < 1) \leqslant 1$$

常规计算中采用的安全系数，实质上是按均值计算的，有一定的缺陷，即设计时原属安全的零件，实际上并不一定安全。正确的方法应该根据试验数据，应用概率论及数理统计理论，计算出零部件的失效概率，客观地对其可靠程度进行评价。

2. 零件强度的可靠度计算

现将图4-15(b)的阴影部分放大后加以研究。图4-16中的曲线1为应力分布的右尾，曲线2为强度分布的左尾。图中x_1为失效控制应力。当强度大于失效控制应力时就不会产生破坏，因而强度大于失效控制应力的概率就是可靠度。

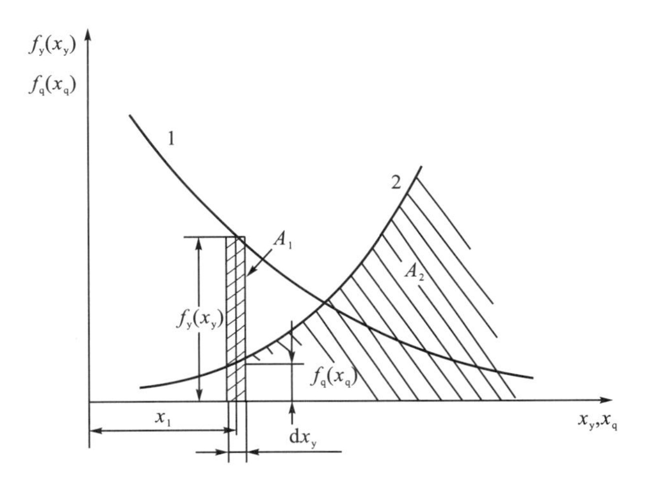

图4-16　可靠度计算公式的推导

工作应力值为x_1的概率在数值上等于图4-16中A_1的面积，即

$$P\left(x_1 - \frac{dx_y}{2} < x_y < x_1 + \frac{dx_y}{2}\right) = f_y(x_y) \cdot dx_y = A_1$$

强度大于x_y的概率在数值上等于强度密度曲线下的阴影面积A_2，如图4-16所示，其值为

$$P(x_q > x_y) = \int_{x_y}^{\infty} f_q(x_q)\, dx_q$$

零件的工作应力和材料的强度两个随机变量，一般可视作两个独立事件。如果零部件

不发生破坏，那么这两个事件都要发生。由概率论的乘法定理可知，两个独立事件同时发生的概率等于两个事件单独发生的概率之积。此概率即为零件的工作应力在$\left[x_1-\frac{dx_y}{2},x_1+\frac{dx_y}{2}\right]$区间内的可靠度$dR$。

$$dR=f_y\left(x_y\right)dx_y\int_{x_y}^{\infty}f_q\left(x_q\right)dx_q$$

零件的可靠度为材料强度大于工作应力范围内一切可能值的概率，因此

$$R=\int dR=\int_{-\infty}^{\infty}f_y\left(x_y\right)\left[\int_{x_y}^{\infty}f_q\left(x_q\right)dx_q\right]dx_y$$

可靠度还可以写成

$$R=\int dR=\int_{-\infty}^{\infty}f_q\left(x_q\right)\left[\int_{-x_q}^{\infty}f_y\left(x_y\right)dx_y\right]dx_q$$

如果函数$f_y\left(x_y\right)$和$f_q\left(x_q\right)$已知，就可根据式(4-47)和式(4-48)计算出零部件的可靠度。目前，在机械零件的可靠性强度计算中，采用的分布类型较多，但仍以正态分布居多。

当零件的强度极限x_q和工作应力x_y都是正态分布时，其密度函数分别为

$$f_q\left(x_q\right)=\frac{1}{\sigma_q\sqrt{2\pi}}\exp\left[-\frac{\left(x_q-\mu_q\right)^2}{2\sigma_q^2}\right]$$

$$f_y\left(x_y\right)=\frac{1}{\sigma_y\sqrt{2\pi}}\exp\left[-\frac{\left(x_y-\mu_y\right)^2}{2\sigma_y^2}\right]$$

式中，μ_q、μ_y分别为强度和应力的均值；σ_q、σ_y分别为强度和应力的标准差。

由于可靠度是指强度大于应力$\left(x_q>x_y\right)$的概率。若令$\delta=x_q-x_y$，则可靠度为$\delta>0$的概率。若以$f(\delta)$表示δ概率密度函数，则由概率论与数理统计理论可知，因为$f_q\left(x_q\right)$和$f_y\left(x_y\right)$均为正态分布，所以$f(\delta)$也必然是正态分布，其计算公式为

$$f(\sigma)=\frac{1}{\sigma_\delta\sqrt{2\pi}}\exp\left[-\frac{\left(\delta-\mu_\delta\right)^2}{2\sigma_\delta^2}\right]$$

式中，

$$\mu_\delta=\mu_q-\mu_y$$

$$\sigma_\delta=\sqrt{\sigma_q^2+\sigma_y^2}$$

由$x_q>x_y$可知，δ为正值。因此，概率R等于密度曲线$f(\delta)$之下位于$(0,\ \infty)$区间内的正面积，如图4-17所示。

因此

$$R=\frac{1}{\sigma_\delta\sqrt{2\pi}}\int_0^{\infty}\exp\left[-\frac{\left(\delta-\mu_\delta\right)^2}{2\sigma_\delta^2}\right]d\delta \tag{4-47}$$

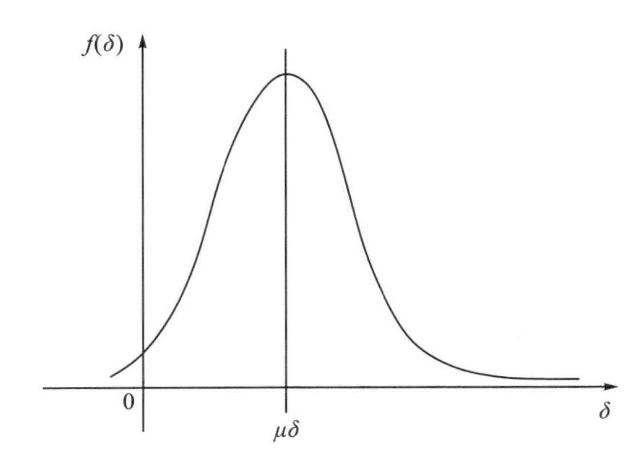

图 4-17　δ 的密度函数

为了利用标准正态分布数值表，进行如下变换：

令

$$t = \frac{\delta - \mu_\delta}{\sigma_\delta} \tag{4-48}$$

变量 t 的界限为：当 $\delta = \infty$ 时，$t = \frac{\delta - \mu_\delta}{\sigma_\delta} = \frac{\infty - \mu_\delta}{\sigma_\delta} = \infty$；当 $\delta = 0$ 时，$t = \frac{0 - \mu_\delta}{\sigma_\delta} = -\frac{\mu_\delta}{\sigma_\delta}$。

将式(4-48)代入式(4-47)，并由 $\mathrm{d}\delta = \sigma_\delta \mathrm{d}t$，可得

$$R = \frac{1}{\sqrt{2\pi}}\int_{-\mu_\delta/\sigma_\delta}^{\infty} \mathrm{e}^{-t^2/2}\mathrm{d}t = \frac{1}{\sqrt{2\pi}}\int_{-Z}^{\infty} \mathrm{e}^{-t^2/2}\mathrm{d}t = \frac{1}{\sqrt{2\pi}}\int_{-\infty}^{Z} \mathrm{e}^{-t^2/2}\mathrm{d}t \tag{4-49}$$

$$Z = \frac{\mu_\delta}{\sigma_\delta} = \frac{\mu_{\mathrm{q}} - \mu_{\mathrm{y}}}{\sqrt{\sigma_{\mathrm{q}}^2 + \sigma_{\mathrm{y}}^2}} \tag{4-50}$$

式(4-50)将应力与强度联系了起来，称为“联结方程”，亦有称“耦合方程”的，Z 称为联结系数或可靠度系数。

在设计中，一般没有必要要求产品的可靠度 R=1，而应根据实际情况确定一个最经济的可靠度。在许多情况下，允许强度 x_{q} 与应力 x_{y} 两个随机变量的分布曲线有某些范围内的干涉。为减小两分布曲线的干涉程度，提高可靠度的措施有：一是将两个分布曲线间的距离拉大，或提高零件的强度(如采取强化工艺措施)，使强度分布曲线 $f_{\mathrm{q}}\left(x_{\mathrm{q}}\right)$ 右移，或降低零件的工作应力(如加大零件尺寸)，使应力分布曲线左移。二是减小强度和应力的标准差 σ_{q} 和 σ_{y}，如对零部件的机械加工和热处理进行严格控制，尽量设法清除或减小有害的内应力，提高载荷和应力的精度等。

二、安全系数的统计分析

在常规的机械设计中，常用强度与应力之比作为安全系数对零部件进行强度校核。因为它不仅简便，还有一定的实践依据，所以一直沿用至今。但随着科学技术的发展和人们认识的深化，逐渐发现常规安全系数带有一定的盲目性、经验性及保守性，它没能反映产

品的可靠性。下面从可靠性的角度来分析安全系数。

1. 安全系数与可靠度

假设产品的工作应力随机变量为x_y，强度随机变量为x_q，则

$$n = x_q / x_y \tag{4-51}$$

为安全系数，n亦是随机变量。产品的可靠度为

$$\begin{aligned} R &= P\left(x_q - x_y > 0\right) = P\left(x_q / x_y > 1\right) \\ &= P\left(n > 1\right) \end{aligned}$$

经典意义的安全系数(为强度均值与应力均值之比)现在也称为平均安全系数n_0；它是一个仅与强度和应力均值有关的常数，没有反映产品的可靠性。从表4-6可以看出，序号1～10的平均安全系数皆等于2.5，而它们的可靠度却在0.6628～1变动，相差甚大。此例说明常规安全系数具有一定的盲目性。因此，对于安全性要求很高的零部件，必须重新建立安全系数的度量指标。现在比较广泛采用的度量指标为

$$n = X_{q\min} / X_{y\max} \tag{4-52}$$

式中，$X_{q\min}$为最小强度；$X_{y\max}$为最大应力。但对如何取$X_{q\min}$和$X_{y\max}$，目前尚有争议。

表4-6 强度、应力是正态分布的安全系数和可靠度

序号	强度均值 μ_q	应力均值 μ_y	强度标准差 σ_q	应力标准差 σ_y	平均安全系数 n_0	可靠度 R
1	50000	20000	2000	2500	2.5	1
2	50000	20000	8000	3000	2.5	0.9997
3	50000	20000	10000	3000	2.5	0.9979
4	50000	20000	8000	7500	2.5	0.9965
5	50000	20000	12000	6000	2.5	0.987
6	25000	10000	2000	2500	2.5	0.9(8)4
7	25000	10000	1000	1500	2.5	0.9(16)6
8	50000	20000	1000	1500	2.5	～1
9	50000	20000	25000	2550	2.5	0.7995
10	25000	10000	25000	2550	2.5	0.6628
11	50000	10000	20000	5000	5	0.9738
12	50000	40000	2000	2500	1.25	0.99909

强度和应力均服从正态分布时，可以分别取最小强度和最大应力为

$$X_{q\min} = \mu_q - 3\sigma_q$$

$$X_{y\max} = \mu_y + 3\sigma_y$$

于是安全系数为

$$n = \frac{X_{q\min}}{X_{y\max}} = \frac{\mu_q - 3\sigma_q}{\mu_y + 3\sigma_y} \tag{4-53}$$

式(4-53)表明，应力超过$X_{y\max}$的机会只有0.13%，强度低于$X_{q\min}$的机会也同样只有

0.13%。因此，用式(4-53)评价安全系数具有一定的可靠性。

下面来讨论如何根据强度和应力的分布以及不同的可靠度来确定 X_{qmin} 和 X_{ymax}。

假设强度的可靠度为 R_{q} 时的最大值记为 $X_{\mathrm{q}R}$、$X_{\mathrm{qmin}}\left(R_{\mathrm{q}}\right)$、$X_{\mathrm{q}R}(\min)$。

应力的可靠度为 R_{y} 时的最大值记为 $X_{\mathrm{y}R}$、$X_{\mathrm{ymax}}\left(R_{\mathrm{y}}\right)$、$X_{\mathrm{y}R}(\max)$。

例如：强度的可靠度为 95%时的下限值记为 $X_{\mathrm{q}0.95}$、$X_{\mathrm{qmin}}(0.95)$、$X_{\mathrm{q}0.95}(\min)$。

应力的可靠度为的 99%时的上限值记为 $X_{\mathrm{y}0.99}$、$X_{\mathrm{ymax}}(0.99)$、$X_{\mathrm{y}0.99}(\max)$。

假定产品的强度随机变量为 x_{q}，应力随机变量为 x_{y}，给定的可靠度分别为 R_{q}、R_{y}，则称

$$n_R=\frac{X_{\mathrm{qmin}}\left(R_{\mathrm{q}}\right)}{X_{\mathrm{ymax}}\left(R_{\mathrm{y}}\right)} \tag{4-54}$$

为产品在可靠度意义下的安全系数。

如果强度 x_{q} 与应力 x_{y} 的均值、标准差分别为 μ_{q}与μ_{y}和σ_{q}与σ_{y}，令

$$c_q=\frac{\sigma_q}{\mu_q} \tag{4-55a}$$

$$c_y=\frac{\sigma_y}{\mu_y} \tag{4-55b}$$

通常称 c_{q} 为强度变差系数，c_{y} 为应力变差系数。

当给定 $R_{\mathrm{q}}=0.95, R_{\mathrm{y}}=0.99$ 时，且若 x_{q} 与 x_{y} 服从正态分布，则有

$$\int_{x_{\mathrm{qmin}}}^{\infty}\frac{1}{\sigma_{\mathrm{q}}\sqrt{2\pi}}\exp\left[-\frac{1}{2}\left(\frac{x_{\mathrm{q}}-\mu_{\mathrm{q}}}{\sigma_{\mathrm{q}}^2}\right)^2\right]\mathrm{d}x_{\mathrm{q}}=0.95$$

或

$$1-\phi\left(\frac{x_{\mathrm{qmin}}-\mu_{\mathrm{q}}}{\sigma_{\mathrm{q}}}\right)=0.95$$

$$\int_{-\infty}^{x_{\mathrm{ymax}}}\frac{1}{\sigma_{\mathrm{y}}\sqrt{2\pi}}\exp\left[-\frac{1}{2}\left(\frac{x_{\mathrm{y}}-\mu_{\mathrm{y}}}{\sigma_{\mathrm{y}}^2}\right)^2\right]\mathrm{d}x_{\mathrm{y}}=0.99$$

或

$$\phi\left(\frac{x_{\mathrm{ymax}}-\mu_{\mathrm{y}}}{\sigma_{\mathrm{y}}}\right)=0.99$$

查表 4-4，经整理后得

$$X_{\mathrm{qmin}}(0.95)=\mu_{\mathrm{q}}-1.645\sigma_{\mathrm{q}}=\left(1-1.645c_{\mathrm{q}}\right)\mu_{\mathrm{q}}$$

$$X_{\mathrm{ymax}}(0.99)=\mu_{\mathrm{y}}+2.326\sigma_{\mathrm{y}}=\left(1+2.326c_{\mathrm{y}}\right)\mu_{\mathrm{y}}$$

于是在可靠性意义下的安全系数为

$$n_R = \frac{X_{\text{q}\min}(0.95)}{X_{\text{y}\max}(0.99)} = \frac{(1-1.645c_{\text{q}})\mu_{\text{q}}}{(1+2.326c_{\text{y}})\mu_{\text{y}}} \tag{4-56}$$

2. 均值安全系数

前面讨论安全系数与可靠度之间的关系，是在强度和应力均服从正态分布的前提下进行的。那么，强度和应力服从一般分布时，安全系数与可靠度的关系又是怎样呢？这就是下面要探讨的内容。

由于强度和应力是随机变量，则安全系数 $n = x_{\text{q}}/x_{\text{y}}$ 也是随机变量。记 μ_{q}、μ_{y}和$\bar{n}$ 为强度、应力和安全系数的均值，并称 $\bar{n}$ 为“均值安全系数”。必须指出，均值安全系数 $\bar{n}$ 与强度均值和应力均值之比是有区别的，只有在一定条件下才可以取 $\bar{n} \approx \mu_{\text{q}}/\mu_{\text{y}}$。为了讨论均值安全系数与可靠度之间的关系，先证明不等式：

$$P(|n-a| \leqslant \varepsilon) \geqslant 1 - \frac{E\left[(n-a)^2\right]}{\varepsilon^2} \tag{4-57}$$

式中，$E(n)$ 为随机变量 n 的数学期望；a 和 ε 为任意正数。

为证明式(4-57)成立，先看式(4-58)：

$$E\left[(n-a)^2\right] = \int_{-\infty}^{\infty}(n-a)^2 f(n)\mathrm{d}n \geqslant \int_{n^*}(n-a)^2 f(n)\mathrm{d}n \tag{4-58}$$

式中，$f(n)$ 为随机变量 n 的分布密度函数，积分域 n^* 为 $|n-a| > \varepsilon(\varepsilon>0, a>0)$。由于

$$\int_{n^*}(n-a)^2 f(n)\mathrm{d}n > \varepsilon^2 \int_{n^*}(n-a)^2 f(n)\mathrm{d}n = \varepsilon^2 P(|n-a| > \varepsilon)$$

将上式代入式(4-58)，得

$$\frac{E\left[(n-a)^2\right]}{\varepsilon^2} > P(|n-a| > \varepsilon)$$

所以式(4-57)成立。

下面由式(4-57)出发求平均值安全系数的估计式。由于 a 为任意正数，故可令 $a = k\bar{n}$，其中 k 为待定系数。由期望代数可知

$$\begin{aligned} E\left[(n-a)^2\right] &= E\left[(n-k\bar{n})^2\right] = E\left[n^2 - 2kn\bar{n} + k^2\bar{n}^2\right] \\ &= E\left[n^2\right] - 2k\bar{n}E[n] + k^2\bar{n}^2 \\ &= \sigma_n^2 + \bar{n}^2 - 2k\bar{n}^2 + k^2\bar{n}^2 \\ &= \bar{n}^2\left[\sigma_n^2 + (1+k)^2\right] \end{aligned}$$

式中，$E\left[n^2\right] = \sigma_n^2 + \bar{n}^2$；$E(n) = \bar{n}$；$\sigma_n = \sigma\sqrt{n}$。

将不等式(4-57)改写为

$$P(a-\varepsilon \leqslant n \leqslant a+\varepsilon) \geqslant 1 - \frac{E\left[(n-a)^2\right]}{\varepsilon^2}$$

由于a、ε 为任意正数，可以令 $a - \varepsilon = 1$，于是上式可改写为

$$P\left(1\leqslant n\leqslant 2k\bar{n}-1\right)\geqslant 1-\frac{\bar{n}^2\left[c_n^2+\left(1-k\right)^2\right]}{\left(k\bar{n}-1\right)^2} \tag{4-59}$$

根据可靠度 R 与安全系数 n 的下述关系：

$$R=P\left(n\geqslant 1\right) \tag{4-60}$$

考察式(4-59)与式(4-60)的关系，不难得出

$$R\geqslant \frac{1-\bar{n}^2\left[c_n^2+\left(1-k\right)^2\right]}{\left(k\bar{n}-1\right)^2} \tag{4-61}$$

式(4-61)右端是可靠度 R 的下限。k 的值给定后，就可确定 R 的下限值。令

$$\omega=\frac{\bar{n}^2\left[c_n^2+\left(1-k\right)^2\right]}{\left(k\bar{n}-1\right)^2} \tag{4-62}$$

由

$$\frac{\partial\omega}{\partial k}=\frac{-2\bar{n}^2\left[c_n^2+\left(1-k\right)^2\right]}{\left(k\bar{n}-1\right)^2}+\frac{-2\bar{n}^2\left(1-k\right)}{\left(k\bar{n}-1\right)^2}=0$$

解得

$$k^*=\frac{\bar{n}\left(c_n^2+1\right)-1}{\bar{n}-1} \tag{4-63}$$

即当 $k=k^*$ 时，函数 ω 取极小值，而 R 取最大下限值。用 k^* 取代式(4-61)中的 k，则得可靠度最大下限值计算公式为

$$R\geqslant 1-\frac{\bar{n}^2c_n^2}{\bar{n}^2c_n^2+\left(\bar{n}-1\right)^2} \tag{4-64}$$

或

$$\bar{n}\geqslant \frac{1}{1-c_n\sqrt{\dfrac{R}{1-R}}} \tag{4-65}$$

式(4-64)与式(4-65)表示均值安全系数 $\bar{n}$、安全系数的变差系数 c_n 与可靠度 R 之间的关系。式(4-64)表示可靠度 R 的下限值。式(4-65)表示均值安全系数 $\bar{n}$ 的下限值，它可以保证安全系数 n 在 $1\leqslant n\leqslant (2k^*\bar{n}-1)$ 范围内取值时，其可靠度为 R。

3. 中值安全系数

设零件的强度随机变量 x_{q} 和应力随机变量 x_{y} 的均值分别为 μ_{q} 和 μ_{y}，则中值安全系数的定义为

$$n_{\mathrm{c}}=\frac{\mu_{\mathrm{q}}}{\mu_{\mathrm{y}}} \tag{4-66}$$

为讨论中值安全系数 n_c 与可靠度的关系，现将安全系数

$$n=\frac{x_q}{x_y}=f(x_q,x_y)$$

在 (μ_q,μ_y) 处按泰勒(Taylor)公式展开：

$$\begin{aligned}n&=\frac{u_q}{u_y}+\frac{1}{u_y}(x_q-u_q)+\frac{u_q}{u_y^2}(x_y-u_y)+\frac{1}{2!}\left[-\frac{2}{u_y^2}(x_q-u_q)(x_y-u_y)\right.\\&\left.+\frac{2u_q}{u_y^3}(x_y-u_y)^2\right]+\frac{1}{3!}\left[\frac{6(x_q-u_q)}{u_y^3}(x_q-u_q)^2-\frac{6u_q}{u_y^4}(x_y-u_y)^3\right]+R_3\\&=\frac{u_q}{u_y}+\frac{1}{u_y}(x_q-u_q)-\frac{u_q}{u_y^2}(u_q-u_y)-\frac{1}{u_y^2}(x_q-u_q)(x_y-u_y)+\frac{u_q}{u_y^3}(x_y-u_y)\\&+\frac{1}{u_y^3}(x_q-u_q)(x_y-u_y)^2-\frac{u_q}{u_y^4}(x_y-u_y)^3+R_3\end{aligned}\tag{4-67}$$

式中，R_3 为 3 阶泰勒余项。

由期望代数可知，数学期望和方差有如下性质：

$$E(k)=k，E(kx)=kE(x)，\quad E(x+y)=E(x)+E(y)，$$

$$V(k)=0，V(kx)=k^2V(x)，\quad V(x)=E(x^2)-[E(x)]^2$$

式中，x 和 y 为随机变量；k 为常数。如果 x 与 y 相互独立，则有

$$E(xy)=E(x)E(y)$$

$$V(x+y)=V(x)+V(y)$$

这里假定强度随机变量 x_q 和应力随机变量 x_y 相互独立，在式(4-67)中利用数学期望的性质，并舍去余项，即可得到安全系数的均值：

$$u_n=E(n)\approx\frac{u_q}{u_y}+\frac{u_q}{u_y^3}\sigma_y^2-\frac{u_q}{u_y^4}E(x_y-u_y)^3\tag{4-68}$$

同理，在式(4-67)中利用方差的性质，并舍去余项，可以得到安全系数的方差：

$$\begin{aligned}\sigma_n^2=V(n)\approx E&\left\{\left[\frac{u_q}{u_y}+\frac{1}{u_y}(x_q-u_q)-\frac{u_q}{u_y^2}(x_y-u_y)-\frac{1}{u_y^2}(x_q-u_q)(x_y-u_y)\right.\right.\\&\left.\left.+\frac{u_q}{u_y^3}(x_y-u_y)+\frac{1}{u_y^3}(x_q-u_q)(x_y-u_y)^2-\frac{1}{u_y^4}(x_y-u_y)^3\right]^2\right\}\\&-\left[\frac{u_q}{u_y}+\frac{u_q}{u_y^2}\sigma_y^2-\frac{u_q}{u_y^4}E(x_y-u_y)^3\right]^2\end{aligned}\tag{4-69}$$

若强度随机变量 x_q 和应力随机变量 x_y 均服从正态分布，则

$$\begin{aligned}E\left[(x_y-\mu_y)^3\right]&=E\left[(x_y-\mu_y)^5\right]=E\left[(x_q-\mu_q)^3\right]\\&=E\left[(x_q-\mu_q)^5\right]=0\end{aligned}$$

$$E\left[\left(x_{\mathrm{y}}-\mu_{\mathrm{y}}\right)^{4}\right]=3\sigma_{\mathrm{y}}^{4},\quad E\left[\left(x_{\mathrm{q}}-\mu_{\mathrm{q}}\right)^{4}\right]=3\sigma_{\mathrm{q}}^{4}$$

$$E\left[\left(x_{\mathrm{y}}-\mu_{\mathrm{y}}\right)^{6}\right]=15\sigma_{\mathrm{y}}^{6},\quad E\left[\left(x_{\mathrm{q}}-\mu_{\mathrm{q}}\right)^{6}\right]=15\sigma_{\mathrm{q}}^{6}$$

将上式关系代入式(4-68)和式(4-69)得到

$$\mu_{n}=E(n)\approx\frac{\mu_{\mathrm{q}}}{\mu_{\mathrm{y}}}+\frac{\mu_{\mathrm{q}}}{\mu_{\mathrm{y}}^{3}}\sigma_{\mathrm{y}}^{2} \tag{4-70}$$

$$\sigma_{n}^{2}=V(n)\approx\frac{\sigma_{\mathrm{q}}^{2}}{\mu_{\mathrm{y}}^{2}}+\frac{\sigma_{\mathrm{y}}^{2}}{\mu_{\mathrm{y}}^{4}}(\mu_{\mathrm{q}}^{2}+3\sigma_{\mathrm{q}}^{2})+\frac{\sigma_{\mathrm{q}}^{4}}{\mu_{\mathrm{q}}^{6}}(3\sigma_{\mathrm{q}}^{2}+8\mu_{\mathrm{q}}^{2})+15\frac{\mu_{\mathrm{q}}^{2}\sigma_{\mathrm{y}}^{6}}{\mu_{\mathrm{y}}^{8}} \tag{4-71}$$

当知道强度随机变量 x_{q} 和应力随机变量 x_{y} 的均值、标准差时，即可由式(4-70)和式(4-71)计算出安全系数的均值 μ_n 及标准差 σ_n。

如果在式(4-67)中采用一阶近似式，忽略标准差的高次方项，那么可得

$$\mu_{n}\approx\mu_{\mathrm{q}}/\mu_{\mathrm{y}} \tag{4-72}$$

$$\sigma_{n}\approx\frac{1}{\mu_{\mathrm{y}}^{2}}\sqrt{\mu_{\mathrm{y}}^{2}\sigma_{\mathrm{q}}^{2}+\mu_{\mathrm{q}}^{2}\sigma_{\mathrm{y}}^{2}} \tag{4-73}$$

下面讨论安全系数与可靠度之间的关系，以便获得中值安全系数 n_{c} 与可靠度 R 的关系式，为此，将(4-70)式改写为

$$\mu_{n}=\frac{\mu_{\mathrm{q}}}{\mu_{\mathrm{y}}}+\frac{\mu_{\mathrm{q}}}{\mu_{\mathrm{y}}^{3}}\sigma_{\mathrm{y}}^{2}=n_{\mathrm{c}}\left(1+c_{\mathrm{y}}^{2}\right) \tag{4-74}$$

现对安全系数随机变量 n 的平方取数学期望：

$$E\left(n^{2}\right)=E\left(x_{\mathrm{q}}^{2}/x_{\mathrm{y}}^{2}\right)\approx E\left(x_{\mathrm{q}}^{2}\right)\left[\frac{1}{\mu_{\mathrm{y}}^{2}}+3\frac{\sigma_{\mathrm{y}}^{2}}{\mu_{\mathrm{y}}^{4}}\right]$$

利用方差性质得

$$\sigma_{n}^{2}+\mu_{n}^{2}=\left(\sigma_{\mathrm{q}}^{2}+\mu_{\mathrm{q}}^{2}\right)\left(\frac{1}{\mu_{\mathrm{y}}^{2}}+3\frac{\sigma_{\mathrm{y}}^{2}}{\mu_{\mathrm{y}}^{4}}\right)\sigma$$

上式两边除以 μ_n^2 后化简，并代入各量的变差系数可得

$$c_{n}\approx\left[\left(1+c_{\mathrm{q}}^{2}\right)\left(1+3c_{\mathrm{y}}^{2}\right)-\left(1+c_{\mathrm{y}}^{2}\right)^{2}\right]^{1/2}\Big/\left(1+c_{\mathrm{y}}^{2}\right) \tag{4-75}$$

将式(4-74)和式(4-75)代入式(4-61)可得

$$R\geqslant1-\frac{n_{\mathrm{c}}^{2}\left[\left(1+c_{\mathrm{q}}^{2}\right)\left(1+3c_{\mathrm{y}}^{2}\right)+k^{*}\left(k^{*}-2\right)\left(1+c_{\mathrm{y}}^{2}\right)^{2}\right]}{\left[k^{*}n_{\mathrm{c}}\left(1+c_{\mathrm{y}}^{2}\right)-1\right]^{2}} \tag{4-76}$$

$$k^{*}=\frac{n_{\mathrm{c}}\left[\left(1+c_{\mathrm{q}}^{2}\right)\left(1+3c_{\mathrm{y}}^{2}\right)/\left(1+c_{\mathrm{y}}^{2}\right)\right]-1}{n_{\mathrm{c}}\left(1+c_{\mathrm{y}}^{2}\right)-1} \tag{4-77}$$

式(4-76)表示可靠度 R 与中值安全系数 n_{c}、变差系数 c_{q} 和 c_{y} 之间的关系，不等式右端表示可靠度 R 的下限值。

将式(4-74)和式(4-75)代入式(4-65)整理后得

$$n_c \geqslant \frac{1}{1-\left\{\left[\frac{\left(1+c_q^2\right)\left(1+3c_y^2\right)R-\left(1+c_y^2\right)^2 R}{1-R}\right]^{1/2}-c_y^2\right\}} \tag{4-78}$$

如果略去三次以上的高次项，式(4-78)可以简化为

$$n_c \geqslant \frac{1}{1-\left[\frac{\left(c_q^2+c_y^2\right)R}{1-R}\right]^{1/2}+c_y^2} \tag{4-79}$$

式(4-79)提供了确定安全系数的极小值，因此在可靠度为 R 的情况下，以 n_c 求得实际安全系数 n 的范围为

$$1 \leqslant n \leqslant \left[2k^* n_c\left(1+c_y^2\right)-1\right] \tag{4-80}$$

式中，k^* 由式(4-77)确定。

这里顺便指出一点，式(4-64)和式(4-65)给出的界限是精确的，而式(4-76)和式(4-79)给出的界限是近似的。这是因为后者是由泰勒多项近似法得到的 μ_n 和 c_n 值代入式(4-64)和式(4-65)得到的。

式(4-64)和式(4-65)、式(4-76)和式(4-79)确定了可靠度、安全系数与应力和强度随机变量之间的关系。

三、设计变量的统计处理

1. 材料的强度分布规律及分布参数的确定

各种材料的强度分布规律及分布参数，应通过试验确定。但因为可靠性设计这门学科还比较年轻，所以目前有关材料强度的分布规律及参数分布的资料积累很少，已经成为机械强度可靠性设计工程中亟待解决的一个问题。表 4-7 摘抄了部分材料性能的统计数据，可供使用参考。如果握有材料的样本试验数据，可直接应用数理统计方法，求出其强度的分布参数。

表 4-7　调质结构钢的疲劳极限的标准差

材料	静强度指标	试验条件		寿命 N	疲劳极限 /(N/mm²)	标准差 /(N/mm²)
		r	α_σ			
钢 45（碳素钢）	$\sigma_b=834\text{N/mm}^2$ $\sigma_s=687\text{N/mm}^2$ $\delta=16.7\%$	−1	1.9	5×10^4 10^5	412.02 343.35	13.08 9.81
				5×10^5 10^6	310 294.3	7.85 7.85
				5×10^6 10^7	286.45 279.59	7.85 8.17

续表

材料	静强度指标	试验条件		寿命 N	疲劳极限 /(N/mm²)	标准差 /(N/mm²)
		r	α_σ			
18Cr2Ni4WA (铬镍钨钢)	$\sigma_b=1146\text{N/mm}^2$ $\delta=18.6\%$	-1	2.0	10^5 5×10^5	464.01 412.02	22.24 17
				10^6 5×10^6	384.55 368.86	15.7 13.73
				10^7	361	11.77
30CrMnSiA (铬锰硅钢) (1) r=-1 为旋转弯曲，其余为轴向加载 (2) ϕ25mm 棒材 (3) 化学成分：0.3%C，0.9%～1%Cr，0.86%～0.93%Mn 0.96%～1.04%Si，0.86%～0.93%Mn (4) 890～898℃油中淬火，510～520℃回火 (5) $\alpha_\sigma=1$ 为光滑试样	$\sigma_b=1109\sim1187\text{N/mm}^2$ $\sigma_s=1089\text{N/mm}^2$ $\delta=15.3\%\sim18.6\%$	-1	1.0	10^5	784.8	35.97
				5×10^5 10^6	676.84 655.31	19.62 17.66
				5×10^6 10^7	639.61 637.65	17 18.64
			2.0	10^5 5×10^5	441 380	19.62 14.72
				10^6 5×10^6	360.03 356.1	10.13 10.13
				10^7	353.16	9.81
			3.0	10^5	309.02	14.72
				5×10^5 10^6	270.76 250.16	10.13 9.18
				5×10^6 10^7	243.24 241.33	9.15 9.15
			4.0	10^5 5×10^5	285.47 245.25	11.11 9.81
				10^6 5×10^6	221.71 210.92	9.15 8.17
				10^7	204.05	6.87
		0.1	1.0	10^5	1177.2	52.32
				5×10^5 10^6	1108.53 1090.87	42.51 39.24
				5×10^6 10^7	1088.91 1088.91	39.56 39.9
			3.0	10^5 5×10^5	455.18 377.69	29.43 17
				10^6 5×10^6	347.27 335.5	14.39 15.7
				10^7	328.64	16.35
		0.5	3.0	10^5 5×10^5	676.89 642.56	35.47 31.07
				10^6 5×10^6	612.14 609.2	27.47 24.85
				10^7	608.22	34.85

续表

材料	静强度指标	试验条件		寿命 N	疲劳极限 /(N/mm^2)	标准差 /(N/mm^2)
		r	α_σ			
30CrMnSiNi$_2$A (1)轴向加载 (2) ϕ25mm 棒材 (3)化学成分： 0.27%～0.34%C， 0.9%～1.2%Cr， 1%～1.3%Mn， 1.4%～1.8%Ni (4)900℃淬火， 260℃回火	$\sigma_b=1142\sim1619$N/mm^2 $\sigma_s=1109$N/mm^2 $\delta=12.5\%\sim18.5\%$	−0.5	5.0	5×10^4	415.94	20.92
				10^5 5×10^5	343.35 272.72	13.73 10.47
				10^7	247.25	9.81
		0.1	3.0	10^4	662.18	33.03
				5×10^4 10^5	539.55 441.45	26.81 17.98
				5×10^5 10^6	415.94 402.21	16.68 16.35
				5×10^6 10^7	392.4 382.59	15.7 14.72
			4.0	10^4 5×10^5	686.7 510.12	49.05 29.43
				10^5 5×10^5	328.64 241.33	17.98 9.15
				10^6	187.37	6.87
		0.445	3.0	10^4	1059.48	58.86
				5×10^4 10^5	858.38 686.7	34.34 27.74
				5×10^5 10^6	583.7 578.79	20.6 20.28
				5×10^6 10^7	572.9 571.92	19.3 18.96
		0.5	5.0	5×10^4 10^5	731.83 624.9	29.75 26.16
				5×10^5 10^6	525.82 517.97	18.32 17.33
				5×10^6 10^7	514.04 510.12	16.68 16.35
40CrNiMoA (1)$r=-1$ 为旋转弯曲，ϕ22mm；其余为轴向加载， ϕ180mm (2)化学成分： 0.38%～0.43%C， 0.74%～0.78%C， 1.52%～1.57%Ni 0.19%～0.21%Mo (3)850℃油中淬火， 580℃回火	$\sigma_b=1040\sim1167$N/mm^2 $\sigma_s=917\sim1126$N/mm^2 $\delta=15.6\%\sim17\%$	−1	1.0	5×10^4 10^5	760.28 667.08	44.15 37.6
				5×10^5 10^6	590.56 559.17	26.16 20.92
				5×10^6 10^7	539.55 523.85	20.92 19.62
			2.0	10^5 5×10^5	392.4 333.54	25.18 14.06
				10^6 5×10^6	318.83 310.98	11.45 10.47
				10^7	308.03	9.81
			3.0	10^5	294.3	15.04
				5×10^5 10^6	245.25 217.78	9.81 8.17
				5×10^6 10^7	210.92 208.95	6.87 6.87

续表

材料	静强度指标	试验条件		寿命 N	疲劳极限 /(N/mm²)	标准差 /(N/mm²)
		r	α_σ			
40CrNiMoA (1) $r=-1$ 为旋转弯曲，ϕ22mm；其余为轴向加载，ϕ180mm (2) 化学成分：0.38%～0.43%C，0.74%～0.78%C，1.52%～1.57%Ni 0.19%～0.21%Mo (3) 850℃油中淬火，580℃回火	$\sigma_b=1040\sim1167\text{N/mm}^2$ $\sigma_s=917\sim1126\text{N/mm}^2$ $\delta=15.6\%\sim17\%$	0.1	1.0	5×10^4	1259.6	60.16
				10^5	1121.54	45.78
				5×10^5	1157.58	42.51
				10^6	1110.49	39.9
				5×10^6	1066.35	38.32
				10^7	1030.05	32.7
			3.0	5×10^4	499.5	22.89
				10^5	384.55	17.66
				5×10^5	326.67	11.45
				10^6	305.09	10.79
				5×10^6	292.34	10.79
				10^7	284.49	9.81
42CrMnSiMoA (GC-4 电镀钢) (1) 轴向加载 (2) ϕ42mm 棒材 (3) 化学成分：0.42%C，1.23%Cr，1.04%Mn，1.33%Si，0.51%Mo (4) 920℃加热，300℃等温，空冷	$\sigma_b=1894\text{N/mm}^2$ $\sigma_s=1388\text{N/mm}^2$ $\delta=13\%$	−1	1.0	5×10^4	965.3	65.4
				10^5	875.05	49.71
				5×10^5	799.52	38.21
				10^6	761.26	29.43
				5×10^6	735.75	26.81
				10^7	718.09	24.85
			3.0	10^4	514.04	45.45
				5×10^4	421.83	32.05
				10^5	373.76	18.32
				5×10^5	323.73	13.08
				10^6	284.49	11.45
				5×10^6	251.136	9.81
				10^7	239.36	9.15
		0.1	1.0	5×10^4	1216.44	65.4
				10^5	1118.34	52.32
				5×10^5	1075.18	41.2
				10^6	1065.29	39.24
				5×10^6	1067.33	39.24
				10^7	1065.37	38.58
			3.0	10^4	673	33.03
				5×10^4	555	26.49
				10^5	486	18.64
				5×10^5	461	16.35
				10^6	447	16.68
				5×10^6	434	16.35
				10^7	428	15.04

一般情况下，可按正态分布规律处理，其分布参数的公式为

$$\begin{cases}\mu_q=\dfrac{1}{n}\displaystyle\sum_{i=1}^{n}\sigma_{qi}\\[2ex] \sigma_q=\left[\dfrac{1}{n-1}\displaystyle\sum_{i=1}^{n}\left(\sigma_{qi}-\mu_q\right)^2\right]^{1/2}\end{cases}\tag{4-81}$$

如果既无样本试验数据，又无现成的文献资料可查，可采用如下方法来近似确定分布参数。

1)静强度计算

$$\mu_q = K_1\mu_{q0}$$
$$\sigma_q = K_1\sigma_{q0} \tag{4-82}$$

式中，μ_{q0}和σ_{q0}分别为材料拉伸力学性能的数学期望和标准差。通常从手册中查得强度极限σ_b和屈服强度σ_s，一般是强度值的数学期望，而强度值的标准差约为数学期望的10%。K_1为计及载荷特性和制造方法的修正系数，可由式(4-83)计算得到：

$$K_1 = \varepsilon_1/\varepsilon_2 \tag{4-83}$$

式中，ε_1为按拉伸获得的力学性能转为弯曲或扭转特性的转化系数(对钢质零件可按表4-8选用)；ε_2为考虑零件锻(轧)或铸的制造质量影响系数(对于锻件和轧制件可取$\varepsilon_2=1.1$，对于铸件可取$\varepsilon_2=1.3$)。

表4-8　钢质材料机械特性转化系数ε_1值

载荷特性	零件截面形状及材料	ε_1
弯曲	截面为圆形和矩形的碳钢	1.2
	除圆形和矩形以外所有截面的碳钢，各种截面的合金钢	1.0
扭转	圆截面的碳钢和合金钢	0.6

2)疲劳强度计算

$$\mu_q = K_2\mu_{q-1}$$
$$\sigma_q = K_2\sigma_{q-1}$$

式中，μ_{q-1}和σ_{q-1}分别为材料对称循环疲劳极限的数学期望及标准差(通常手册中给出的σ_{-1}就是对称循环疲劳极限值的数学期望，而其标准差约为数学期望的4%～10%，对于一般计算可近似取为8%)；K_2为疲劳极限修正系数(可按表4-9所列公式计算)。

2. 工作应力分布规律及分布参数的确定

零件危险截面上的工作应力σ_y是服从某一分布规律的随机变量，一般可按正态分布规律处理。如果积累有大量载荷谱或应力实测资料，可应用数理统计方法计算出工作应力分布参数(数学期望μ_y，和标准差σ_y)，计算公式为

$$\begin{cases} \mu_y = \dfrac{1}{n}\displaystyle\sum_{i=1}^{n}\sigma_y \\ \sigma_y = \left[\dfrac{1}{n-1}\displaystyle\sum_{i=1}^{n}\left(\sigma_y - \mu_y\right)^2\right]^{1/2} \end{cases} \tag{4-84}$$

表 4-9　疲劳极限修正系数 K_2 的计算公式

$r\leqslant 1$	$\frac{2}{(1-r^{(1)})K^{(2)}+\eta^{(3)}(1+r)}$	
	对称循环（$r=-1$）	脉动循环（$r=0$）
	$\frac{1}{K}$	$\frac{2}{K+\eta}$
$r=-\infty$ $r>1$	$\frac{2r}{(1-r)K+\eta(1+r)}$	

注：①r 为应力循环不对称系数，$r=\sigma_{\min}/\sigma_{\max i}$；②$K$ 为有效应力集中系数；③η 为材料对应力循环不对称性的敏感系数(对于碳钢和低合金钢 η=0.2，对于合金钢 η=0.3)。

在目前国内这方面的实测资料甚少的情况下，可采用下列近似法计算。

对于静强度计算，有

$$\begin{cases}\mu_{\mathrm{y}}=\sigma_{\mathrm{I}}\\ \sigma_{\mathrm{y}}=k_{\Sigma}\mu_{\mathrm{y}}\end{cases}\tag{4-85}$$

对于疲劳强度计算，有

$$\begin{cases}\mu_{\mathrm{y}}=\sigma_{\mathrm{II}}\\ \sigma_{\mathrm{y}}=k_{\Sigma}\mu_{\mathrm{y}}\end{cases}\tag{4-86}$$

式中，σ_{I} 和 σ_{II} 为根据工作状态的正常载荷(或称第 I 类载荷)及工作状态的最大载荷(或称第 II 类载荷)，按材料力学的一般方法算出的零件危险截面上的等效工作应力和最大工作应力；k_{Σ} 为计算载荷的离散系数(可按各类专业机械提供的经验数据近似取值)。

四、结构可靠性计算方法

1. 一阶二次矩法

一阶二次矩法常见的形式有以下三种：均值一阶二次矩法、Hasofer-Lind 一阶二次矩法和先进的一阶二次矩法。目前，一阶二次矩法在工程上得到了广泛应用，其原因是一阶二次矩法具有以下几方面的优点：

(1) 计算简单，计算时间短，一般用一台计算机就可很快地得到所要求的结果。

(2) 对大规模的问题来说，所花费的计算时间也是可以接受的。

(3) 对正态变量而言，设计点是最大可能失效的点，即失效概率密度最大的地方。

(4) 对于线性的失效状态函数和正态变量，该方法的计算结果是精确的。但对于有些问题，该方法可能存在较大的误差，一阶二次矩法主要用于解决单模态、不相关问题的结构可靠性计算。

1) 一阶二次矩法基本原理及计算方法

设 $x_1,\cdots,x_n$ 的联合概率密度函数为 $f_X\left(x_1,\cdots,x_n\right)=f_X\left(X\right)$，则该结构的失效概率为

$$P_f = \int \cdots \int_{G(X)\leqslant 0} f_X(X)\mathrm{d}x_1 \cdots \mathrm{d}x_n \tag{4-87}$$

可靠度为

$$P_r = 1 - P_f \tag{4-88}$$

描述一个结构是否安全，可用结构的可靠度 P_r 来描述，P_r 越大，结构越安全；也可用结构的失效概率 P_f 来描述，P_f 越小，结构越安全。在工程实践中，还常常用可靠度(安全)指标 β 来描述。

先考虑一种最简单的情况，有两个相互独立的随机变量 R 和 S，R 表示结构的承载能力，S 表示结构实际承受载荷。假设两变量均为连续性随机变量，其概率密度函数分别为 $f_R(r)$、$f_S(s)$，则结构的极限状态方程可以表达为

$$G = R - S = 0 \tag{4-89}$$

P_r和P_f 可以由概率密度函数积分求得，具体步骤可参考本章第二节正态分布积分过程。经过一系列积分后，由于 G 是 S 和 R 的线性函数，故 G 也服从正态分布，其概率密度函数为

$$f_G(G) = \frac{1}{\sqrt{2\pi\sigma_G}}\exp\left[-\frac{1}{2}\left(\frac{G-\mu_G}{\sigma_G}\right)^2\right]$$

令

$$Y = \frac{G-\mu_G}{\sigma_G}$$

将 G 标准正态化，得到

$$F_G(G) = \phi(y) = \frac{1}{\sqrt{2\pi}}\int_{-\infty}^{y}\exp\left(-\frac{y^2}{2}\right)\mathrm{d}y \tag{4-90}$$

而结构的失效概率为

$$P_f = P(R<S) = P(G<0)$$

则由式(4-90)得

$$P_f = F_G(0) = \phi\left(-\frac{\mu_G}{\sigma_G}\right) = \phi(-\beta)$$

式中，$\beta = \dfrac{\mu_G}{\sigma_G}$；$\mu_G = \mu_R - \mu_S$；$\sigma_G = \sqrt{\sigma_R^2 + \sigma_S^2}$。

对于随机变量为独立的正态分布变量，失效状态函数为线性的情况，定义可靠性指标为

$$\beta = \Phi^{-1}(P_r) = -\Phi^{-1}(P_f) \tag{4-91}$$

计算任何一个结构可靠性的问题都可以归结为求式(4-87)的积分。在一阶二次矩法中，概率密度函数本身被简化，每个随机变量都只用它的最初二次矩(均值和方差)来表示，高次矩的影响被忽略，二次矩的概念正是由此而来。事实上，这等价于把所有的变量均假设为正态分布。在一种简单的情况下，对于式(4-89)，若 R 和 S 均是正态分布且相互独立，

则式(4-87)可很容易进行积分，其结果如下：

$$P_{\mathrm{f}} = \Phi(-\beta) \tag{4-92}$$

$$\beta = \frac{\mu_G}{\sigma_G} = \frac{\mu_R - \mu_S}{\sqrt{\sigma_R^2 + \sigma_S^2}} \tag{4-93}$$

从理论上讲，若 R 和 S 不是正态分布，则由式(4-92)计算出的失效概率并不等于真正的失效概率。

一阶二次矩法的主要任务就是在已知每个变量的均值和均方差的情况下，计算失效状态函数 G 的均值与均方差，然后根据式(4-92)求出相应的安全指标。

若 $G(X)$ 是一个线性函数，具有如下形式：

$$G(X) = a_0 + a_1 x_1 + a_2 x_2 + \cdots + a_n x_n \tag{4-94}$$

则 μ_G 和 σ_G 可以由以下公式求出：

$$\mu_G = a_0 + a_1 \mu_{x_1} + a_2 \mu_{x_2} + \cdots + a_n \mu_{x_n} \tag{4-95}$$

$$\sigma_G^2 = a_1^2 \sigma_{x_1}^2 + a_2^2 \sigma_{x_2}^2 + \cdots + a_n^2 \sigma_{x_n}^2 \tag{4-96}$$

若 $G(X)$ 是一个非线性函数，则计算它的前二次矩的一种办法就是将 $G(X)$ 线性化，这可以通过将 $G(X)$ 在某点 X^* 处用泰勒级数展开，然后只保留线性项而得到。一阶的概念由此而来。把一阶的概念和二次矩的概念结合起来，就是一阶二次矩法的来历。一阶二次矩法的计算公式可归结如下：

$$\begin{cases} \mu_G \approx G(X^*) \\ \sigma_G^2 \approx \sum_{i=1}^{n} \left(\dfrac{\partial G}{\partial x_i}\right)^2 \Bigg|_{X^*} \sigma_{x_i}^2 \end{cases} \tag{4-97}$$

2) 均值一阶二次矩法

在式(4-97)的定义中，对于展开点 X^* 的位置并没有明确的规定。但是通过计算发现，由式(4-97)定义的安全系数 β 随展开点位置的变化而变化。为了使 β 值有一个可比性，就必须对 X^* 做一些规定。在概率中，一般都把函数在均值处展开。如果把这一概念引入一阶二次矩法中，就称它为均值一阶二次矩法。这样求得的安全指数也称为均值安全指数，记为 β_{MV}，计算公式如下。

$$\beta_{\mathrm{MV}} = \frac{G(\mu_x)}{\sqrt{\sum_{i=1}^{n} \left(\dfrac{\partial G}{\partial x_i}\right)^2 \Bigg|_{\mu^*} \sigma_{x_i}^2}} \tag{4-98}$$

应当强调指出的是，把展开点选择在均值处，只是一个人为的选择，它既不表示理论上的必须，也不表示是一种最佳选择，这也正是均值一阶二次矩法计算出的结果不可能为精确解的原因之一，但由于均值一阶二次矩法计算简单，深受广大工程人员的喜爱，在对许多实际结构进行可靠性分析时，大多数还是采用这一方法。

3) Hasofer-Lind 一阶二次矩法

Hasofer 和 Lind 注意到了均值一阶二次矩法的缺陷，他们重新给安全指标 β 下了一个定义。定义 β 为在正则化空间中从原点到失效面上的最短距离，称它为 Hasofer-Lind 安全指数，记为 β_{HL}。

β_{HL} 的计算方法可归结如下：

(1) 对于相关变量 x，通过求解特征值的方法将其转化为不相关的变量 X^*，如果原来的变量之间本身就不相关，此步就不需要了。

(2) 把每个相互独立的变量 x_i 通过正则变换转化为正则变量 $y_i = N(0,1)$。

(3) 把原来的失效状态函数 $G(X)$ 转化为标准化坐标中的失效状态函数 $g(y)$。

(4) 在正则空间中，求出原点到失效面的最短距离，也就是所要求的 β_{HL}。

4) 先进的一阶二次矩法

在前面介绍的可靠性计算方法中，每个变量只是考虑了它的最初二次矩，但是，在很多情况下，某些或所有变量的概率分布是已知的，如果只是简单地忽略这些信息，必然造成计算出的失效概率与实际失效概率不符的后果。因此，人们就考虑如何也把这些已知的信息在可靠性分析中反映出来。一个简单且比较成功的方法是把原来的非正态分布的随机变量 X 通过下面的式子转化成一个等效的正态分布变量 U，则有

$$\begin{cases}\mu_U = X^{\mathrm{e}} - T^{\mathrm{e}}\sigma_U \\ \sigma_U = \dfrac{\varPhi\left(Y^{\mathrm{e}}\right)}{f_X\left(X^{\mathrm{e}}\right)} \\ Y^{\mathrm{e}} = \varPhi^{-1}\left[F_X\left(X^{\mathrm{e}}\right)\right]\end{cases} \tag{4-99}$$

式中，X^{e} 是设计点的位置，可用有关求极值的方法求得。由于 X^{e} 的未知性，先进一阶二次矩法的求解过程本身也是一个迭代的过程，实际上，它只是多了一步变量正态化的一阶二次矩法(称为 JC 法)。

2. 直接积分法

随着结构可靠性研究的深入，既精确又高效的计算结构可靠性的方法已变得越来越重要，一阶二次矩法由于方法本身的局限，在有些场合很难满足精确性的要求，而只有直接积分法和数值模拟法才有可能达到所要求的精度。直接积分法是直接对式(4-87)和式(4-88)进行积分来计算结构可靠性的，本章第二节已进行了详细介绍，此处不再阐述。

3. 数值模拟法

1) 数值模拟法的基本原理

为了便于计算，式(4-87)可以改写成如下形式：

$$P_{\mathrm{f}}=\int \cdots_{\Omega} \int I\left[G(X)\right] f_X(X) \mathrm{d}x_1 \cdots \mathrm{d}x_n \tag{4-100}$$

式中，$I[G(X)]$ 为指示函数，由下式计算：

$$I\left[G(x)\right]=\begin{cases}1 & (G(x)\leqslant 0)\\ 0 & (G(x)>0)\end{cases} \tag{4-101}$$

数值模拟法计算结构可靠性的基本原理如下：

首先，按概率密度函数 $f_X(x_1,x_2,\cdots,x_n)$ 的分布产生一定数量的随机样本，设共产生 N 个随机样本；其次，对于每个样本，计算指示函数 $I[G(X)]$ 的值；最后，计算 N 个指示函数值的累加值，假设为 n，则其失效概率就为 $P_{\mathrm{f}}\approx n/N$。

从理论上讲，P_{f} 的精度取决于样本总数 N 的大小，N 越大，P_{f} 将越精确；N 越小，P_{f} 将越不精确。

由上可见，在使用数值模拟法时，首先选择合适的经济可靠的数值模拟技术，建立一个系统的方法来产生满足任意给定分布的随机样本；然后根据 $G(X)$ 函数的情况和选定的数值模拟技术，做出合理的计算误差估计。

对于给定的一组随机变量 $(x_1,x_2,\cdots,x_n)$，如果它们之间不相互独立，则首先利用文献中所介绍的变换，把它们转换为独立的随机变量，然后对每个随机变量按其分布产生一个随机值。随机变量随机值的产生一般都是先产生一个在 [0,1] 的均匀分布的随机值，然后利用适当的变换，把它转化为其他分布下的值。这一问题，从理论到实践都已基本解决，现有的许多编译软件(如 FORTRAN 库)和一些计算机应用软件都可以实现。

2) 直接蒙特卡罗法

蒙特卡罗(Monte Carlo)法是以数理统计原理为基础的，蒙特卡罗法又称统计试验方法或随机模拟方法，是随着电子计算机的发展而逐步发展起来的一种独特的数值方法，蒙特卡罗方法可用于解决不确定性问题，也可用于解决确定性问题。

如果 $\hat{X}_j$ 代表 j 个满足 $f(x)$ 分布的随机矢量，则由数理统计学知识可知

$$P_{\mathrm{f}}=J\approx J_1=\frac{1}{N}\sum_{j=1}^{N} I\left[G\left(\hat{x}_j\right)\right]$$

是 J 的一个无偏性估计。

由于 $G(X)$ 是一个随机变量，因此 $I\left[G(X)\right]$ 也是一个随机变量。根据概率论的中心极限定理，当 $N\to\infty$ 时，J_1 将趋近于正态分布。J_1 的均值由下式给出：

$$E(J_1)=\frac{1}{N}\sum_{j=1}^{N} E\left[I(G)\right]=E\left(I(G)\right)=P_{\mathrm{f}} \tag{4-102}$$

J_1 的标准差为

$$\sigma_{j_1}^2=\frac{1}{N^2}\sum_{j=1}^{N}\mathrm{var}\left[I(G)\right]=\frac{\sigma_1^2}{N} \tag{4-103}$$

这表明 σ_{j1} 正比于 σ_1，反比于 N。

根据数理统计学理论可以得到

$$\sigma_1^2=\frac{1}{N-1}\left\{\left[\sum_{j=1}^{N}I^2(G)\right]-N\left[\frac{1}{N}\sum_{j=1}^{N}I(G)\right]^2\right\} \tag{4-104}$$

根据中心极限定理，则可以得到

$$P\left[-k\sigma<\left(J_1-\mu\right)<k\sigma\right]=C \tag{4-105}$$

式中，μ 是 J_1 的期望值，由式(4-102)给出；σ 是 J_1 的标准差，由式(4-103)给出。

崔维成建议在式(4-105)中，σ 和 μ 可以用二项式分布来近似，这样有

$$\sigma=\left(Npq\right)^{1/2}，\ \mu=Np$$

式中，$q=1-p$；$Np\geqslant 5$；$p\leqslant 0.5$。这样有

$$P\left[-k\left(Npq\right)^{1/2}<\left(J_1-Np\right)<k\left(Npq\right)^{1/2}\right]=C \tag{4-106}$$

如果令

$$\varepsilon=\frac{J_1-Np}{Np} \tag{4-107}$$

则

$$\varepsilon=k\left[\left(1-p\right)/\left(Np\right)\right]^{1/2} \tag{4-108}$$

因此，如果 N=100000，$p=P_{\mathrm{t}}=10^{-3}$，则 $\varepsilon=0.1959<20\%$。

从式(4-108)可知，如果要求的精度较高，那么需要的样本数就越大。这正是直接蒙特卡罗法的主要缺点。

从式(4-103)可以看出，除样本数 N 以外，σ_1^2 也直接影响计算结果的精度，因此如何减小 σ_1^2 也是一个值得研究的问题，这就导致了各种改进的数值模拟技术的发展，这里主要介绍重要性样本法和改进样本法。

3) 重要性样本法

对于一般的结构可靠性问题式(4-100)可改写成下面的形式：

$$P_{\mathrm{f}}=\int\underset{\Omega}{\cdots}\int I\left[G\left(X\right)\right]\frac{f_X\left(X\right)}{L_V\left(X\right)}L_V\left(X\right)\mathrm{d}x_1\cdots\mathrm{d}x_n$$

式中，$L_V\left(X\right)$ 是重要性样本概率密度函数。上式可以简写为

$$J=E\left\{I\left(G\right)\frac{f_X\left(X\right)}{L_V\left(X\right)}\right\}=E\left[\frac{If}{L}\right] \tag{4-109}$$

其中，$L_V\left(X\right)$ 的下角标 V 是随机矢量。很明显，上式要求对所有的 V 存在，且 $L_V\left(X\right)$ 不为 0，式(4-109)的一个无偏估计可由式(4-110)给出：

$$P_{\mathrm{f}}\approx J_2=\frac{1}{N}\sum_{j=1}^{N}\left\{I\left[G\left(\hat{V}_j\right)\frac{f_X\left(\hat{V}_j\right)}{L_X\left(\hat{V}_j\right)}\right]\right\} \tag{4-110}$$

式中，$\hat{V}_j$ 是满足重要性样本密度函数 $L_V(X)$ 的随机样本矢量。

J_2 的标准差为

$$\sigma_{J_2}^2=\frac{1}{N^2}\sum_{j=1}^{N}\mathrm{var}\left[If/L\right]=\frac{\mathrm{var}\left(If/L\right)}{N} \tag{4-111}$$

式中，

$$\mathrm{var}\left(If/L\right)=\int\cdots\int\left(If/L\right)^2 L_V\left(X\right)\mathrm{d}X-J^2 \tag{4-112}$$

如果式(4-112)的值取最小，则 J_2 的标准差也最小，若 $L_V\left(X\right)$ 取为

$$L_V\left(X\right)=\frac{\left|I\left[G(V)\right]f_X\left(V\right)\right|}{\int\cdots\int\left|I\left[G(V)\right]f_X\left(V\right)\right|\mathrm{d}V} \tag{4-113}$$

则

$$\mathrm{var}\left(If/L\right)=\left(\int\cdots\int\left|I\left[G(V)\right]f_X\left(V\right)\right|\mathrm{d}V\right)^2-J^2 \tag{4-114}$$

如果被积函数 $I\left[G(V)\right]f_X\left(V\right)$ 不改变符号，一般均是如此，因此 I、f 均不小于 0，则多元积分与 J 相等，$\mathrm{var}\left(If/L\right)=0$。在这种情况下，最优的重要性样本函数为

$$L_V\left(X\right)=\frac{I\left[G(V)\right]f_X\left(V\right)}{J} \tag{4-115}$$

很明显，式(4-115)的结论需要被求得积分 J 已知，但事实上，积分 J 并不知道。不过，实践表明，即使 J 只是一个近似值，$\dfrac{I\left[G(V)\right]f_X\left(V\right)}{L_V\left(X\right)}$ 的变异性也可以被减少。

$L_V(X)$ 使用正态概率密度函数，其均值取在设计点，相关矩阵与原来的相关矩阵相同。实践表明，这样选取的重要性样本函数所求得的结果是令人满意的。

4) 改进样本法

从式(4-115)知道，如果重要性样本密度函数 $L_V\left(X\right)$ 在失效区内取原来的概率密度函数除以失效概率，在其他地方取 0，即

$$L_V\left(X\right)=f_X\left(X|\ X\in D_{\mathrm{f}}\right) \tag{4-116}$$

则估计的失效概率的标准差就减小为 0。但事实上，上面的选择在实践中是行不通的，因为失效概率本身就是待求的。但是利用迭代的方法，式(4-116)至少在前二阶矩上可以满足，即

$$\begin{cases}E_1\left(X\right)=E_{\mathrm{f}}\left(X\middle|X\in D_{\mathrm{f}}\right)\\E_1\left(XX^{\mathrm{T}}\right)=E_{\mathrm{f}}\left(XX^{\mathrm{T}}\middle|X\in D_{\mathrm{f}}\right)\end{cases} \tag{4-117}$$

在式(4-117)中，函数 L 和 f 表示对应的概率密度函数，改进样本法的详细讨论见崔维成所著的《数值模拟方法在结构可靠性分析中的应用》一书。

4. 响应面法

1) 基本原理

在工程实际中大型结构构造非常复杂，即使是对结构进行确定性分析，通常也需要一些合理的假定，以得到简化的结构力学分析模型，从而利用工程实践中广泛使用的有限元分析等数值计算方法进行力学分析，在这种情况下进行可靠性分析时常不能给出功能函数的明确表达式，此时使用前述的结构可靠性分析方法就会遇到一定的困难。响应面法(response surface method，RSM)是近几年发展起来的、处理此类问题的一种有效方法。其思想是选用一个适当的明确表达的函数来近似替代一个不能明确表达的函数，对结构可靠性分析来说，就是通过尽可能少的一系列确定性试验，即有限元数值计算来拟合一个响应面以替代未知的真实的极限状态曲面，从而可以很容易地使用以前所介绍的各种方法进行可靠性分析。响应面方法可直接使用现已广泛应用的确定性结构有限元分析程序而无需任何改动，同时结构分析的工作量也将大大减少，从而提高了效率。

要准确地拟合出响应面函数首先要选择一种有效的响应面函数形式，早期的响应面函数取为基本变量的一次式，其表达式为

$$y' = g'(x_1, x_2, \cdots, x_n) = a_0 + \sum_{i=1}^{n} a_i x_i \tag{4-118}$$

式中，含有 n+1 个待定系数。

二次响应面表达式为

$$y' = g'(x_1, x_2, \cdots, x_n) = a_0 + \sum_{i=1}^{n} b_i x_i + \sum_{i=1}^{n} c_i x_i^2 \tag{4-119}$$

式中，含有 2n+1 个待定系数。

包含交叉项的表达式为

$$y' = g'(x_1, x_2, \cdots, x_n) = a_0 + \sum_{i=1}^{n} b_i x_i + \sum_{i=1}^{j} \sum_{j=1}^{n} c_{ij} x_i x_j \tag{4-120}$$

式中，含有 $n+1+n(n+1)/2$ 个待定系数。

一次、二次响应面法的拟合过程基本相同，下面以含有两个变量的二次响应面法为例说明这一方法的计算过程。设实际的极限状态函数为

$$y = g(x_1, x_2) \tag{4-121}$$

它一般是非线性，取二次响应面函数

$$y' = g'(x_1, x_2) = a_0 + b_1 x_1 + b_2 x_2 + c_1 x_1^2 + c_2 x_2^2 \tag{4-122}$$

式中，x_i 为影响因素，可取不同水平；a_0、b_i、c_i 为待定系数。待定系数可由最小二乘法确定，即使响应面函数在试验点处的真实值与式(4-122)计算的估计值 y' 的误差的平方和最小，从而确定待定系数 a_0、b_i、c_i。也可以通过给定一组影响因素 x_i 及在此条件下结构的反应 y' 列出一组关于 a_0、b_i、c_i 的方程组，解出待定系数。

事实上，通过响应面函数很好地拟合真实功能函数是不现实的，但是将响应面法用于结构可靠性分析中，目的是求解试验点和可靠指标，考虑到可靠性分析的应用响应面法在试验点附近拟合功能函数则很容易拟合得好，而且还可以对响应面函数形式加以简化而不会影响分析结果。同时，当对含有多个随机变量的大型结构进行可靠性分析时，响应面形式的简化(如减少待定系数)将有利于降低结构分析的工作量。

2) 计算步骤

响应面法主要步骤如下(以式(4-104)形式的响应面为例，过程如图 4-18 所示)。

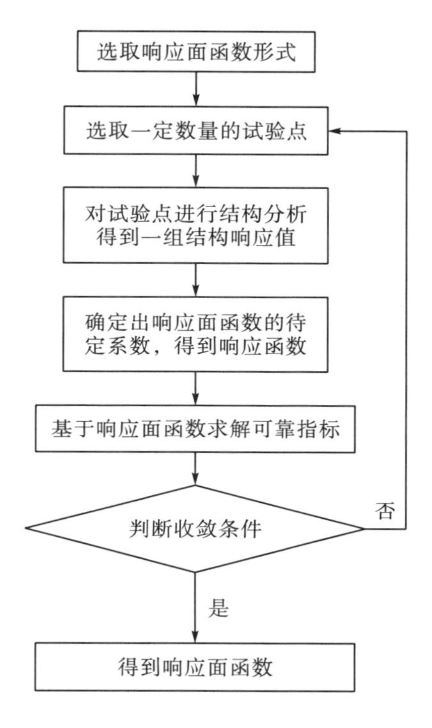

图 4-18　响应面法流程图

(1) 选取形式较为简单、能反映原极限状态方程主要特点的响应面函数形式。

(2) 根据一定的准则和所选响应面的形式，选取一定数量的试验点(结构设计方案)，假定迭代点 $X^{(1)}=(x_1^{(1)},\cdots,x_i^{(1)},\cdots,x_n^{(1)})$，初次计算一般取平均值点。

(3) 利用试验(复杂结构的可靠性分析一般采用数值模拟试验，通常采用确定性有限元分析方法)，对这些试验点(结构设计方案)进行结构分析，计算功能函数

$$y'=g(x_1^{(1)},\cdots,x_i^{(1)},\cdots,x_n^{(1)})$$

以及

$$y'=g(x_1^{(1)},\cdots,x_i^{(1)}\pm f\sigma_i,\cdots,x_n^{(1)})$$

得到 $2n+1$ 个点估计值，式中系数 f 在第一轮估计中取 2 或 3，在以后的迭代过程计算

中取 1， σ_i为x_i的均方差。

(4)根据试验点的分析结果，采用适当的方法(如最小二乘法或解方程法等)确定出响应面函数的待定系数 a_0、b_i、c_i。

(5)利用得到的形式简单的响应面方程，进行结构的可靠性分析。

可以利用 JC 法或蒙特卡罗法求解验算点 $x^{*(k)}$ 和可靠性指标 $\beta^{(k)}$，上标 k 表示第 k 步迭代。

(6)判断收敛条件：

$$|\beta_{k+1}-\beta_k|<\varepsilon \qquad (\varepsilon\text{ 为收敛精度})$$

是否满足，若不满足，则利用插值法得到新的展开点：

$$X_m^{(k)}=\mu^{(k)}+(X^{(k)}-\mu^{(k)})g'(\mu^{(k)})/(g'(\mu^{(k)})-g'(\mu^{*(k)}))$$

此插值可使 $X_m^{(k)}$ 较接近极限状态曲面，然后返回步骤 3，以迭代点 $X_m^{(k)}$ 进行下一步迭代，直至收敛条件满足。

五、疲劳强度的可靠性设计

1.“堤坝-帐篷”模型

在常规疲劳强度设计中，认为材料的强度是一确定量，所采用的疲劳极限曲线是各种不对称系数 r 下的均值绘制的一条曲线，如图 4-19 所示。

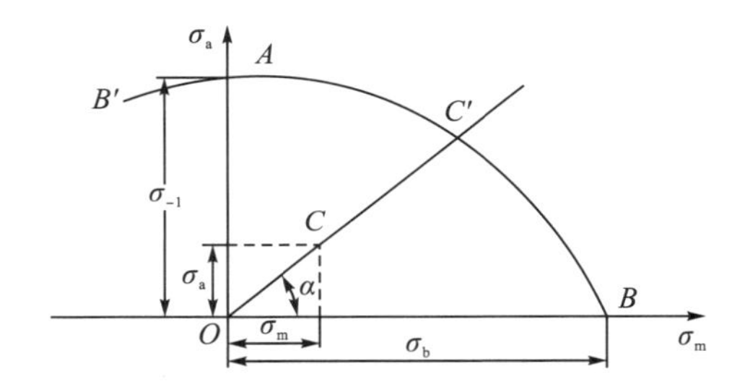

图 4-19 常规疲劳极限曲线图

同时认为零部件危险截面处的应力也是一确定量，如图 4-19 中 OC 所示。OC 表示 C 点对应的应力循环的最大应力 $\sigma_{\max}=\sigma_a+\sigma_m$，$\alpha$ 表示 C 点对应应力的循环特性 $r=(1-\tan\alpha)/(1+\tan\alpha)$。如果 C 点落在由疲劳极限曲线与坐标轴 $\sigma_a\sigma_m$ 所围成的区域内，该零件就不会发生疲劳破坏。

在疲劳强度可靠性设计中，所使用的疲劳极限曲线如图 4-20 所示。此图是由美国 Arizona 大学进行大量试棒试验，历时三年完成的。根据它的形状，得名“堤坝”。由图可以看出，不仅疲劳极限呈一条堤坝，而且对于不同的循环特性 r 有不同的堤坝剖面形状，即有不同的概率分布曲线。

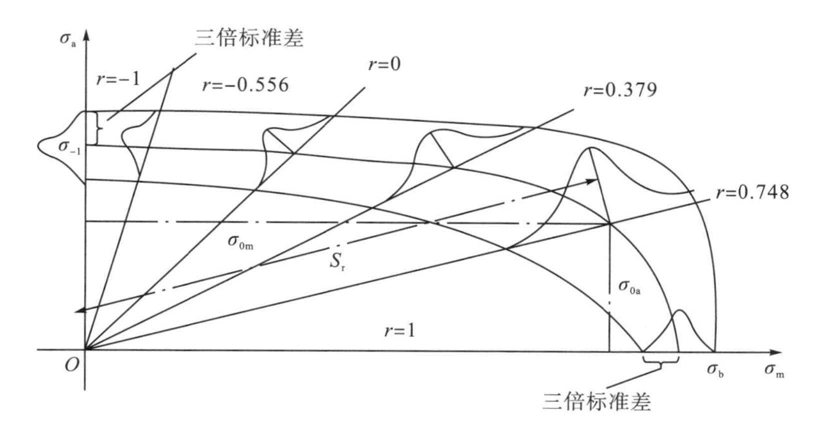

图 4-20　“堤坝”模型

实际上，零部件工作时所承受的应力幅 σ_a 和平均应力 σ_m 都是随机变量，因此在疲劳极限曲线图上已不再表现为一个确定的工作点，而是为数众多的受一定二维概率密度函数支配的随即发生的点。这些点的概率密度函数在 $0\text{-}z\sigma_a\sigma_m$ 坐标系中呈现一形如“帐篷”的图形，如图 4-21 所示。此图是根据 $k=ak_1k_2k_3k_4k_5$ 采用随机模拟法(即蒙特卡罗法)，对某些柴油机曲轴的曲拐应力计算的结果绘制而成的。式中 k 为描述曲轴的形状系数(理论应力集中系数)。视作随机变量：a 为常数；k_1、k_2、k_3、k_4、k_5 分别为曲轴圆角半径 r、重叠度 Δ、曲柄宽度 B、厚度 H、和内凹圆角 r_2 等 5 个结构参数的函数，亦均为随机变量。很显然，应变量 k 的概率密度取决于上述 5 个自变量的概率密度。

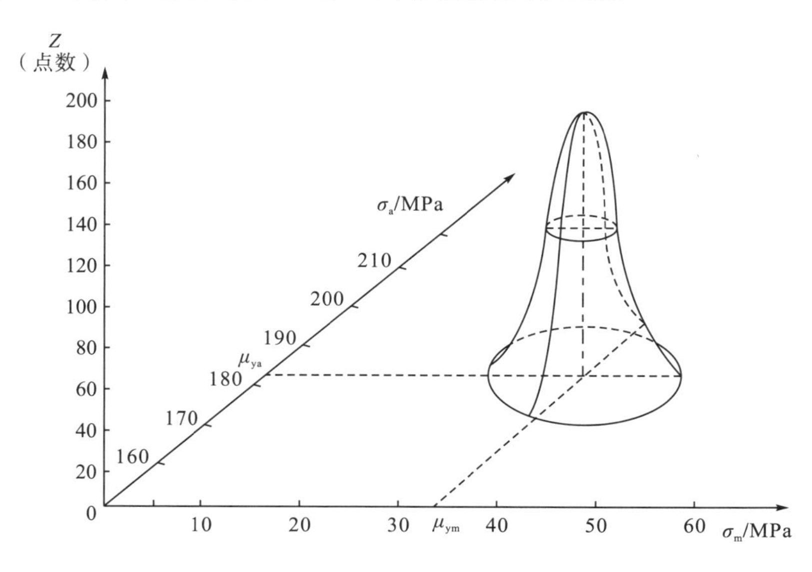

图 4-21　用随机模拟蒙特卡罗法算得的“帐篷”

若将“堤坝”和“帐篷”绘制于同一张图上，就是“堤坝-帐篷”模型，如图 4-22 所示。该图是为某柴油机曲柄建立的“堤坝-帐篷”模型。由图可以看出，强度的“堤坝”

模型和工作应力的“帐篷”模型都是三维分布曲面。如果“帐篷”在“堤坝”内，且远离“堤坝”而没有干涉，则可认为零部件的可靠度接近100%；如果坝基和帐底有干涉，则干涉部分即为零部件在随机应力下的破坏概率。但必须指出，零部件工作时的应力循环特性 r 不是某一个常数，所以可靠度的计算是十分复杂的。

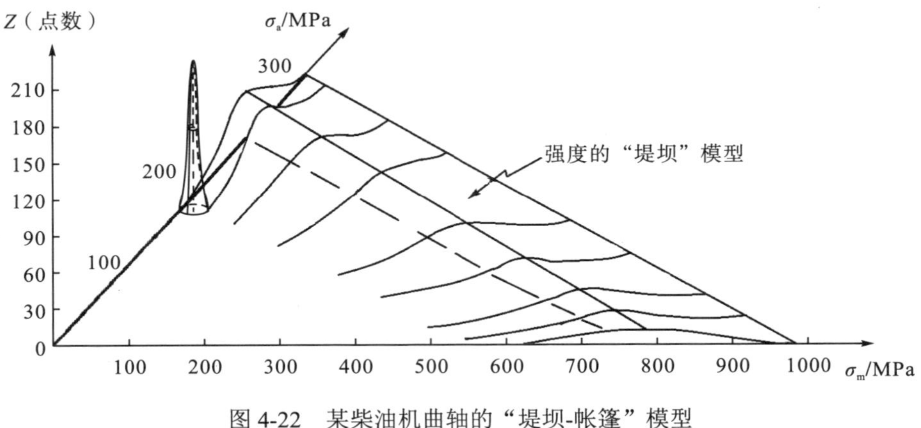

图 4-22　某柴油机曲轴的“堤坝-帐篷”模型

2. 疲劳强度的可靠性计算

1) 可靠性指标法

可靠性指标法，目前在疲劳强度的可靠性设计中应用较为普遍，原因是这种方法比较简便。此法解题的思路是，在过应力均值点 $M(\mu_{ya},\mu_{ym})$ 的循环特性线 $OM(r)$ 方法上求取一个关于工作应力 S_r 的概率密度和一个关于强度 σ_r 的概率密度，然后根据前面介绍的干涉理论，应用联结方程式(4-52)就可以进行可靠性计算了。如果 S_r 和 σ_r 的分布参数能知道，则此问题就得到了完美解决。下面分别讨论 S_r 和 σ_r 的分布参数计算。

由图 4-23 可知，工作应力 S_r 的均值 μ_y (即 OM 线段的长度)的大小为

$$\mu_y=\sqrt{\mu_{ya}^2+\mu_{ym}^2} \tag{4-123}$$

式中，μ_{ya} 和 μ_{ym} 分别为工作应力 S_r 的应力幅 S_a 和平均应力 S_m 的均值。

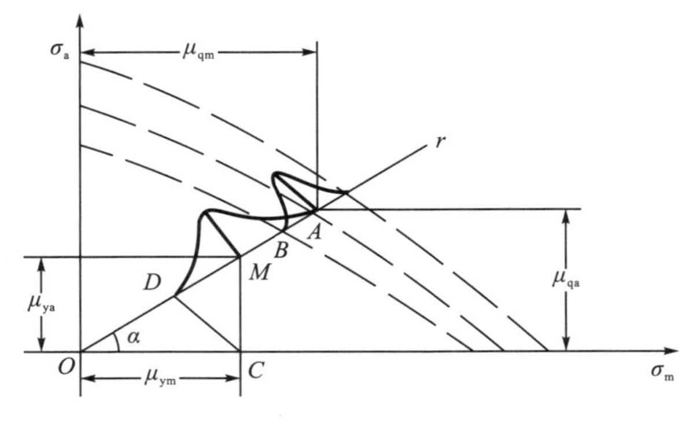

图 4-23　可靠性指标计算法示意图

为了计算工作应力S_r的标准差σ_y，在图 4-23 中作辅助线$CD \perp OM$，则OD为μ_{ym}在$M(S_r)$上的投影，DM为μ_{ya}在$OM(S_r)$上的投影，并且$OM=OD+DM$。根据两正态分布函数相加的标准差计算公式，有关系

$$\begin{aligned}\sigma_y &= \left[\left(\sigma_{ym}\cos\alpha\right)^2+\left(\sigma_{ya}\sin\alpha\right)^2\right]^{1/2} = \left[\sigma_{ym}^2\cos^2\alpha+\sigma_{ya}^2\left(1-\cos^2\alpha\right)^2\right]^{1/2} \\ &= \left[\sigma_{ya}^2+\left(\sigma_{ym}^2-\sigma_{ya}^2\right)\cos^2\alpha\right]^{1/2} = \left[\sigma_{ya}^2+\left(\sigma_{ym}^2-\sigma_{ya}^2\right)\frac{\mu_{ym}^2}{\mu_{ya}^2+\mu_{ym}^2}\right]^{1/2} \\ &= \left[\frac{\left(\mu_{ya}^2+\mu_{ym}^2\right)\sigma_{ya}^2+\left(\sigma_{ym}^2-\sigma_{ya}^2\right)\mu_{ym}^2}{\mu_{ya}^2+\mu_{ym}^2}\right]^{1/2} = \left[\frac{\sigma_{ya}^2\mu_{ya}^2+\sigma_{ym}^2\mu_{ym}^2}{\mu_{ya}^2+\mu_{ym}^2}\right]^{1/2}\end{aligned} \tag{4-124}$$

式中，σ_{ya}、σ_{ym}分别为工作应力S_r的应力幅S_a和平均应力S_m的标准差；α为射线OA与σ_m轴之间的夹角(图 4-23)。

应力幅S_a和平均应力S_m为

$$\begin{cases} S_a = \dfrac{1}{2}\left(S_{max}-S_{min}\right) \\ S_m = \dfrac{1}{2}\left(S_{max}+S_{min}\right) \end{cases} \tag{4-125}$$

将不对称系数$r=S_{max}/S_{min}$代入式(4-125)，得

$$S_a = \frac{1-r}{2}S_{max}, \quad S_m = \frac{1+r}{2}S_{max}$$

当r为常数时，应力幅S_a和平均应力S_m的标准差为

$$\begin{cases} \sigma_{ya} = \dfrac{1-r}{2}\sigma_{y\max} \\ \sigma_{ym} = \dfrac{1+r}{2}\sigma_{y\max} \end{cases} \tag{4-126}$$

式中，$\sigma_{y\max}$为最大工作应力S_{max}的标准差。

同理，可写出材料强度σ_r的均值μ_q和标准差σ_q的计算公式：

$$\mu_q = \sqrt{\mu_{qa}^2+\mu_{qm}^2} \tag{4-127}$$

式中，μ_{qa}、μ_{qm}分别为强度σ_r的应力幅σ_a和平均应力σ_m的均值。

$$\sigma_q = \left[\frac{\sigma_{qa}^2\mu_{qa}^2+\sigma_{qm}^2\mu_{qm}^2}{\mu_{qa}^2+\mu_{qm}^2}\right]^{1/2} \tag{4-128}$$

式中，σ_{qa}、σ_{qm}分别为材料强度σ_r的应力幅σ_a和平均应力σ_m的标准差。

$$\begin{cases} \sigma_{qa} = \dfrac{1-r}{2}\sigma_{q\max} \\ \sigma_{qm} = \dfrac{1+r}{2}\sigma_{q\max} \end{cases} \tag{4-129}$$

式中，$\sigma_{q\max}$为强度极限σ_{max}的标准差。

有了 μ_y、σ_y、μ_q、σ_q，即可应用联结方程

$$Z=\frac{\mu_q-\mu_y}{\sqrt{\sigma_q^2+\sigma_y^2}}$$

对零部件进行疲劳强度的设计计算。

因此，当 r 为常数时，疲劳强度可靠性设计的原理和方法与静强度可靠性设计完全一样。所不同的是，需要首先求得零部件的危险点 M 处的工作应力 S_r 的分布参数 μ_y 和 σ_y，以及该点在应力循环特性 r 为给定值下的疲劳极限分布参数 μ_q 和 σ_q。但是要得到各种材料及各种零件的疲劳极限分布，需要很多标准的和有缺口的试样，以及各种尺寸、各种表面加工情况和不同 r 值下的大量实验数据，工作是重要的，也是十分繁重的。

2) 加权累积法

对于一个二维分布，如前述的“帐篷”模型，将其按不同的 α 分为 m 个小区域，如图 4-24 所示。把每一个小区域内的许多应力点 σ_r 作为一组，求出它的分布参数，用一个一维正态分布去描述它。这个正态分布概率密度也可视为在 $\alpha=\alpha_i(i=1,2,\cdots,m)$ 条件下的一维条件概率密度 $f\left(\sigma_r\big|_{a\cdot a_i}\right)$。从这个条件概率密度和与之对应的“堤坝”上的强度概率密度的干涉出发，即可求得第 i 个小区域的可靠度 R_i，并认为该区域相对可靠度 R_i' 为

$$R_i'=R_i\frac{n_i}{N}\quad(i=1,2,\cdots,m)$$

式中，n_i 为落入第 i 个区域内的点数；N 为 σ_a-σ_m 平面上的总点数；$\dfrac{n_i}{N}$ 为 i 区域的权。

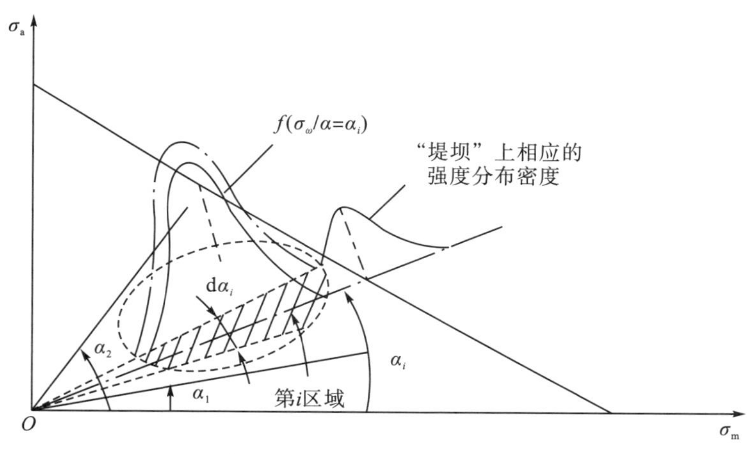

图 4-24　加权累积法示意图

假设零部件的可靠度 R 为各个小区域相对可靠度之和，故有

$$R=\frac{1}{N}\sum_{1}^{m}R_in_i\quad(i=1,2,\cdots,m)\tag{4-130}$$

因为分区处理，所以这种方法比可靠性指标法精确，但也需进行正态分布假设，这就

限制了它的应用范围。

3）逐点判别法

由疲劳强度极限图入手，作一条距极限均值线为 2 倍或 3 倍标准差 σ_{qb} 的强度极限边界（图 4-25）。在计算时采用如下几点假定：在整个平面内共有 N 个应力点，其中超出边界的点数为 n；对于没有超出强度极限边界的点，认为其破坏概率为零；对于超出边界的点，认为零部件遭到了破坏；虽然这些点实际破坏概率 F 不相同，但计算时均按强度极限边界上点的破坏概率 F_c 处理，即实际上 $F_i \geqslant F_c$，但均作为 $F_i = F_c$ 处理。

逐一对 σ_a-σ_m 平面上离散分布的各应力点进行判别，即可得总破坏概率为

$$F = F_c \frac{n}{N} \tag{4-131}$$

采用这种方法得到的可靠度偏高一些，并且没有充分利用“堤坝”提供的信息。但因为比较简单、直观，作为比较还是有意义的。

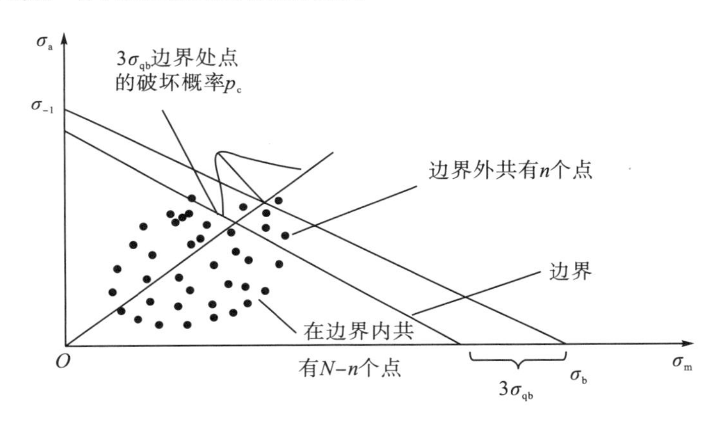

图 4-25　逐点判别法示意图

4）逐点计算法

该法的基本思想是，先求出与 σ_a-σ_m 平面上每一个应力点 S_i 相对应的可靠度，然后再求出所有点的整体可靠度。具体方法如下。

（1）确定对应于每个工作应力点 S_i 的应力比 $\rho_i = \dfrac{S_{ai}}{S_{mi}} = \tan\alpha_i (i = 1, 2, \cdots, N)$。

（2）以 ρ_i 为斜率，过疲劳极限图上原点 O 和应力点 S_i，作垂直于 σ_a-σ_m 平面的截面，截“堤坝”得一条一维的正态概率密度曲线，从而得到一个按一维概率密度分布的强度均值 μ_{qi} 和 3 倍标准差 $3\sigma_{qi}$（图 4-26）。

（3）求过应力点 S_i 的破坏概率 F_i。

（4）计算总破坏概率。

$$F = \frac{1}{N}\sum_{1}^{N} F_i \quad (i = 1, 2, \cdots, N) \tag{4-132}$$

(5) 计算可靠度。

$$R = 1 - F$$

显然，因为该方法充分利用了“堤坝”提供的信息，所以计算精度较前面三种高，但计算工作量较大。

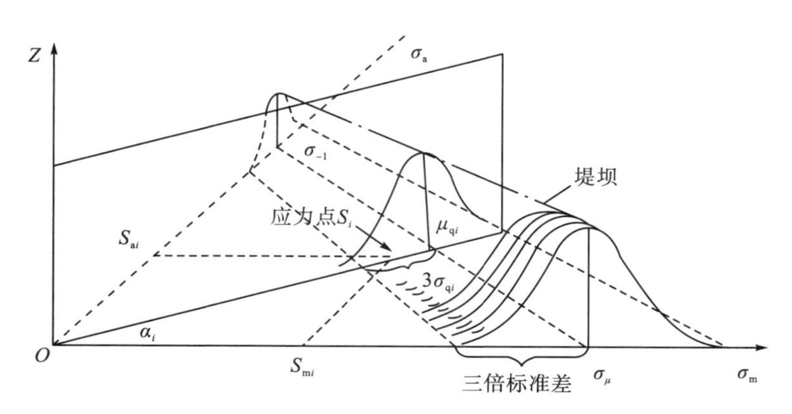

图 4-26 逐点计算法示意图

第五章　有限元法在动力机械强度与可靠性分析中的应用

目前，现代工程领域内常用的数值模拟计算方法有有限元法、有限差分法、离散单元法、边界单元法等。其中，有限单元法是实际工程问题中应用最广泛的一种。本章以曲柄连杆机构为例论述有限元法的基本理论及其在动力机械工程中的应用。

有限元法是随着电子计算机的问世和发展而诞生的一种比较新颖、有效的以剖分插值和变分原理为基础的数值计算方法。有限元法的基本思想是将一个连续的弹性系统分割成有限个离散的单元集合体。单元之间仅通过数目有限的节点连接，单元内部某一点的待求解未知量可以通过已选定的函数关系插值求解出来。由于单元本身又可以有不同的形状，且能按不同的连接方式进行组合，所以可以将几何形状复杂的求解域模型化，同时利用在每一个单元内假设的近似函数来分片地表示全求解域上待求的未知场函数，从而使一个连续的无限自由度问题变成离散的有限自由度问题。通过插值函数计算出各个单元场函数的近似值，从而得到整个求解区域的近似解。

有限元计算方程的获得方法主要包括直接刚度法、虚功原理推导法、泛函变原理推导法和加权余量推导法。对于不同类型和不同数学模型的问题，有限元法的基本步骤其实大同小异，只是在求解时的具体公式和运算求解不同。

第一节　弹性力学中的有限元法

材料力学主要研究杆、梁、柱，结构力学主要研究杆系(或梁系)，而弹性力学主要研究实体和板的受力与变形。工程中的许多构件是由实体或板构成的，而且有限元法所能解决的问题有许多是属于弹性力学范畴的。因此，要解决工程问题和学好有限元法必须学习弹性力学知识。

弹性力学假设所研究的物体是连续的、完全弹性的、均匀的、各向同性的、微小变形的和无初应力的。在这六条假设的基础上研究受力物体一点上的应力、应变、变形和平衡关系。

一、弹性力学基础

1. 弹性力学基本方程

1) 平衡方程

材料力学中一点的平面应力状态有σ_x、σ_y和τ_{xy}，而弹性力学三维问题中一点的应力有 6 个分量σ_x、σ_y、σ_z、τ_{xy}、τ_{yz}、τ_{zx}，前 3 个为正应力，后 3 个为剪应力，它们都是 x、y、z 的函数。

设 A 点(x、y、z)处的应力为σ_x、σ_y、σ_z、τ_{xy}、τ_{yz}、τ_{zx}，则邻近一点 $B(x+\mathrm{d}x，y+\mathrm{d}y，z+\mathrm{d}z)$处的应力可近似写为如下形式(图 5-1)。

在前微面上有

$$\sigma_x+\frac{\partial\sigma_x}{\partial x}\mathrm{d}x,\quad \tau_{xy}+\frac{\partial\tau_{xy}}{\partial x}\mathrm{d}x,\quad \tau_{xz}+\frac{\partial\tau_{xz}}{\partial x}\mathrm{d}x$$

在右微面上有

$$\tau_{yx}+\frac{\partial\tau_{xy}}{\partial y}\mathrm{d}y,\quad \sigma_y+\frac{\partial\sigma_y}{\partial y}\mathrm{d}y,\quad \tau_{yz}+\frac{\partial\tau_{yz}}{\partial y}\mathrm{d}y$$

在上微面上有

$$\tau_{zx}+\frac{\partial\tau_{zx}}{\partial z}\mathrm{d}z,\quad \tau_{zy}+\frac{\partial\tau_{zy}}{\partial z}\mathrm{d}z,\quad \sigma_z+\frac{\partial\sigma_z}{\partial z}\mathrm{d}z$$

其中，

$$\tau_{xy}=\tau_{yx},\quad \tau_{yz}=\tau_{zy},\quad \tau_{zx}=\tau_{xz}$$

即剪应力互等定理成立。图 5-1 中微元中心作用力 X、Y、Z 表示微元所受体积力分量。

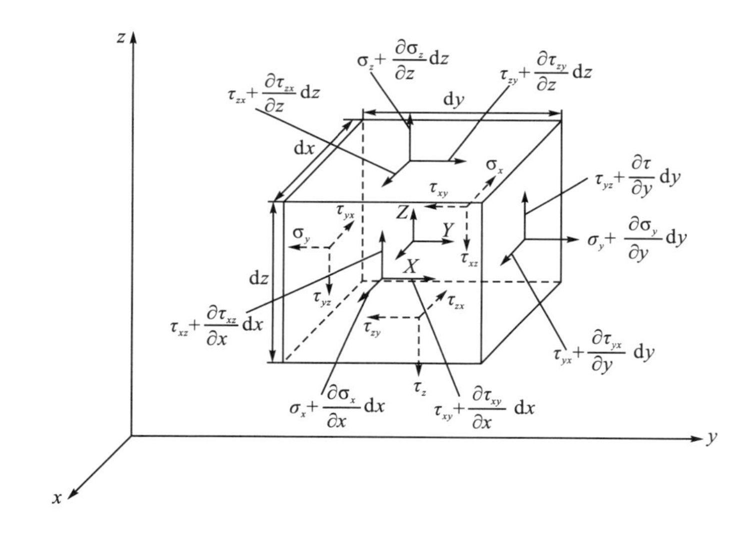

图 5-1 微元六面体应力

考虑微元体的平衡条件，在 X 方向有 $\sum F_x=0$，则

$$\left(\sigma_x+\frac{\partial\sigma_x}{\partial x}\mathrm{d}x\right)\mathrm{d}y\mathrm{d}z-\sigma_x\mathrm{d}y\mathrm{d}z+\left(\tau_{yx}+\frac{\partial\tau_{yx}}{\partial y}\mathrm{d}y\right)\mathrm{d}x\mathrm{d}z$$

$$-\tau_{yx}\mathrm{d}x\mathrm{d}z+\left(\tau_{zx}+\frac{\partial\tau_{zx}}{\partial z}\mathrm{d}z\right)\mathrm{d}x\mathrm{d}y-\tau_{zx}\mathrm{d}x\mathrm{d}y+X\mathrm{d}x\mathrm{d}y\mathrm{d}z=0$$

$$
\left.
\begin{aligned}
&(\text{化简后}) && \frac{\partial \sigma_x}{\partial x}+\frac{\partial \tau_{yx}}{\partial y}+\frac{\partial \tau_{zx}}{\partial z}+X=0 \\
&(\text{由}\sum F_y=0\text{得}) && \frac{\partial \tau_{xy}}{\partial x}+\frac{\partial \sigma_y}{\partial y}+\frac{\partial \tau_{zy}}{\partial z}+Y=0 \\
&(\text{由}\sum F_z=0\text{得}) && \frac{\partial \tau_{xz}}{\partial x}+\frac{\partial \tau_{yz}}{\partial y}+\frac{\partial \sigma_z}{\partial z}+Z=0
\end{aligned}
\right\} \tag{5-1}
$$

这一组三个方程称为弹性力学平衡方程。

2) 几何方程

几何方程是表述弹性体内一点的应变与位移之间关系的方程式。材料力学中一点的平面应变有 ε_x、ε_y、γ_{xy}，而弹性力学三维问题中一点的正应变有 ε_x、ε_y、ε_z，剪应变有 γ_{xy}、γ_{yz}、γ_{zx} 共 6 个分量。弹性力学三维问题中一点的位移有 3 个分量 u、v、w，分别对应一点在 x、y、z 方向的位移。

弹性力学中正应变定义为 $\varepsilon_x=\dfrac{\Delta \mathrm{d}x}{\mathrm{d}x},\varepsilon_y=\dfrac{\Delta \mathrm{d}y}{\mathrm{d}y},\varepsilon_z=\dfrac{\Delta \mathrm{d}z}{\mathrm{d}z}$，即微元体在某方向的长度变化量比上原长度即为该方向的正应变。而剪切应变(图 5-2)定义为 $\gamma_{xy}=\alpha+\beta$，为 x、y 两个方向微元夹角的改变量，γ_{yz}、γ_{zx} 也有类似定义。

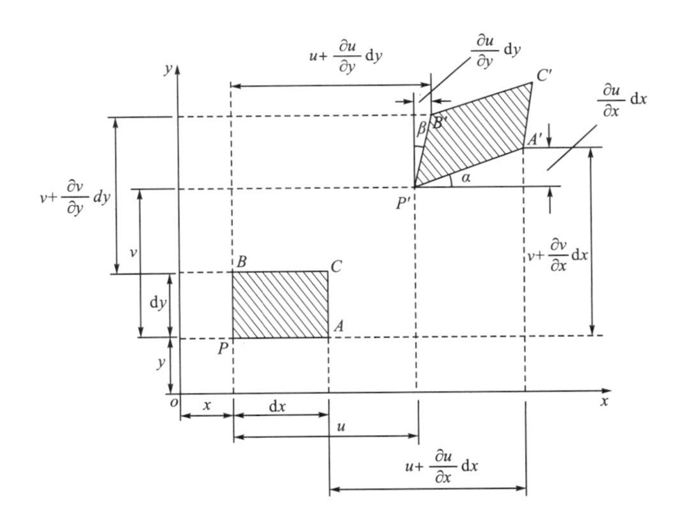

图 5-2　变形微元在 xoy 平面上的投影

从图 5-2 来看微元在 xoy 平面上的投影。图中，$\dfrac{\partial u}{\partial y}$ 为 u 在 y 方向的变化率，$\dfrac{\partial u}{\partial x}$ 为 u 在 x 方向的变化率，其余参数类似。按照应变定义有

$$
\varepsilon_x=\frac{\left[\left(u+\dfrac{\partial u}{\partial x}\mathrm{d}x\right)+\mathrm{d}x-u\right]-\mathrm{d}x}{\mathrm{d}x}=\frac{\partial u}{\partial x}
$$

$$\varepsilon_y=\frac{\left[\left(v+\frac{\partial v}{\partial y}\mathrm{d}y\right)+\mathrm{d}y-v\right]-\mathrm{d}y}{\mathrm{d}y}=\frac{\partial v}{\partial y}$$

$$\gamma_{xy}=\alpha+\beta\approx\tan\alpha+\tan\beta=\frac{\frac{\partial v}{\partial x}\mathrm{d}x}{\mathrm{d}x\left(1+\frac{\partial u}{\partial x}\right)}+\frac{\frac{\partial u}{\partial y}\mathrm{d}y}{\mathrm{d}y\left(1+\frac{\partial v}{\partial y}\right)}=\frac{\frac{\partial v}{\partial x}}{1+\varepsilon_x}+\frac{\frac{\partial u}{\partial y}}{1+\varepsilon_y}\approx\frac{\partial v}{\partial x}+\frac{\partial u}{\partial y}$$

第三式中因ε_x、ε_y与 1 相比，其值很小，故忽略不计。

向其他两个坐标平面投影可得类似关系式，共 6 个：

$$\begin{cases}\varepsilon_x=\frac{\partial u}{\partial x}, & \gamma_{xy}=\frac{\partial v}{\partial x}+\frac{\partial u}{\partial y}\\ \varepsilon_y=\frac{\partial v}{\partial y}, & \gamma_{yz}=\frac{\partial w}{\partial y}+\frac{\partial v}{\partial z}\\ \varepsilon_z=\frac{\partial w}{\partial z}, & \gamma_{zx}=\frac{\partial u}{\partial z}+\frac{\partial w}{\partial x}\end{cases}\tag{5-2}$$

这一组 6 个方程就是弹性力学中的几何方程。

3) 物理方程

物理方程是描述应力与应变关系的方程。在材料力学中用胡克定律来描述，如$\sigma_x=E\varepsilon_x$，而在弹性力学中，由于是三向应力状态，对各向同性的均匀体用广义胡克定律描述。

$$\begin{cases}\sigma_x=2G\left(\varepsilon_x+\frac{\mu}{1-2\mu}e_V\right) & (\tau_{xy}=G\gamma_{xy})\\ \sigma_y=2G\left(\varepsilon_y+\frac{\mu}{1-2\mu}e_V\right) & (\tau_{yz}=G\gamma_{yz})\\ \sigma_z=2G\left(\varepsilon_z+\frac{\mu}{1-2\mu}e_V\right) & (\tau_{zx}=G\gamma_{zx})\end{cases}$$

或

$$\begin{cases}\varepsilon_x=\frac{1}{E}\left[\sigma_x-\mu\left(\sigma_x+\sigma_z\right)\right]\\ \varepsilon_y=\frac{1}{E}\left[\sigma_y-\mu\left(\sigma_z+\sigma_x\right)\right]\\ \varepsilon_z=\frac{1}{E}\left[\sigma_z-\mu\left(\sigma_x+\sigma_y\right)\right]\\ \gamma_{xy}=\frac{\tau_{xy}}{G}=\frac{2(1+\mu)}{E}\tau_{xy}\\ \gamma_{yz}=\frac{\tau_{yz}}{G}=\frac{2(1+\mu)}{E}\tau_{yz}\\ \gamma_{zx}=\frac{\tau_{zx}}{G}=\frac{2(1+\mu)}{E}\tau_{zx}\end{cases}\tag{5-3}$$

式中，e_V为体积应变，$e_V=\varepsilon_x+\varepsilon_y+\varepsilon_z$；$G$ 为剪切弹性模量，$G=\dfrac{E}{1+2\mu}$；E 为杨氏弹性模量；μ为泊松比。

弹性力学问题都可以用式(5-1)、式(5-2)和式(5-3)这三组方程描述。其中，包含了15个未知量，即 6 个应力分量σ_x、σ_y、σ_z、τ_{xy}、τ_{yz}、τ_{zx}，6 个应变分量ε_x、ε_y、ε_z、γ_{xy}、γ_{yz}、γ_{zx}以及 3 个位移分量μ、v、w，共有 15 个方程。所以从理论上讲，只要给定边界条件，各种情况下的弹性力学问题都是可解的。但实际情况是，这一组方程太复杂，只有在非常简单的受力和约束边界条件下才可求得解析解。因此，工程中的弹性力学问题大多采用近似方法或数值方法求解，如有限差分法和有限元法等。

2. 平面应力与应变分析

工程中许多构件形状与受力状态使它们可以简化为二维情况处理，这就是弹性力学平面问题。

平面问题有两种情况，即平面应力问题和平面应变问题。

1) 平面应力问题

平面应力问题研究等厚度薄板状弹性体，受力方向沿板面方向，如图 5-3 所示。在不失稳条件下由于板很薄，可以认为在 z 向应力$\sigma_z=0$，同时$\tau_{yz}=\tau_{zx}=0$。这样，平面应力问题的应力分量就只有 3 个：

$$\sigma_x=\sigma_x(x,y),\quad \sigma_y=\sigma_y(x,y),\quad \tau_{xy}=\tau_{xy}(x,y)$$

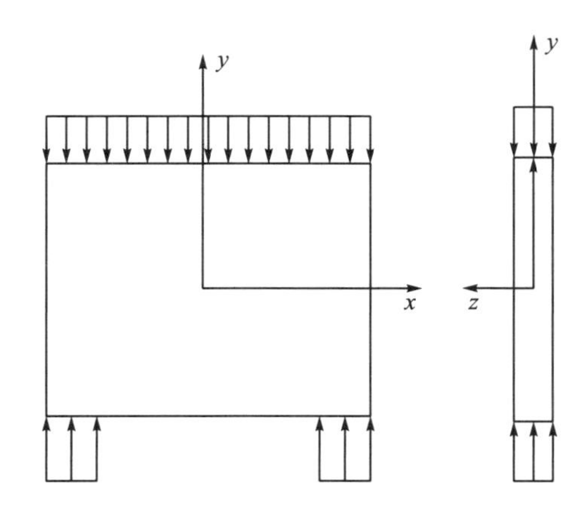

图 5-3　平面应力问题力学模型

2) 平面应变问题

平面应变问题处理面内受力但垂直于平面方向上不产生变形的二维受力问题。例如，水坝截取一个截面来分析它的受力状况。由于水坝很长，这一截面在垂直于截面方向位移(一般设为w)为零，即$\mu=\mu(x,y),v=v(x,y),w=0$，如图 5-4 所示。

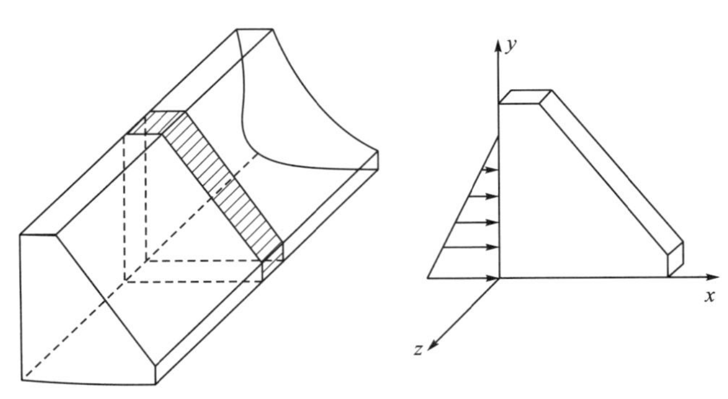

图 5-4　平面应变问题力学模型

弹性力学平面问题的基本方程可根据上述限制，由式(5-1)、式(5-2)和式(5-3)写出平衡方程：

$$\begin{cases}\dfrac{\partial \sigma_x}{\partial x}+\dfrac{\partial \tau_{xy}}{\partial y}+X=0\\[2ex]\dfrac{\partial \tau_{xy}}{\partial x}+\dfrac{\partial \sigma_y}{\partial y}+Y=0\end{cases}\tag{5-4}$$

几何方程：

$$\begin{cases}\varepsilon_x=\dfrac{\partial u}{\partial x}\\[2ex]\varepsilon_y=\dfrac{\partial v}{\partial y}\\[2ex]\gamma_{xy}=\dfrac{\partial v}{\partial x}+\dfrac{\partial u}{\partial y}\end{cases}\tag{5-5}$$

物理方程：

平面应力问题为

$$\begin{cases}\varepsilon_x=\dfrac{1}{E}\left(\sigma_x-\mu\sigma_y\right)\\[2ex]\varepsilon_y=\dfrac{1}{E}\left(\sigma_y-\mu\sigma_x\right)\\[2ex]\gamma_{xy}=\dfrac{\tau_{xy}}{G}=\dfrac{2(1+\mu)}{E}\tau_{xy}\end{cases}\tag{5-6}$$

平面应变问题为

$$\begin{cases}\varepsilon_x=\dfrac{1+\mu^2}{E}\left(\sigma_x-\dfrac{\mu}{1-\mu}\sigma_y\right)\\[2ex]\varepsilon_y=\dfrac{1+\mu^2}{E}\left(\sigma_y-\dfrac{\mu}{1-\mu}\sigma_x\right)\\[2ex]\gamma_{xy}=\dfrac{\tau_{xy}}{G}=\dfrac{2(1+\mu)}{E}\tau_{xy}\end{cases}\tag{5-7}$$

从式(5-6)和式(5-7)可看出，平面应力问题物理方程中 E 换成 $\frac{E}{1+\mu^2}$，μ 换成 $\frac{\mu}{1-\mu}$ 就成为平面应变问题物理方程，将 $\sigma_x=0$或$w=0$ 代入式(5-2)和式(5-3)，还可以看出平面应力问题与平面应变问题的不同之处如下。

平面应力问题：$\sigma_z=0,\varepsilon_7\neq0$。

平面应变问题：$\sigma_z\neq0,\varepsilon_z=0$。

式(5-4)～式(5-7)中共有 8 个未知量 μ、ν、σ_x、σ_y、τ_{xy}、ε_x、ε_y、γ_{xy}，共 8 个方程，加上一定的约束条件，理论上可求解各种弹性力学平面问题。但这一组方程仍然太复杂，工程中的许多问题要用近似方法或数值方法来求解。

二、弹性力学平面问题的有限元求解

1. 平面问题的有限元模型

对于桁架或刚架，它们的有限元模型基本上是自然分割的，即一根杆或一根梁作为一个单元，单元与单元之间在端点处连接，这种模型的分割是自然的，连接形式也与原系统一致。它的计算与结构矩阵分析方法匹配。但是对于连续体，如平板，要利用有限元法进行矩阵分析，就必须人为地将连续的平板分割成一小块一小块的单元，而单元与单元的边界上只能有有限个点(称为节点)连接，这就称为结构的离散，如图 5-5 所示。

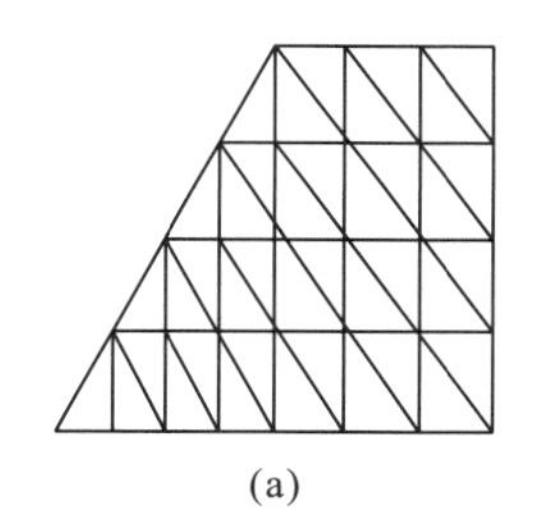

(a)

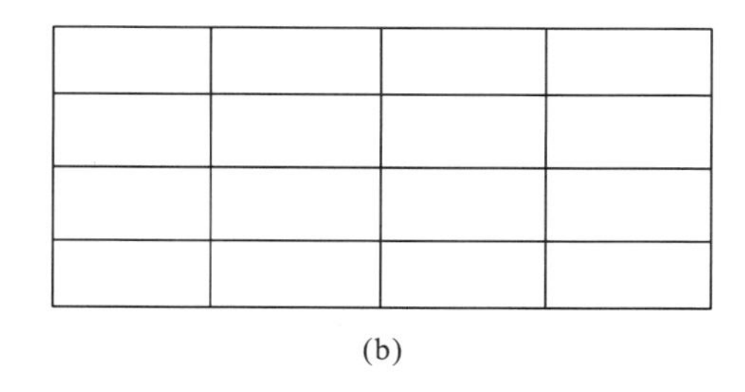

(b)

图 5-5　平面问题的单元分割

最简单的分割单元是三角形单元和矩形单元。图 5-5(a)为用三角形单元分割的某水坝截面，图 5-5(b)为用矩形单元分割的一矩形平板。

原来的连续体被人为分割的只在节点处连接的单元集合所代替，由于两相邻单元的边界不一定能一起变形，这一模型必然比原来的结构柔性要大，而且受载荷时会出现不应有的变形情况，如图 5-6 所示。相邻两单元由于只在节点处连接，受力后原来是一体的公共边可能出现裂缝，原来两单元应该均匀变形，这时也可能出现非均匀变形。有限元法解决这一问题的方式是选择适当的单元位移插值函数来限制单元的变形，使得连续体尽管被人为地分割成单元的集合，而且只在有限个节点处相连，但模型仍然能够部分满足(如果不是全部满足)连续性的要求。正如第一个引入“有限元”这一术语的 Clough 所说：有限元不是由原始结构分割而成的一些碎块，而是一些特殊类型的弹性单元，这些弹性单元的变形被限制成特定的模式，以使单元集合体的整体连续性被保持。

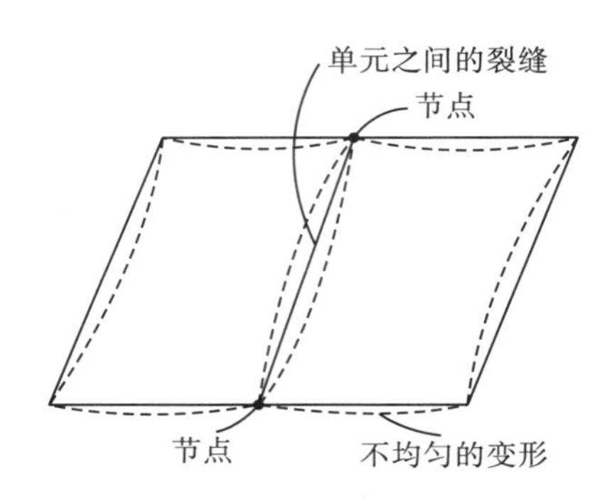

图 5-6 单元间可能的变形形式

从上面的讨论可知，连续体的有限元法求解至少有两点是不同于桁架或刚架结构的有限元分析：第一，结构必须人为地(而非自然地)分割成许多单元；第二，由位移插值数限制各单元乃至整个有限元模型的变形情况。因此，弹性体的有限元分析中单元分割和位移函数的选择是至关重要的。

1) 单元分割

首先，是对一个给定结构分割多少个单元合适的问题。有限元法的计算基础就是要随着单元数目的增多，有限元解逐步逼近真实解。因此，一般来说单元数目分得越多，其解越精确。但是单元数目的增加一般会使节点数目增加，从而所要求解的线性代数方程组的数目就增多，必然会占用更多的计算机资源(内存和求解机时)，所以单元数目太多是不经济的。

单元分割的另一个问题是分割方式。有限元法的单元分割比较随意，同一结构中单元之间的大小没有什么限制，因此可以较自由地布置单元。如图 5-7 所示，结构在应力集中部位布置较多单元，而在受力较均匀的部位布置少量单元。这样既可保证计算结果的精度，又不占用太多的计算机资源。

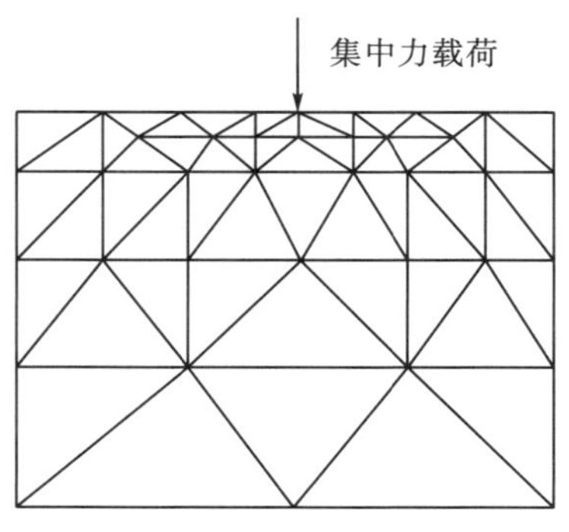

图 5-7 单元布置举例

另外，单元分割应尽量与外载荷匹配。集中力作用点最好布置成节点，而分布载荷则可以按等效原则转化为集中力作用在节点上。如图 5-8 所示的例子，由静力等效将分布力作用在 11 个节点上。

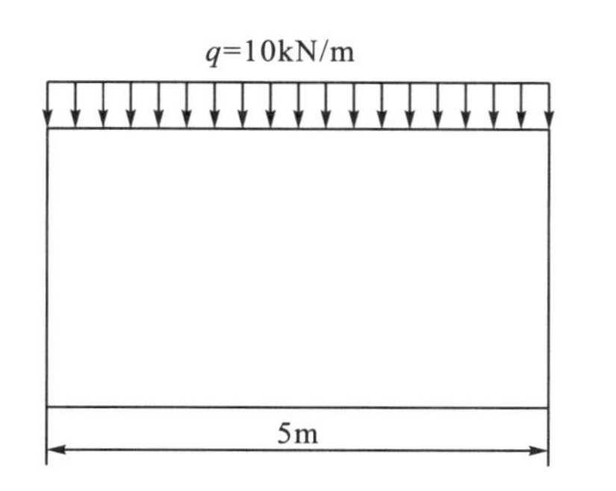

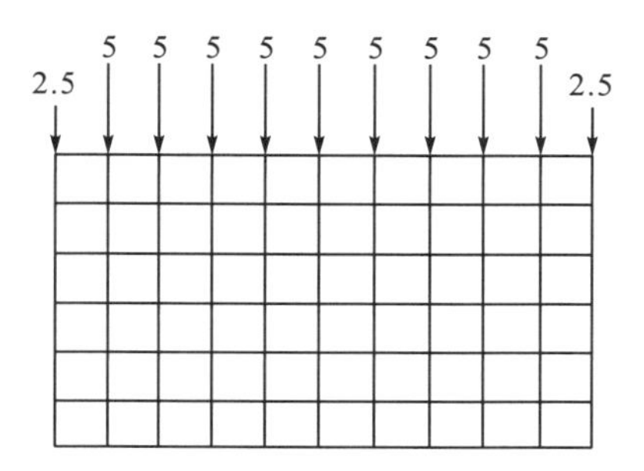

图 5-8　分布载荷转化为集中载荷

2) 位移插值函数

位移插值函数的形式与所分析结构的类型、单元形式和计算结果的精度要求等因素有关。但是它也有一些共同的要求。位移插值函数是用来近似地描述我们并不知道的单元变形模式和限制有限元模型的变形（$\{u(x,y)\}=[f(x,y)]\{\alpha\}=[N(x,y)]\{q\}$）。因此，为了随着单元尺寸的减小（单元数目增多）有限元计算结果能收敛于精确解，所选择的位移插值函数必须满足下列三个条件：

(1) 位移插值函数应能反映单元的刚体位移——刚体位移准则。

(2) 位移插值函数应能反映常量应变场——常应变准则。

(3) 位移插值函数应能保证单元内及相邻单元间位移的连续性——变形协调性（相容性）准则。

条件(1)表明，位移函数中应包含常数项；条件(2)表明，位移插值函数应包含一次项（$\varepsilon_x=\dfrac{\partial u}{\partial x}$ 等）；条件(3)表明，位移插值函数应在单元内连续，在单元边界上其值应能由节点函数值唯一确定。

2. 平面问题的有限元求解过程

1) 平面问题的虚功原理

虚功原理可简单描述为：系统保持平衡的充要条件是外力在虚位移上所做的功等于内力在相应虚位移上所做的功。而几何许可的虚位移是指不违背几何方程和几何边界条件的可能位移。

节点外力在虚位移上所做的虚功为

$$W_{\text{ext}}=\left\{\delta_1^{e*}\right\}\left\{F_1^{e}\right\}+\left\{\delta_2^{e*}\right\}\left\{F_2^{e}\right\}+\cdots+\left\{\delta_n^{e*}\right\}\left\{F_n^{e}\right\}=\left\{\delta^{e*}\right\}\left\{F^{e}\right\}w$$

式中，系统各节点虚位移向量为

$$\left\{\delta^{e*}\right\}=\begin{Bmatrix}\left\{\delta_1^{e*}\right\}\\\left\{\delta_2^{e*}\right\}\\\vdots\\\left\{\delta_n^{e*}\right\}\end{Bmatrix}$$

如果任一点处虚位移引起的虚应变为$\left\{\varepsilon^*(x,y)\right\}$，且这里的应力为$\{\sigma(x,y)\}$，则内应力所做的功(单位体积上的应变能)为

$$W_{\text{int}}=\left\{\varepsilon^*(x,y)\right\}^{\mathrm{T}}\{\sigma(x,y)\}$$

式中，

$$\left.\begin{aligned}&\left\{\varepsilon^*(x,y)\right\}=[B]\left\{\delta^{e*}\right\}\\&\{\sigma(x,y)\}=[D]\{\varepsilon(x,y)\}\\&\left\{\varepsilon^*(x,y)\right\}=[B]\left\{\delta^{e}\right\}\end{aligned}\right\}\Rightarrow\{\sigma(x,y)\}=[D][B]\left\{\delta^{e}\right\}$$

矩阵$[B]$一般称为几何矩阵，矩阵$[D]$为弹性矩阵，后面会一一举例讲述。

又按虚功原理，整个体积上功的平衡有

$$\int_v W_{\text{int}}\mathrm{d(vol)}=\int_v\left\{\delta^{e*}\right\}^{\mathrm{T}}[B]^{\mathrm{T}}[D][B]\left\{\delta^{e}\right\}\mathrm{d(vol)}=W_{\text{ext}}=\left\{\delta^{e*}\right\}^{\mathrm{T}}\left\{F^{e}\right\}$$

节点虚位移$\left\{\delta^{e^*}\right\}$与积分无关，可在等式两边消去，$\left\{\delta^{e}\right\}$为节点位移，也与积分无关，可提到积分符号以外。因此，上式可写为

$$\left\{F^{e}\right\}=\left[\int_v[B]^{\mathrm{T}}[D][B]\mathrm{d(vol)}\right]\left\{\delta^{e}\right\}$$

该式即为按虚功原理推导出的节点力与节点位移的关系式。

2) 平面问题的三角形单元求解

本节将采用以下七个步骤推导三角形单元求解平面问题的有限元计算格式。

第一步： 选择适当的坐标系，写出单元的位移和节点力向量。

选择图 5-9 所示直角坐标系，单元的 3 个节点按逆时针方向排列，节点坐标为(x_1,y_1)、(x_2,y_2)、(x_3,y_3)。

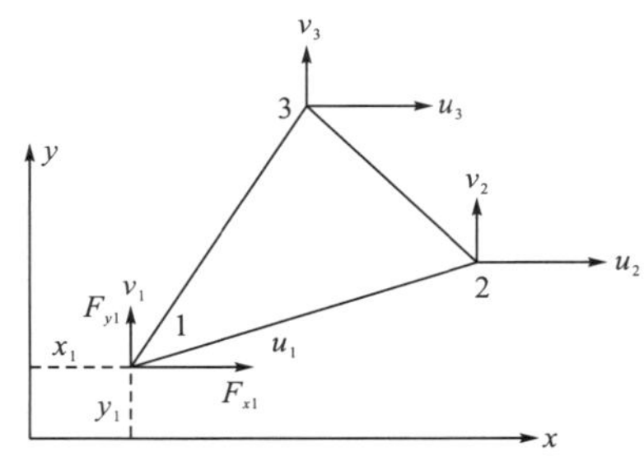

图 5-9 三角形单元及其坐标系统

平面弹性问题所有的位移都在面内，每个节点有两个位移自由度u和v，因此一个三节点三角形单元有 6 个位移自由度和相应的 6 个节点力分量，如图 5-9 所示(图中只表示出以 1 为特征点的自由度和节点力分量，其他点省略表示)，可分别写为

$$\left\{\delta^{e}\right\}=\begin{Bmatrix}\{\delta_1\}\\\{\delta_2\}\\\{\delta_3\}\end{Bmatrix}=\begin{Bmatrix}u_1\\v_1\\u_2\\v_2\\u_3\\v_3\end{Bmatrix},\quad \left\{F^{e}\right\}=\begin{Bmatrix}\{F_1\}\\\{F_2\}\\\{F_3\}\end{Bmatrix}=\begin{Bmatrix}F_{x1}\\F_{y1}\\F_{x2}\\F_{y2}\\F_{x3}\\F_{y3}\end{Bmatrix}$$

因为每个向量包含有 6 个分量，因此单元刚度矩阵$\left\{K^{e}\right\}$应该是 6 阶的。

第二步：选择适当的位移插值函数。

平面弹性问题每一节点对应有x和y两个方向的位移，三节点三角形单元共有 6 个节点自由度，位移插值函数中应包含 6 个待定的常数$\alpha_1\sim\alpha_6$。最简单的函数形式是两个线性函数：

$$\begin{cases}u=\alpha_1+\alpha_2x+\alpha_3y\\v=\alpha_4+\alpha_5x+\alpha_6y\end{cases}\tag{5-8}$$

式(5-8)中有常数项、一次项，而且线性函数在单元内必定是连续的，在单元边界上可由该边的两个节点函数值唯一确定，因此式(5-8)满足前面讨论的对位移插值函数的要求。将它写成矩阵形式，有

$$\{\delta(x,y)\}=\begin{Bmatrix}u\\v\end{Bmatrix}=\begin{bmatrix}1&x&y&0&0&0\\0&0&0&1&x&y\end{bmatrix}\begin{Bmatrix}\alpha_1\\\alpha_2\\\alpha_3\\\alpha_4\\\alpha_5\\\alpha_6\end{Bmatrix}=f(xy)\{\alpha\}\tag{5-9}$$

第三步：求单元中任一点位移$\{\delta(x,y)\}$与节点位移$\left\{\delta^{e}\right\}$的关系。

这一步的目的是求出待定系数。将各节点坐标分别代入式(5-9)，有

$$\left\{\delta_1\right\}=\begin{bmatrix}1&x_1&y_1&0&0&0\\0&0&0&1&x_1&y_1\end{bmatrix}\{\alpha\}$$

$$\left\{\delta_2\right\}=\begin{bmatrix}1&x_2&y_2&0&0&0\\0&0&0&1&x_2&y_2\end{bmatrix}\{\alpha\}$$

$$\left\{\delta_3\right\}=\begin{bmatrix}1&x_3&y_3&0&0&0\\0&0&0&1&x_3&y_3\end{bmatrix}\{\alpha\}$$

总起来有

$$\left\{\delta^{\mathrm{e}}\right\}=\begin{Bmatrix}\{\delta_1\}\\ \{\delta_2\}\\ \{\delta_3\}\end{Bmatrix}=\begin{bmatrix}1 & x_1 & y_1 & 0 & 0 & 0\\ 0 & 0 & 0 & 1 & x_1 & y_1\\ 1 & x_2 & y_2 & 0 & 0 & 0\\ 0 & 0 & 0 & 1 & x_2 & y_2\\ 1 & x_3 & y_3 & 0 & 0 & 0\\ 0 & 0 & 0 & 1 & x_3 & y_3\end{bmatrix}\begin{Bmatrix}\alpha_1\\ \alpha_2\\ \alpha_3\\ \alpha_4\\ \alpha_5\\ \alpha_6\end{Bmatrix}=[A]\{\alpha\} \tag{5-10}$$

由式(5-10)可得 $\{\alpha\}=[A]^{-1}\left\{\delta^{\mathrm{e}}\right\}$，其中

$$[A]^{-1}=\frac{1}{2\varDelta}\begin{bmatrix}x_2y_3-x_3y_2 & 0 & -x_1y_3+x_3y_1 & 0 & x_1y_2-x_2y_1 & 0\\ y_2-y_3 & 0 & y_3-y_1 & 0 & y_1-y_2 & 0\\ x_3-x_2 & 0 & x_1-x_3 & 0 & x_2-x_1 & 0\\ 0 & x_2y_3-x_3y_2 & 0 & -x_1y_3+x_3y_1 & 0 & x_1y_2-x_2y_1\\ 0 & y_2-y_3 & 0 & y_3-y_1 & 0 & y_1-y_2\\ 0 & x_3-x_2 & 0 & x_1-x_3 & 0 & x_2-x_1\end{bmatrix}$$

式中，

$$\begin{aligned}2\varDelta&=\begin{vmatrix}1 & x_1 & y_1\\ 1 & x_2 & y_2\\ 1 & x_3 & y_3\end{vmatrix}\\ &=(x_2y_3-x_3y_2)-(x_1y_3-x_3y_1)+(x_1y_2+x_2y_1)\\ &=2\times(\text{三角形单元})\end{aligned}$$

求出了用节点位移表示的待定系数 $\{\alpha\}$，位移插值函数可写为

$$\{\delta(x,y)\}=[f(x,y)][A]^{-1}\left\{\delta^{\mathrm{e}}\right\}=[N(x,y)]\left\{\delta^{\mathrm{e}}\right\} \tag{5-11}$$

式中，$[N(x,y)]$ 一般称为单元形状函数。因为它只与单元节点坐标及其相应的坐标变量有关，完全由单元的原始形状所决定，而与节点位移无关。

若将式 $[A]^{-1}$ 写为

$$[A]^{-1}=\frac{1}{2\varDelta}\begin{Bmatrix}a_1 & 0 & a_2 & 0 & a_3 & 0\\ b_1 & 0 & b_2 & 0 & b_3 & 0\\ c_1 & 0 & c_2 & 0 & c_3 & 0\\ 0 & a_1 & 0 & a_2 & 0 & a_3\\ 0 & b_1 & 0 & b_2 & 0 & b_3\\ 0 & c_1 & 0 & c_2 & 0 & c_3\end{Bmatrix}$$

式中，

$$\begin{aligned}&a_1=x_2y_3-x_3y_2,\ \ b_1=y_2-y_3,\ \ c_1=x_3-x_2\\ &a_2=x_3y_1-x_1y_3,\ \ b_2=y_3-y_1,\ \ c_2=x_1-x_3\\ &a_3=x_1y_2-x_2y_1,\ \ b_3=y_1-y_2,\ \ c_3=x_2-x_1\end{aligned}$$

则形状函数可写为

$$
\begin{aligned}
[N(x,y)] &= [f(x,y)][A]^{-1} \\
&= \frac{1}{2\varDelta}\begin{bmatrix} 1 & x & y & 0 & 0 & 0 \\ 0 & 0 & 0 & 1 & x & y \end{bmatrix} \times \begin{Bmatrix} a_1 & 0 & a_2 & 0 & a_3 & 0 \\ b_1 & 0 & b_2 & 0 & b_3 & 0 \\ c_1 & 0 & c_2 & 0 & c_3 & 0 \\ 0 & a_1 & 0 & a_2 & 0 & a_3 \\ 0 & b_1 & 0 & b_2 & 0 & b_3 \\ 0 & c_1 & 0 & c_2 & 0 & c_3 \end{Bmatrix} \\
&= \begin{bmatrix} N_1 & 0 & N_2 & 0 & N_3 & 0 \\ 0 & N_1 & 0 & N_2 & 0 & N_3 \end{bmatrix}
\end{aligned} \tag{5-12}
$$

式中，

$$N_1 = \left[N_1(x,y)\right] = \frac{1}{2\varDelta}\left(a_1 + b_1 x + c_1 y\right)$$

$$N_2 = \left[N_2(x,y)\right] = \frac{1}{2\varDelta}\left(a_2 + b_2 x + c_2 y\right)$$

$$N_3 = \left[N_3(x,y)\right] = \frac{1}{2\varDelta}\left(a_3 + b_3 x + c_3 y\right)$$

第四步： 求单元应变-单元位移-节点位移之间的关系。

由式(5-5)和式(5-8)有

$$
\begin{aligned}
\{\varepsilon(x,y)\} &= \begin{Bmatrix} \varepsilon_x \\ \varepsilon_y \\ \varepsilon_z \end{Bmatrix} = \begin{Bmatrix} \dfrac{\partial u}{\partial x} \\ \dfrac{\partial v}{\partial y} \\ \dfrac{\partial u}{\partial y} + \dfrac{\partial v}{\partial x} \end{Bmatrix} \\
&= \begin{Bmatrix} \dfrac{\partial}{\partial x}\left(\alpha_1 + \alpha_2 x + \alpha_3 y\right) \\ \dfrac{\partial}{\partial y}\left(\alpha_4 + \alpha_5 x + \alpha_6 y\right) \\ \dfrac{\partial}{\partial y}\left(\alpha_1 + \alpha_2 x + \alpha_3 y\right) + \dfrac{\partial}{\partial x}\left(\alpha_4 + \alpha_5 x + \alpha_6 y\right) \end{Bmatrix} \\
&= \begin{Bmatrix} \alpha_2 \\ \alpha_6 \\ \alpha_3 + \alpha_5 \end{Bmatrix} = \begin{bmatrix} 0 & 1 & 0 & 0 & 0 & 0 \\ 0 & 0 & 0 & 0 & 0 & 1 \\ 0 & 0 & 1 & 0 & 1 & 0 \end{bmatrix} \begin{Bmatrix} \alpha_1 \\ \alpha_2 \\ \alpha_3 \\ \alpha_4 \\ \alpha_5 \\ \alpha_6 \end{Bmatrix}
\end{aligned}
$$

或写为

$$\{\varepsilon(x,y)\} = [C]\{\alpha\} \tag{5-13}$$

将 $\{\alpha\}=[A]^{-1}\{\delta^{e}\}$ 代入，有

$$\{\varepsilon(x,y)\}=[C][A]^{-1}\{\delta^{e}\}=[B]\{\delta^{e}\} \tag{5-14}$$

式中，

$$[B]=[C][A]^{-1}=\begin{bmatrix} y_2-y_3 & 0 & y_3-y_1 & 0 & y_1-y_2 & 0 \\ 0 & x_3-x_2 & 0 & x_1-x_3 & 0 & x_2-x_1 \\ x_3-x_2 & y_2-y_3 & x_1-x_3 & y_3-y_1 & x_2-x_1 & y_1-y_2 \end{bmatrix} \tag{5-15}$$

矩阵 $[B]$ 称为三角形单元几何矩阵。

第五步：求应力-应变-节点位移间的关系。

先看平面应力问题。由物理方程式(5-6)，有

$$\{\varepsilon(x,y)\}=\begin{Bmatrix} \varepsilon_x \\ \varepsilon_y \\ \gamma_{xy} \end{Bmatrix}=\frac{1}{E}\begin{bmatrix} 1 & -\mu & 0 \\ -\mu & 1 & 0 \\ 0 & 0 & 2(1+\mu) \end{bmatrix}\begin{Bmatrix} \sigma_x \\ \sigma_y \\ \tau_{xy} \end{Bmatrix} \tag{5-16}$$

改写一下，有

$$\{\sigma(x,y)\}=\begin{Bmatrix} \sigma_x \\ \sigma_y \\ \tau_{xy} \end{Bmatrix}=\frac{E}{1-\mu^2}\begin{bmatrix} 1 & \mu & 0 \\ \mu & 1 & 0 \\ 0 & 0 & \dfrac{1-\mu}{2} \end{bmatrix}\begin{Bmatrix} \varepsilon_x \\ \varepsilon_y \\ \gamma_{xy} \end{Bmatrix}$$

或

$$\{\sigma(x,y)\}=[D]\{\varepsilon(x,y)\} \tag{5-17}$$

式中，矩阵 $[D]$ 为平面应力问题弹性矩阵。

平面应变问题的弹性矩阵 $[D]$ 可参照式(5-7)和式(5-16)写出：

$$[D]=\frac{E(1-\mu)}{(1+\mu)(1-2\mu)}\begin{bmatrix} 1 & \dfrac{\mu}{1-\mu} & 0 \\ \dfrac{\mu}{1-\mu} & 1 & 0 \\ 0 & 0 & \dfrac{1-2\mu}{2(1-\mu)} \end{bmatrix}$$

将式(5-14)代入式(5-17)可得应力与节点位移之间的关系式：

$$\{\sigma(x,y)\}=[D][B]\{\delta^{e}\} \tag{5-18}$$

当然，平面应力问题和平面应变问题的弹性矩阵 $[D]$ 有不同的形式。为方便计算，写成统一的形式：

$$[D]=\begin{bmatrix} d_{11} & d_{12} & 0 \\ d_{21} & d_{22} & 0 \\ 0 & 0 & d_{33} \end{bmatrix} \tag{5-19}$$

对于平面应力问题：

$$d_{11}=d_{22}=\frac{E}{1-\mu^2},\quad d_{12}=d_{21}=\frac{\mu E}{1-\mu^2},\quad d_{33}=\frac{E}{2(1+\mu)}$$

对于平面应变问题：

$$d_{11}=d_{22}=\frac{E(1-\mu)}{(1+\mu)(1-2\mu)}$$

$$d_{12}=d_{21}=\frac{\mu E}{(1+\mu)(1-2\mu)}$$

$$d_{33}=\frac{E}{2(1+\mu)}$$

第六步：求节点力与节点位移的关系。

借用前面所述的虚功原理推导的结果式，则节点力与节点位移间的关系为

$$\left\{F^{\mathrm{e}}\right\}=\int[B]^{\mathrm{T}}[D][B]\mathrm{d(vol)}\left\{\delta^{\mathrm{e}}\right\}$$

三节点三角形单元的几何矩阵$[B]$和弹性矩阵$[D]$已经得到，而且它们都是常数矩阵，因此可以提到积分符号以外。从而积分只剩下$\int\mathrm{d(vol)}$，其结果是单元厚度t乘以单元面积$\varDelta$。对于等厚度单元，有

$$\left\{F^{\mathrm{e}}\right\}=\left([B]^{\mathrm{T}}[D][B]\varDelta\cdot t\right)\left\{\delta^{\mathrm{e}}\right\} \tag{5-20}$$

式中，

$$\varDelta=\frac{1}{2}\begin{vmatrix}1 & x_1 & y_1\\ 1 & x_2 & y_2\\ 1 & x_3 & y_3\end{vmatrix}$$

因此，单元刚度矩阵为

$$\left\{K^{\mathrm{e}}\right\}=[B]^{\mathrm{T}}[D][B]\cdot\varDelta\cdot t \tag{5-21}$$

由于$[D]$、$[B]$为常量矩阵，三角形单元的$\left[K^{\mathrm{e}}\right]$可以显式地得到。

$$[D][B]=\frac{1}{2\varDelta}\begin{bmatrix}d_{11}(y_2-y_3) & d_{12}(x_3-x_2) & d_{11}(y_3-y_1) & d_{12}(x_1-x_3) & d_{11}(y_1-y_2) & d_{12}(x_2-x_1)\\ d_{21}(y_2-y_3) & d_{22}(x_3-x_2) & d_{21}(y_3-y_1) & d_{22}(x_1-x_3) & d_{21}(y_1-y_2) & d_{22}(x_2-x_1)\\ d_{33}(x_3-x_2) & d_{33}(y_2-y_3) & d_{33}(x_1-x_3) & d_{33}(y_3-y_1) & d_{33}(x_2-x_1) & d_{33}(y_1-y_2)\end{bmatrix} \tag{5-22}$$

$$[B]^{\mathrm{T}}=\frac{1}{2\varDelta}\begin{bmatrix}y_2-y_3 & 0 & x_3-x_2\\ 0 & x_3-x_2 & y_2-y_3\\ y_3-y_1 & 0 & x_1-x_3\\ 0 & x_1-x_3 & y_3-y_1\\ y_1-y_2 & 0 & x_2-x_1\\ 0 & x_2-x_1 & y_1-y_2\end{bmatrix} \tag{5-23}$$

从而三节点三角形单元的刚度矩阵$[K^{\mathrm{e}}]$为

$$[K^e]=\frac{1}{4\varDelta}\begin{bmatrix} SA & SB & SD & SG & SK & SP \\ SB & SC & SE & SH & SL & SQ \\ SD & SE & SF & SI & SM & SR \\ SG & SH & SI & SJ & SN & SS \\ SK & SL & SM & SN & SO & ST \\ SP & SQ & SR & SS & ST & SU \end{bmatrix} \tag{5-24}$$

式中，

$$SA=d_{11}(y_2-y_3)^2+d_{33}(x_3-x_2)^2$$
$$SB=d_{21}(x_3-x_2)(y_2-y_3)+d_{33}(x_3-x_2)(y_2-y_3)$$
$$SC=d_{22}(x_3-x_2)^2+d_{33}(y_2-y_3)^2$$
$$SD=d_{11}(y_2-y_3)(y_3-y_1)+d_{33}(x_1-x_3)(x_3-x_2)$$
$$SE=d_{12}(x_3-x_2)(y_3-y_1)+d_{33}(x_1-x_3)(y_2-y_3)$$
$$SF=d_{11}(y_3-y_1)^2+d_{33}(x_1-x_3)^2$$
$$SG=d_{21}(x_1-x_3)(y_2-y_3)+d_{33}(x_3-x_2)(y_3-y_1)$$
$$SH=d_{22}(x_1-x_3)(x_3-x_2)+d_{33}(y_2-y_3)(y_3-y_1)$$
$$SI=d_{12}(x_1-x_3)(y_3-y_1)+d_{33}(x_1-x_3)(y_3-y_1)$$
$$SJ=d_{22}(x_1-x_3)^2+d_{33}(y_3-y_1)^2$$
$$SK=d_{11}(y_1-y_2)(y_2-y_3)+d_{33}(x_2-x_1)(x_3-x_2)$$
$$SL=d_{12}(x_3-x_2)(y_1-y_2)+d_{33}(x_2-x_1)(y_2-y_3)$$
$$SM=d_{11}(y_1-y_2)(y_3-y_1)+d_{33}(x_1-x_3)(x_2-x_1)$$
$$SN=d_{12}(x_1-x_3)(y_1-y_2)+d_{33}(x_2-x_1)(y_3-y_1)$$
$$SO=d_{11}(y_1-y_2)^2+d_{33}(x_2-x_1)^2$$
$$SP=d_{21}(x_2-x_1)(y_2-y_3)+d_{33}(x_3-x_2)(y_1-y_2)$$
$$SQ=d_{22}(x_2-x_1)(x_3-x_2)+d_{33}(y_1-y_2)(y_2-y_3)$$
$$SR=d_{12}(x_2-x_1)(y_3-y_1)+d_{33}(x_1-x_3)(y_1-y_2)$$
$$SS=d_{22}(x_1-x_3)(x_2-x_1)+d_{33}(y_1-y_2)(y_3-y_1)$$
$$ST=d_{21}(x_2-x_1)(y_1-y_2)+d_{33}(x_2-x_1)(y_1-y_2)$$
$$SU=d_{22}(x_2-x_1)^2+d_{33}(y_1-y_2)^2$$

这里又一次可以看到单元刚度矩阵$\left[K^e\right]$是对称的。在式(5-24)中代入不同的$d_{ij}(i,j=1,2,3)$，可得到平面应力问题或平面应变问题的单元刚度矩阵格式。对于一个已编排好节点号的系统，按节点号叠加单元刚度矩阵元素可得到结构总体刚度矩阵，再引入一定的边界条件和外载荷就可以求解。最后的计算格式仍然是

$$\{F\}=[K]\{\delta\} \tag{5-25}$$

与杆件不同的是，三角形单元在坐标系中的位置是任意的，也就是说推导是在整体坐标系中进行的，因此上面得到的单元刚度矩阵可以直接按节点号叠加总体刚度矩阵，而无

须进行坐标变换。

第七步：单元应力与节点位移的关系。

求解式(5-25)可得到平面上有限元网格各节点处的位移，有了节点位移就可根据式(5-14)计算单元应变，还可以由式(5-26)计算单元应力：

$$\{\sigma(x,y)\}=[D][B]\left\{\delta^{e}\right\}=[H]\left\{\delta^{e}\right\} \tag{5-26}$$

式中，矩阵$[H]$已由式(5-22)给出。

3. 六节点三角形单元和矩形单元

前面介绍的三角形单元，由于其位移插值函数为线性函数，单元内的位移是线性变化的。根据弹性力学几何方程可知，应变是位移函数的一阶偏导数。从式(5-14) $\{\varepsilon(x,y)\}=[B]\left\{\delta^{e}\right\}$和式(5-15) $[B]$的表达式中可以看出，三节点三角形单元的应变在一个单元内为常数，再由物理方程可知，应力在一个单元内也为常数，这在前面的例题中已得到证实。因此，用三节点三角形单元求得的弹性力学平面问题近似解，不能反映单元内应力和应变的变化，只有当单元划分得很小时才能使解接近实际情况。

为了提高计算精度，可以在三节点三角形单元每一边中间加一个节点，成为六节点三角形单元。这种单元有六个节点，因而有 12 个自由度，位移插值函数允许有 12 个待定系数，因此可以选用二次多项式。这样一来，单元中的应力和应变就是按线性关系变化的。因为在线弹性力学范围内求解的是线弹性问题，所以六节点的三角形单元能较好地反映弹性体中应力的变化情况。另外，采用这种单元还可适当减少单元数目。

六节点三角形单元的节点排列如图 5-10 所示，它的位移插值函数可采用如下二次多项式：

$$\begin{cases}u=\alpha_1+\alpha_2x+\alpha_3y+\alpha_4x^2+\alpha_5xy+\alpha_6y^2\\ v=\alpha_7+\alpha_8x+\alpha_9y+\alpha_{10}x^2+\alpha_{11}xy+\alpha_{12}y^2\end{cases} \tag{5-27}$$

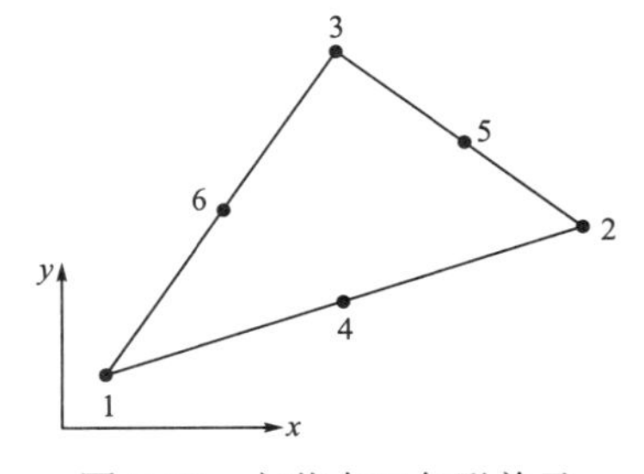

图 5-10　六节点三角形单元

完全类似于前面所讲的第二步和第三步的推导，可以求出六节点三角形单元的位移插值函数。即用节点位移$\left\{\delta^{e}\right\}$表示待定系数$\{\alpha\}$，得到

$$\{\delta(x,y)\}=[f(x,y)][A]^{-1}\left\{\delta^{e}\right\}=[N(x,y)]\left\{\delta^{e}\right\}$$

从第七步推导中可以看出，不同的单元只是第一步至第三步不同，而求出单元的位移

插值函数后，其余步骤是完全相同的，只不过可能对应不同的力学问题。而第一步当单元形式确定之后，一般可由其力学性质和节点自由度数目直接写出节点力和节点位移向量。因此，有限元方程中的单元分析主要集中在建立单元位移插值函数和求出这一函数。位移插值函数的形式决定了单元内及单元边界上位移、应变和应力的变化情况。下面以四节点矩形单元为例讨论位移插值函数的一些性质。

图 5-11 表示一个长为 $2a$，宽为 $2b$ 的建立在局部坐标系中的四节点矩形单元。它有 8 个位移自由度，节点位移向量为

$$\{\delta^e\}=\begin{Bmatrix}\{\delta_1^e\}\\\{\delta_2^e\}\\\{\delta_3^e\}\\\{\delta_4^e\}\end{Bmatrix}=\begin{Bmatrix}u_1\\v_1\\u_2\\v_2\\u_3\\v_3\\u_4\\v_4\end{Bmatrix}$$

位移插值函数可设为

$$\begin{cases}u=\alpha_1+\alpha_2x+\alpha_3y+\alpha_4xy\\v=\alpha_5+\alpha_6x+\alpha_7y+\alpha_8xy\end{cases}\tag{5-28}$$

或写为

$$\{\delta(x,y)\}=[f(x,y)]\{\alpha\}$$

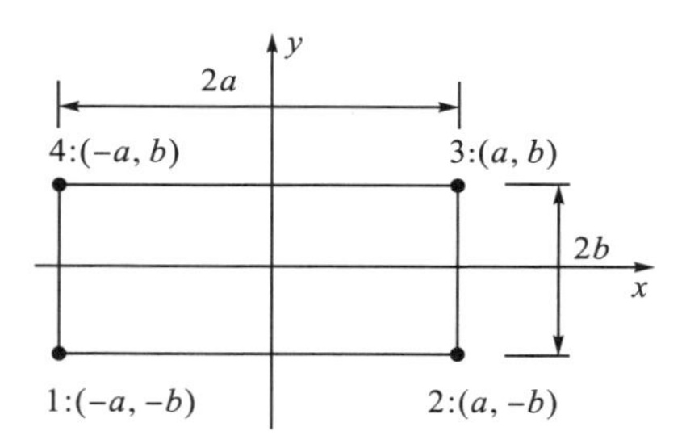

图 5-11　四节点矩形单元

将节点坐标 $(-a,-b)$、$(a,-b)$、(a,b)、$(-a,b)$ 代入并写成矩阵形式，有

$$\{\delta^e\}=\begin{Bmatrix}u_1\\v_1\\u_2\\v_2\\u_3\\v_3\\u_4\\v_4\end{Bmatrix}=\begin{pmatrix}1&-a&-b&ab&0&0&0&0\\0&0&0&0&1&-a&-b&ab\\1&a&-b&-ab&0&0&0&0\\0&0&0&0&1&a&-b&-ab\\1&a&b&ab&0&0&0&0\\0&0&0&0&1&a&b&ab\\1&-a&b&-ab&0&0&0&0\\0&0&0&0&1&-a&b&-ab\end{pmatrix}\times\begin{Bmatrix}\alpha_1\\\alpha_2\\\alpha_3\\\alpha_4\\\alpha_5\\\alpha_6\\\alpha_7\\\alpha_8\end{Bmatrix}=[A]\{\alpha\}\tag{5-29}$$

解方程组(5-29)可得

$$\{\alpha\} = [A]^{-1}\{\delta^{e}\}$$

从而

$$\{\delta(x,y)\} = [f(x,y)][A]^{-1}\{\delta^{e}\} = [N(x,y)]\{\delta^{e}\} \tag{5-30}$$

展开式(5-30)，有

$$\{\delta(x,y)\} = \begin{bmatrix} N_1 & 0 & N_2 & 0 & N_3 & 0 & N_4 & 0 \\ 0 & N_1 & 0 & N_2 & 0 & N_3 & 0 & N_4 \end{bmatrix} \begin{Bmatrix} u_1 \\ v_1 \\ u_2 \\ v_2 \\ u_3 \\ v_3 \\ u_4 \\ v_4 \end{Bmatrix} \tag{5-31}$$

式中，

$$\begin{cases} N_1 = N_1(x,y) = \dfrac{1}{4}\left(1-\dfrac{x}{a}\right)\left(1-\dfrac{y}{b}\right) \\ N_2 = N_2(x,y) = \dfrac{1}{4}\left(1+\dfrac{x}{a}\right)\left(1-\dfrac{y}{b}\right) \\ N_3 = N_3(x,y) = \dfrac{1}{4}\left(1+\dfrac{x}{a}\right)\left(1+\dfrac{y}{b}\right) \\ N_4 = N_4(x,y) = \dfrac{1}{4}\left(1-\dfrac{x}{a}\right)\left(1+\dfrac{y}{b}\right) \end{cases} \tag{5-32}$$

称为四节点矩形单元的形状函数。类似于式(5-11)，单元位移插值函数可以由单元形状函数与节点位移值的乘积表示，即

$$\{\delta(x,y)\} = \sum_{i=1}^{4} N_i(x,y)\cdot\delta_i^{e} \tag{5-33}$$

或

$$\begin{cases} u = \sum\limits_{i=1}^{4} N_i(x,y)\cdot u_i^{e} \\ v = \sum\limits_{i=1}^{4} N_i(x,y)\cdot v_i^{e} \end{cases} \tag{5-34}$$

可见，位移插值函数完全由形状函数所决定。这样一来，抛开节点位移$\{\delta^{e}\}$，只讨论形状函数的性质，就可以了解单元的变形性质。例如，形状函数的几何意义就表明：$N(x,y)$反映了单元的变形情况或者说反映了单元的位移形态。例如，四节点的矩形单元，若$u_1=1, u_2=u_3=u_4=v_1=v_2=v_3=v_4=0$，则由式(5-33)有

$$\delta=\begin{Bmatrix}u\\v\end{Bmatrix}=\sum_{i=1}^{4}N_i(x,y)\cdot\delta_i^{\mathrm{e}}=N_1u_1=N_1$$

变形完全由形状函数决定。另外，形状函数还有两个重要的性质：

(1) $$N_i\left(x_i,y_i\right)=1,\ N_i\left(x_j,y_j\right)=0,\quad i\neq j \tag{5-35}$$

由式(5-32)可以看出

$$\begin{cases}N_1=N_1\left(x_1,y_1\right)=\dfrac{1}{4}\left(1-\dfrac{-a}{a}\right)\left(1-\dfrac{-b}{b}\right)=\dfrac{2\times2}{4}=1\\ N_2=N_2\left(x_2,y_2\right)=\dfrac{1}{4}\left(1+\dfrac{-a}{a}\right)\left(1-\dfrac{-b}{b}\right)=0\\ N_3=N_3\left(x_3,y_3\right)=\dfrac{1}{4}\left(1+\dfrac{-a}{a}\right)\left(1+\dfrac{-b}{b}\right)=0\\ N_4=N_4\left(x_4,y_4\right)=\dfrac{1}{4}\left(1-\dfrac{-a}{a}\right)\left(1+\dfrac{-b}{b}\right)=0\end{cases}$$

对于 $N_2(x,y)$、$N_3(x,y)$ 和 $N_4(x,y)$ 也是一样的。

(2) $$\sum_{i=1}^{4}N_i(x,y)=1 \tag{5-36}$$

例如，由式(5-32)有

$$\begin{aligned}\sum_{i=1}^{4}N_i(x,y)&=\frac{1}{4}\left[\left(1-\frac{x}{a}\right)\left(1-\frac{y}{b}\right)+\left(1+\frac{x}{a}\right)\left(1-\frac{y}{b}\right)+\left(1+\frac{x}{a}\right)\left(1+\frac{y}{b}\right)+\left(1-\frac{x}{a}\right)\left(1+\frac{y}{b}\right)\right]\\&=\frac{1}{4}\left[\left(1-\frac{x}{a}\right)\left(1-\frac{y}{b}+1+\frac{y}{b}\right)+\left(1+\frac{x}{a}\right)\left(1-\frac{y}{b}+1+\frac{y}{b}\right)\right]\\&=\frac{1}{4}\left[2\left(1-\frac{x}{a}\right)+2\left(1+\frac{x}{a}\right)\right]=1\end{aligned}$$

即在单元内任一点处的形状函数之和等于 1。

形状函数的第一个性质保证了相邻单元在公共点处位移连续。因为位移插值函数不仅能表示单元内的位移模式而且能反映节点位移状态。例如，对单元 k 第 1 个节点的位移可表示为

$$u_1^k=\sum_{i=1}^{4}N_i^k\left(x_1y_1\right)\cdot u_i=N_1^ku_1^k+N_2^ku_2^k+N_3^ku_3^k+N_4^ku_4^k=N_1^ku_1^k$$

相邻单元 p 同一节点(设在 p 单元中为第 2 节点)的位移可表示为

$$u_2^p=\sum_{i=1}^{4}N_i^p\left(x_2y_2\right)u_i=N_2^pu_2^p$$

若要 $u_1^k=u_2^p$，即公共节点位移连续，必须 $N_1^k=N_2^p$，而且必须都等于 1。

形状函数的第二个性质反映了单元的刚体位移。例如，四节点矩形单元，各点位移量相同时为刚体位移，$u_1=u_2=u_3=u_4=u_r$，由式(5-34)有

$$u=N_1u_1+N_2u_2+N_3u_3+N_4u_4=\left(N_1+N_2+N_3+N_4\right)u_r$$

只有当$\sum_{i=1}^{4} N_i = 1$时，才有$u = u_r$。

既然形状函数的性质完全决定了位移插值函数的性质，那么可以说，写成式(5-34)形式的位移插值函数，如果其形状函数是与节点自由度数目相匹配的多项式函数，且它能满足式(5-35)和式(5-36)，则该位移插值函数一定满足收敛性条件。

三、等参数单元与数值积分

1. 等参单元的概念

求解弹性力学平面问题所用的单元是三节点三角形单元。其位移插值函数是线性函数，因此称为三角形线性单元。线性单元的位移在单元内呈线性变化，应力、应变在单元内是一个常量，因此在求解区域内应力和应变的变化都是不连续的。所以采用线性位移插值函数的三角形单元的计算精度不高，在许多情况下得不到正确结果，特别是在应力集中的部位。

为提高计算精度可以采取的方法如下。

(1) 单元分细(增加单元数目，加密网格)。

(2) 构造高精度新单元(提高单元位移插值函数的阶次)。

将单元分细无疑可以提高计算精度，因为有限元法的计算基础就是当单元无限细分时计算结果将收敛于精确解。但是单元分细会增加单元数目和节点数目，从而大大增加所要求解的方程数目，占用和耗费大量计算机资源。因此，用细分单元的方法来提高精度有时是不经济的。

构造具有较高精度的单元也可以提高计算精度。单元节点数增多，则自由度数目增多，允许采用较高阶次的位移插值函数，从而可使计算精度提高。例如，本章第一节介绍的六节点三角形单元，其位移插值函数为完全二次多项式：

$$\delta = \alpha_1 + \alpha_2 x + \alpha_3 y + \alpha_4 x^2 + \alpha_5 xy + \alpha_6 y^2$$

单元内位移为二次函数变化，应力和应变呈线性变化，但这种单元的面积小，节点多，会使方程数目激增，占用计算机资源多，因此目前较少用。

双线性插值函数的矩形单元，位移插值函数比三角形线性单元的位移插值函数多了一项，单元内的应力和应变不再是常量，因此计算精度也提高一些，但是一般来讲矩形单元只适合用于矩形规则区域的求解，对于任意形状的非规则区域，单元分割时不方便，计算精度在边界上要打折扣。因此，实际中也较少采用。

如果把矩形单元改成任意四边形单元，用于求解不规则区域时单元分割就要方便得多，而且至少 4 个节点 8 个自由度，其位移插值函数的阶次也将会比三角形线性单元的高。因此，任意四边形单元是比较理想的单元形式。但是，如果仍采用双线性的位移插值函数，任意四边形单元不能满足相邻单元间的位移协调，即相容性条件。

图 5-12 所示的任意四节点四边形单元，采用位移插值函数

$$\delta = \alpha_1 + \alpha_2 x + \alpha_3 y + \alpha_4 xy$$

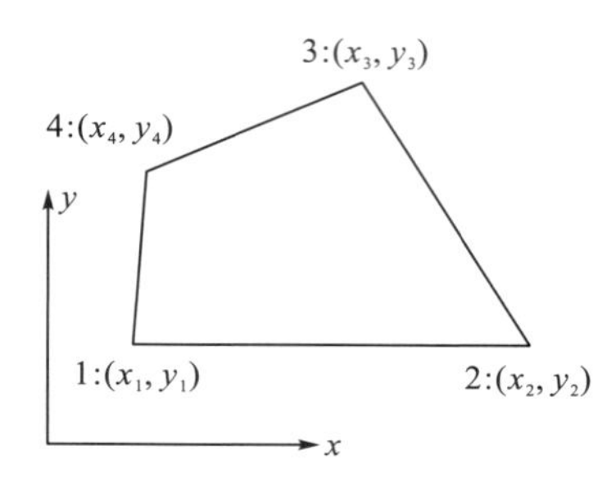

图 5-12 任意四节点四边形单元

单元不平行于坐标轴任一条边的直线方程可写为 $y = kx + b(k \neq 0)$，将其代入位移插值函数公式，则该边上的位移变化为 $\delta = Ax^2 + Bx + C$，即位移不再是线性变化的。该边的位移插值将不能由其上两个节点处的函数值所唯一确定。从而在相邻两单元的公共边将不能保证位移插值函数的连续，也就是变形协调性得不到满足，常用的解决办法是采用等参数单元。

2. 四节点四边形等参数单元

我们知道，矩形单元是满足解的收敛性条件的。如果通过一个坐标变换将任意四边形单元变换成矩形单元，只要坐标变换中任意四边形单元与矩形单元之间的点是一一对应的(称为坐标变换的相容性)，而变换后的位移插值函数又是满足解的收敛性条件的，这两条合在一起就能保证任意四边形在原坐标系中满足解的收敛性条件。

希望通过一个从自变量$(x，y)$到新自变量(ξ,η)的坐标变换，使 xOy 平面上的任意四边形变换为 $\xi O\eta$ 平面上的以原点为中心，边长为 2 的正方形。xOy 平面上四边形的 4 个节点 1、2、3、4 分别对应 $\xi O\eta$ 平面上正方形的 4 个角点 1、2、3、4，如图 5-13 所示。但应注意这一坐标变换不是针对整个求解区域，而是针对每一个单元分别进行的。因此，称 xOy 坐标为整体坐标系，它适用于所有单元，而称 $\xi O\eta$ 坐标为局部坐标系，它只适用于每个要变换的单元。我们关心的是在每个单元上考察整体坐标$(x，y)$与局部坐标(ξ,η)之间满足上述要求的变换。

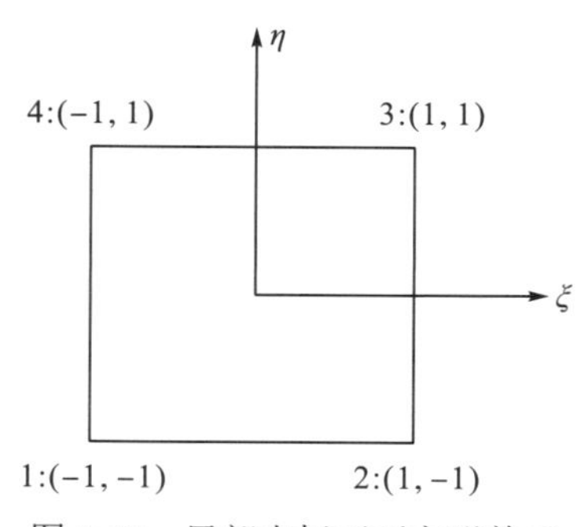

图 5-13 局部坐标下正方形单元

首先看看局部坐标系下的位移插值函数、形状函数和收敛性条件，再讨论具体的坐标变换。

图 5-13 所示正方形单元的位移插值函数采用双线性函数：

$$\begin{cases} u = \alpha_1 + \alpha_2\xi + \alpha_3\eta + \alpha_4\xi\eta \\ v = \alpha_5 + \alpha_6\xi + \alpha_7\eta + \alpha_8\xi\eta \end{cases} \tag{5-37}$$

第一节已推导出矩形单元采用双线性位移插值函数时的形状函数，如式(5-32)所示。将它用于正方形单元，$a=b=1$，则形状函数为

$$\begin{cases} N_1(\xi,\eta) = \dfrac{1}{4}(1-\xi)(1-\eta) \\ N_2(\xi,\eta) = \dfrac{1}{4}(1+\xi)(1-\eta) \\ N_3(\xi,\eta) = \dfrac{1}{4}(1+\xi)(1+\eta) \\ N_4(\xi,\eta) = \dfrac{1}{4}(1-\xi)(1+\eta) \end{cases} \tag{5-38}$$

利用节点处的(ξ,η)，式(5-38)可以写成统一的形式：

$$N_i(\xi,\eta) = \frac{1}{4}\left(1+\xi_i\xi\right)\left(1+\eta_i\eta\right) \quad (i=1,2,3,4)$$

式中，$\left(\xi_i,\eta_i\right)$为

$$\left(\xi_1,\eta_1\right)=(-1,-1),\quad \left(\xi_2,\eta_2\right)=(1,-1)$$
$$\left(\xi_3,\eta_3\right)=(1,1),\quad \left(\xi_4,\eta_4\right)=(-1,1)$$

类似于式(5-34)，局部坐标下正方形单元的位移插值函数式(5-37)可以写成

$$\begin{cases} u = \sum\limits_{i=1}^{4} N_i(\xi,\eta)\cdot u_i \\ v = \sum\limits_{i=1}^{4} N_i(\xi,\eta)\cdot v_i \end{cases} \tag{5-39}$$

式中，u_i、v_i为节点处位移。

另外，从矩形单元位移插值函数的讨论中可知，局部坐标下的正方形单元必然满足解的收敛性条件。

剩下的问题就是什么样的坐标变换能满足变换相容性的要求。可以证明，利用整体坐标下单元节点坐标值$\left(x_i,y_i\right)$（i=1，2，3，4），采用位移插值函数式(5-39)相同形式的坐标变换式，能满足坐标变换相容性的要求，即

$$\begin{cases} x = \sum\limits_{i=1}^{4} N_i(\xi,\eta)\cdot x_i \\ y = \sum\limits_{i=1}^{4} N_i(\xi,\eta)\cdot y_i \end{cases} \tag{5-40}$$

要证明式(5-40)能实现由任意四边形到中心在原点边长为2的正方形之间的坐标变换是点点对应的并不困难，由于式(5-40)中变换函数$N_i(\xi,\eta)$（i=1，2，3，4）是与形状函数

完全一样的双线性函数，在正方形每一条边上，$N_i(\xi,\eta)$ 是一个坐标变量的线性函数，而线性变换是点点对应的，那么四边形四条边上的变换是点点对应的。区域中间只要引直线同样可证明是点点对应的。例如，(ξ,η) 平面上直线 $\xi=0$，由于 $N_i(\xi,\eta)$ 是双线性函数，通过式(5-40)的变换，直线 $\xi=0$ 一定变为 (x,y) 平面上的直线，该直线的两端点分别是 $(\xi,\eta)=(0,1)$ 和 $(\xi,\eta)=(0,-1)$，只要证明这两点一定在经过式(5-40)变换后成为对应的四边形 $\overline{12}$ 边和 $\overline{34}$ 边的中点就行，而已经证明四边形四条边的变换是点点对应的，因此上面两点一定对应任意四边形 $\overline{12}$ 边和 $\overline{34}$ 边的中点。这就证明了式(5-40)确实是可以满足坐标变换相容性要求的变换式。

可以看到，位移插值函数公式(5-39)和坐标变换公式(5-40)具有完全相同的形式，它们用同样数目的对应节点值作为参数，并有完全相同的形状函数 $N_i(\xi,\eta)$ 作为这些节点值前面的系数，具有这种特点的单元称为等参数单元。上面介绍的是四节点四边形等参数单元。

建立有限元计算格式的七步推导过程中，前三步的主要目的是求出以节点位移表示的单元位移插值函数，或求出单元形状函数，第四步至第六步的主要目的是求出单元刚度矩阵，第七步是用已知节点位移计算应力。对于等参数单元，上面已得到了四节点四边形等参数单元的形状函数，下面主要讨论单元刚度矩阵的形成，即七步推导中的第四步至第六步。

1) 单元刚度矩阵

由平面问题几何方程和位移插值公式(5-5)与式(5-39)，有

$$
\{\varepsilon(x,y)\}=\begin{Bmatrix}\varepsilon_x\\ \varepsilon_y\\ \varepsilon_z\end{Bmatrix}=\begin{Bmatrix}\dfrac{\partial u}{\partial x}\\ \dfrac{\partial v}{\partial y}\\ \dfrac{\partial u}{\partial y}+\dfrac{\partial v}{\partial x}\end{Bmatrix}
$$

$$
=\begin{Bmatrix}\dfrac{\partial}{\partial x}\sum_{i=1}^{4}N_i(\xi,\eta)\cdot u_i\\ \dfrac{\partial}{\partial y}\sum_{i=1}^{4}N_i(\xi,\eta)\cdot v_i\\ \dfrac{\partial}{\partial y}\sum_{i=1}^{4}N_i(\xi,\eta)\cdot u_i+\dfrac{\partial}{\partial x}\sum_{i=1}^{4}N_i(\xi,\eta)\cdot v_i\end{Bmatrix}
$$

$$
=\begin{Bmatrix}\dfrac{\partial N_1}{\partial x}u_1+\dfrac{\partial N_2}{\partial x}u_2+\dfrac{\partial N_3}{\partial x}u_3+\dfrac{\partial N_4}{\partial x}u_4\\ \dfrac{\partial N_1}{\partial y}v_1+\dfrac{\partial N_2}{\partial y}v_2+\dfrac{\partial N_3}{\partial y}v_3+\dfrac{\partial N_4}{\partial y}v_4\\ \dfrac{\partial N_1}{\partial y}u_1+\dfrac{\partial N_2}{\partial y}u_2+\dfrac{\partial N_3}{\partial y}u_3+\dfrac{\partial N_4}{\partial y}u_4+\dfrac{\partial N_1}{\partial x}v_1+\dfrac{\partial N_2}{\partial x}v_2\,\dfrac{\partial N_3}{\partial x}v_3\,\dfrac{\partial N_4}{\partial x}v_4\end{Bmatrix}
$$

$$=\begin{bmatrix} \frac{\partial N_1}{\partial x} & 0 & \frac{\partial N_2}{\partial x} & 0 & \frac{\partial N_3}{\partial x} & 0 & \frac{\partial N_4}{\partial x} & 0 \\ 0 & \frac{\partial N_1}{\partial y} & 0 & \frac{\partial N_2}{\partial y} & 0 & \frac{\partial N_3}{\partial y} & 0 & \frac{\partial N_4}{\partial y} \\ \frac{\partial N_1}{\partial y} & \frac{\partial N_1}{\partial x} & \frac{\partial N_2}{\partial y} & \frac{\partial N_2}{\partial x} & \frac{\partial N_3}{\partial y} & \frac{\partial N_3}{\partial x} & \frac{\partial N_4}{\partial y} & \frac{\partial N_4}{\partial x} \end{bmatrix} \cdot \begin{Bmatrix} u_1 \\ v_1 \\ u_2 \\ v_2 \\ u_3 \\ v_3 \\ u_4 \\ v_4 \end{Bmatrix}$$

$$=\begin{bmatrix} B_1 & B_2 & B_3 & B_4 \end{bmatrix} \begin{Bmatrix} \{\delta_1^{\mathrm{e}}\} \\ \{\delta_2^{\mathrm{e}}\} \\ \{\delta_3^{\mathrm{e}}\} \\ \{\delta_4^{\mathrm{e}}\} \end{Bmatrix} = [B]\{\delta^{\mathrm{e}}\} \tag{5-41}$$

比较式(5-41)与式(5-14)可以看出，两式的最终形式是一样的，只是几何矩阵$[B]$内容不同。

由平面问题物理方程，有

$$\{\sigma(x,y)\}=[D]\{\varepsilon(x,y)\}=[D][B]\{\delta^{\mathrm{e}}\} \tag{5-42}$$

式中，$[D]$为弹性矩阵。

由虚功原理及其推导结果，可得节点力与节点位移间关系式为

$$\{F^{\mathrm{e}}\}=\left[\int_v [B]^{\mathrm{T}}[D][B]\mathrm{d(vol)}\right]\{\delta^{\mathrm{e}}\} \tag{5-43}$$

对于平面问题有

$$\{F^{\mathrm{e}}\}=\left[\iint [B]^{\mathrm{T}}[D][B]t\mathrm{d}x\mathrm{d}y\right]\{\delta^{\mathrm{e}}\}=\left[K^{\mathrm{e}}\right]\{\delta^{\mathrm{e}}\}$$

式中，

$$\left[K^{\mathrm{e}}\right]=\iint [B]^{\mathrm{T}}[D][B]t\mathrm{d}x\mathrm{d}y$$

这里，$[B]$阵由式(5-41)给出，积分区域为任意四边形单元内区域。

从式(5-15)可知，三角形线性单元的几何矩阵$[B]$为常量阵，它与弹性矩阵$[D]$以及单元厚度t的乘积仍然是常量阵，可以提到积分符号以外。而对于等参数单元，其几何矩阵由式(5-41)给出，是x、y的函数，而x、y又是ξ、η的函数，因此不能提到积分号之外。另外，上面推导的等参数单元刚度矩阵是以局部坐标系$\xi O\eta$下的正方形单元作为整个讨论的立足点和出发点的，式(5-43)所表示的积分是在整体坐标系内的，必须将它转换为局部坐标系内的积分。而且式(5-41)中$\frac{\partial N_i}{\partial x}$、$\frac{\partial N_i}{\partial y}$也将用到坐标变换，下面讨论这一坐标变换。

2) 等参数坐标变换

由式(5-40)表示的坐标变换式为

$$\begin{cases} x = \sum_{i=1}^{4} N_i(\xi,\eta)\cdot x_i \\ y = \sum_{i=1}^{4} N_i(\xi,\eta)\cdot y_i \end{cases}$$

根据复合函数求导法则，有

$$\begin{cases} \dfrac{\partial}{\partial \xi} = \dfrac{\partial x}{\partial \xi}\dfrac{\partial}{\partial x} + \dfrac{\partial y}{\partial \xi}\dfrac{\partial}{\partial y} \\ \dfrac{\partial}{\partial \eta} = \dfrac{\partial x}{\partial \eta}\dfrac{\partial}{\partial x} + \dfrac{\partial y}{\partial \eta}\dfrac{\partial}{\partial y} \end{cases} \tag{5-44}$$

为写成矩阵形式，记变换矩阵(称为雅可比矩阵)为

$$[J] = \left[\frac{\partial(x,y)}{\partial(\xi,\eta)}\right] = \begin{bmatrix} \dfrac{\partial x}{\partial \xi} & \dfrac{\partial y}{\partial \xi} \\ \dfrac{\partial x}{\partial \eta} & \dfrac{\partial y}{\partial \eta} \end{bmatrix} \tag{5-45}$$

则

$$\begin{bmatrix} \dfrac{\partial}{\partial \xi} \\ \dfrac{\partial}{\partial \eta} \end{bmatrix} = [J]\begin{bmatrix} \dfrac{\partial}{\partial x} \\ \dfrac{\partial}{\partial y} \end{bmatrix} = \begin{bmatrix} \dfrac{\partial x}{\partial \xi} & \dfrac{\partial y}{\partial \xi} \\ \dfrac{\partial x}{\partial \eta} & \dfrac{\partial y}{\partial \eta} \end{bmatrix}\begin{bmatrix} \dfrac{\partial}{\partial x} \\ \dfrac{\partial}{\partial y} \end{bmatrix} \tag{5-46}$$

从而

$$\begin{bmatrix} \dfrac{\partial}{\partial x} \\ \dfrac{\partial}{\partial y} \end{bmatrix} = [J]^{-1}\begin{bmatrix} \dfrac{\partial}{\partial \xi} \\ \dfrac{\partial}{\partial \eta} \end{bmatrix} = \frac{1}{|J|}\begin{bmatrix} \dfrac{\partial y}{\partial \eta} & -\dfrac{\partial y}{\partial \xi} \\ \dfrac{\partial x}{\partial \eta} & \dfrac{\partial x}{\partial \xi} \end{bmatrix}\begin{bmatrix} \dfrac{\partial}{\partial \xi} \\ \dfrac{\partial}{\partial \eta} \end{bmatrix} \tag{5-47}$$

式中，$[J]^{-1}$ 为雅可比矩阵的逆阵；$|J|$ 称为雅可比行列式，记为

$$|J| = \begin{vmatrix} \dfrac{\partial x}{\partial \xi} & \dfrac{\partial y}{\partial \xi} \\ \dfrac{\partial x}{\partial \eta} & \dfrac{\partial y}{\partial \eta} \end{vmatrix} = \frac{\partial x}{\partial \xi}\frac{\partial y}{\partial \eta} - \frac{\partial x}{\partial \eta}\frac{\partial y}{\partial \xi}$$

利用式(5-47)可以将式(5-41)中形状函数 $N_i(\xi,\eta)$ 对整体坐标变量 x、y 的偏导数转变为对局部坐标变量 ξ、η 的偏导数，例如

$$\frac{\partial \sum_{i=1}^{4} N_i(\xi,\eta)\cdot u_i}{\partial x} = \frac{1}{|J|}\left[\frac{\partial y}{\partial \eta}\frac{\partial \sum_{i=1}^{4} N_i(\xi,\eta)\cdot u_i}{\partial \xi} - \frac{\partial y}{\partial \xi}\frac{\partial \sum_{i=1}^{4} N_i(\xi,\eta)\cdot u_i}{\partial \eta}\right]$$

式中，

$$\frac{\partial y}{\partial \eta}=\frac{\partial \sum_{i=1}^{4} N_i(\xi,\eta)\cdot y_i}{\partial \eta},\quad \frac{\partial y}{\partial \xi}=\frac{\partial \sum_{i=1}^{4} N_i(\xi,\eta)\cdot y_i}{\partial \xi}$$

同理，可以得出

$$\frac{\partial \sum_{i=1}^{4} N_i(\xi,\eta)\cdot u_i}{\partial y},\quad \frac{\partial \sum_{i=1}^{4} N_i(\xi,\eta)\cdot v_i}{\partial x},\quad \frac{\partial \sum_{i=1}^{4} N_i(\xi,\eta)\cdot v_i}{\partial y}$$

此外，整体坐标与局部坐标的面积微分之间有关系式

$$\mathrm{d}x\mathrm{d}x=|J|\mathrm{d}\xi\mathrm{d}\eta$$

从而计算单元刚度矩阵表达式中的积分，可以从整体坐标系任意四边形区域的积分转换到局部坐标系正方形区域的积分：

$$\left[K^{\mathrm{e}}\right]=\int_{-1}^{1}\int_{-1}^{1}[B]^{\mathrm{T}}[D][B]t|J|\mathrm{d}\xi\mathrm{d}\eta \tag{5-48}$$

这时，可以看到积分区域变得十分简单，所有计算都转化到局部坐标系下的正方形单元进行。但是由于坐标变换，被积函数具有非常复杂的形式。一般来讲，这一积分是无法解析进行的，通常是采用数值积分的方法来求解，后面会一一讲述。

3) 能进行等参数变换的条件

只要给定整体坐标系内四个节点的坐标$(x_i,y_i)(i=1,2,3,4)$，就可以写出形如式(5-40)的坐标变换式。为保证此变换式在单元上能确定整体坐标与局部坐标间的一一对应关系，使等参数变换能真正施行，必须使变换行列式(雅可比行列式)$|J|$在整个单元上均不等于零。因为：①微分变换式$\mathrm{d}x\mathrm{d}y=|J|\mathrm{d}\xi\mathrm{d}\eta$中$|J|$不能等于零。②$|J|\neq 0$是雅可比矩阵的逆阵存在的必要条件。在什么条件下能使$|J|\neq 0$呢？从雅可比矩阵的具体形式来讨论。展开式(5-45)，有

$$[J]=\begin{bmatrix}\dfrac{\partial x}{\partial \xi} & \dfrac{\partial y}{\partial \xi}\\ \dfrac{\partial x}{\partial \eta} & \dfrac{\partial x}{\partial \eta}\end{bmatrix}=\begin{bmatrix}\sum_{i=1}^{4}\dfrac{N_i(\xi,\eta)}{\partial \xi}\cdot x_i & \sum_{i=1}^{4}\dfrac{N_i(\xi,\eta)}{\partial \xi}\cdot y_i\\ \sum_{i=1}^{4}\dfrac{N_i(\xi,\eta)}{\partial \eta}\cdot x_i & \sum_{i=1}^{4}\dfrac{N_i(\xi,\eta)}{\partial \eta}\cdot y_i\end{bmatrix}$$

$$=\begin{bmatrix}\sum_{i=1}^{4}\dfrac{\xi_i}{4}(1+\eta_i\eta)\cdot x_i & \sum_{i=1}^{4}\dfrac{\xi_i}{4}(1+\eta_i\eta)\cdot y_i\\ \sum_{i=1}^{4}\dfrac{\xi_i}{4}(1+\xi_i\xi)\cdot x_i & \sum_{i=1}^{4}\dfrac{\xi_i}{4}(1+\xi_i\xi)\cdot y_i\end{bmatrix}$$

$$=\begin{bmatrix}\sum_{i=1}^{4}\left(\dfrac{\xi_i x_i}{4}+\dfrac{\xi_i\eta_i x_i}{4}\eta\right) & \sum_{i=1}^{4}\left(\dfrac{\xi_i y_i}{4}+\dfrac{\xi_i\eta_i y_i}{4}\eta\right)\\ \sum_{i=1}^{4}\left(\dfrac{\eta_i x_i}{4}+\dfrac{\xi_i\eta_i x_i}{4}\xi\right) & \sum_{i=1}^{4}\left(\dfrac{\eta_i y_i}{4}+\dfrac{\xi_i\eta_i y_i}{4}\xi\right)\end{bmatrix}$$

令式中常数

$$\begin{cases} A=\dfrac{1}{4}\sum_{i=1}^{4}\xi_i\eta_i x_i,\ B=\dfrac{1}{4}\sum_{i=1}^{4}\xi_i\eta_i y_i \\ a_1=\dfrac{1}{4}\sum_{i=1}^{4}\xi_i x_i,\quad a_2=\sum_{i=1}^{4}\xi_i y_i \\ a_3=\dfrac{1}{4}\sum_{i=1}^{4}\eta_i x_i,\quad a_4=\dfrac{1}{4}\sum_{i=1}^{4}\eta_i y_i \end{cases} \tag{5-49}$$

则雅可比矩阵可写为

$$[J]=\begin{bmatrix} a_1+A\eta & a_2+B\eta \\ a_3+A\xi & a_4+B\xi \end{bmatrix} \tag{5-50}$$

由此得雅可比行列式为

$$\begin{aligned} |J| &= (a_1+A\eta)(a_4+B\xi)-(a_2+B\eta)(a_3+A\xi) \\ &= (a_1a_4-a_2a_3)+(Ba_1+Aa_2)\xi+(Aa_4+Ba_3)\eta \end{aligned} \tag{5-51}$$

它是ξ、η的线性函数。

既然$|J|$是ξ、η的线性函数，要使$|J|\neq 0$在整个单元上成立，只需要求$|J|$在四个节点处的值具有同一符号即可。因为这时由线性函数的性质可知，$|J|$在整个单元上也将有同一符号，从而不为零。

以节点1为例，将局部坐标$(\xi,\eta)=(-1,-1)$ 代入式(5-51)，有

$$|J|_{(-1,1)}=\begin{vmatrix} a_1-A & a_2-B \\ a_3-A & a_4-B \end{vmatrix}$$

将各节点局部坐标和整体坐标代入式(5-49)，计算出a_1、a_2、a_3、a_4、A和B代入上式，可求得

$$|J|_{(-1,1)}=\begin{vmatrix} x_2-x_1 & y_2-y_1 \\ x_4-x_1 & y_4-y_1 \end{vmatrix}=\overline{12}\cdot\overline{14}\cdot\sin\theta_1 \tag{5-52}$$

式中，θ_1为整体坐标系中任意四边形单元的$\overline{12}$边和$\overline{14}$边所夹的角，$\overline{12}$表示$\overline{12}$边的长度，$\overline{14}$表示$\overline{14}$边的长度，如图5-14所示。

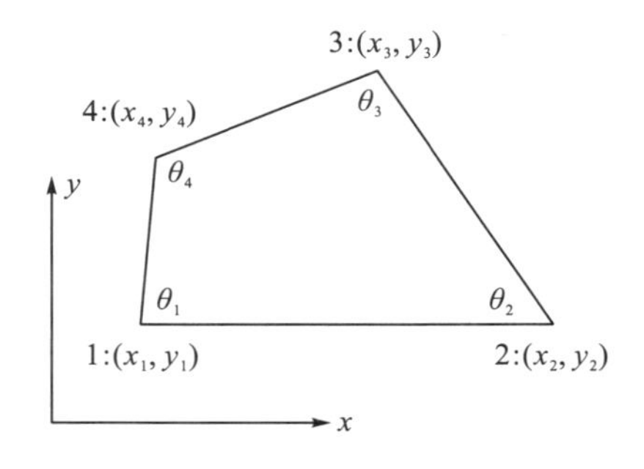

图5-14 四边形单元的四个内角

同理，在节点2、3、4，$|J|$的值分别为

$$\begin{cases} |J|_{(1,-1)} = \overline{21} \cdot \overline{23} \cdot \sin\theta_2 \\ |J|_{(1,1)} = \overline{32} \cdot \overline{34} \cdot \sin\theta_3 \\ |J|_{(-1,1)} = \overline{41} \cdot \overline{43} \cdot \sin\theta_4 \end{cases} \tag{5-53}$$

因为四边形的内角和为

$$\theta_1 + \theta_2 + \theta_3 + \theta_4 = 2\pi$$

所以只有在

$$0 < \theta_i < \pi \quad (i = 1,2,3,4) \tag{5-54}$$

条件下才会使$|J|_i$符号一致(且一定为正)。这说明为保证式(5-40)确定的等参数变换是可行的，在整体坐标系下划分的任意四边形单元必须是凸的四边形，而不能有一个内角等于或大于π，如图5-15所示。也就是说，对求解区域进行任意四边形分割时，不能太任意，其任意性有一个限度。这一限制还可表述为：四边形单元的任意两条对边不能通过适当的延伸在单元上出现交点，如图5-15所示。

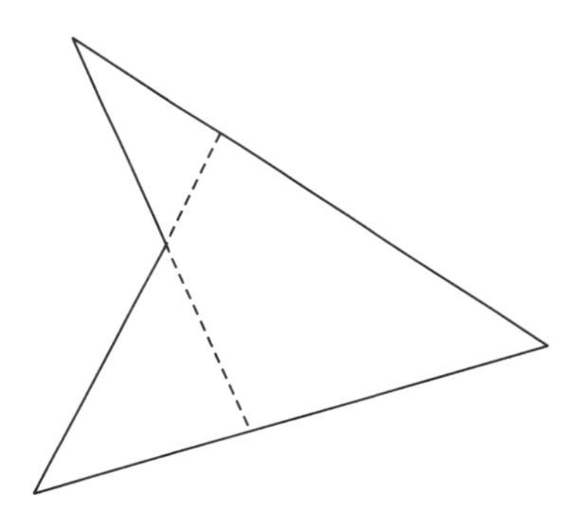

图5-15　非凸的任意四边形

通常为保证计算精度，在划分单元时尽量使四边形单元的形状与正方形相差不远。

3. 八节点曲边四边形等参数单元

任意四边形的四节点等参数单元可以较方便地对求解区域进行分割，但许多情况下仍嫌精度不够理想。这一方面是因为位移插值函数是双线性函数，次数仍较低，另一方面因为整体坐标下的任意四边形是直边四边形，对于具有曲线边界的求解区域的模拟仍会有一定误差。为进一步提高计算精度，可以在四节点等参数单元的基础上增加节点数目，提高位移值插值函数的阶次。使用中采用得最多的是八节点曲边四边形等参数单元。

1) 平面八节点等参数单元位移插值函数

局部坐标下八节点等参数单元仍然是边长为2的正方形。除原来四节点单元的四个角节点外，又将各边中间点取为节点。节点排列和单元形状如图5-16所示。

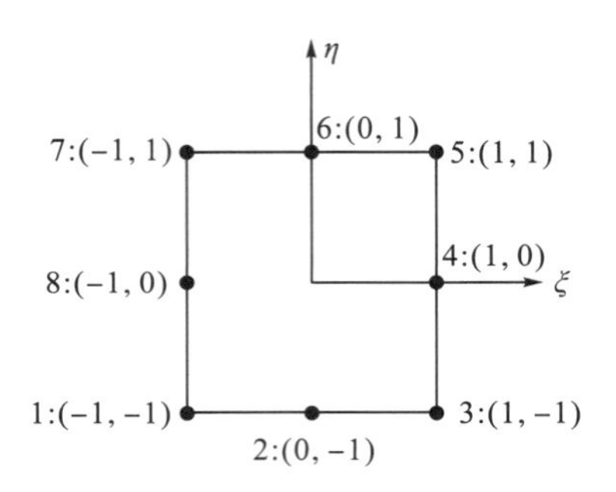

图 5-16　局部坐标下八节点坐标

8 个节点的局部坐标(ξ_i,η_i)　$(i=1,2,\cdots,8)$分别为

$$(-1,-1),\quad(-1,0),\quad(-1,1),\quad(0,1),\quad(1,1),\quad(1,0),\quad(1,-1),\quad(0,-1)$$

位移插值函数取下列多项式形式：

$$\delta=\alpha_1+\alpha_2\xi+\alpha_3\eta+\alpha_4\xi^2+\alpha_5\xi\eta+\alpha_6\eta^2+\alpha_7\xi^2\eta+\alpha_8\xi\eta^2 \tag{5-55}$$

式(5-55)当固定ξ时，δ是η的二次函数；固定η时，δ是ξ的二次函数。因此，这样的位移插值函数是双二次函数，相应的插值称为双二次插值。显然，它比双线性的位移插值函数阶次提高了，计算精度必然也会提高。

那么，这一双二次的位移插值函数是否在单元边界上满足变形协调条件呢？从图 5-16 看，单元每一条边上ξ（或η）为固定值，因此这里δ是ξ或η的二次函数，完全可以由该边上三个节点处的函数值所唯一确定，相邻单元的公共边上，三个节点为两相邻单元所共有。因此，插值函数在此边上的连续性可以得到保证。在此局部坐标下单元变形的协调性条件被满足，再加上等参数坐标变换的相容性，则整体坐标下的变形协调性也将得以满足。

2) 八节点等参数单元的形状函数

记节点处的位移值为$\{\delta_i\}=\begin{Bmatrix}u_i\\v_i\end{Bmatrix}$　$(i=1,2,\cdots,8)$，比照式(5-39)和式(5-55)，八节点四边形等参数单元在局部坐标系下的位移插值函数可写为

$$\delta=\sum_{i=1}^{8}N_i(\xi,\eta)\cdot\delta_i \tag{5-56}$$

式中，$N_i(\xi,\eta)$　$(i=1,2,\cdots,8)$为形状函数。在等参数单元的计算中一般并不关心位移插值函数式(5-55)的具体形式，要注意的是形状函数的形式。因为有了$N_i(\xi,\eta)$以后，立即可由式(5-56)写出相应的位移插值函数。

推导四节点四边形等参数单元的形状函数时是借用本章第一节的结果得到的，这里再讨论一种求形状函数的方法，其中用到了第一节中讨论过的形状函数的性质。

利用形状函数的性质，八节点等参数单元的形状函数可由下述两个条件所唯一确定：

(1) $N_i(\xi,\eta)$是形如式(5-55)的双二次函数。

(2) $N_i(\xi,\eta)$在节点i其值为 1，在其余节点$j(j\neq i)$其值为 0，即

$$N_i(\xi_i,\eta_i)=1,\quad N_i(\xi_j,\eta_j)=1\quad(i=1,2,\cdots,8,\quad j\neq i)$$

式中，(ξ_i,η_i)为节点 i 的局部坐标。

既然形状函数是唯一的，那么可以采用任意方法来求解。以 $N_1(\xi,\eta)$ 为例，由条件(2)，$N_1(\xi,\eta)$ 在节点 2～节点 8 其值为 0，如图 5-16 所示，注意到直线 35、57、28 通过这七个点，而这三条直线的方程分别是

$$\xi-1=0,\quad \eta-1=0,\quad \xi+\eta+1=0$$

这样一来，函数 $N(\xi,\eta)=(\xi-1)(\eta-1)(\xi+\eta+1)$ 在节点 2～节点 8 的值为 0，而且满足条件(1)，是形如式(5-55)的双二次函数，再利用 $N_1(\xi,\eta)$ 在节点 1 $(-1,-1)$ 的值为 1 的条件，可以写出

$$N_1(\xi,\eta)=\frac{(\xi-1)(\eta-1)(\xi+\eta+1)}{[(\xi-1)(\eta-1)(\xi+\eta+1)]_{(-1,-1)}}$$
$$=-\frac{1}{4}(\xi-1)(\eta-1)(\xi+\eta+1)$$

同理可得

$$N_3(\xi,\eta)=\frac{1}{4}(1+\xi)(1-\eta)(\xi-\eta-1)$$
$$N_5(\xi,\eta)=\frac{1}{4}(1+\xi)(1+\eta)(\xi+\eta-1)$$
$$N_7(\xi,\eta)=\frac{1}{4}(1-\xi)(1+\eta)(-\xi+\eta-1)$$

再来求解 $N_2(\xi,\eta)$。它在节点 1 和节点 3～节点 8 应为 0，注意到直线 17、35、57 通过这些点，而这三条直线的方程分别是

$$\xi+1=0,\quad \xi-1=0,\quad \eta-1=0$$

于是函数 $N(\xi,\eta)=(\xi+1)(\xi-1)(\eta-1)=(\xi^2-1)(\eta-1)$ 在这些节点处值为零，而且满足条件(1)，是形如式(5-84)的双二次函数，再利用在节点 2 $(0,-1)$ 的值为 1 的条件，可以写出

$$N_2(\xi,\eta)=\frac{(\xi^2-1)(\eta-1)}{\left[(\xi^2-1)(\eta-1)\right]_{(0,-1)}}=\frac{1}{2}(1-\xi^2)(1-\eta)$$

同理可得

$$N_4(\xi,\eta)=\frac{1}{2}(1-\eta^2)(1+\xi)$$
$$N_6(\xi,\eta)=\frac{1}{2}(1-\xi^2)(1+\eta)$$
$$N_8(\xi,\eta)=\frac{1}{2}(1-\eta^2)(1-\xi)$$

利用八个节点的局部坐标值可将上述形状函数写成统一的形式：

$$N_i(\xi,\eta)=\begin{cases}\frac{1}{4}(1+\xi_i\xi)(1+\eta_i\eta)(\xi_i\xi+\eta_i\eta-1) & (i=1,3,5,7)\\ \frac{1}{2}(1-\xi^2)(1+\eta_i\eta) & (i=2,6)\\ \frac{1}{2}(1-\eta^2)(1+\xi_i\xi) & (i=4,8)\end{cases} \tag{5-57}$$

这就是八节点平面等参数单元的形状函数，它使下述等式成立：

$$\begin{cases}\xi=\sum_{i=1}^{8}N_i(\xi,\eta)\cdot\xi_i\\ \eta=\sum_{i=1}^{8}N_i(\xi,\eta)\cdot\eta_i\end{cases} \tag{5-58}$$

及

$$\sum_{i=1}^{8}N_i(\xi,\eta)=1 \tag{5-59}$$

说明在局部坐标下满足常应变准则。

3) 等参数变换及其实现条件

给出整体坐标下 8 个点的坐标值(x_i,y_i) $(i=1,2,\cdots,8)$，由等参数变换的思想可写出局部坐标(ξ,η)到整体坐标(x,y)的坐标变换式：

$$\begin{cases}x=\sum_{i=1}^{8}N_i(\xi,\eta)\cdot x_i\\ y=\sum_{i=1}^{8}N_i(\xi,\eta)\cdot y_i\end{cases} \tag{5-60}$$

类似于四节点等参数单位的坐标变换，式(5-60)可以满足坐标变换的相容性。此时，坐标变换矩阵(雅可比矩阵)的形式为

$$[J]=\left[\frac{\partial(x,y)}{\partial(\xi,\eta)}\right]=\begin{bmatrix}\sum_{i=1}^{8}\frac{\partial N_i(\xi,\eta)}{\partial\xi}\cdot x_i & \sum_{i=1}^{8}\frac{\partial N_i(\xi,\eta)}{\partial\xi}\cdot y_i\\ \sum_{i=1}^{8}\frac{\partial N_i(\xi,\eta)}{\partial\eta}\cdot x_i & \sum_{i=1}^{8}\frac{\partial N_i(\xi,\eta)}{\partial\eta}\cdot y_i\end{bmatrix} \tag{5-61}$$

相应的逆矩阵$[J]^{-1}$和雅可比行列式的表达式也可以由此写出。

通过坐标变换式可以了解整体坐标下单元的形状。以局部坐标下单元的$\overline{345}$边为例，过这几个节点的直线方程为$\xi=1$，将$\xi=1$代入坐标变换式(5-60)，可得$\overline{345}$边在整体坐标下的参数方程形式：

$$\begin{cases}x=a\eta^2+b\eta+c\\ y=d\eta^2+e\eta+f\end{cases} \tag{5-62}$$

消去参数η可知，这是一个抛物线方程(特殊情况下可退化为一直线)，单元的其余边也是类似的。可见八节点等参数单元在整体坐标下是以抛物线为边线的曲边四边形单元，如图

5-17 所示。它可以较好地模拟计算区域的曲线边界，使计算精度提高。另外，每一边上有三个节点，三个节点处的函数值可唯一确定这条抛物线。这样又从另一方面说明了八节点曲边四边形等参数单元在整体坐标下满足相容性条件。

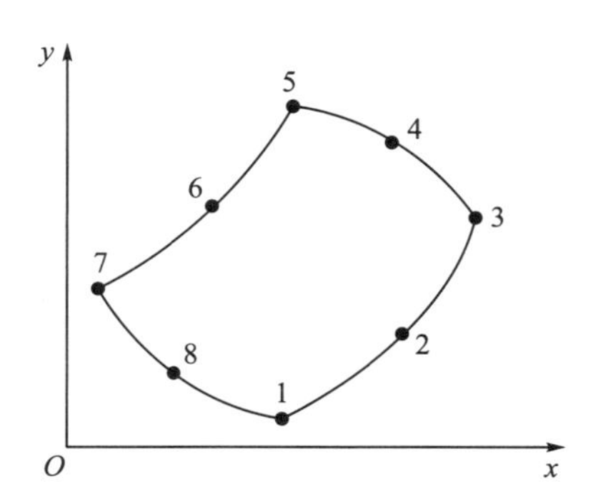

图 5-17　整体坐标下八节点单元形状

为保证等参数坐标变换能顺利进行，仍需使$|J| \neq 0$。类似于四节点等参数单元，整体坐标下八个节点的位置配置和单元形状需要进行一定的限制。不能使单元太歪斜。单元划分时整体坐标下曲四边形的任意两条对边即使通过适当的延长也不能在单元上出现交点。也就是说不能有图 5-18 所示的单元形式出现，否则会使计算无法进行。另外，每边的中间点应尽量在两角点的当中，若位于1/3 分点，则会出现较大计算偏差，若位于1/4 分点，则计算结果会完全不正确，甚至方程出现奇异性，计算无法进行下去。因此，单元划分时应做到：

(1) 单元划分尽量接近正方形。

(2) 中间节点尽量位于每边的 1/2 分点处。

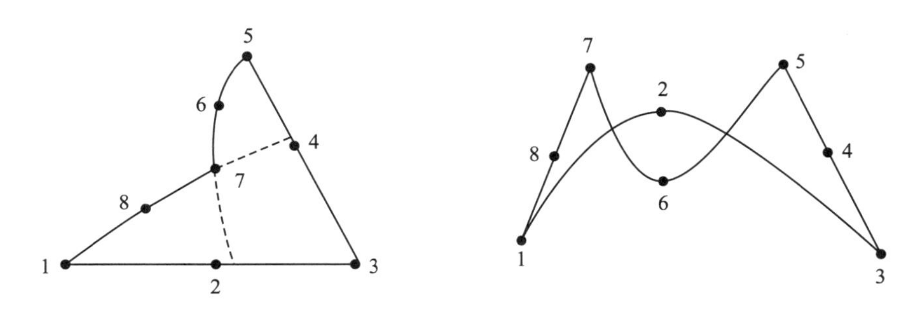

图 5-18　不允许出现的单元形式

4) 等参数单元的特点

等参数单元的计算精度高，可以较好地模拟曲线边界的求解区域，这些都使等参数单元在有限元计算中得到广泛应用。等参数单元的另一个重要优点是它所需要输入的数据量少。有资料表明，对于一个平面应力分析的问题，分别采用三节点三角形线性单元和八节点等参数单元求解，采用同样多的节点(200 个节点)及完全相同的节点分布形式。三角形单元用了约 300 个单元，输入的数据量多，而且计算精度在应力集中处却不理想。八节点等参数单元只用了 50 个单元，输入数据大大减少，而且计算精度高，应力集中处与实际情况基本相同。因此，现在的有限元分析大多数采用等参数单元计算。

等参数单元的主要缺点是由于要进行等参数变换，程序的编制变得复杂。另外，由于要进行数值积分，形成刚度矩阵的计算时间加长，占用较多的计算机资源。尽管如此，在已有程序和计算机计算速度不断提高的情况下，上述缺点都不成为使用中的主要障碍。

如果认为八节点等参数单元的计算精度还不够高，还可以在单元每边加节点以提高位移插值函数的阶次，如图 5-19 所示的十二节点单元。仿照本节的方法可写出它的形状函数。实际情况是八节点等参数单元解平面问题精度通常足够了。

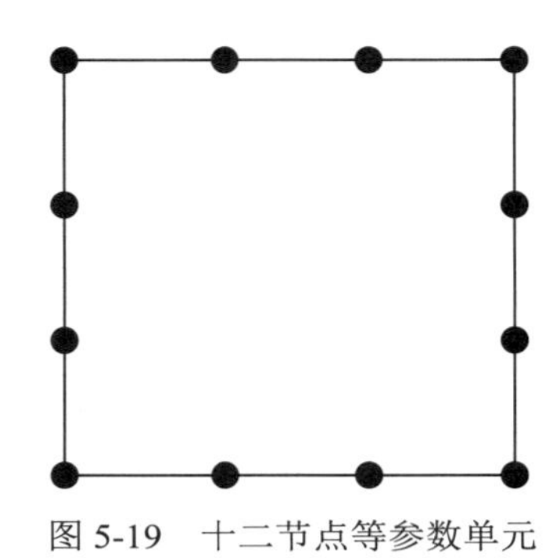

图 5-19　十二节点等参数单元

4. 数值积分

在讨论平面问题等参数单元计算格式时曾提到，为求出等参数单元的刚度矩阵，需要计算下述形式的积分：

$$\int_{-1}^{1}\int_{-1}^{1} f(\xi,\eta)\mathrm{d}\xi\mathrm{d}\eta = \int_{-1}^{1}\int_{-1}^{1}[B]^{\mathrm{T}}[D][B]t|J|\mathrm{d}\xi\mathrm{d}\eta \tag{5-63}$$

而且被积函数 $f(\xi,\eta)$ 由于等参数变换的缘故而成为非常复杂的形式，很难解析计算这一积分，实际计算时是采用数值积分的方法求解。采用数值积分必然会带来一定的误差，数值积分的精度越高，误差越小，但数值积分的计算工作量增大。实用中必须考虑计算精度与计算开销的适当统一。

为简单计，从一维函数积分 $\int_{-1}^{1} f(\xi)\mathrm{d}\xi$ 开始讨论数值积分方法，再将其推广到二维、三维情况。

1) 牛顿-科茨求积法

在积分区间 $[-1,1]$ 上取 n 个分点，$\xi_1=-1<\xi_2<\cdots<\xi_{n-1}<\xi_n=1$，求出各分点处的函数值 $f\left(\xi_k\right)$ $(k=1,2,\cdots,n)$。然后利用这些点处的函数值构造一个 m 次多项式，并对这一多项式进行精确积分，以此代替原函数的积分。实用中是利用已经求出的 m 次多项式的积分公式。应用时代入相应的节点坐标和节点处函数值即可。

m=0 时是最简单的矩形公式：

$$\int_{-1}^{1} f(\xi)\mathrm{d}\xi = \sum_{k=1}^{n-1} f\left(\xi_k\right)\left(\xi_{k+1}-\xi_k\right) \tag{5-64}$$

这一公式的几何意义是用图 5-20(a) 中矩形阴影面积代替原来的曲边梯形面积。

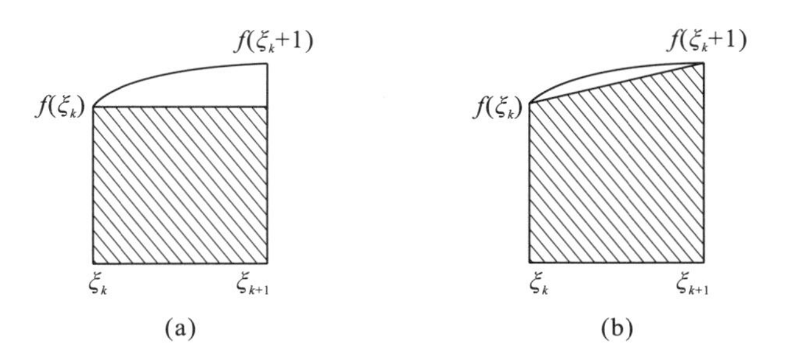

图 5-20　牛顿-科茨求积法的几何意义

m=1 时是梯形公式：

$$\int_{-1}^{1} f(\xi)\mathrm{d}\xi = \sum_{k=1}^{n-1}\frac{1}{2}\left[f\left(\xi_k\right)+f\left(\xi_{k+1}\right)\right]\left(\xi_{k+1}-\xi_k\right) \tag{5-65}$$

这一公式的几何意义为在区间 $\left[\xi_k,\xi_{k+1}\right]$ 内用图 5-20(b) 中梯形阴影面积代替原来的曲边梯形面积。

m=2 时是辛普森公式：

$$\int_{-1}^{1} f(\xi)\mathrm{d}\xi = \sum_{k=1}^{n-1}\frac{1}{3}\left[f\left(\xi_k\right)+4f\left(\xi_{k+\frac{1}{2}}\right)+f\left(\xi_{k+1}\right)\right]\left(\xi_{k+1}-\xi_k\right) \tag{5-66}$$

可以一直将公式写下去，将它们写成统一的形式为

$$\int_{-1}^{1} f(\xi)\mathrm{d}\xi = \sum_{k=1}^{n} H_k f\left(\xi_k\right) \tag{5-67}$$

式中，H_k 为求积系数或称积分系数。

因为 n 个函数值最高可以确定一个 $(n-1)$ 次多项式，所以牛顿-科茨(Newton-Cotes)积分公式具有 $n-1$ 次的代数精度，即公式的误差是 $O\left(\Delta^n\right)$。

2) 高斯求积法

如果不事先规定积分点的位置，而是允许这一些点位于能得到精度最好的积分值处。在只给定积分点数目的条件下，这样做可以提高所构造的求积公式的精度。例如，仍采用公式

$$\int_{-1}^{1} f(\xi)\mathrm{d}\xi = \sum_{k=1}^{n} H_k f\left(\xi_k\right)$$

则如果规定可以取 n 个分点，必须求出 n 个未知量，即 n 个分点位置和 n 个分点处的函数值 $\left(\xi_k \text{ 和 } f\left(\xi_k\right), k=1,2,\cdots,n\right)$。$2n$ 个未知量求出后最高可以构造一个 $(2n-1)$ 次多项式，对

它进行精确积分，并用积分结果代替原函数的积分，其误差是$O\left(\Delta^{2n}\right)$。也就是说，这种求积公式具有$(2n-1)$次的代数精度，这样求出的数值积分公式称为高斯积分公式。

高斯积分公式中H_k和ξ_k的求解比较复杂，例如，积分点应是勒让德多项式$L_n(\xi)$的n个不同的实根，即要求解勒让德多项式。而积分系数H_k也与勒让德多项式的导数有关。工程中是利用已求出的H_k和ξ_k所列成的表格查取应用，见表5-1。

表5-1 高斯积分点与积分系数

n	积分点坐标 ξ_k	积分系数 H_k
2	±0.5773502692	1
3	±0.77459666920 0	0.5555555556 0.8888888889
4	±0.8611363116 ±0.3399810436	0.3478548451 0.6521451549
5	±0.9061798459 ±0.5384693101 0	0.2369268851 0.4786286705 0.5688888889

从上面的分析可知，在积分点数目相同的情况下，高斯求积法比牛顿-科茨求积法精度高，反过来在保证相同精度的前提下，高斯积分法的计算次数少。对等参数的有限元分析，被积函数$f(\xi,\eta)=[B]^{\mathrm{T}}[D][B]|J|$的计算十分复杂，因此计算次数少的高斯积分法更适用。因此，等参数有限元分析中的数值积分都采用高斯求积法。

3) 合适的高斯积分阶数

用数值积分代替精确积分，无疑计算时会产生误差。为尽量减小这一误差，希望采用尽可能高的数值积分阶次。但是数值积分的计算是非常费时的。组集刚度矩阵时相当多的时间花费在计算数值积分上。高阶次的数值积分计算将使计算费用大幅度提高。例如，对平面问题n=2时，每个单元有4个积分点，n=3时有9个，n=4时高达16个。二维问题是平方关系，三维问题就是立方关系，见表5-2。因此，选用数值积分的阶次应保证积分收敛和计算精度在允许范围内时尽量低。经验表明，二维情况下，四节点单元n取2，八节点单元n取3较好。有时八节点单元取n=2也会有较好的计算精度。

表5-2 积分点个数与积分阶次间的关系

阶次 n	一维	二维	三维
2	2	4(2×2)	8(2×2×2)
3	3	9(3×3)	27(3×3×3)
4	4	16(4×4)	64(4×4×4)

第二节　有限元法的应用

一、活塞的热应力分析

1. 活塞有限元模型的建立

在建模软件中建立组合式钢顶铝裙活塞的三维模型(图 5-21)，导入有限元分析软件中建立有限元模型。采用 SOLID70 单元对活塞模型进行网格划分(图 5-22)。表 5-3 列出了温度场计算所需的活塞材料的性能参数。活塞顶面温度较高且波动较大，因此顶部结构对网格要求更高。选取活塞顶部单元尺寸为 5mm，裙部单元尺寸为 8mm。共划分了 116571 个单元，得到 26630 个节点。

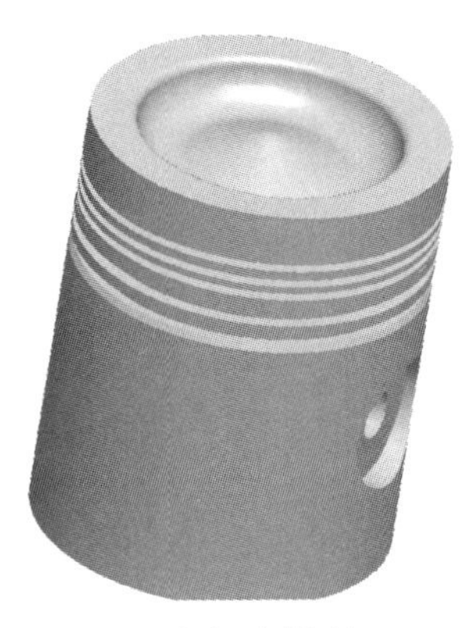

图 5-21　活塞组合模型

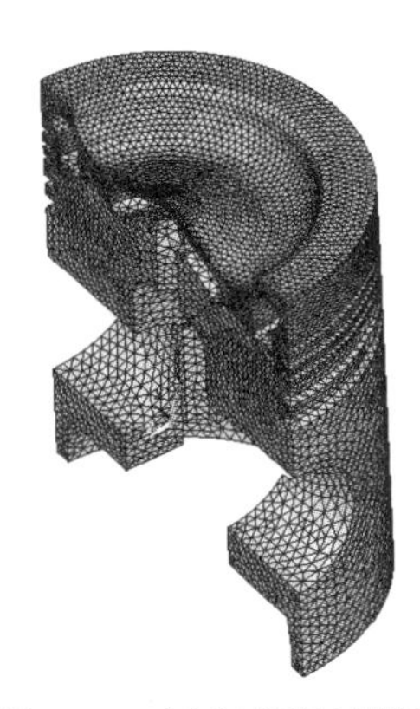

图 5-22　活塞有限元模型

表 5-3　活塞材料性能参数

参数	参数值	
	42CrMo（顶部）	LD11（裙部）
弹性模量/ MPa	206	79
泊松比	0.28	0.33
导热系数/ (W/ (m·K))	40	138
线膨胀系数 /($\times10^{-6}$ / K)	12.1	20
密度 /(kg / m^3)	7900	2800
比热容 /(J / (kg·℃))	460	880

2. 活塞热边界条件确定及稳态温度场计算分析

采用有限元法计算活塞温度场之前，需要定义合理的初始条件和边界条件。采用第三类边界条件开展活塞的稳态温度场分析工作。即给出活塞与周围介质的对流换热系数和介质温度：

$$-\lambda \frac{\partial t\{p,t\}}{\partial n}=\alpha\left[t_{\mathrm{f}}(p,t)-t(p,t)\right] \tag{5-68}$$

式中，λ 为导热系数；α 为对流换热系数。$t_{\mathrm{f}}(p,t)-t(p,t)$ 为换热表面与换热环境的温差。

为方便之后的分析研究，将活塞划分成 7 个特征区域，如图 5-23 所示。下面分别对每一区域换热系数的确定进行说明。

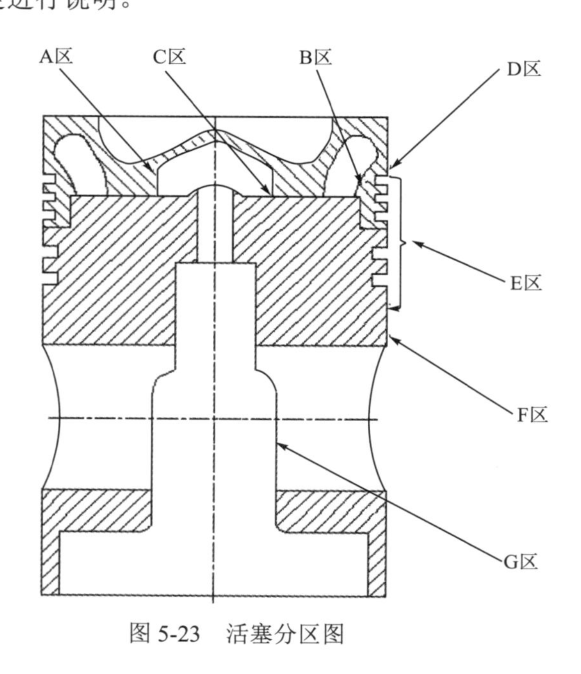

图 5-23　活塞分区图

1) 活塞顶部半径等效换热系数

活塞顶部(A 区)的换热系数不仅在单循环内的不同时间点的瞬时换热系数不同，且活塞顶部燃烧室型的结构导致活塞顶部在不同位置的换热系数也不一样，本章先研究稳态情况下的传热系数。选取 Seal-Taylor 经验公式作为 16V280 柴油机活塞顶面换热系数的计算公式。

$r<N$ 时，有

$$\alpha_r=\frac{k_1\alpha_{\mathrm{m}}}{\left(1+\mathrm{e}^{0.1(N/25.4)^{k_2}}\right)}\mathrm{e}^{0.1(r/25.4)^{k_2}} \tag{5-69}$$

$r>N$ 时，有

$$\alpha_r=\frac{k_1\alpha_{\mathrm{m}}}{\left(1+\mathrm{e}^{0.1(N/25.4)k_2}\right)}\mathrm{e}^{0.1[(2N-r)/25.4]k_2}+k_3\alpha_{\mathrm{m}}[(r-N)/25.4]^{1.5/k_2} \tag{5-70}$$

式中，N 为从活塞顶面最大换热系数离活塞顶面中心的距离，对 16V280 活塞取 98mm；r 为距离活塞中心径向距离；k_1 用于调整总放热量，对 16V280 活塞取 2.20；k_2 用于调整上升段曲线的斜率，对 16V280 活塞取 1.90；k_3 用于修正下降段曲线斜率，对 16V280 活塞取 0.05。

柴油机在工作循环中，燃气的平均温度非常高(600～800℃)，最高瞬时温度可达1500～2000℃，出现在膨胀冲程。由Woschni公式可以计算出燃气综合平均温度(参考机型为16V280柴油机)，由计算可得燃气平均温度为750℃，以此作为活塞的温度边界条件。活塞顶部热边界条件结果见表5-4。

表5-4　活塞顶部热边界条件

编号	半径	换热系数 /(W / (m^2·℃))	温度/℃
A1	0R～0.1R	550	750
A2	0.1R～0.2R	590	750
A3	0.2R～0.3R	610	750
A4	0.3R～0.4R	640	750
A5	0.4R～0.5R	680	750
A6	0.5R～0.6R	830	750
A7	0.6R～0.7R	790	750
A8	0.7R～0.8R	560	750
A9	0.8R～0.9R	550	750
A10	0.9R～1.0R	540	750

2) 活塞冷却腔的换热系数

活塞冷却腔散热比例高达86%～95%，是最有效的冷却方式。因此，冷却腔在高速大功率柴油机中广泛使用。由于活塞的往复运动，冷却腔中冷却油对活塞进行强烈冲击，致使其表面具有较高的表面换热系数。现在通过振荡换热，柴油机活塞冷却腔的换热系数达到较高值，通常为1000～4000 W / (m^2·℃)。

应用Bush公式和French修正公式对冷却腔的换热系数进行了计算，结果见表5-5。

表5-5　Bush公式与French修正公式计算结果对比

公式名称	环形冷却腔换热系数 /(W / (m^2·℃))	中心冷却腔换热系数 /(W / (m^2·℃))
Bush 公式	1680	1140
French 修正公式	4460	2980

从表中可以看出：French修正公式计算所得的换热系数比Bush公式大，因为French修正公式的常系数较大。中心冷却腔的换热系数比环形冷却腔换热系数小，这是因为环形冷却腔的当量直径较小。

冷却腔顶部由于受冷却油的反复冲击冷却，应该用French修正公式。冷却腔中部，由于振荡冷却效果不是特别明显，应该用Bush公式。为了得到更加精确的结果，结合反求法，将冷却腔再次精确划分，分为上、中、下、底面四个区域如图 5-24 所示。

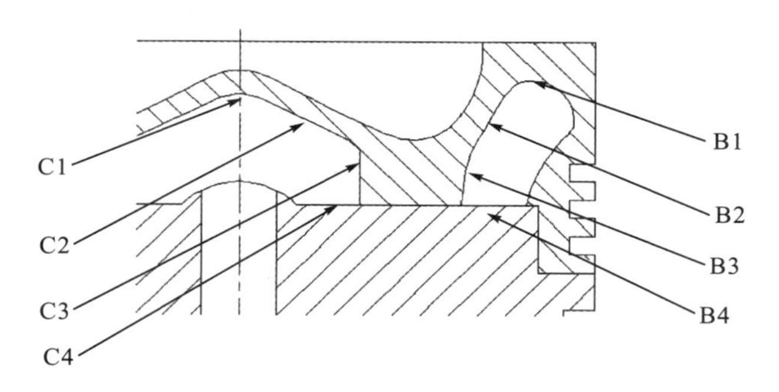

图 5-24　活塞冷却腔分区图

查阅相关文献可知：参考机型 16V280 柴油机活塞的冷却油的进口温度约为 90℃，冷却油在活塞中经环形冷却腔进入中心冷却腔，再由内外腔通孔排出，导致中心冷却腔的油温比环形冷却腔的油温高。查得中心冷却腔冷却油的出口温度为 120℃左右。在计算 16V280 柴油机活塞温度场时，取环形冷却腔冷却油的平均温度为 100℃，中心冷却腔的温度为 110℃。经计算，活塞冷却腔各分区换热系数和温度数值见表 5-6。

表 5-6　活塞冷却腔边界条件

区域	换热系数 /(W / (m^2 · ℃))	介质温度/℃
	B 区：环形冷却腔	
B1　冷却腔上部	5000	100
B2　冷却腔中部	1800	100
B3　冷却腔下部	600	100
B4　冷却腔底部	1000	100
	C 区：中心冷却腔	
C1　冷却腔上部	2700	110
C2　冷却腔中部	2800	110
C3　冷却腔下部	1800	110
C4　冷却腔底部	1000	110
内外腔通孔	1500	105

3) 活塞火力岸换热系数

因为直接靠近燃气，火力岸区域的温度也非常高，高达 400℃以上，火力岸的换热系数根据相关研究得到的试验数据选取。根据参考机型(16V280 柴油机)的设计尺寸参数，可由曲线图上查得柴油机活塞火力岸的换热系数为 110 W / (m^2 · ℃)，16V280 活塞顶面燃气平均温度为 750℃，取活塞火力岸表面温度为 450℃。

4）活塞环及活塞裙部的换热系数

活塞侧面的换热系统可以等效为多层平板模型传热系统。在该系统中，热量由活塞传递给活塞环，再由活塞环经间隙中的油膜传递给气缸套，最后气缸套中的热量传递给冷却水，由冷却水循环带走。活塞环各部分以及活塞裙部的换热系数按表 5-7 所列出的公式计算，表 5-7 中各变量符号含义由表 5-8 列出。

表 5-7　活塞环及活塞裙部换热系数计算公式表

活塞侧表面部分	计算公式	说明
头部	$\dfrac{1}{\dfrac{a}{\lambda_1}+\dfrac{b}{\lambda_2}+\dfrac{1}{h_w}}$	间隙处为燃气
	第一道气环	
上沿	$\dfrac{1}{\dfrac{c}{\lambda_1}+\dfrac{d}{\lambda_3}+\dfrac{1}{h_w}+\dfrac{b}{\lambda_2}}$	间隙处为燃气
内沿	$\dfrac{1}{\dfrac{e}{\lambda_1}+\dfrac{l}{\lambda_3}+\dfrac{1}{h_w}+\dfrac{b}{\lambda_2}}$	间隙处为燃气
下沿	$\dfrac{1}{\dfrac{d}{\lambda_3}+\dfrac{1}{h_w}+\dfrac{b}{\lambda_2}}$	下沿表面与活塞紧密贴合
	第二、三道气环	
上沿和下沿	$\dfrac{1}{\left(\dfrac{c}{2\lambda_1}+\dfrac{c}{2\lambda_0}\right)+\dfrac{b}{\lambda_2}+\dfrac{n}{\lambda_0}+\dfrac{d}{\lambda_3}+\dfrac{1}{h_w}}$	上沿、内沿和下沿间隙处油气各半
内沿	$\dfrac{1}{\left(\dfrac{e}{2\lambda_1}+\dfrac{e}{2\lambda_0}\right)+\dfrac{b}{\lambda_2}+\dfrac{n}{\lambda_0}+\dfrac{1}{\lambda_3}+\dfrac{1}{h_w}}$	环外侧间隙全为油
	油环	
上沿和下沿	$\dfrac{1}{\dfrac{c}{\lambda_0}+\dfrac{b}{\lambda_2}+\dfrac{n}{\lambda_0}+\dfrac{d}{\lambda_3}+\dfrac{1}{h_w}}$	上沿、内沿、下沿和外沿四处间隙中均为油
内沿	$\dfrac{1}{\dfrac{e}{\lambda_0}+\dfrac{b}{\lambda_2}+\dfrac{n}{\lambda_0}+\dfrac{l}{\lambda_3}+\dfrac{1}{h_w}}$	上沿、内沿、下沿和外沿四处间隙均为油
第一环岸	$\dfrac{1}{\dfrac{a}{2\lambda_1}+\dfrac{a}{2\lambda_0}+\dfrac{b}{\lambda_2}+\dfrac{1}{h_w}}$	间隙处为燃气
第二环岸	$\dfrac{1}{\dfrac{a}{\lambda_0}+\dfrac{b}{\lambda_2}+\dfrac{1}{h_w}}$	间隙处油气各半

续表

活塞侧表面部分	计算公式	说明
	油环	
第三环岸	$\dfrac{1}{\dfrac{a}{\lambda_0}+\dfrac{b}{\lambda_2}+\dfrac{1}{h_w}}$	间隙中为油
裙部	$\dfrac{1}{\dfrac{a}{\lambda_0}+\dfrac{b}{\lambda_2}+\dfrac{1}{h_w}}$	间隙中为油

表 5-8 表 5-7 计算公式符号含义

符号	说明
a	活塞侧面间隙
b	缸套厚度
c	环上沿间隙
d	环中心间距 $d=\sqrt{\left(\dfrac{h}{2}\right)^2+\left(\dfrac{l}{2}\right)^2}$
e	环内沿间隙
h	环高
l	环径向高度
λ_1	燃气的导热系数
λ_2	缸套的导热系数
λ_3	活塞环的导热系数
λ_0	冷却机油的导热系数
h_w	缸套冷却水换热系数

活塞侧面各部分换热系数计算结果见表 5-9。

表 5-9 活塞侧面各部分换热系数计算结果

区域	换热系数 /(W / (m^2 · ℃))	介质温度/℃
D 活塞顶火力岸	110	400
	E 区：活塞侧面环区	
E1 第一环槽上平面	351	150
E2 第一环槽内侧面	58	150
E3 第一环槽下侧面	740	150
E4 第二、三环槽上平面	461	120
E5 第二、三环槽内侧面	58	120
E6 第二、三环槽下平面	742	120

续表

区域	换热系数/(W/(m²·℃))	介质温度/℃
E 区：活塞侧面环区		
E7 油环环槽上平面	464	90
E8 油环环槽内侧面	48	90
E9 油环环槽下平面	790	90
E10 第一环岸	150	260
E11 第二环岸	200	150
E12 第三环岸	200	150
F 裙部外表面	300	90

5）活塞裙部内表面的换热系数

活塞裙部内表面的换热系数，可以根据热平衡方程式，再结合导热和对流换热的基本公式得到活塞内表面的对流换热系数：

$$h=\frac{\lambda_{\mathrm{p}}}{\delta_{\mathrm{p}}}\cdot\frac{t_{\mathrm{w1}}-t_{\mathrm{w2}}}{t_{\mathrm{w2}}-t_{\mathrm{oil}}} \tag{5-71}$$

式中，λ_{p}为活塞裙部材料的导热系数；δ_{p}为活塞顶面到活塞内腔上表面的距离；t_{w1}为活塞顶温度；t_{w2}为活塞内腔温度；t_{oil}为活塞内腔中油雾温度。

因为该部分占总散热量的比例不高，所以活塞裙部内腔的温度并不高，根据前人总结的公式和经验，取活塞内腔的表面平均温度为105℃，表面换热系数为300 W/(m²·℃)。

6）活塞换热系数修正

上述初始换热系数均是根据经验或半经验公式确定的。因此，有必要对各区域的换热系数以及环境温度进行修正。首先代入初始边界条件，将仿真结果与实测温度值对比（活塞表面特征点温度实测值由机车车辆工艺研究所提供），不断修正活塞介质温度和各区域的换热系数，以求得最接近试验结果的仿真稳态温度场，具体流程如图5-25所示。

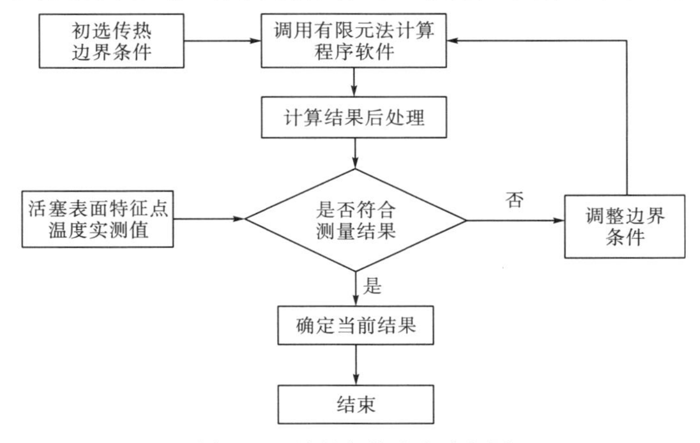

图5-25　边界条件确定流程图

7) 活塞稳态温度场计算

通过循环计算，最终确定下来使活塞各点温度和实测点温度相同的活塞热边界条件。温度场分布如图 5-26 和图 5-27 所示。

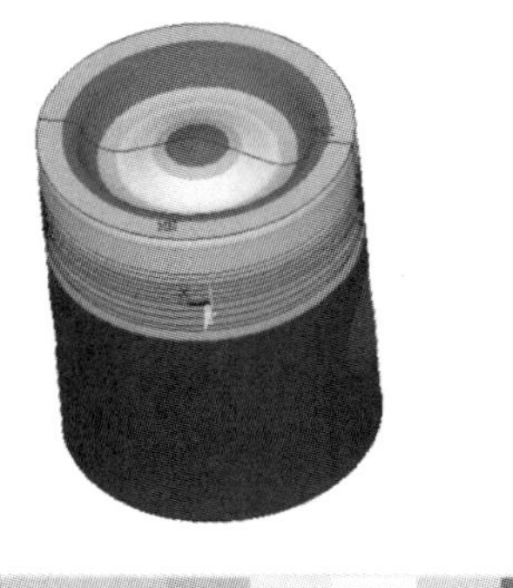

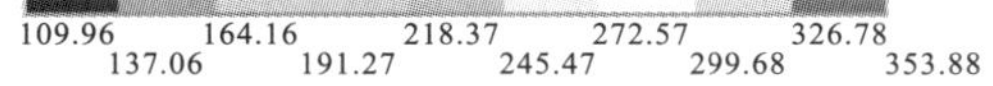

图 5-26 活塞表面整体温度分布(单位：℃)

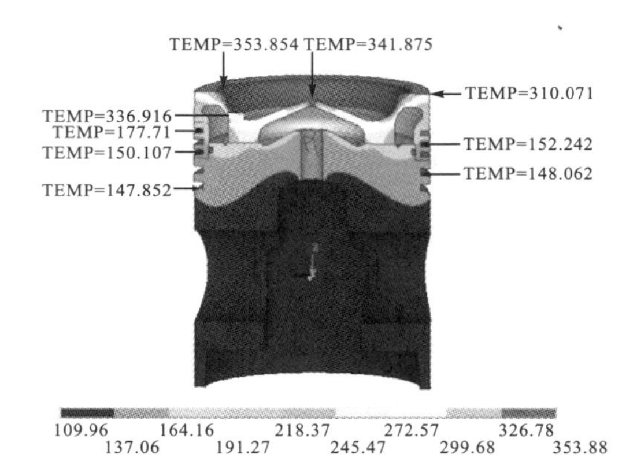

图 5-27 活塞顶部特征点温度值(单位：℃)

将有限元计算的活塞温度场特征点温度值和实测值进行对比，见表 5-10。

表 5-10 活塞温度有限元计算值和实测值对比

序号	部位	计算值/℃	实测值/℃	偏差/℃	误差/%
1	活塞顶部中心处	341.88	342.00	0.12	0.04
2	燃烧室底部	336.92	338.00	1.08	0.32
3	燃烧室边缘	353.85	354.00	0.15	0.04
4	火力岸顶面	310.07	312.00	1.93	0.62
5	第一气环环槽	177.71	176.00	1.71	0.97
6	第三气环环槽	150.11	150.00	0.11	0.07
7	第一油环环槽	148.06	145.00	3.06	2.11
8	第三油环环槽	147.85	145.00	2.85	1.97

从对比表中可以看出，活塞温度的计算值和实测值吻合度很高，计算值和实测值的误差均在 3%之内。特别是顶面误差范围都在 1%内，说明用有限元分析软件模拟温度场是非常成功的。第二气环的误差较大的原因是，在多层平板模型中，设定第二气环与活塞套的间隙为油、气各半，这就导致计算时的换热系数与真实值有误差，但是该处的换热量较小，在分析时对整体的结果影响不大。

由活塞稳态温度场云图和活塞顶部热流密度云图可以看出，活塞顶部燃烧室边缘温度高，活塞腔附近热流密度大，此处容易产生较大的热应力。活塞裙部最高温度为 176℃，没有超过 300～350℃，因此活塞铝裙的机械强度能够得到保证。第一道环槽的温度为 177℃，没有超过 220℃，因此润滑油将不会变质，也就不会产生胶结从而导致活塞环卡死。

3. 活塞热冲击瞬态温度场的确定

在柴油机工作时的每一循环内，缸内燃气的瞬时温度会随着循环的进行发生变化，从而引起活塞温度场的波动。在一个循环内研究活塞温度场波动时，活塞顶部的换热边界条件会随着燃气温度的波动而不断改变，活塞顶的瞬态边界条件可由 Woschni 公式确定，其他部位的换热边界条件可以看成一个准稳态的传热过程。有限元计算过程中，在稳态温度场(图 5-28)的基础上，施加瞬态的载荷，以此来得到温度场的波动情况。由于计算机性能的限制，每隔 30° 曲轴转角为活塞加载一次瞬态边界条件，计算活塞在一个循环周期内的温度场变化情况。由于 ANSYS 瞬态计算以时间为单位，考虑 16V280 发动机额定转速 1000r/min，则瞬态加载时间间隔为 0.0048s，一个工作循环持续时间为 0.12s。瞬态温度场计算设置的材料参数见表 5-3。

Woschni 公式：

$$\alpha = 130 d^{-0.2} p^{0.8} T^{-0.53} \left\{ C_1 C_m \left[1 + 2\left(\frac{V_{TOC}}{V} \right)^2 p_{IMPE}^{-0.2} \right] \right\}^{0.8} \tag{5-72}$$

式中，V_{TOC} 为活塞到达上止点时的缸内容积，即燃烧室容积；V 为气缸容积；p_{IMPE} 为平均指示压力；d 为气缸当量直径。

用 Woschni 公式计算得到平均换热系数为 948W/(m^2·K)，综合平均温度 975K，传热量占总热量的 3.28%。

在 ANSYS 中进行瞬态计算，选取 7 个特征点以曲线图的形式考察温度波动情况，特征点分布如图 5-28 所示，其温度曲线如图 5-29～图 5-31 所示。

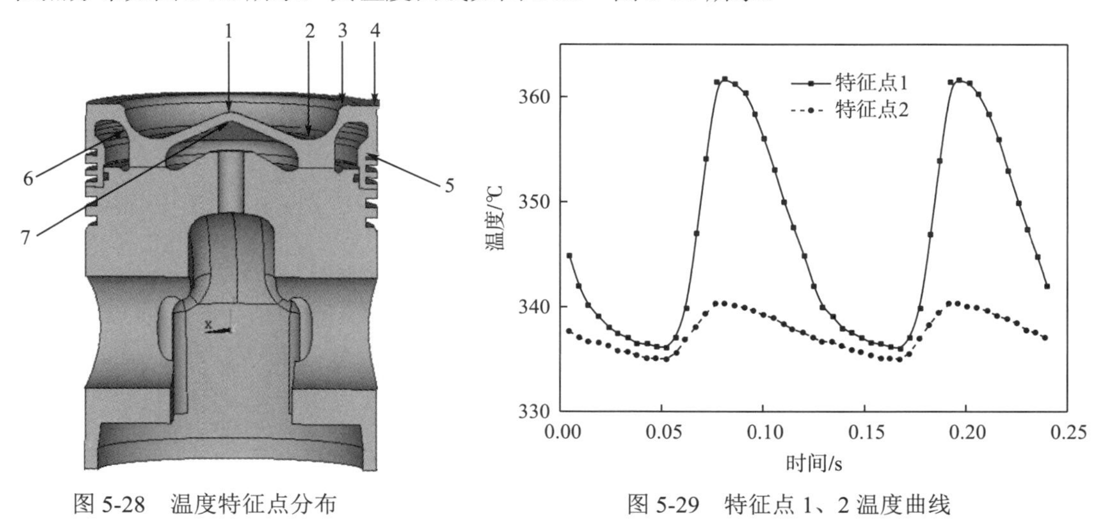

图 5-28　温度特征点分布　　图 5-29　特征点 1、2 温度曲线

ANSYS 有限元瞬态计算完成后，得到一个工作循环内不同时刻对应的温度场分布云图。由结果可以看出，瞬态分析的终点温度场云图和第二节稳态温度场分析得到的云图基本相似。这就表明即使燃烧室内燃气的温度和活塞表面的对流换热系数剧烈改变，由于材

料的热惯性，在每一个时刻，活塞的温度场都可以看成稳态温度场。从整体看，在单个循环中，活塞温度最高点和最低点不变，分别在燃烧室边沿处和活塞裙部底部。在一个循环中，活塞温度值最低为 337℃，温度值最高为 362℃，分别发生在压缩冲程 270°CA 和膨胀冲程 390°CA 附近。

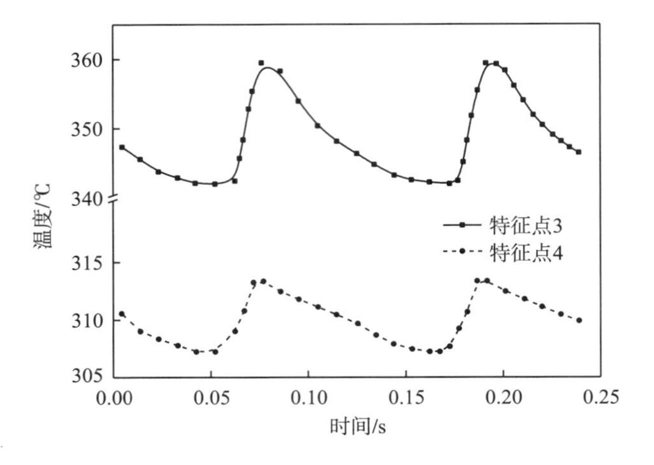

图 5-30 特征点 3、4 温度曲线

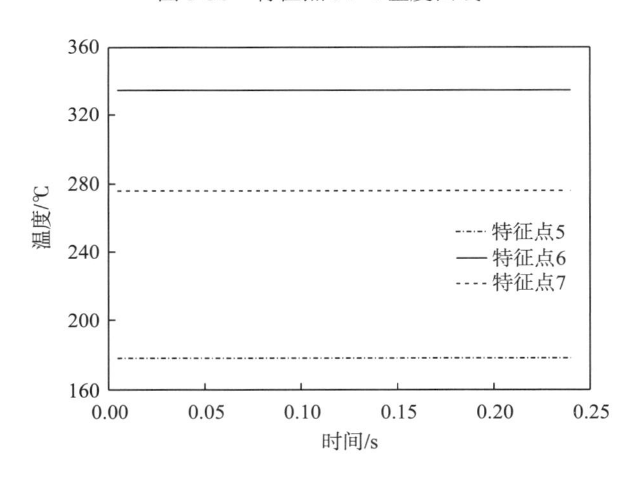

图 5-31 特征点 5、6、7 温度曲线

在活塞表面选取活塞特征点 1、2、3、4 分别代表活塞顶面中心、燃烧室最低处、燃烧室边缘、活塞顶面边缘。然后选取特征点 5、6、7，分别位于第一环槽上顶面，活塞环形冷却腔顶，活塞中心冷却腔顶(图 5-28)。通过 ANSYS 瞬态分析的后处理，得到特征点随时间变化的曲线。由图 5-29～图 5-31 对比可知，只有活塞顶面浅层随时间的变化而产生温度波动(20℃左右)，其他地方波动波动很小，基本可以忽略。这与哈尔滨工程大学陈霄、浙江大学谭建松等的研究结果相符合。由于瞬态温度波动极小，最大波动值仅有稳态温度绝对值的 5%，因此选取稳态温度场的计算结果作为之后有限元分析的热边界条件。

可以看出，活塞顶面的温度变化趋势是先减小后增大然后又减小。这是因为在进气过程中，燃烧室进入新鲜空气，新鲜空气的温度比活塞顶面的温度低，从而活塞的热量将传递给新鲜空气，因此活塞顶面浅层温度先降低。在压缩过程中，初始阶段新鲜空气仍将吸收活塞的热量，但是随着不断压缩，燃烧室内气体温度不断增加，当气体温度超过活塞表面温度时，气体将向活塞传递热量，因此活塞温度开始上升。在膨胀过程中，燃气混合物燃烧产生高温气体，此时对流换热过程变得更为剧烈，活塞温度上升非常迅速。在排气过程中，燃烧室内燃烧后的气体温度降低，导致活塞表面的温度也随之降低。选取几个特征点反映活塞热流密度随时间的变化，如图 5-32 和图 5-33 所示。

从图中可以看出，活塞顶面中心和活塞燃烧室边缘的热流密度波动最大，顶面其他地方波动较小，而冷却腔处的热流密度波动基本没有波动。活塞顶面的热流密度的变化趋势也是先减小后激增然后又减小。最大热流密度出现在活塞顶面中心，在曲轴转角 390°CA 附近，为 $42.5J/(m^2 \cdot s)$。

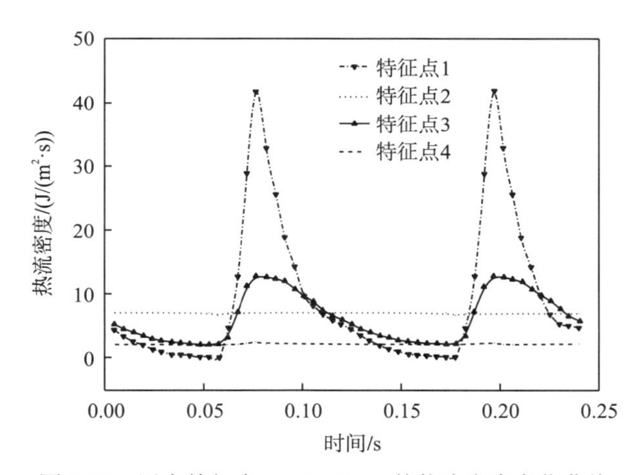

图 5-32　活塞特征点 1、2、3、4 的热流密度变化曲线

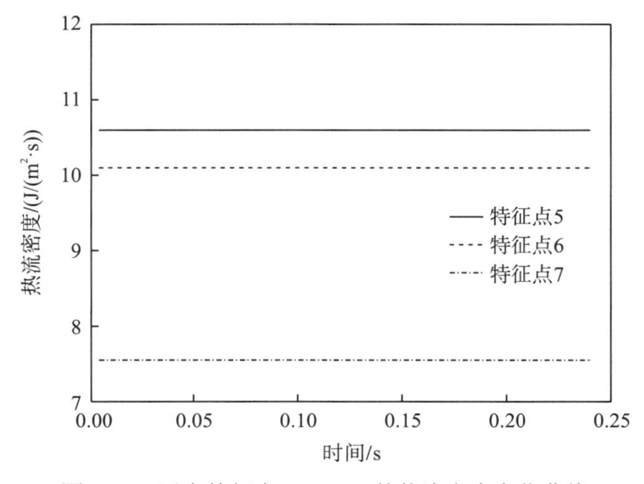

图 5-33　活塞特征点 5、6、7 的热流密度变化曲线

整体而言，在整个循环中活塞顶面最高温度为 362℃，没有超过 440℃，在规定允许范围内。活塞的第一道环槽在整个循环中最高温度为 177℃，没有超过 220℃，在允许范围内。因此，在整个瞬态过程中，即使活塞的表面温度存在波动，但是波动极小，在计算热应力时仍可以将稳态温度场作为热边界条件。

4. 活塞热应力的计算分析

温度对结构应力和变形的影响不仅仅在于产生热应变和热应力。材料性能往往会随着温度变化而变化，这也会影响结构应力分析的结果。表 5-11 和表 5-12 列出了热应力计算中设置的随温度变化材料的性能参数值(稳态温度场计算中活塞顶部与活塞裙部温度范围不同，因此两种材料的参数温度范围不同)。

表 5-11 材料 42CrMo 的相关参数

材料参数	温度					
	常温	100℃	200℃	300℃	400℃	500℃
导热系数 /(W / (m·℃))	48.0	47.5	44.8	42.0	39.4	36.4
热膨胀系数 / ($\times10^{-6}$℃$^{-1}$)	10.9	11.2	11.8	12.4	13.0	13.6

表 5-12 材料 LD11 的相关参数

材料参数	温度			
	常温	100℃	200℃	300℃
导热系数 /(W / (m·℃))	40.0	39.8	39.4	39.2
热膨胀系数 / ($\times10^{-6}$℃$^{-1}$)	20.0	20.1	20.1	20.2

柴油机活塞在工作过程中，同时承受热负荷和机械负荷，包括螺栓预紧力、气体力、惯性力等。热应力可由式(5-73)计算：

$$\sigma_C = \sigma_M + \sigma_T \tag{5-73}$$

式中，σ_C 为热机耦合的总应力值；σ_M 为机械应力；σ_T 为热应力。该式表明，要想得到活塞各点仅由温度分布引起的热应力，可以先考虑热机耦合和仅受机械负荷作用条件下活塞的应力场分布，之后将所得的两个应力场分布结果相减，即可得到活塞工作时其上各点热应力的数值模拟结果。

活塞顶部和活塞裙部在连接螺栓预紧力作用下保持接触。进行热应力分析时，顶部和裙部可能接触但不能相互侵入，顶部还另外承受气缸内的气体压力作用(一个循环下气体压力变化曲线如图 5-34 所示)。进行热应力分析时所施加的温度载荷是根据温度场计算结果作为依据的。活塞整体机械应力云图如图 5-35 和图 5-36 所示。

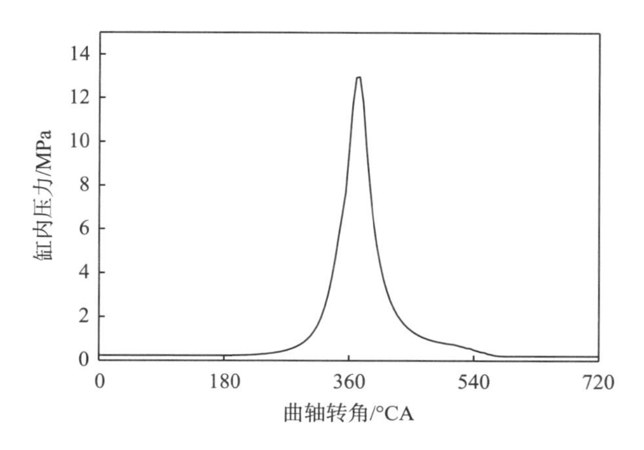

图 5-34　某型大功率柴油机示功图

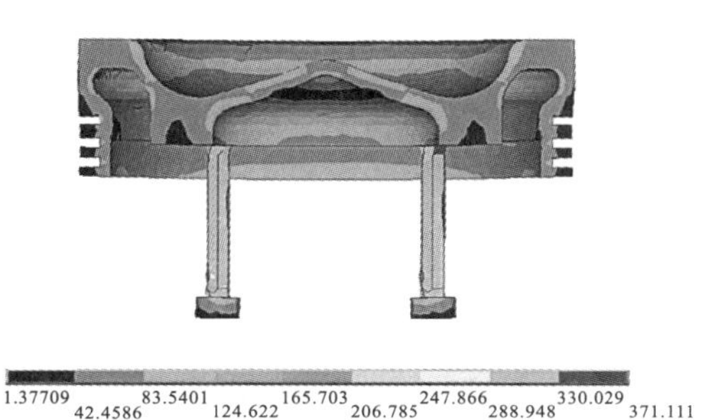

图 5-35　活塞顶部机械应力(单位：MPa)

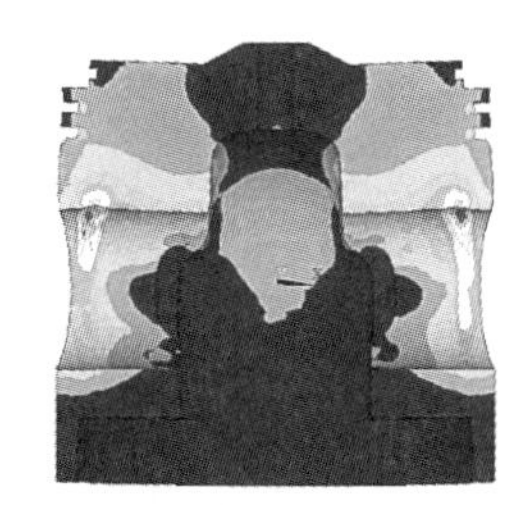

图 5-36　活塞裙部机械应力(单位：MPa)

由上述计算结果可以看出，机械应力最大值为 371MPa，出现在预紧螺栓上。并且在有接触约束的区域，应力都比较大(如螺栓预紧处和活塞裙部与活塞销的接触面上)。这是由于在这些接触的区域，接触面彼此限制位移，产生了较大的机械应力。

对模型加载了完整的机械载荷和热载荷(稳态温度场)之后，计算得到图 5-37 和图 5-38 所示的热机耦合应力分布情况。

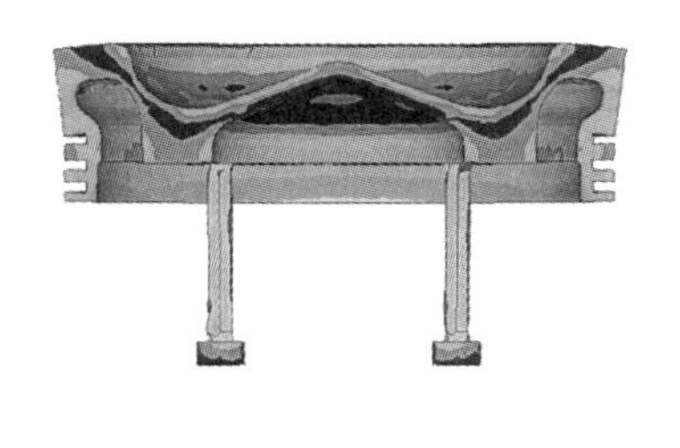

图 5-37　活塞顶部热机耦合应力

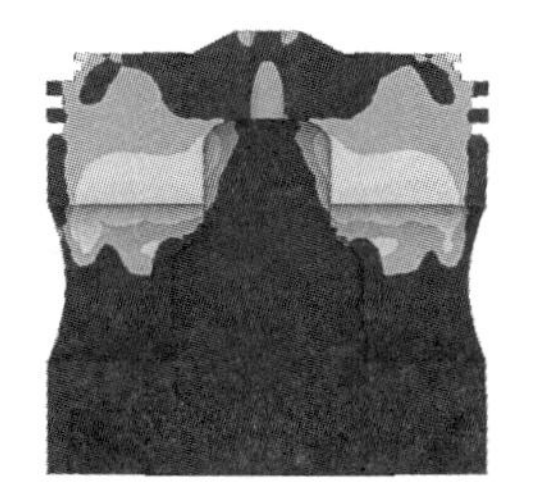

图 5-38　活塞裙部热机耦合应力

由上述热机耦合分析结果可以看出，热机耦合应力分布规律和机械应力基本类似，在预紧螺栓处的应力达到最大值(633MPa)，小于螺栓材料的屈服强度(1029MPa)，并且除螺栓外的结构最大应力小于 300MPa，活塞整体满足结构强度要求。由温度场的数值模拟结果可知，活塞裙部的温度梯度不是很大，因此热应力主要集中分布于活塞顶部。图 5-39 和图 5-40 为热机解耦后得到的仅由温度分布引起的热应力场(图中 SEQV 表示 von Mises 等效应力)。

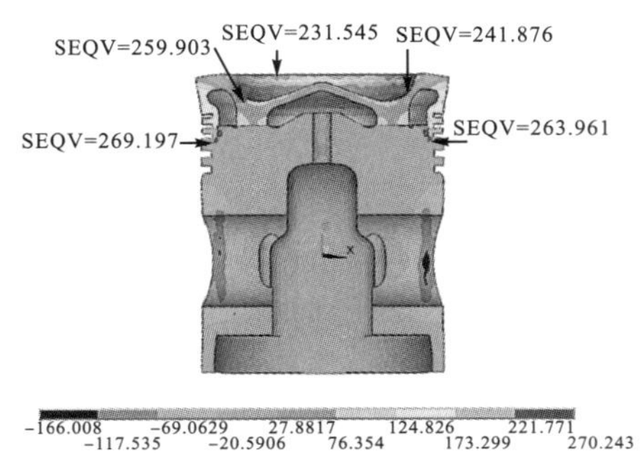

图 5-39 活塞整体热应力(单位：MPa)

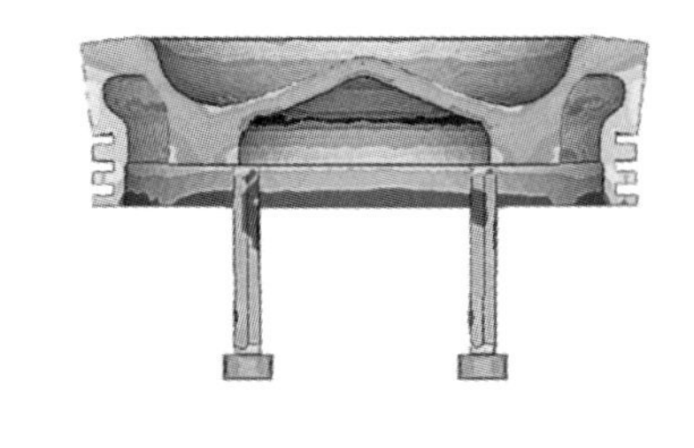

图 5-40 活塞顶部热应力(单位：MPa)

根据以上由热机耦合方法计算出的活塞热应力分布云图可以看出，活塞工作时活塞顶部燃烧室边沿处，活塞顶部与活塞裙部结合面以及连接螺栓对应部分存在较大的热应力，仿真计算结果与工程实际有很好的匹配度，具有实际参考价值。分析以上热应力场：首先，燃烧室边缘温度较高并且活塞顶部在该处存在较大的温度梯度；其次，活塞顶部与裙部接合面以及连接螺栓处存在接触约束限制了刚体热膨胀，从而导致该处具有较高的热应力。

二、连杆与连杆螺栓的疲劳强度分析

1. 连杆的疲劳强度分析

连杆是往复式内燃机关键零件之一，其强度及刚度或工作的安全性直接影响整个发动机及其装置的可靠性。连杆在结构和载荷方面也都比较复杂，因而采用有限元法进行连杆的强度和刚度计算是恰当的。

1)连杆有限元模型的建立

为了让连杆模型能够满足有限元分析的要求，对模型进行了如下简化。

(1)油孔、油槽：根据前人的设计和研究经验，油孔对整个有限元模型的强度分析影响不大，所以建模时忽略了连杆润滑油孔和油槽。

(2)连杆螺栓：因为主要是连杆的刚度强度研究，对连杆螺栓的计算精度要求不是很高，所以进行了适当的简化。如图 5-41 所示，将连杆螺栓成从连杆体与连杆螺栓的螺栓连接，简化从连杆体长出来的四根不带螺纹的螺栓。这样就既能较准确地模拟连杆螺栓的实际工作状况，又适当减少了计算量。

(3)斜切口：将连杆大头与大头盖的齿形接触面简化成平面接触。齿形接触面，结构复杂，会影响网格质量，造成计算结果误差。

(4)为了方便离散网格，对连杆组个各个组件上的圆弧进行优化，去掉一些半径过小的圆角。

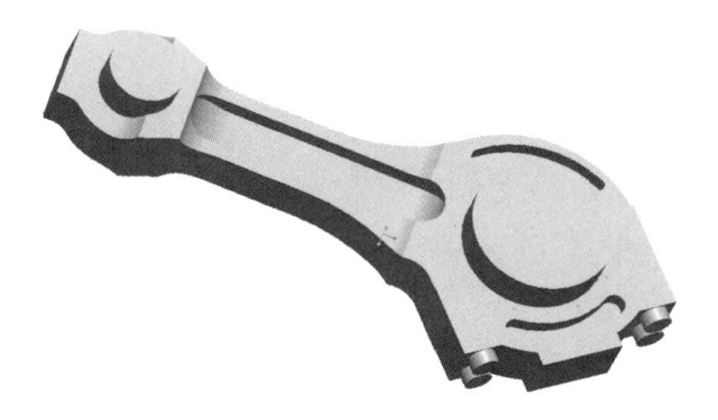

图 5-41　连杆体简化图

将连杆组的三维模型以*.X_T 的格式导出，然后导入有限元分析软件中进行前处理，建立连杆组的有限元模型。

(1)定义单元类型和材料属性。

有限元分析软件中有 100 多种单元类型，可以模拟一维、二维和三维问题。连杆是实体，所以选择实体单元。实体单元又有六面体和四面体单元之分，连杆的形状不规则，结构比较复杂，要全部都画成六面体网格十分困难，因此选择八节点实体单元 Brick 8 node 185 单元。另外，还要添加板单元 shell 63 作为辅助单元类型，方便以后对连杆划分网格。

定义材料时，根据求解问题的不同，选择不同的材料属性。在本次设计中，连杆、连杆螺栓、曲柄销和活塞销的材料不同，因此需要定义 4 个个材料参数。其中，连杆体和连杆盖的材料为42CrMo，其弹性模量为2.06×10^5MPa，泊松比为 0.28。连杆螺栓的材料为18Cr2Ni4WA，其弹性模量为2×10^5MPa，泊松比为 0.29。活塞销和曲柄销材料为 12CrNi，其弹性模量为2.12×10^5MPa，泊松比为 0.31。

(2)划分网格。

在本次设计中，16V280 柴油机连杆是斜切口连杆，而且考虑了连杆的摆动惯性效应，不能采用 1/4 模型。综合考虑了目前可用的计算机资源和计算精度，决定采用连杆整体模型进行分析。最终，连杆整体模型大约划分成 71 万个单元。但是，在检查网格划分质量时发现，在连杆组中体与体接触的面上，只有一个节点编号。也就是说，这些接触面上不同体上的节点是共用的。这样计算机会自动判定这两个接触的几何体是一个几何体。如果按照这样的网格继续建立接触对，接触对也只会形同虚设，没有任何效果。

经过分析，将活塞销、曲柄销和连杆螺栓依次从连杆组模型中抽离出来，再导入另一个去除了活塞销、曲柄销和连杆螺栓的模型中，组成一个新的连杆模型。这样，在新的连杆组模型中，没有共用的面和线，划分完的网格模型里面也没有共用的节点。

最终，将连杆整体模型划分成约 71 万个单元的集合体，网格划分结果如图 5-42 所示。

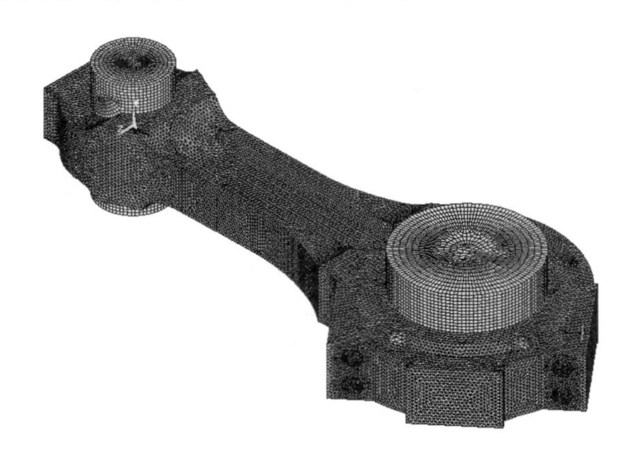

图 5-42 连杆整体模型网格划分结果

(3) 连杆有限元模型的接触处理。

先前的研究经验表明，影响连杆有限元分析结果精度的主要原因不是网格的质量，而是对边界条件的处理。16V280 柴油机连杆组由连杆体(包括连杆小头、连杆大头和杆身)、连杆大头盖、连杆螺栓、活塞销、曲柄销组成，柴油机工作时，这些部件之间会发生接触变形。因此，在对连杆模型划分完网格后，还必须建立接触对，来模拟各个部件之间载荷的传递。在连杆有限元模型中，总共建立了包括连杆体与连杆大头盖、连杆螺栓与连杆大头盖、活塞销与连杆小头、曲柄销与连杆大头和连杆大头盖等 4 个接触对。

2) 载荷计算

连杆在工作中受到气体压力、活塞组及连杆自身惯性力以及由这些力在曲柄销轴承产生的支承反力的综合作用。

(1) 气体压力。

气体压力通过活塞和活塞销作用于连杆小端，其方向始终沿气缸中心线方向，其值的计算公式为

$$P_{\mathrm{G}} = \frac{\pi}{4} D^2 \cdot p_{\mathrm{g}} \tag{5-74}$$

式中，D 为气缸直径；p_{g} 为在曲柄转角为 α 时气缸内的燃气压力。

(2) 活塞组的往复惯性力。

活塞组的惯性力与活塞组质量及其加速度有关。根据活塞运动学计算可知，在曲柄转角处于某一位置 α 时，活塞往复运动加速度可按式(5-75)计算。当活塞组质量为 m_{p} 时，其往复惯性力为

$$a = R\omega^2 \left[\frac{\cos(\alpha+\beta)}{\cos\beta} + \lambda \frac{\cos^2\alpha}{\cos^3\beta} \right] \tag{5-75}$$

$$P_{\mathrm{j}} = -m_{\mathrm{p}} \cdot a \tag{5-76}$$

其方向始终沿气缸中心线，由上止点指向曲轴回转中心为正。

由此可知，在连杆小头，它所承受的沿气缸中心线方向的合力为

$$P = P_{\mathrm{G}} + P_{\mathrm{j}} \tag{5-77}$$

(3) 连杆自身的摆动惯性力。

连杆的惯性力是一种体积力，其大小和方向与连杆上各点的加速度大小和方向有关。

考虑图 5-43 所示的连杆上的任一三角形单元，其尺寸较整个连杆而言相对很小，因而其运动可近似看成其形心的运动。

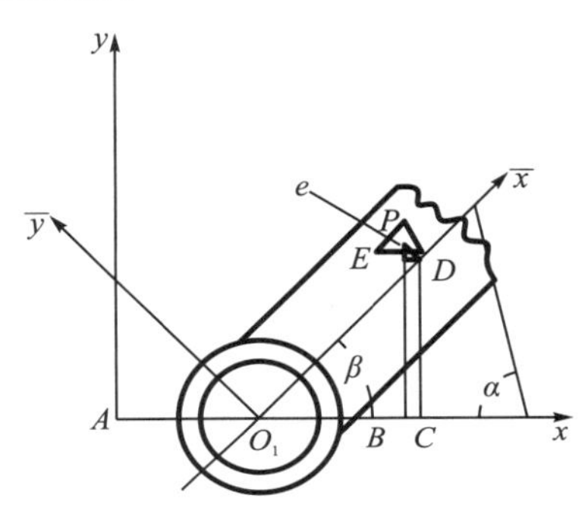

图 5-43　连杆体积力计算示意图

在连杆上取一相对坐标 $\bar{x}$-$\bar{y}$，使 $\bar{x}$ 轴与连杆中心线重合，原点则取在小头中心 O_1 处，如图 5-43 所示。同时，取一绝对坐标 x-y，以气缸中心线为 x 轴，坐标原点取在活塞位于上止点时的小头中心线点 A。设 P 点位于连杆体上的任意三角形单元 e 的形心，P 在相对坐标系中的坐标为($\bar{x}_p$，$\bar{y}_p$)；相应地，它在绝对坐标系中的坐标为(x_p，y_p)。当曲柄角为 α，相应的连杆摆角为 β 时，x 轴和 $\bar{x}$ 轴间的夹角就是 β，则 P 点的绝对坐标与相对坐标的关系为

$$\begin{cases} x_p = R(1-\cos\alpha) + L(1-\cos\beta) + \bar{x}_p\cos\beta - \bar{y}_p\sin\beta \\ y_p = \bar{x}_p\sin\beta + \bar{y}_p\cos\beta \end{cases} \tag{5-78}$$

通过微分运算即可求得 P 点的加速度为

$$\begin{cases} \ddot{x}_p = R\omega^2\cos\alpha + \left(L-\bar{x}_p\right)\dot{\beta}\lambda\cos\alpha + \left(L-\bar{x}_p\right)\lambda\ddot{\beta}\sin\alpha + \bar{y}_p\lambda\omega^2\sin\alpha \\ \ddot{y}_p = -\bar{x}_p\lambda\omega^2\sin\alpha - \bar{y}_p\lambda\ddot{\beta}\sin\alpha - \bar{y}_p\lambda\omega\beta\cos\alpha \end{cases} \tag{5-79}$$

因为

$$\beta = \arcsin(\lambda\sin\alpha) \tag{5-80}$$

所以

$$\begin{cases} \dot{\beta} = \lambda\omega\cos\alpha\Big/\sqrt{1-\lambda^2\sin^2\alpha} \\ \ddot{\beta} = -\dfrac{\lambda\omega^2\sin\alpha\left(1-\lambda^2\right)}{\cos^3\beta} = -\dfrac{\lambda\omega^2\sin\alpha\left(1-\lambda^2\right)}{\left(1-\lambda^2\sin^2\alpha\right)^{3/2}} \end{cases} \tag{5-81}$$

有了 P 点的加速度及其在 x、y 方向的分量 $\ddot{x}_p$、$\ddot{y}_p$，就可以计算单元 e 的惯性力分量。单元的尺寸很小，其形心 P 的加速度 $\ddot{x}_p$、$\ddot{y}_p$ 可近似看作整个单元的加速度。因此，对于任意单元 e，在任一曲轴转角 α 时，其惯性力在绝对坐标中的分量分别为

$$\begin{cases} P_{\mathrm{k}x}^{(e)} = -\rho \varDelta h \ddot{x}_p \\ P_{\mathrm{k}y}^{(e)} = -\rho \varDelta h \ddot{y}_p \end{cases} \tag{5-82}$$

式中，$\varDelta$ 为单元 e 的面积；ρ 为连杆材料的密度；h 为单元 e 的厚度。

于是就可按体积力向量移置公式计算各单元的体积力向量，并叠加入总体载荷列阵中。

(4) 连杆大小端轴承负荷（连杆力）。

气体压力、活塞组的往复惯性力以及连杆自身的惯性力将在连杆大小端轴承上产生相应的轴承负荷。这些轴承负荷将以表面力的形式作用于连杆的单元组合体，使连杆受拉或受压。

如图 5-44 所示，设 P_1、P_2 分别为当曲柄角为 α 时作用于连杆小端及大端的轴承负荷，其分量分别为 P_{1x}、P_{1y} 和 P_{2x}、P_{2y}。

连杆自身惯性力的合力为 P_{k}，其分量 $P_{\mathrm{k}x}$ 和 $P_{\mathrm{k}y}$ 为

$$\begin{cases} P_{\mathrm{k}x} = \sum_{e=1}^{e_0} P_{\mathrm{k}x}^{(e)} \\ P_{\mathrm{k}y} = \sum_{e=1}^{e_0} P_{\mathrm{k}y}^{(e)} \end{cases} \tag{5-83}$$

式中，e_0 为连杆单元组合体中的单元总数。而惯性力合力的作用点的绝对坐标为

$$\begin{cases} x_{\mathrm{k}} = \sum_{e=1}^{e_0} P_{\mathrm{k}y}^{(e)} \cdot x_{\mathrm{c}}^{(e)} \Big/ P_{\mathrm{k}y} \\ y_{\mathrm{k}} = \sum_{e=1}^{e_0} P_{\mathrm{k}x}^{(e)} \cdot y_{\mathrm{c}}^{(e)} \Big/ P_{\mathrm{k}x} \end{cases} \tag{5-84}$$

其中，$x_{\mathrm{c}}^{(e)}, y_{\mathrm{c}}^{(e)}$ 为第 e 号单元形心在绝对坐标系 x-y 中的坐标值，可按式(5-85)计算

$$\begin{cases} x_{\mathrm{c}}^{(e)} = \dfrac{1}{3}\left(x_i + x_j + x_m\right) \\ y_{\mathrm{c}}^{(e)} = \dfrac{1}{3}\left(y_i + y_j + y_m\right) \end{cases} \tag{5-85}$$

而 x_i、$y_i (i = i, j, m)$ 为三角形单元 i、j、m 三节点的绝对坐标。由单元分割可知，对于连杆单元组合体，其各节点的相对坐标 $\overline{x}_i$、$\overline{y}_i (i, j, m)$ 是已知的，通过坐标变换即可得到各节点的绝对坐标，计算式为

$$\begin{Bmatrix} x_i \\ y_i \end{Bmatrix} = \begin{bmatrix} \cos\beta & -\sin\beta \\ \sin\beta & \cos\beta \end{bmatrix} \begin{Bmatrix} \overline{x}_i \\ \overline{y}_i \end{Bmatrix} \quad (i, j, m) \tag{5-86}$$

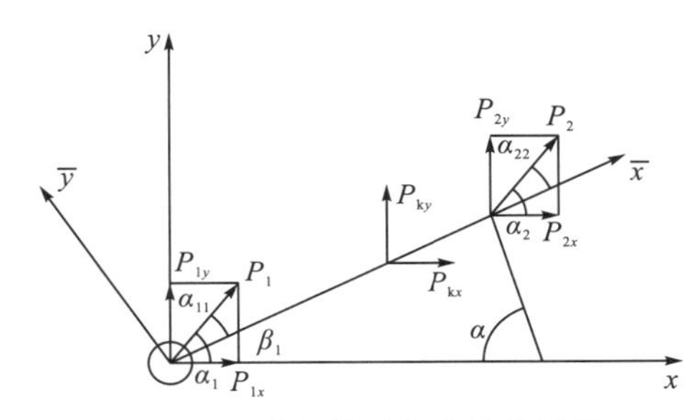

图 5-44　连杆轴承负荷计算用图

设连杆长度为 L，惯性力合力的作用点的相对坐标为$\overline{x}_i$、$\overline{y}_i(i,j,m)$，并根据作用于连杆小端轴承负荷的 x 方向分量就是气体压力 P_G 和活塞组往复惯性力 P_j 的合力，则由平衡关系即可求得大小端轴承负荷的所有分量：

$$\begin{cases} P_{1y} = -P_{ky}\dfrac{L-\overline{x}_k}{L} + P_{ky}\tan\beta\dfrac{L-\overline{x}_k}{L} + P_{1x}\tan\beta \\ P_{2x} = -P_{1x} - P_{kx} \\ P_{2y} = -P_{ky}\dfrac{\overline{x}_k}{L} - P_{kx}\dfrac{L-\overline{x}_k}{L}\tan\beta - P_{1x}\tan\beta \end{cases} \tag{5-87}$$

因此，小端的轴承负荷为

$$P_1 = \sqrt{P_{1x}^2 + P_{1y}^2} \tag{5-88}$$

P_1 与 x 轴及 $\overline{x}$ 轴的夹角分别为

$$\begin{cases} \alpha_1 = \arctan(P_{1y}/P_{1x}) \\ \alpha_{11} = a_1 - \beta \end{cases} \tag{5-89}$$

同理，大端轴承负荷为

$$P_2 = \sqrt{P_{2x}^2 + P_{2y}^2} \tag{5-90}$$

方向角为

$$\begin{cases} \alpha_2 = \arctan(P_{2y}/P_{2x}) \\ \alpha_{22} = a_2 - \beta \end{cases} \tag{5-91}$$

至于惯性力合力作用点的相对坐标$\overline{x}_k$、$\overline{y}_k$，则不难通过其绝对坐标 x_k、y_k 及连杆摆角 β 由坐标变换求得：

$$\begin{Bmatrix} \overline{x}_k \\ \overline{y}_k \end{Bmatrix} = \begin{bmatrix} \cos\beta & \sin\beta \\ -\sin\beta & \cos\beta \end{bmatrix} \begin{Bmatrix} x_k \\ y_k \end{Bmatrix} \tag{5-92}$$

连杆大小端轴承负荷通常以一定的规律分布于大小端轴承孔内。当位于轴承孔的边界单元较小因而边界边长度较短时，该表面载荷可近似看成线性分布载荷，并按线性分布载荷计算各边界单元的表面力向量。

(5) 轴承衬套预紧力。

连杆小端轴承衬套及大端轴瓦是以一定的过盈量分别压装入连杆小端及大端轴承孔中的，它们与连杆体之间会产生一定的预紧力，从而对连杆局部应力有一定影响。

在柴油机工作时，衬套及连杆体的温升，以及衬套材料及连杆材料不同又会产生不同程度的膨胀而使衬套或轴瓦与连杆体间的过盈或预紧力发生变化。为了考虑这些预紧力对连杆本体工作应力的影响，通常可有下述多种处理方法供选择。

①当计算程序允许构件由不同材料组成时，可给衬套或轴瓦与连杆本体分别赋予相应的材料物性参数；同时，分别赋予它们不同的温度，使它们在相应的温度下产生膨胀的差异造成与初始过盈量相当的过盈量，从而模拟衬套或轴瓦与连杆体之间的预紧力。

②考虑到衬套在工作中与连杆体具有相同的弯曲变形，可将厚度为 h_0 的衬套(通常由青铜制造)按弯曲变形相同的原则折算成相当于连杆体材料(通常为钢)的当量厚度 h_1，即

$$h_1 = h_0\sqrt{\frac{E_0}{E_1}} \tag{5-93}$$

式中，E_0、E_1 分别为衬套材料及连杆体材料的弹性模量。通过如此转换的衬套就和连杆体一起做有限元分析。同时，为考虑衬套与本体间的过盈，仍可选择不同的工作温度解决。

③将衬套或轴瓦单独给以径向位移，使之能嵌入轴承孔中，求出为此所需的径向载荷和衬套或轴瓦的初始应力分布；然后把这个反向的径向载荷和轴承负荷一起作用在包括衬套或轴瓦在内的整个结构上，进行有限元计算。最后把两次计算结果叠加(用于对衬套或轴瓦本身的计算)。

(6)连杆螺栓预紧力的处理。

连接螺栓预紧力一般作为均布力处理。计算时，只需将两节点间边界上的合力平均分配到两相邻节点上，并对分配到每一节点上的力进行叠加即得到节点载荷。本次设计采用施加预紧力法直接在螺栓上添加预紧力载荷。

在目前实际制造和检修中，通常采用力矩法、转角法、测定伸长量法进行连杆螺栓的预紧力控制。本次设计采用测定伸长量法控制螺栓预紧力，这种方法先用扳手紧固螺栓，通过测微计测量螺栓的弹性伸长量，然后利用公式计算预紧力。其预紧力计算公式为

$$F_0 = E_{\mathrm{L}} A\frac{\varepsilon}{l} \tag{5-94}$$

式中，E_{L} 为螺栓的弹性模量(MPa)；A 为螺栓伸长部分截面面积(mm^2)；ε 为螺栓伸长量(mm)；l 是螺栓受拉伸部分长度(mm)。

式(5-94)中，全部都是常量，所以使用测定伸长量法的预紧力可以准确算出。而且在排除测量误差的基础上，使用测定伸长量法控制预紧力最为准确。

根据连杆螺栓图纸，使用测定伸长量法控制预紧力时，要求伸长量为 $\varepsilon = 0.46 \sim 0.48\mathrm{mm}$。根据《机械设计手册》，合金钢的弹性模量为 $2.1\times10^5\mathrm{MPa}$，即 $E_{\mathrm{L}} = 2.1\times10^5\mathrm{MPa}$，取较大的预紧力，即 $\varepsilon = 0.48\mathrm{mm}$，得

$$F_0 = E_{\mathrm{L}} A\frac{\varepsilon}{l} = 1.6595\times10^5\,\mathrm{N}$$

3) 连杆的工况确定

根据式(5-74)和式(5-76)可以得到16V280柴油机缸内气体爆发压力P_G和活塞组往复惯性力P_j的大小随曲轴转角的变化曲线，如图5-45所示。

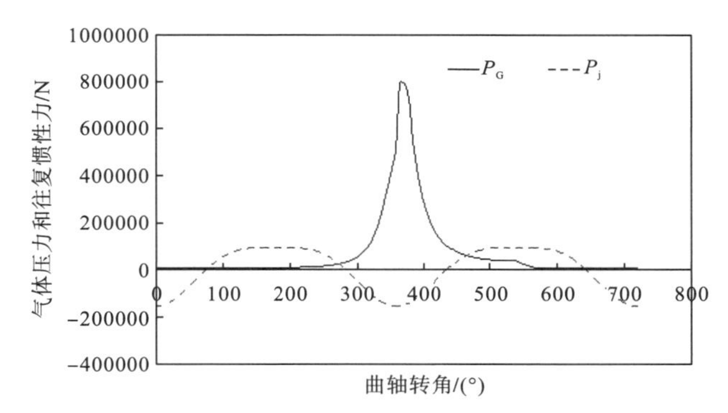

图5-45 16V280柴油机气体压力和往复惯性力随曲轴转角的变化曲线

连杆在工作时，受到连杆中心线方向的拉压载荷和垂直于连杆中心线方向的摆动惯性力。通过数据整理和计算，得到连杆各个载荷随曲轴转角变化的曲线(图5-46)。

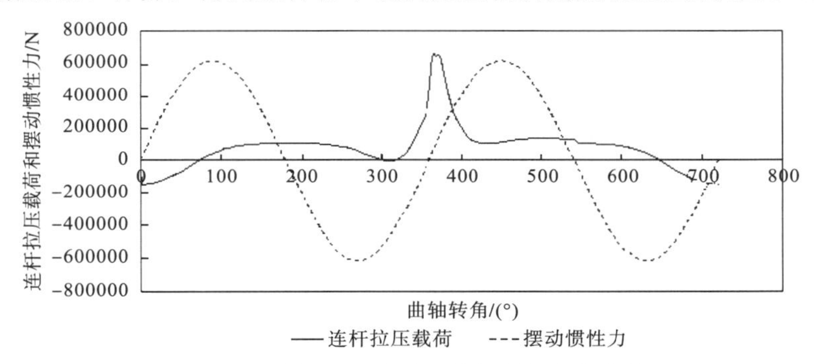

图5-46 连杆拉压载荷随曲轴转角变化曲线

连杆的拉压载荷沿着连杆中心线方向，连杆摆动惯性力垂直于连杆中心线方向，两个载荷是互相垂直的，因此可以将两种载荷进行矢量合成为一个总载荷，从而得到连杆的总载荷曲线图，如图5-47所示。

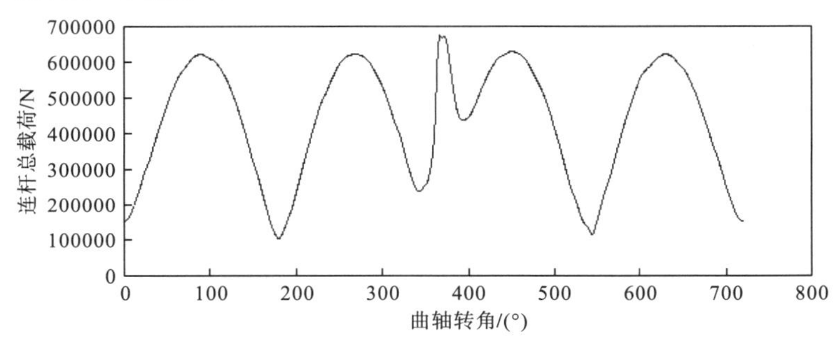

图5-47 连杆总载荷随曲轴转角的变化曲线

根据图 5-46 和图 5-47 所示的连杆各载荷随曲轴转角 α 的变化曲线，可以确定连杆需要分析的三个工况。这三个工况分别如下。

(1) 最大拉伸工况：图 5-46 曲线中表示连杆作用力曲线在零线以下时，连杆受到的载荷是拉伸载荷，在进气上止点处($\alpha=0°$)，连杆承受的拉伸载荷最大，为 150.263kN，每个连杆螺栓的螺栓预紧力为 165.950kN。

(2) 最大压缩工况：如图 5-46 所示，连杆在 $\alpha=370°$ 时，连杆承受的压缩载荷最大，为 647.251kN，每个连杆螺栓的螺栓预紧力为 165.950kN。

(3) 最恶劣工况：如图 5-47 所示，在考虑了连杆摆动惯性载荷后，连杆承受的总载荷最大时刻也是在 $\alpha=370°$，此时，连杆受到的拉伸载荷是 647.25kN，摆动惯性力为 157.263kN，每个连杆螺栓的螺栓预紧力为 165.950kN。

4) 连杆载荷和边界条件的处理

在柴油机的连杆有限元计算和分析中，连杆载荷的处理占据比较重要的位置。连杆除承受高温高压燃气产生的气体压力之外，还要承受纵向和横向的惯性力。因此，连杆的受力情况相当复杂。而往往对连杆的载荷处理总是采用一些假定的规律来模拟。

对连杆分析时考虑载荷作用通常是选择 4 种主要载荷，其中包括在活塞和连杆本身的惯性力下作用在连杆小头的拉伸载荷，气体爆发压力作用下的压缩载荷，连杆螺栓预紧力。主要分为以下几个部分考虑：

(1) 拉伸压缩载荷的处理。

连杆小头受到的拉伸和压缩载荷主要由气缸内燃气爆发压力、连杆组往复惯性力和活塞组惯性力引起。对于最大拉伸和最大压缩载荷的加载方式，采用的方式是将拉伸和压缩载荷施加在曲柄销上，把活塞销进行全约束，在活塞销，小头衬套和连杆小头孔，曲柄销和连杆大头孔之间施加接触单元。通过接触将载荷传递到连杆组。这种方法的优点是所定义的接触面在作用在活塞销上的力的作用下能够及时调整接触节点的相对位置和应力关系，从而能够更真实地反映载荷的作用和连杆的受力情况。

(2) 摆动惯性载荷的处理。

本设计选择直接加载惯性力的方法来给连杆施加惯性载荷。该方法需要事先找到连杆组的质心位置并计算出所分析工况的摆动惯性力，将摆动惯性力作为集中载荷施加在质心上，来模拟连杆摆动惯性效应。

(3) 边界条件的处理。

在本设计中，使用了一种比较准确的约束方法。就是在曲柄销与连杆大头，活塞销与连杆小头之间，连杆大头盖与连杆体，连杆螺栓与连杆大头盖端面之间创建非线性接触对，然后在活塞销的两个端面间施加全约束，在曲柄销上施加沿连杆轴线方向的力，力可以在耦合点上施加。

这种约束添加方法与连杆实际约束条件比较接近，基本能够真实地反映连杆的受力情况。它考虑了活塞销和曲柄销的反作用力，并且充分考虑到连杆大小头在变形时受到曲柄和活塞销的位移限制，从而使计算结果不会产生第一种约束方案所带来的极大的变形量和应力值。以接触对的方式来约束和施加载荷，能够相对逼真和准确地反映连杆的变形、应力和应变情况。

5) 计算结果分析

(1) 不考虑摆动惯性效应连杆在最大拉伸工况下的求解与结果分析。

连杆在进气过程上止点处附近（$\alpha = 0°$）受到气体爆发压力和最大往复惯性力的作用，此时，连杆所受的拉伸载荷最大，为 150.263kN。将它作为集中力加载在与曲柄销进行刚性耦合的两个耦合点上，每个耦合点施加 75.13kN 的集中载荷；另外，在活塞销的两个耦合点上施加全约束，然后在组装模型上的每个连杆螺栓上再施加 160.95kN 的螺栓预紧力。拉伸工况的非线性求解结果如图 5-48～图 5-51 所示。

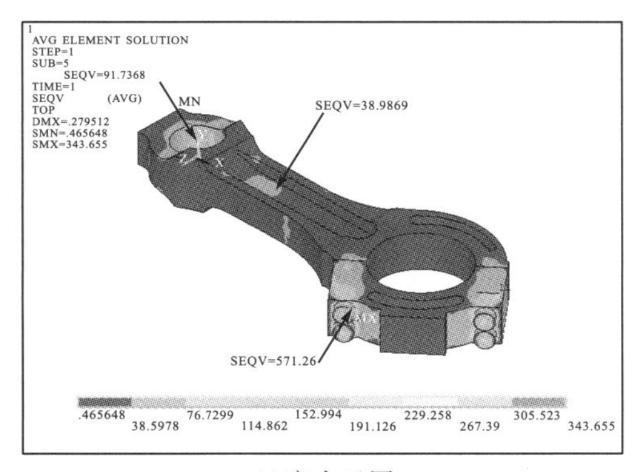

(a)应力云图

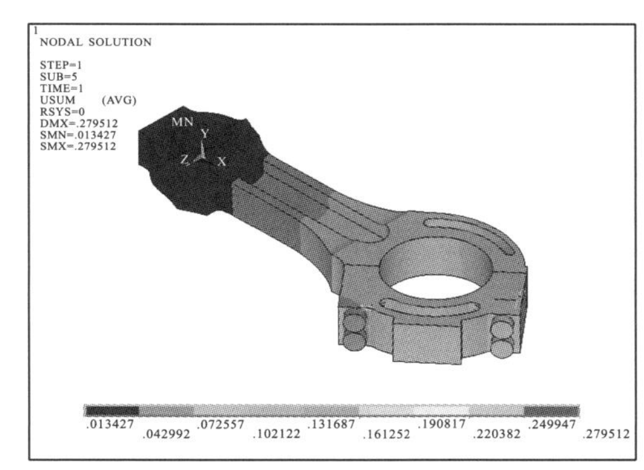

(b)变形云图

图 5-48 最大拉伸工况下连杆组的求解结果

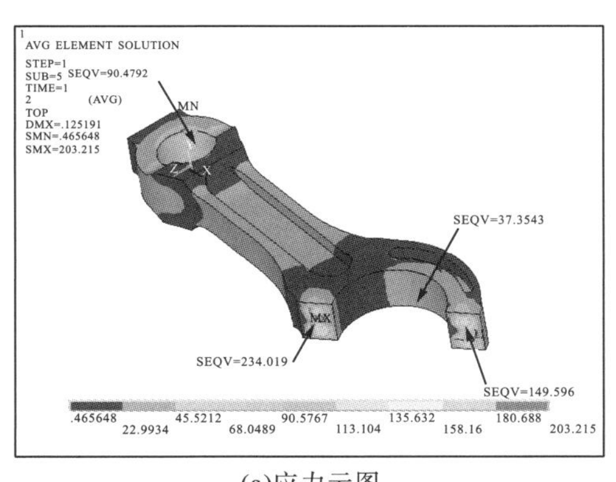

(a)应力云图

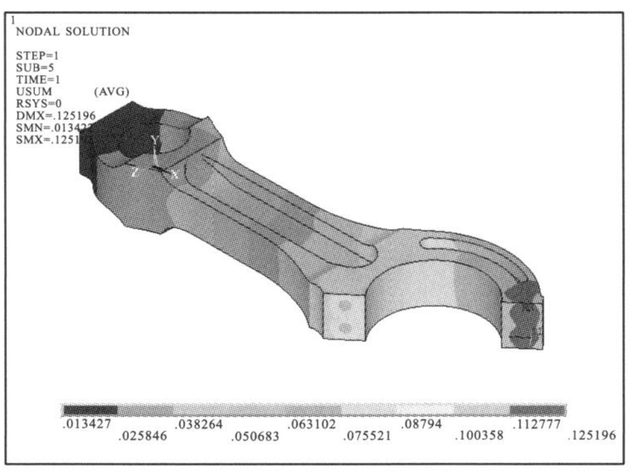

(b)变形云图

图 5-49 最大拉伸工况下连杆体的求解结果

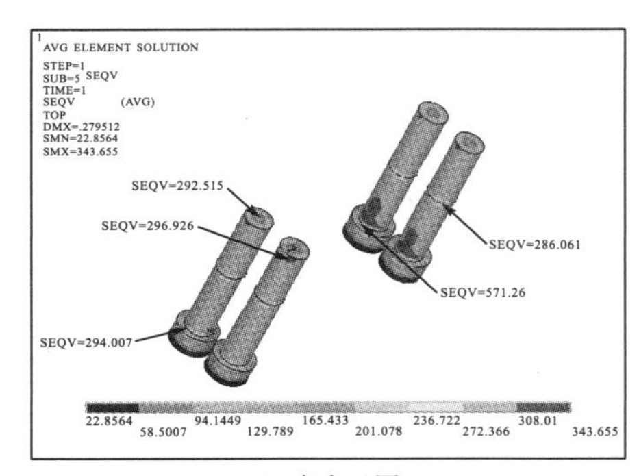

(a)应力云图

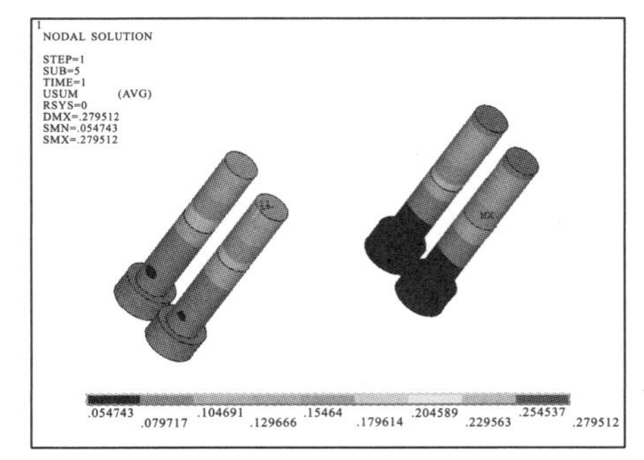

(b)变形云图

图 5-50　最大拉伸工况下连杆螺栓的求解结果

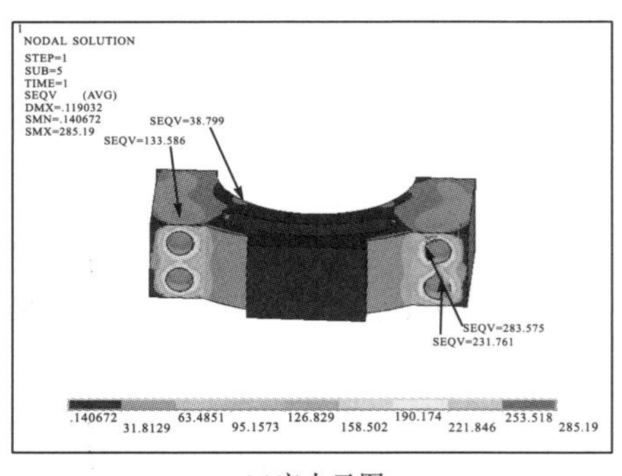

(a)应力云图

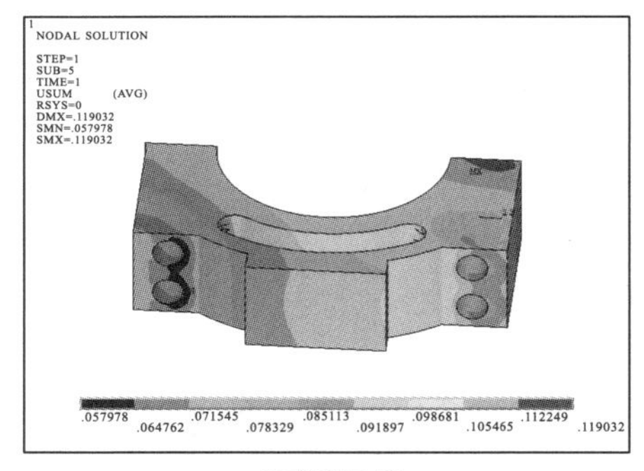

(b)变形云图

图 5-51　最大拉伸工况下连杆大头盖的求解结果

由图 5-48(a)～图 5-51(a)可以看出，最大拉伸工况时，最大拉伸载荷与螺栓预紧力的共同作用下，在连杆小端与活塞销接触的区域、连杆大头盖和曲柄销接触的区域、连杆大头与连杆大头盖的接触区域以及连杆螺栓与大头盖的接触区域应力较大。其中，连杆体的最大应力出现在连杆螺栓与连杆大头的接触处，为 234.019MPa；连杆盖的最大应力出现在连杆螺栓与连杆大头盖的接触处，为 283.575MPa；连杆螺栓的最大应力出现在连杆螺栓杆与螺帽的接触处，为 571.26MPa。这与整体连杆的应力分布大致一样，只是由于连杆组存在螺栓，螺栓不仅承受正应力，还承受剪应力，在拉伸载荷下由于受到拉伸作用和预紧力作用，承受的应力较大。另外，连杆螺栓螺柱与连杆体和螺帽的连接处产生应力集中，也是这两处应力值较大的原因之一。

由图 5-48(b)～图 5-51(b)可以看出，在最大拉伸工况下，受到最大拉伸载荷和螺栓预紧力的共同作用，连杆组的变形量从连杆小头到连杆大头盖沿着杆身方向逐渐变大。将连杆组的各个组件单独分离出来分析变形时发现，连杆体形变趋势与连杆组整体形变趋势一致，都是沿着杆身的方向，从连杆小头到连杆大头逐渐变大，且在连杆大头与连杆螺栓连接处变形最大；连杆螺栓上的最大变形量出现在施加螺栓预紧力的界面上；连杆大头盖上的最大变形出现在与连杆大头最大变形处对应的位置。且由于承受拉伸载荷的作用，连杆小头孔和大头孔承受很大的拉力作用，使连杆大小头孔都有被拉成椭圆的趋势。

(2) 不考虑摆动惯性效应连杆在最大压缩工况下的求解与结果分析。

连杆在做功冲程上止点处附近（$\alpha = 370°$）受到最大气体爆发压力和往复惯性力的作用，此时，连杆所受的压缩载荷最大，为 647.251kN。将它作为集中力加载在与曲柄销进行刚性耦合的两个耦合点上，每个耦合点施加 323.623kN 的集中载荷。另外，在活塞销的两个耦合点施加全约束，然后在组装模型上的每个连杆螺栓上再施加 160.95kN 的螺栓预紧力。压缩工况的非线性求解结果如图 5-52～图 5-55 所示。

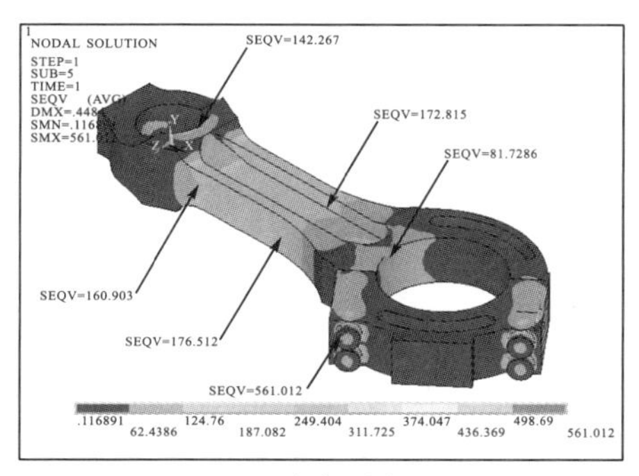

(a)应力云图

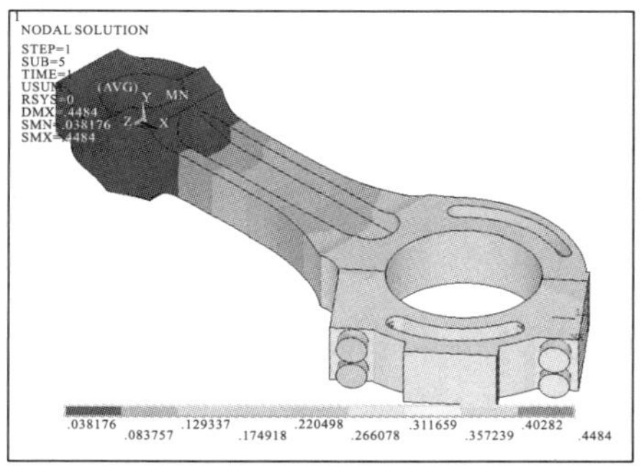

(b)变形云图

图 5-52　最大压缩工况下连杆组的求解结果

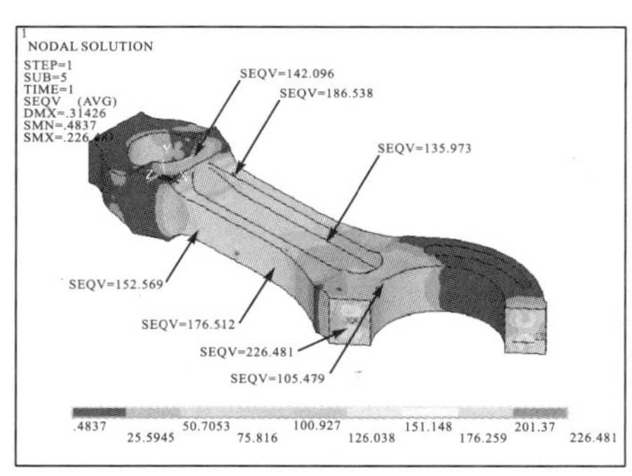

(a)应力云图

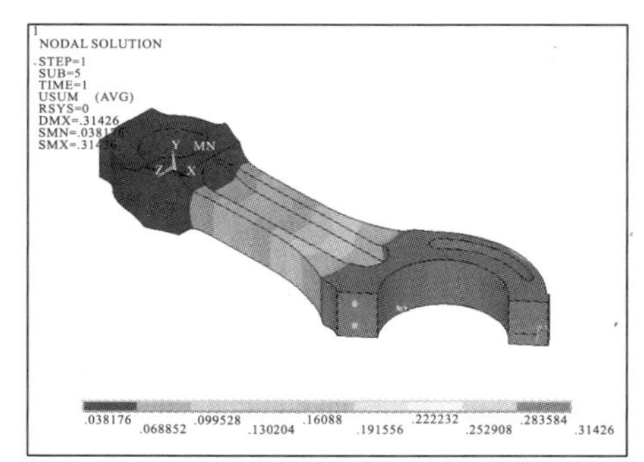

(b)变形云图

图 5-53　最大压缩工况下连杆体的求解结果

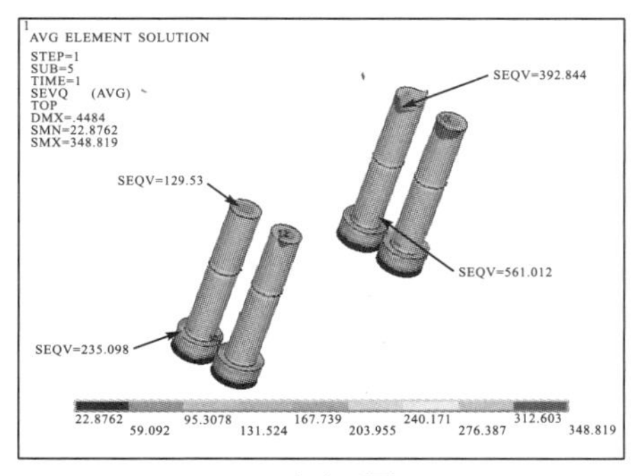

(a)应力云图

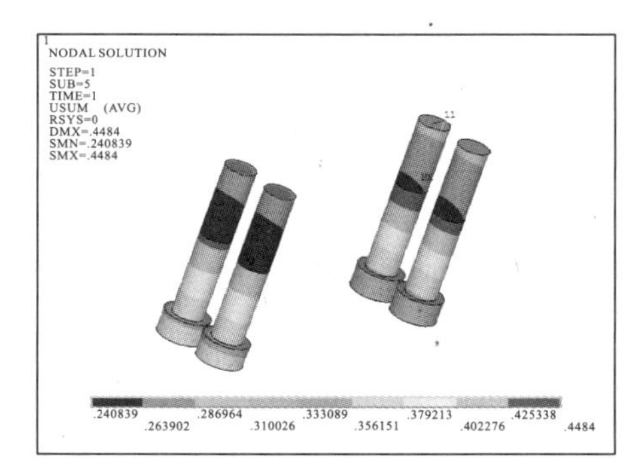

(b)变形云图

图 5-54　最大压缩工况下连杆螺栓的求解结果

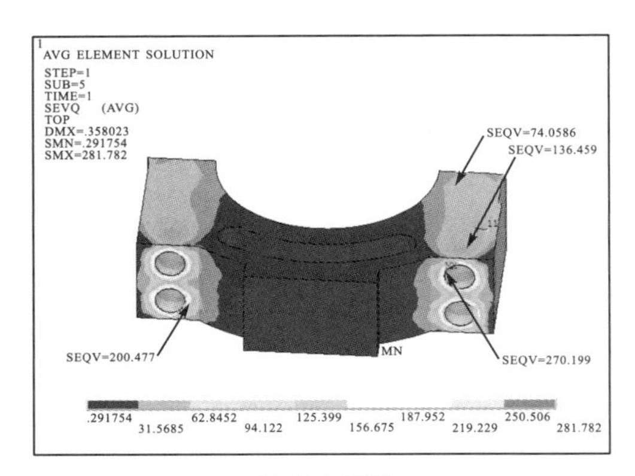

(a)应力云图

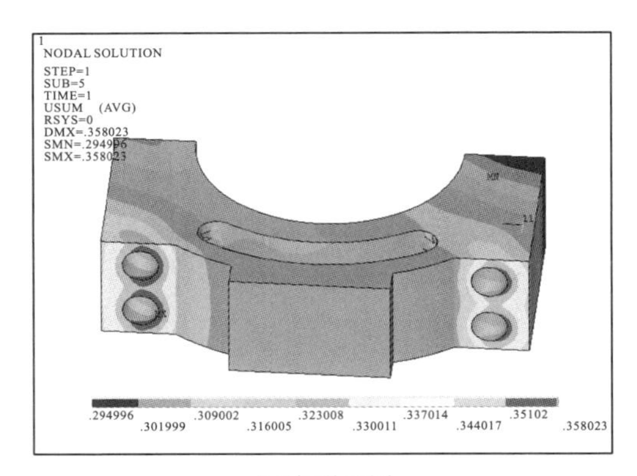

(b)变形云图

图 5-55 最大压缩工况下连杆大头盖的求解结果

由图 5-52(a)可以看出，连杆在受到最大压缩载荷时，应力较大的区域主要集中在杆身区域、小端与活塞销的接触区域、连杆螺栓与连杆接触区域。连杆的小头上端和连杆大头下端应力极小。由图 5-53(a)～图 5-55(a)可以得出，在最大压缩工况下，连杆体上应力较大区域主要是杆身、小头下端和大头上端部分；连杆螺栓的螺柱与螺帽连接处和螺柱与连杆体结合处出现了应力集中现象，局部最大应力分别达到 561.012MPa 和 392.844MPa；连杆大头盖在最大压缩载荷的作用下，最大应力仍然是在连杆螺栓与大头盖的接触区域，最大应力为 270.199MPa。

根据图 5-52(a)～图 5-55(b)可知，在最大压缩载荷时，活塞销与连杆小头内侧存在挤压，曲柄销受到连杆体一侧大头孔的挤压，产生较大的变形和应力。因此，连杆在最大压缩载荷的作用下，变形最大的区域是连杆大头以及连杆大头盖与连杆大头接触区域。变形趋势是从大头到小头变形量逐渐减小。但是连杆组中由于连杆螺栓存在螺栓预紧力，故连杆大头盖的变形比大头的变形要大。连杆小头区域的变形很小，几乎可以忽略。

(3)考虑连杆摆动惯性效应的连杆组最恶劣工况的求解与结果分析。

由图 5-46 可知，曲轴转角 $\alpha = 370°$ 时，连杆的工作状况最为恶劣，此时，连杆受到的拉伸载荷为 647.251kN，摆动惯性力为 157.263kN。将压缩载荷作为集中力加载在与曲柄销进行刚性耦合的两个耦合点上，每个耦合点施加 323.623kN 的集中载荷。将摆动惯性力作为集中载荷施加在连杆组的质心位置(396.65，0，9.34)。另外，在活塞销的两个耦合点施加全约束，在曲柄销的两个耦合点上施加 Z 方向的位移约束，然后在组装模型上的每个连杆螺栓上再施加 160.95kN 的螺栓预紧力。考虑连杆摆动惯性力的连杆最恶劣工况的非线性求解结果如下。

因为连杆的最恶劣工况是曲轴转角 $\alpha = 370°$ 时，此时连杆承受的是压缩载荷，且恰好是压缩载荷最大的时候。所以将图 5-56～图 5-59 与图 5-52(a)～图 5-55(a)进行对比可以发现：

①两个工况下，连杆组的整体变形趋势是一致的，都是沿杆身方向从连杆小头到连杆大头盖，变形量逐渐增大。但是受摆动惯性力的影响，连杆体的整体变形量要大于连杆单

独受最大压缩载荷的变形。

②对比两工况下连杆体、连杆螺栓和连杆大头盖的变形图可以发现，这些部件上最大变形量的位置相同，但是就最大变形量而言，考虑了连杆摆动惯性力的连杆最恶劣工况下的变形量要高出 0.1～0.196mm。

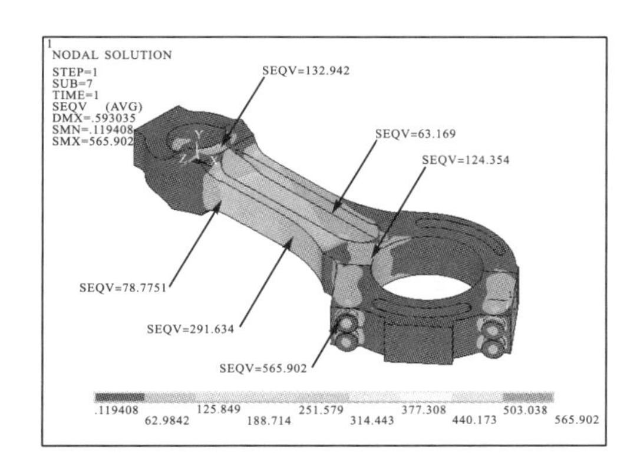

图 5-56　连杆最恶劣工况下的连杆组应力云图

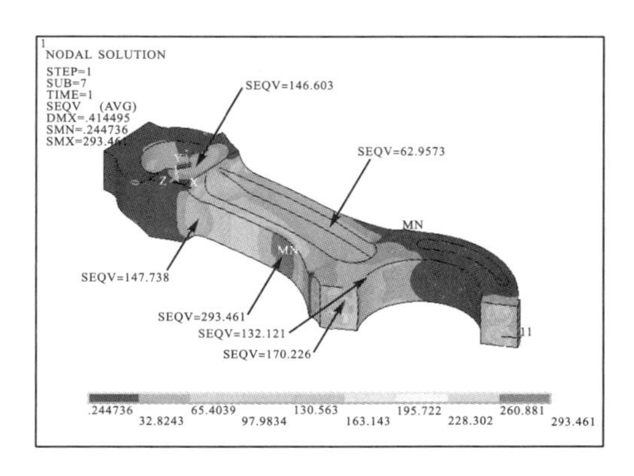

图 5-57　连杆最恶劣工况下的连杆体应力云图

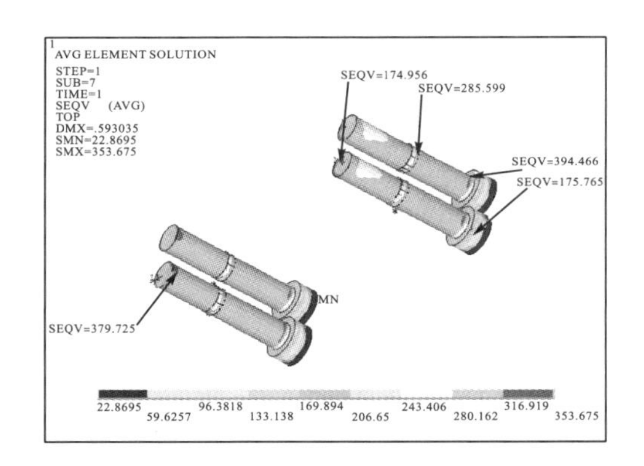

图 5-58　连杆最恶劣工况下的连杆螺栓应力云图

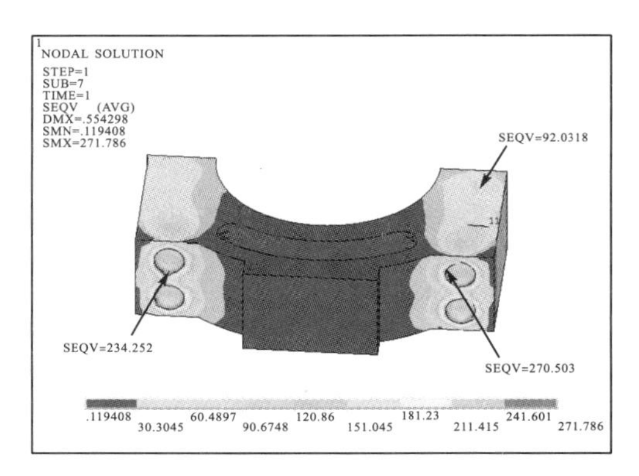

图 5-59　连杆最恶劣工况下的连杆大头盖应力云图

由上述最大压缩工况与考虑连杆摆动惯性载荷的最恶劣工况下连杆组各部分应力与应变比较可以看出，连杆摆动惯性载荷主要影响连杆体的应力和应变。为了更加准确地显示连杆摆动惯性力对连杆组的影响。通过有限元分析软件中工况加减操作，将考虑摆动惯性载荷的最恶劣工况下连杆的应力和变形减去最大压缩工况下的连杆应力和变形，这样就可以得到连杆在只受到连杆摆动惯性载荷时的应力和变形情况。两个工况相减，得到连杆组和连杆体的求解结果如下。

从图 5-60 可以看出，两工况相减之后，应力差较大的区域主要是连杆杆身区域，连杆组的其他部位的应力差都较小(应力云图中浅色区域)。如图 5-60 所示，受到摆动惯性力作用时，杆身左侧应力差为正，最大为 116.798MPa，杆身右侧黑灰色区域应力差为负，最小为-119.204MPa。这表明，连杆摆动惯性载荷作用在连杆上的效果是使杆身左侧的应力值变大，使杆身右侧的应力变小。

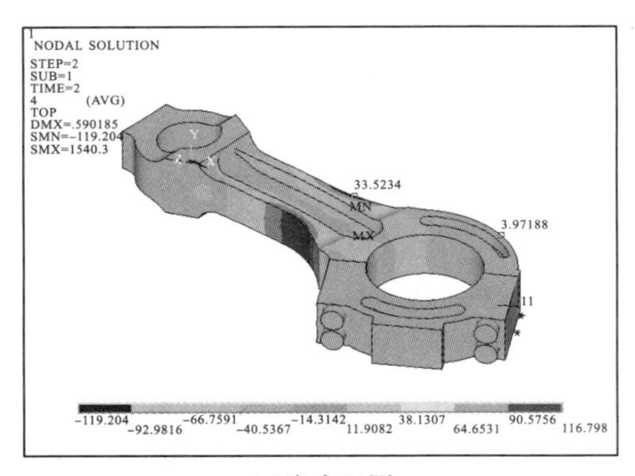

(a)应力云图

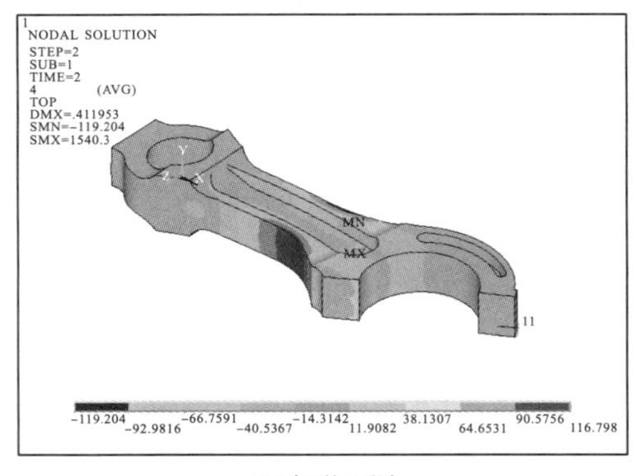

(b)变形云图

图 5-60 只受摆动惯性载荷时连杆的应力云图和变形云图

(4) 连杆的强度可靠性分析。

材料的强度、零部件尺寸和载荷等因素都不是一成不变的，而是服从一定分布规律的随机变量，而试验数据存在离散型，故可以利用引入安全系数的方法来判断零部件是否能够正常工作。但传统的安全系数法由于没有足够考虑概率论的理论，存在一些缺陷，不能真实地反映零件的可靠性。连杆作为柴油机的主要运动件之一，其工作条件严酷，受载情况复杂，一旦失效，将会使柴油机发生严重的故障，因此在充分考虑概率论和强度可靠度的基础上，结合相关的计算分析软件，应用可靠性理论对连杆强度进行分析，计算出连杆较为准确的安全系数，为连杆的设计和改进提供参考。

为了便于分析危险点的交变应力概率分布，进行了一点简化，认为连杆危险点交变应力的概率分布主要取决于引起压缩压力的气缸爆发压力的概率分布，假设爆发压力的概率分布近似为正态分布。由于本研究只计算了最大压缩、最大拉伸工况下和考虑了连杆摆动惯性力的连杆最恶劣工况的连杆应力分布，没有相关的不同爆发压力下的应力分布，故综合利用安全系数的公式和有限元分析软件进行求解并对比。

安全系数的计算方法为

$$n = \frac{X_{\mathrm{q\,min}}}{X_{\mathrm{y\,max}}} = \frac{\mu_{\mathrm{q}} - 3\sigma_{\mathrm{q}}}{\mu_{\mathrm{y}} + 3\sigma_{\mathrm{y}}} \tag{5-95}$$

X_{qmin} 为材料的最小强度值，与材料有关。经查阅资料，连杆的材料为42CrMo，其强度极限为1100MPa，屈服强度为950MPa，连杆螺栓的材料为18Cr2Ni4WA，其强度极限为1150MPa，屈服强度为850MPa。根据静强度计算的相关公式可以得到，42CrMo的最小强度为665MPa，18Cr2Ni4WA的最小强度为595MPa。

X_{ymax} 为零件危险截面上的工作应力值，也即是最大应力值，可根据连杆应力分布图得知。利用有限元分析软件来确定连杆各个部分的安全系数。主要是分析计算连杆小头、连杆杆身、连杆大头、连杆大头盖、连杆螺栓的安全系数，通过安全系数的求解，找出连杆不安全的区域，为设计和改进提供理论依据。

连杆组整体及各个部件的安全系数计算结果如图 5-61～图 5-64 所示。

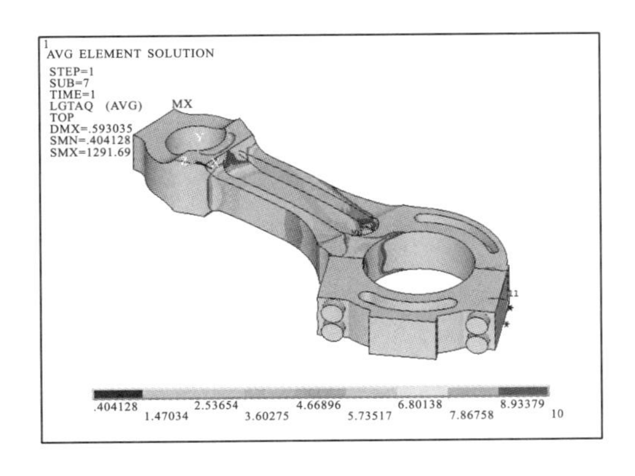

图 5-61　连杆组安全系数

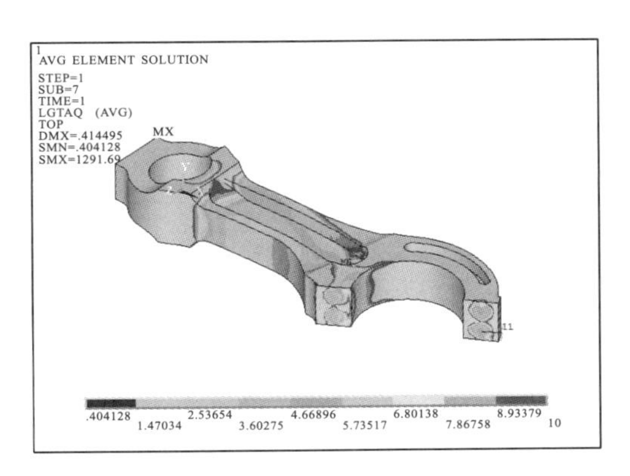

图 5-62　连杆体安全系数

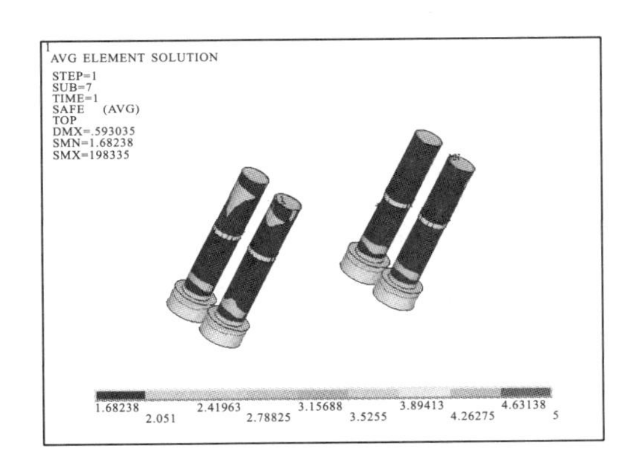

图 5-63　连杆螺栓安全系数

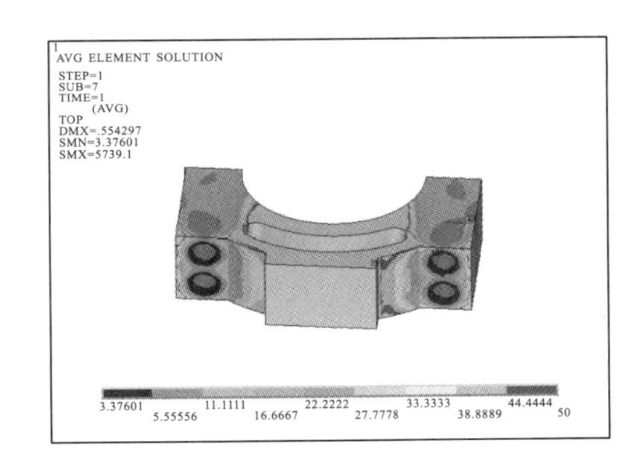

图 5-64　连杆大头盖安全系数

根据有限元分析结果，得出连杆在各种工况下的最大应力和安全系数，见表 5-13。

表 5-13　连杆各部分在三个工况下的最大应力和安全系数

连杆组各部分	分布区域	最大压缩/MPa	最大拉伸/MPa	最恶劣工况/MPa	安全系数
连杆小头	小头孔内侧	91.736	162.676	166.355	5.99
杆身	杆身	47.2031	176.713	293.461	0.40
连杆大头	与连杆螺栓结合处	234.019	226.481	227.486	5.40
连杆大头盖	与连杆螺栓接触区域	285.19	271.474	271.786	3.37
连杆螺栓	螺柱与螺帽结合处	571.26	561.012	565.902	1.68

根据上述计算结果可以看出，安全系数较小的区域有连杆的连杆螺栓、连杆大头盖与连杆螺栓接触区域和杆身，因为这些区域在受力时应力相对较大，容易发生应力集中现象，

所以这些区域是危险区域。特别是连杆杆身的质心位置附近的安全系数为0.404，很危险，这是由载荷加载不当引起的。而杆身其他地方安全系数最小的也是2点多，较为安全。连杆螺栓与安全系数相比于其他区域较小，在交变载荷的作用下易发生损伤，甚至发生断裂，从而影响整个发动机的工作状况。

因此，对于安全系数较小的部分，在设计和加工时，应当尤其注意。例如，对于连杆螺栓和大头盖，在选择材料时，应当在控制成本的基础上选择强度极限和屈服强度大的材料，并且要选择合适的机械加工和热处理方式。在加工小头与大头孔时，除保证一定的平行度和圆柱度之外，还需要保证孔内壁的表面粗糙度。在加工连杆杆身时，应当尽量保持平滑过渡，避免产生局部应力集中。

2. 连杆螺栓的疲劳强度分析

1) 连杆螺栓的工作载荷确定

连杆螺栓连接属于紧连接，在安装时就会给其加上一定的预紧力 F_0，以保证在柴油机工作中被连接的连杆杆身和大头盖接触面不会由于分开而产生冲击性的载荷。预紧力的大小决定了柴油机螺栓的安全余量和疲劳载荷变化的范围(柴油机载荷一定的情况下)，很大程度上决定了螺栓的疲劳寿命。通过对连杆的工作情况图5-65进行分析可知，当活塞组和连杆组的惯性力小于气缸内的气压力时，连杆体压在曲柄销上，螺栓的最小工作载荷为0，此时只受到预紧力作用，而当惯性力大于气压力时，螺栓才受到拉伸载荷。通过气压力数据和惯性力的对比可以得到：在 $\varphi=0°$ 时，即进气行程开始，连杆会受到最大拉伸载荷作用 F_1。在螺栓承受工作载荷后，螺栓伸长使预紧力 F_0 得到一定的卸载，卸载过后的残余预紧力 F_0' 加上拉伸载荷 F_1 得到螺栓的最大载荷 F_2。最大载荷计算式为

$$F_2 = F_0' + F_1 = F_0 + \frac{C_1}{C_1 + C_2} F_1 = F_0 + \chi F_1 \tag{5-96}$$

式中，C_1 为螺栓的刚度；C_2 为大头盖的刚度；χ 为基本动载系数。可以看出，螺栓抗拉刚度 C_1 增加，基本动载系数 χ 就增加，即动载荷变大，疲劳应力变大。

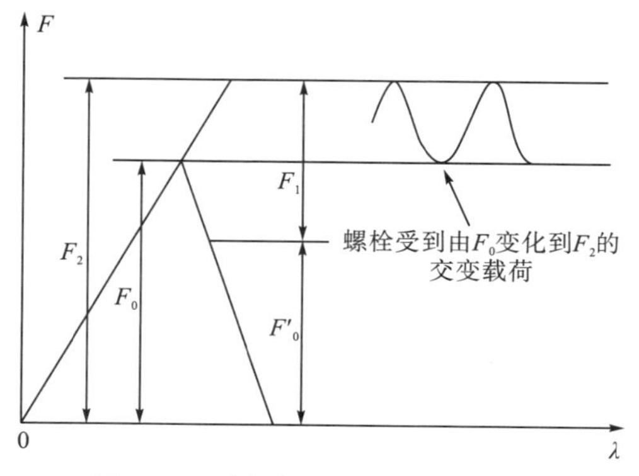

图5-65 连杆螺栓载荷分析示意图

2) 螺栓载荷参数计算

(1) 预紧力计算。

螺栓预紧力计算前文连杆的疲劳强度分析中载荷计算已交代清楚，$F_0 = 1.6595\times10^5\,\mathrm{N}$。所选取的柴油机连杆螺栓螺纹规格为$\mathrm{M}27\times2$，材质为18Cr2Ni4WA，其材料的力学性能参数见表5-14。

表5-14　18Cr2Ni4WA材料的力学性能参数表

力学特性参数	数值
抗拉强度 σ_b / MPa	1175
屈服强度 σ_s / MPa	1029
疲劳极限 σ_{-1N} / MPa	507
弹性模量 E / MPa	2.1×10^5
泊松比 μ	0.3

(2) 最大拉伸载荷计算。

连杆的最大拉伸载荷出现在曲轴转角$\varphi=0°$时，其包括活塞组的往复惯性力P_j和缸内气体通过活塞传递的气体力P_{g_0}。大功率柴油机由于其活塞及连杆尺寸较大，使得往复惯性力较大。本节研究的柴油机其活塞质量$m_p = 54.37\mathrm{kg}$，连杆小头换算质量$m_{ca} = 20.50\mathrm{kg}$，往复惯性质量$m_j = m_p + m_{ca} = 74.87\mathrm{kg}$，在$\varphi=0°$时，活塞加速度$a = 2.09\mathrm{m/s^2}$，得到往复惯性力$P_j = m_j A = 1.57\times10^5\,\mathrm{N}$；在进气行程开始时，缸内压力$p_0 = 2.16\times10^5\,\mathrm{Pa}$，取当地气压$p = 10^5\,\mathrm{Pa}$，活塞顶面面积$A = 6.15\times10^{-2}\,\mathrm{m}^2$，得到气体力$P_{g_0} = (p_0 - p)A = 7.11\times10^3\,\mathrm{N}$。则连杆受到的最大拉伸载荷$F_1 = P_j - P_{g_0} = 1.50\times10^5\,\mathrm{N}$。

3) 连杆螺栓分析模型建立

(1) 连杆螺栓有限元模型。

因为主要的分析对象是连杆螺栓以及与其接触的连杆大头和大头盖，所以仅建立了连杆模型的一部分。在连杆几何模型的建立中，将对螺栓应力分布影响不大的结构进行简化。对螺纹进行一定的处理：以阵列的形式表示连杆螺栓的内外螺纹，以方便接触对的建立，同时将连杆螺栓的倒角处进行简化，简化后的连杆螺栓模型如图5-66所示。

根据以往经验，将大头与杆身过渡位置的网格进行适当的细化，以获得更加准确的结果。在建立连杆体和大头盖的接触对时，应注意使单元节点重合，单元形状近似一致，有利于获得收敛结果。划分得到的实体单元有限元模型包含1485532个单元，356298个节点，其划分结果如图5-67所示。

图 5-66　连杆局部几何模型

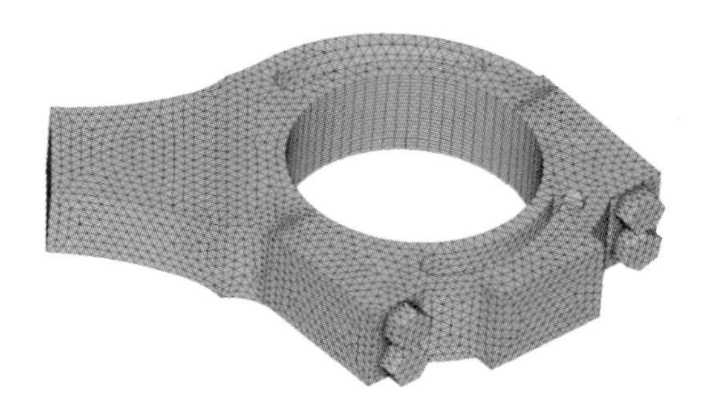

图 5-67　连杆螺栓有限元分析模型

(2)连杆螺栓边界条件确立。

根据连杆的实际装配情况，首先给有限元模型建立以下边界条件：建立四个面-面的接触对，分别为螺栓头部与连杆大头盖接触对、连杆大头与连杆大头盖接触对、曲柄销与连杆大头孔接触对以及连杆螺栓的螺纹表面接触对；在连杆杆身的截断处施加全约束。

将连杆螺栓的交变载荷分成两个载荷工况进行有限元模型的静强度计算。

①预紧力工况：此工况模拟螺栓的交变载荷对应的最小值。在四个螺栓上分别施加预紧力。

②最大拉伸工况：此工况模拟螺栓交变载荷对应的最大值。如图 5-68 所示，在四个螺栓上施加预紧力的同时，在曲柄销轴线上创建耦合节点，建立刚性区域，在耦合节点上施加沿连杆轴线方向的拉伸载荷。

这种约束方法与连杆螺栓的实际约束比较接近，考虑了曲柄销的反作用力，并且充分考虑了连杆大头在变形时受到曲柄销的位移限制，不会使得计算时产生过大的应力与变形，基本能够真实反映出连杆螺栓的受力情况，连杆的拉伸载荷是通过假设连杆杆身固定，以杆身为参照，通过曲柄销对连杆施加拉伸载荷，这样可以比较真实地反映连杆螺栓的变形，方便准确地对连杆螺栓的受力情况进行分析。

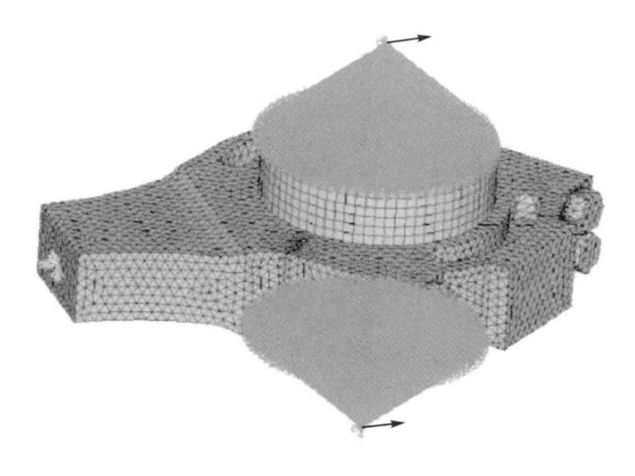

图 5-68　连杆螺栓最大拉伸载荷工况边界条件示意图

4) 连杆螺栓有限元结果分析

(1) 连杆螺栓刚度分析。

对连杆螺栓进行刚度匹配的分析，通过有限元软件计算出连杆螺栓及连杆大头盖的受力位移如图 5-69 和图 5-70 所示。

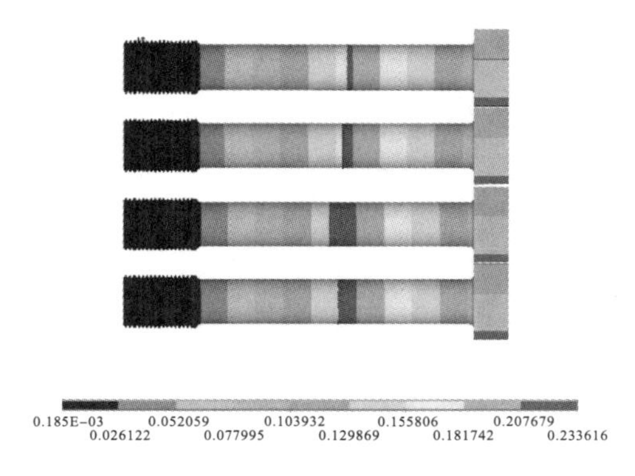

图 5-69 预紧力载荷下连杆螺栓位移图(单位: mm)

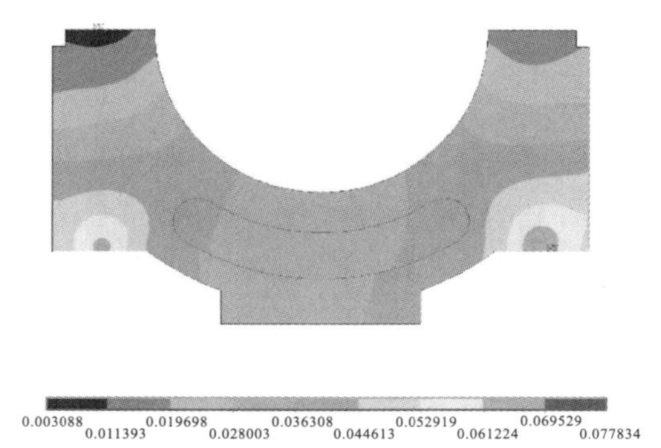

图 5-70 预紧力载荷下连杆大头盖位移图(单位: mm)

由图 5-69 和图 5-70 可以看到，在预紧力的作用下，螺栓的变形量 $\lambda_{01}=2.34\times10^{-4}\,\mathrm{m}$，大头盖的变形量 $\lambda_{02}=7.47\times10^{-5}\,\mathrm{m}$，螺栓预紧力 $F_0=1.6595\times10^5\,\mathrm{N}$，通过胡克定律可以计算得 $C_1=7.10\times10^8\,\mathrm{N\cdot m}$，$C_2=2.22\times10^9\,\mathrm{N\cdot m}$，动载系数 $\chi=0.24$，根据统计资料，有 $C_2/C_1=2\sim6$，$\chi=0.14\sim0.33$，所以本节所设计的连杆螺栓在进行刚度匹配时能够满足工作要求。在实际设计中，可以通过提高连杆大头刚度或者降低连杆螺栓刚度的方法来降低动载系数，降低动载荷，减小疲劳应力。

(2) 连杆螺栓静强度结果分析。

在有限元分析软件中一共对连杆螺栓进行了两个工况的计算，工况 1 为预紧力工况，在本工况中连杆螺栓主要受到预紧力的作用，是螺栓在实际工作中的最小载荷工况。在此工况下螺栓最大当量应力为 790.483MPa，出现在第一级螺纹位置；在螺栓头部位置应力较大，为 764.677 MPa。螺栓的当量应力分布如图 5-71 和图 5-72 所示。

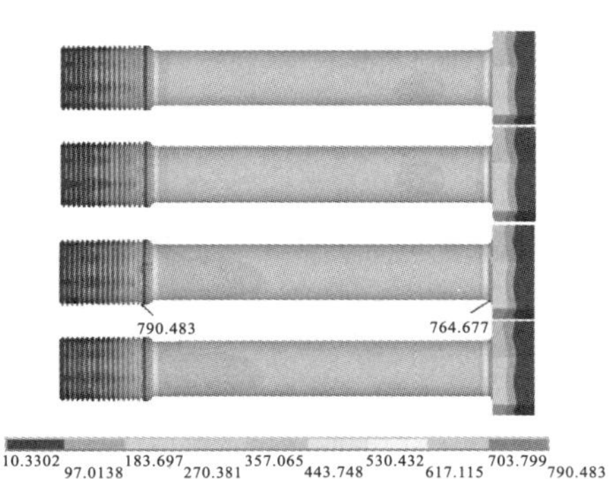

图 5-71 预紧力工况下螺栓应力分布

图 5-72 预紧力工况下螺纹部分应力分布

工况 2 为最大拉伸工况，在这个工况下螺栓受到残余预紧力和最大拉伸载荷的作用，是螺栓在实际工作中的最大工况。连杆螺栓主要在螺纹和头部过渡处产生应力集中。如图 5-73 所示，最大当量应力出现在连杆螺栓的第一级螺纹位置，为910.181MPa；圆角过渡处的应力为869.697MPa；连杆螺栓的两端受力最小，与实际情况相符合。从图 5-74 的螺栓局部应力云图可以看出，螺栓与内螺纹接触的第一级螺纹上产生最大应力 910.181MPa，然后螺纹应力逐级下降，这也与螺纹的工作特点相符。

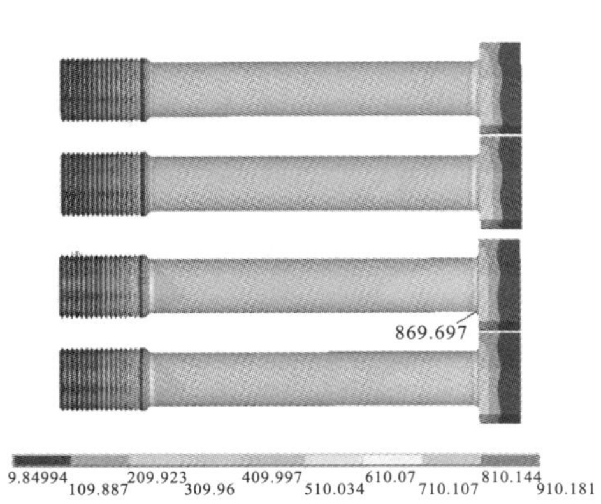

图 5-73 最大拉伸工况下螺栓应力分布（单位：MPa）

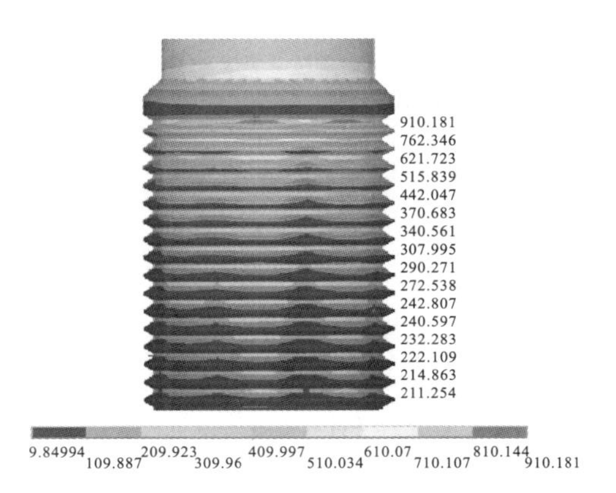

图 5-74 最大拉伸工况下螺纹部分应力分布（单位：MPa）

将连杆螺栓模型剖开，就可以看到连杆螺栓螺纹与内螺纹接触情况，其应力分布如图 5-75 所示，连杆螺栓的杆身部分受力比较均匀，主要受螺栓预紧力的影响，而在发生应力集中的螺栓头部与螺栓螺纹连接处应力开始以半球型向外逐级减小。

螺栓上各节点的应力均小于屈服强度，说明在螺栓的两个工况下，螺栓的静强度是满足要求的，可以对其进行疲劳强度分析。

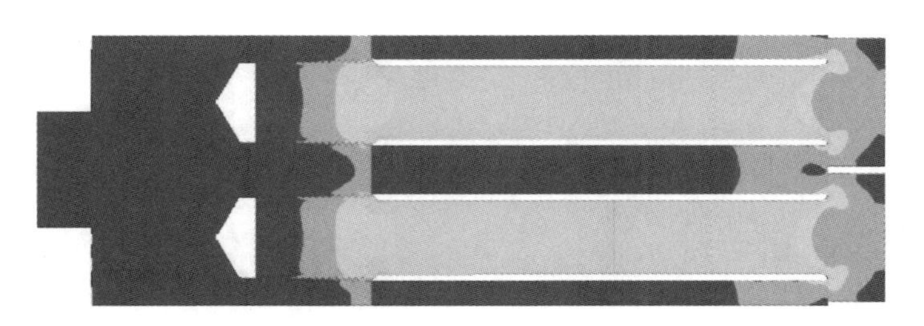

图 5-75 连杆螺栓应力分布剖面图（单位：MPa）

5）螺栓疲劳强度分析

（1）疲劳评定方法介绍。

对于变载荷下零件的疲劳强度，可以使用修正的 Goodman 疲劳曲线来进行评定。修正的 Goodman 疲劳曲线是指以屈服强度为限界、并以 Goodman 提出的线性经验公式为基础，用直线替代疲劳极限后得到的一种简化的疲劳极限图。Goodman 疲劳曲线实际上是一种疲劳破坏包络线，如图 5-76 所示。评估疲劳强度时，结构任何点应力位于 Goodman 疲劳曲线封闭区域之外则表明结构经过10^7次循环载荷作用后发生疲劳破坏。已知材料参数时，Goodman 疲劳曲线绘制方法如下：建立一个直角坐标系，横坐标表示平均应力σ_m，纵坐标表示最大、最小应力值σ，作一条过原点平分上述坐标系Ⅰ、Ⅲ象限的直线GI，G点坐标$(-\sigma_s,-\sigma_s)$，I点坐标(σ_b,σ_b)；过拉伸屈服强度点$(0,\sigma_s)$作横坐标轴的平行线交直线AI于点B、交直线GI于点C，过点B作纵坐标轴的平行线交直线EI于点D；压缩屈服前，平均应力不影响疲劳应力幅，分别过正、负疲劳极限点A、点E作直线GI的平行线AH和EF，过压缩屈服强度点$(0,-\sigma_s)$作横坐标轴的平行线交直线EF于点F，过F点作纵坐标轴的平行线，交直线AH于点H；封闭曲线$ABCDEFGHA$即为 Goodman 疲劳曲线。

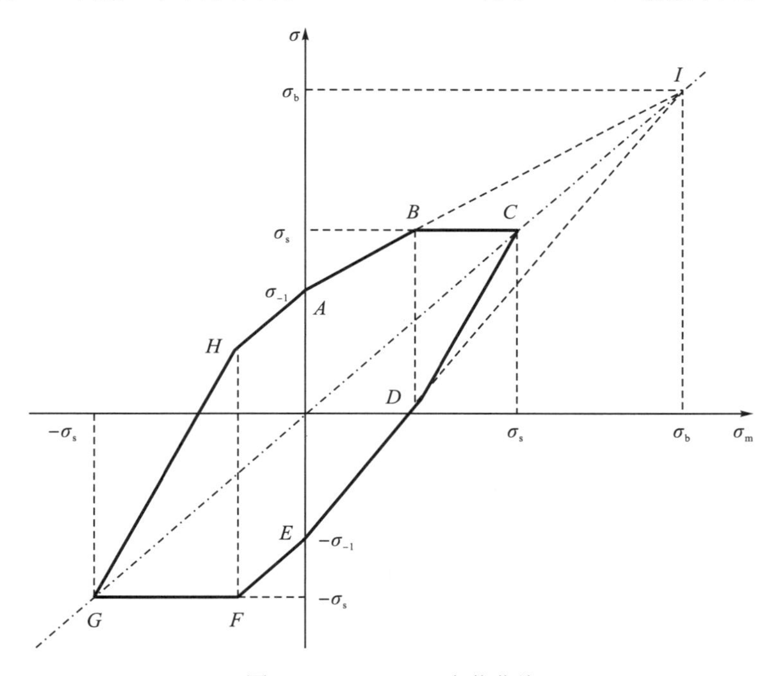

图 5-76　Goodman 疲劳曲线

（2）疲劳强度评定结果。

连杆螺栓在工作中承受交变的脉动载荷，可以利用 Goodman 疲劳曲线对其进行疲劳强度评估。已知连杆螺栓的材料使用的是18Cr2Ni4WA，其材料参数见表 5-14，通过这些材料参数可以画出 Goodman 疲劳曲线图。基于在有限元软件中对于两个工况的计算结果，通过自编程序，对连杆螺栓进行疲劳评估，计算得到相对 Goodman 疲劳曲线的安全系数和对应最大、最小主应力的节点编号。如图 5-77 所示，连杆螺栓疲劳强度评定结果得出，所有节点的应力幅值均在材料 Goodman 疲劳曲线的包络线以内，说明此连杆螺栓满足疲劳强度的要求。

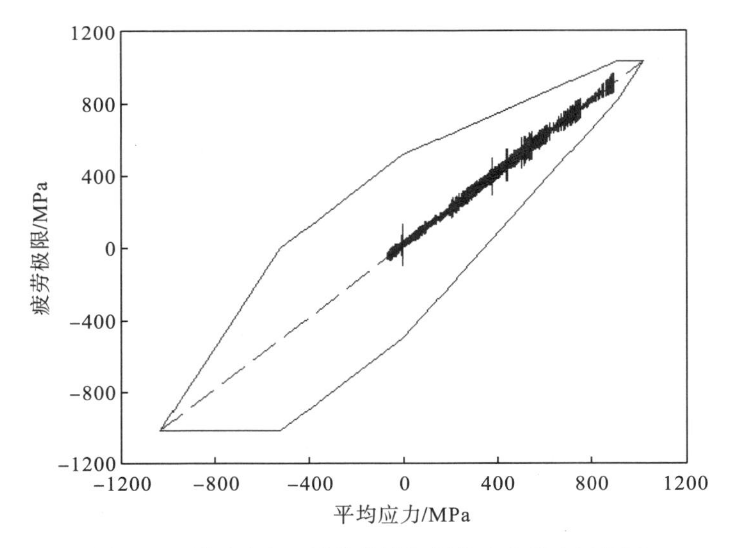

图 5-77 基于有限元计算的连杆螺栓疲劳强度评估图

通过计算 Goodman 疲劳曲线安全系数程序，得到螺栓中前 15 个安全系数最小的节点信息，见表 5-15。

表 5-15 基于有限元计算的连杆螺栓疲劳强度评估列表

节点编号	主应力/ MPa		应力均值/ MPa	应力幅值 / MPa	最大主应力工况号	最小主应力工况号	安全系数	节点坐标		
	最大	最小						x / mm	y/mm	z / mm
402002	960.72	843.57	902.15	58.57	2	1	2.01	136	63.0	−118.2
403180	960.19	844.35	902.27	57.92	2	1	2.03	136	61.4	−118.3
401990	958.88	842.76	900.82	58.06	2	1	2.04	136	64.5	−118.3
402722	955.12	838.67	896.89	58.23	2	1	2.06	136	21.0	−118.2
402710	954.49	839.24	896.86	57.63	2	1	2.08	136	22.5	−118.3
402960	954.11	838.74	896.42	57.69	2	1	2.08	136	19.4	−118.3
403179	957.46	845.20	901.33	56.13	2	1	2.10	136	59.9	−118.6
401991	955.05	842.25	898.65	56.40	2	1	2.11	136	66.0	−118.6
402711	952.22	840.41	896.31	55.91	2	1	2.15	136	24.0	−118.6
402959	950.92	838.86	894.89	56.03	2	1	2.16	136	17.9	−118.6
403178	951.96	845.44	898.70	53.26	2	1	2.24	136	58.5	−119.1
401992	949.13	841.83	895.48	53.65	2	1	2.25	136	67.5	−119.1
402712	947.44	841.27	894.35	53.09	2	1	2.28	136	25.5	−119.1
402958	945.28	838.64	891.96	53.32	2	1	2.29	136	16.5	−119.1
403177	941.34	842.75	892.05	49.29	2	1	2.48	136	68.9	−119.8

其中，坐标系原点位于曲柄销轴线与连杆底面交点处，x 轴方向为螺栓轴线方向，y 轴方向为曲柄销轴线方向，z 轴方向为螺栓剪切方向。

连杆螺栓安全系数最小的十五个节点信息见表 5-15。所有节点的安全系数均大于 2，说明在这些位置都有一定的安全裕量。其中，安全系数较小的节点是容易发生疲劳失效的点。可以看出，所选取的 15 个节点坐标的 x 值都在 136 左右，从有限元模型中查找这些节点，发现都处于螺栓头部螺杆和螺帽的圆角过渡处，说明这个位置是疲劳失效的危险位置，在螺栓疲劳强度设计中应加倍注意。

在螺栓的应力分析结果中显示，最大应力产生在螺栓的第一级螺纹处，通过在节点信息进行查找，发现此位置的节点安全系数最小值为 3.30，说明其安全裕量较大，满足疲劳强度要求。

三、曲轴的疲劳强度计算分析

1. 曲轴的有限元模型

为提高曲轴应力计算精度，应适当选择单元形式。为了能较好反映圆角部位的应力集中情况，拟选用八节点等参数单元为好。八节点等参数单元具有对边界，特别是曲线边界适应性强的特点，因而对曲柄圆角边界可以给出良好的逼近；由于八节点等参数单元采用非线性的位移函数，因而具有比三节点三角形单元高得多的精度。从几何图形上看，该类型单元对建立曲轴有限元模型也较为方便。因此，八节点等参数单元特别适合曲轴等零件的应力、应变分析。

首先利用建模软件建立整体曲轴实体模型。之后将几何模型导入有限元分析软件，采用 SOLID185 单元划分网格，在过渡圆角及油道位置做网格细化处理。综合计算机的性能和收敛性检查结果，选用全局网格尺寸为 15mm。共划分了 2841939 个单元，672534 个节点。由于有限元模型求解规模较大，为减少求解工作量，故对模型进行了一定的简化(非关键部位的圆角、凸台、螺纹等)，因为这些部位在曲轴工作时应力值较小，忽略其几何结构对整体分析结果没有影响，网格划分结果如图 5-78 所示。曲轴材料特性参考 16V280 柴油机曲轴材料进行设置，材料为 42CrMo，其相关力学性能参数由表 5-16 列出。

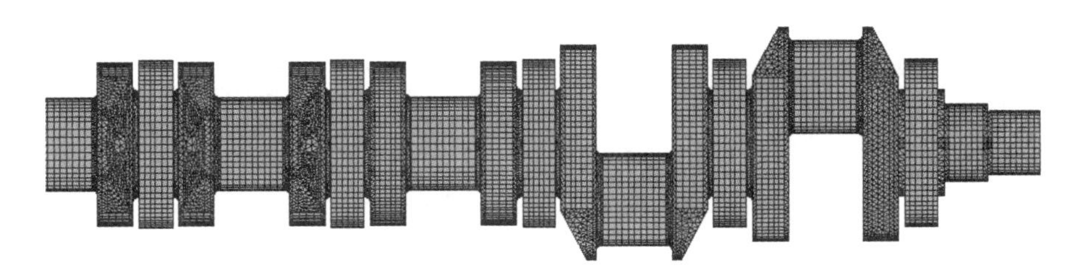

图 5-78　曲轴网格划分局部示意图(优化了表达方式)

表 5-16 曲轴材料特性

参数	参数值
密度/ (kg / mm^3)	7.82×10^{-6}
弹性模量/MPa	2.1×10^5
泊松比	0.3
材料疲劳强度/MPa	390
抗拉强度/MPa	1080
屈服强度/MPa	930

2. 载荷计算

利用动力学分析软件建立曲柄连杆机构模型，采用多体动力学分析计算曲轴工作载荷。表 5-17 为 16V280 柴油机全局参数。

表 5-17 16V280 柴油机的全局参数

参数	数据
气缸排列	V 型排列
旋转方向	顺时针
冲程数	4 冲程
气缸数	16 个
V 形夹角/(°)	45
发火顺序	1—16—3—14—7—10—5—12—8—9—6—11—2—15—4—13
气缸行程/mm	285
缸径/mm	280
有效连杆长度/mm	580
曲柄销直径/mm	225
曲柄销长度/mm	76
主轴颈直径/mm	240
主轴颈长度/mm	140
活塞销直径/mm	110
活塞销长度/mm	240
销座间隔/mm	98
缸心距/mm	455

根据以上参数建立的柴油机曲柄连杆机构多体动力学模型如图 5-79 所示。曲柄连杆机构主要受到气体压力和惯性力(往复惯性力和旋转惯性力)的作用。惯性力可由动力学计

算得到；气体力则需要另外加载，首先创建气体力文件，在进行仿真分析时导入该气体力文件以实现气体力的加载。试验得到的曲轴转角与气体压力变化关系如图 5-80 所示。

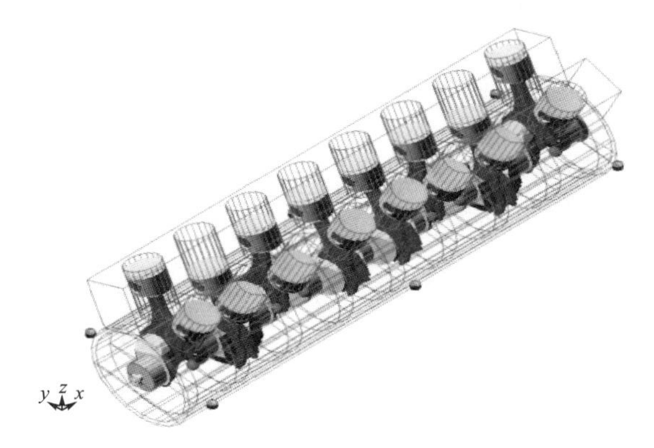

图 5-79　曲柄连杆机构多体动力学模型

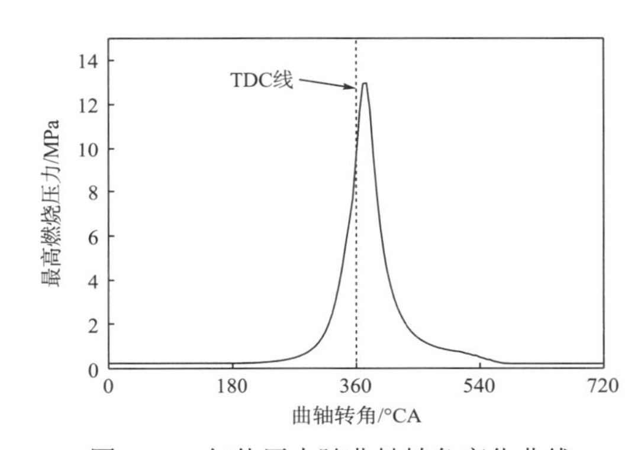

图 5-80　气体压力随曲轴转角变化曲线

（增加了上止点(top dead center，TDC)线和修改了 y 轴）

根据上述得到的曲柄连杆机构多体动力学模型以及缸内气体压力边界条件，即可采用动力学分析软件仿真得到单个气缸一个工作循环下的曲柄销载荷，如图 5-81 所示。另外，对多缸柴油机而言，不同气缸发火相位角的存在导致各缸对应的曲柄销载荷曲线存在相位差。图 5-81 中标注了每一气缸对应的曲柄销载荷随曲轴转角的变化曲线。

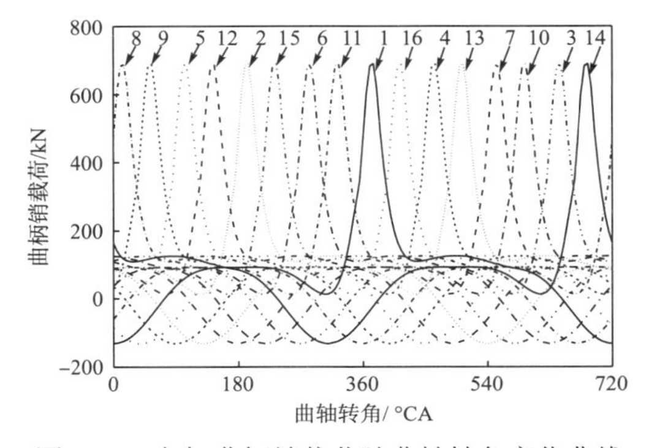

图 5-81　各缸曲柄销载荷随曲轴转角变化曲线

动力学分析结果表明，每缸在缸内燃气燃烧时曲柄销载荷最大，曲轴按照发火次序，各曲拐依次承受最大爆发压力，因此将动力学计算得到的曲柄销载荷曲线依据发火次序确定 16 个工况点作为有限元分析的边界条件，并分析其疲劳强度。

3. 边界条件的施加

1) 约束边界条件的施加

为模拟工程上主轴承对曲轴的约束作用，以接触对形式约束整体曲轴自由度，约束主轴承外表面以及输出端端面的全部自由度，模拟曲轴受力过程中的边界条件和负载状态下的工作实际条件。

2) 载荷的施加方法

将连杆轴承对曲轴的作用载荷施加在曲柄销上，分析曲轴的应力应变。根据较为成熟的理论，认为作用于曲轴曲柄销上的载荷是分布载荷，沿圆周方向呈 120°余弦分布，沿曲柄销轴线方向分布呈抛物线分布。如图 5-82 和图 5-83 所示。

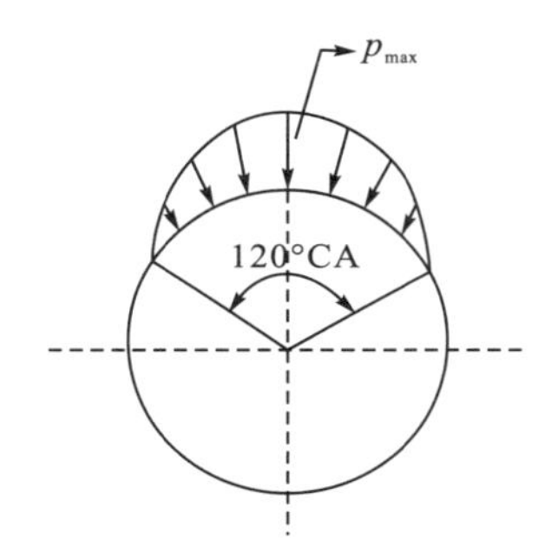

图 5-82　载荷沿圆周方向分布情况

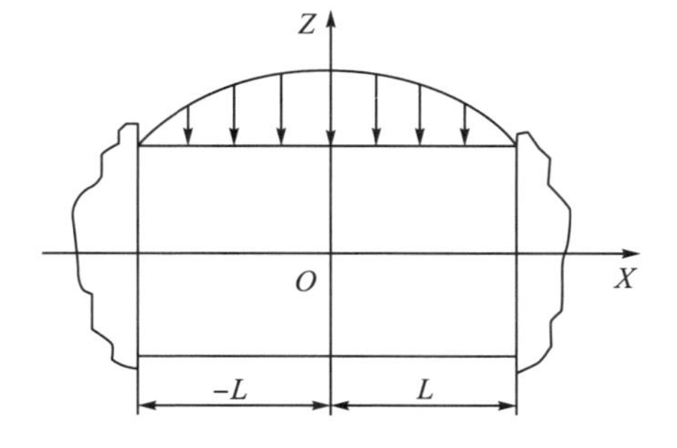

图 5-83　载荷沿轴线方向分布情况

根据计算得到压力分布形式如式(5-97)所示：

$$q_{x\theta}=\frac{9F_{cp}}{16lR}\left(1-\frac{x^2}{l^2}\right)\cos\frac{3}{2}\theta \tag{5-97}$$

式中，$q_{x\theta}$ 为曲柄销上每一点的分布压力；F_{cp} 为曲柄销载荷；l 为曲柄销长度的 1/2；R 为曲柄销半径；x 为曲柄销上每一点对应柱坐标系的 x 坐标值；θ 为曲柄销上每一点对应柱坐标系的 θ 坐标值。

得到上述单个曲柄销上的载荷分布情况后，将动力学计算结果曲线离散为 16 个工作载荷点，每个气缸达到最大爆发压力时的曲轴转角即对应一个工作载荷点(图 5-84)。由于不同气缸的载荷曲线存在相位差(发火相位角)，同一个曲轴转角对应不同曲柄销，其载荷也不同，每一曲轴转角对应得到的 16 个曲柄销载荷即为一个工况。表 5-18 为曲轴转角在 375°的工况条件下的曲柄销载荷情况。根据上述得到的条件，即可确定任意工况下曲轴上任意一点的载荷边界条件。根据上述计算的压力分布公式，施加到实体表面转化为节点载荷，从而得到有限元分析的等效节点载荷。通过载荷函数加载，即通过编制命令流，调用有限元分析软件的内部函数进行加载。

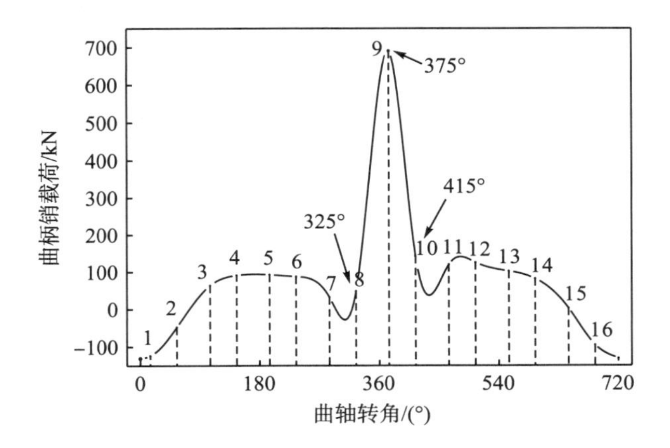

图 5-84　曲柄销载荷的 16 个载荷点

表 5-18　工况载荷表(375°曲轴转角对应工况)

气缸号	载荷/kN
1	690.26
2	93.08
3	2.64
4	120.23
5	63.74
6	31.63
7	102.30
8	123.51
9	21.30
10	74.06
11	114.83
12	92.42
13	123.30
14	112.76
15	81.78
16	117.80

3) 计算结果

在建立有限元模型时，做了以下工作以保证结果的计算精度。考虑到实际工作中可能在轴颈圆角和油道的应力集中，在曲轴建模时考虑了过渡圆角结构和油道结构细节。同时采用规则的网格划分，在应力集中区域重新细化网格以消除网格尺寸导致的有限元分析误差。同时，综合考虑了实际曲轴的受力情况，采用 APDL 命令流语言以函数形式在曲柄销上加载弯扭载荷。约束采用曲轴与主轴承接触对的形式施加，以满足实际曲轴的约束情况。对整体曲轴进行受力分析，考虑了相邻主轴颈以及曲柄销间应力的相互影响。静态分析最大应力出现在第七主轴颈油道处，主轴颈处存在较大的接触应力，导致主轴颈上的受力情况较复杂，这是最大应力点出现在主轴颈上的原因之一。此外，轴颈过渡圆角区域也存在应力集中现象。

依据上述载荷的施加方式和 16 个载荷工况，分别计算曲轴在 16 个载荷工况作用下的应力和应变，得到各工况下的曲轴应力分布。计算结果表明，曲轴工作时的应力集中发生在油孔和轴颈过渡圆角处，最大应力值为 183MPa，小于材料的屈服强度。表 5-19 列举了各工况计算得到的曲轴最大应力。图 5-85 为第 16 载荷工况下的曲轴整体应力分布情况。得到曲轴 16 个工况的计算结果后，发现曲轴上应力较大的位置，其应力波动(即应力幅)也较大，图 5-86 所示为位于过渡圆角处的节点的应力变化曲线。

表 5-19　曲轴在 16 个载荷工况作用下的强度刚度分析结果

工况序号	最大位移/mm	最大当量应力/MPa	危险位置
1	0.13	62.66	第一连杆轴径油孔
2	0.17	88.29	第三主轴颈油孔
3	0.18	77.67	第三主轴颈油孔
4	0.22	61.22	第四连杆轴径油孔
5	0.21	63.11	第六主轴颈油孔
6	0.26	83.77	第七主轴颈油孔
7	0.25	183.00	第七主轴颈油孔
8	0.24	61.27	第八连杆轴颈油孔
9	0.40	54.94	第一连杆轴径油孔
10	0.45	131.60	第三主轴颈油孔
11	0.45	73.49	第三主轴颈油孔
12	0.44	74.25	第三主轴颈油孔
13	0.37	64.29	第三主轴颈油孔
14	0.35	108.80	第七主轴颈油孔
15	0.35	132.40	第七主轴颈油孔
16	0.37	70.56	第九主轴颈过渡圆角

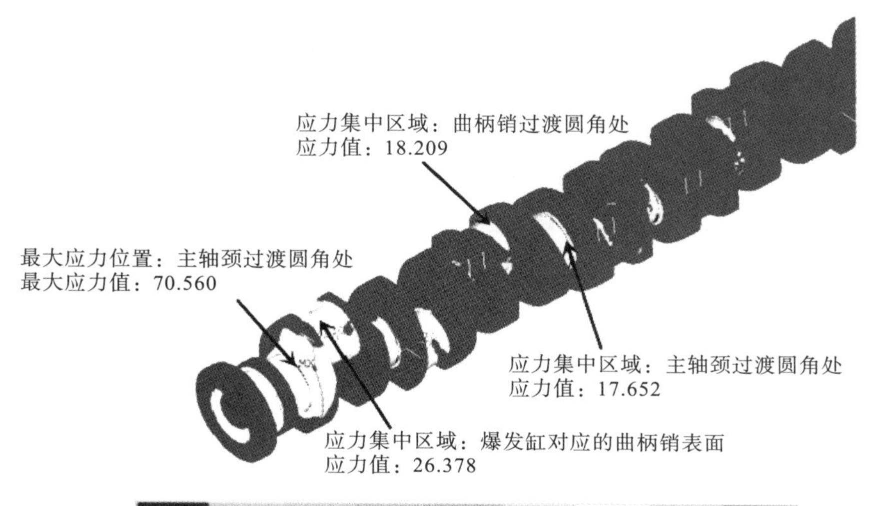

图 5-85 第 16 载荷工况下曲轴的应力分布情况(单位：MPa)

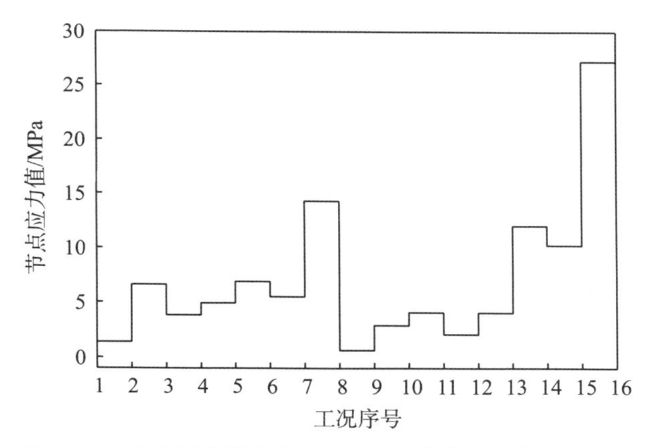

图 5-86 过渡圆角处节点 16 工况下的节点应力变化曲线

4. 曲轴疲劳强度分析

获得金属材料所能承受的交变应力与能工作的循环次数具有一定关系，所承受的交变应力越大，零件所能循环的次数就越小。当应力低于一定数值时，零件可以承受无限次周期循环而不产生破坏，此应力称为材料的疲劳极限，亦称为疲劳强度。对曲轴进行多工况有限元分析，实际上模拟了曲轴工作过程中应力和应变的交变过程。在此基础上，对计算结果进行进一步的后处理，参照结构疲劳强度评估的相关标准，编制结果分析的后处理程序，获得曲轴在工作过程中的应力均值和应力幅值，并与曲轴材料对应的 Goodman 疲劳曲线对比，得到曲轴各节点上的疲劳强度安全系数，为曲轴的结构设计提供参考。

通过对曲轴进行的多工况强度分析结果可知，任一工况下曲轴结构均满足静强度要求。在此基础上，本节绘制 Goodman 疲劳曲线并评价曲轴的疲劳强度可靠性。

依据材料的强度极限、屈服强度和对称循环下的疲劳极限，结合 Goodman 疲劳曲线绘制方法，即可得到 Goodman 疲劳曲线图。对多工况计算结果编写后处理程序，采用 Goodman 疲劳曲线评估疲劳性能，得到曲轴各节点上的疲劳应力幅值，如图 5-87 所示。并将 Goodman 疲劳曲线图中疲劳安全系数较小节点的疲劳强度评估结果在表 5-20 中列出。

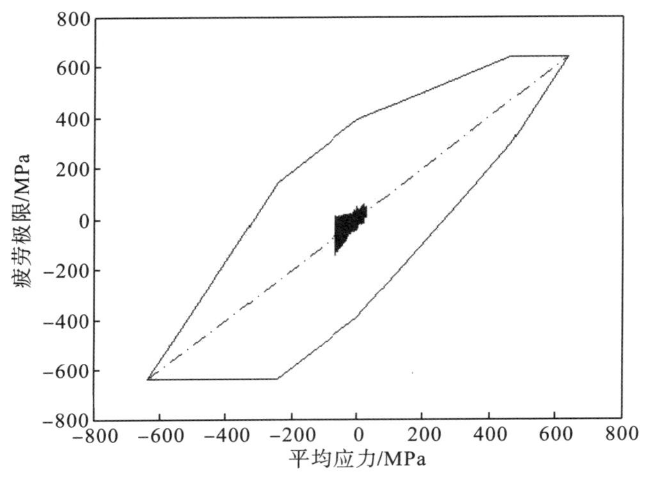

图 5-87 曲轴 Goodman 疲劳曲线

表 5-20 曲轴危险节点疲劳强度计算结果列表

危险点序号	最大主应力/MPa	最小主应力/MPa	应力均值/MPa	应力幅值/MPa	最大主应力对应的工况	最小主应力对应的工况	安全系数
94672	11.04	−143.60	−66.28	77.32	11	7	5.04
145219	7.18	−129.78	−61.30	68.48	9	10	5.70
155656	13.93	−120.92	−53.50	67.43	12	5	5.78
145156	6.93	−126.41	−59.74	66.67	9	10	5.85
94685	4.99	−124.29	−59.65	64.64	11	7	6.03
145221	8.05	−120.62	−56.28	64.34	9	10	6.06
145157	6.68	−119.05	−56.18	62.86	9	10	6.20
145220	7.68	−115.18	−53.75	61.43	9	10	6.35
155662	13.05	−107.90	−47.43	60.48	12	5	6.45
94684	8.30	−112.59	−52.15	60.45	11	7	6.45
145803	7.06	−110.83	−51.88	58.95	9	10	6.62
158795	11.21	−106.32	−47.56	58.76	14	7	6.64
144995	6.78	−109.81	−51.51	58.30	9	2	6.69
155499	13.21	−103.27	−45.03	58.24	12	13	6.70
153958	11.94	−103.75	−45.90	57.85	11	12	6.74
153957	12.03	−103.01	−45.49	57.52	11	12	6.78
145812	7.39	−106.56	−49.59	56.97	9	10	6.85
158747	10.79	−101.27	−45.24	56.03	14	7	6.96
158796	11.59	−100.32	−44.36	55.95	14	7	6.97
145148	6.46	−105.31	−49.42	55.88	9	10	6.98

由 Goodman 疲劳曲线图及结果列表可以看出，最危险节点的安全系数为 5.04，位于第七主轴颈油孔处，所有节点的应力幅值均在材料 Goodman 疲劳曲线包络线内，曲轴满足疲劳强度要求。并且应力幅值与包络线间距离较大表示曲轴结构安全余量较多，反映出曲轴的疲劳强度可靠性较高。

如图 5-88 为在后处理中组合第 9 工况和第 16 工况得到的曲轴安全系数分布。可以看出，曲轴主轴颈油孔附近以及轴颈过渡圆角处的节点安全系数相对较小。

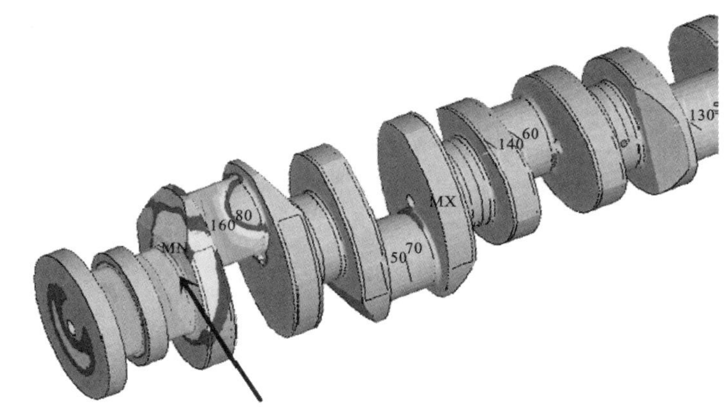

危险位置（第9，第16工况组合）：主轴颈过渡圆角处

7.2869　14.1693　21.3615　28.6291　35.7208　42.134　49.7925　56.2075　63.986

图 5-88　曲轴疲劳安全系数局部分布图

参 考 文 献

北京钢铁研究院金属物理室. 1977. 工程断裂力学. 北京：国防工业出版社.

卜继玲，傅茂海. 2009. 动车组结构可靠性与动力学. 成都：西南交通大学出版社.

陈大荣. 1980. 船舶柴油机设计. 北京：国防工业出版社.

陈之炎. 1987. 船舶推进轴系振动. 上海：上海交通大学出版社.

崔殿国. 2008. 机车车辆可靠性设计及应用. 北京：中国铁道出版社.

达利 J W，赖利 W F . 1987. 实验应力分析. 北京：海洋出版社.

戴树森. 1983. 可靠性试验及其统计分析. 北京：国防工业出版社.

迪特莱夫森. 2005. 结构可靠度方法. 何军，译. 上海：同济大学出版社.

丁有宇. 1985. 汽轮机强度计算. 北京：水利电力出版社.

傅志方，华宏星. 2000. 模态分析理论与应用. 上海：上海交通大学出版社.

郭成璧，陈全福. 1984. 有限元法及其在动力机械中的应用. 北京：国防工业出版社.

何肇基. 1982. 金属的力学性质. 北京：冶金工业出版社.

黄乃石，程育仁. 1984. 柴油机连杆强度分析的新方法. 内燃机学报，(4)：73-82.

机械工程手册和电机工程手册编委会. 1980. 机械工程手册. 第 4 篇、第 9 篇. 北京：机械工业出版社.

李人宪. 2002. 有限元法基础. 北京：国防工业出版社.

李人宪. 2005. 有限元法基础. 2 版. 北京：国防工业出版社.

卢耀辉，向鹏霖，谢宁，等. 2016. 大功率柴油机连杆螺栓疲劳强度分析. 机械强度，38(4)：844-849.

卢耀辉，张醒，向鹏霖，等. 2016. 大功率多缸柴油机曲轴疲劳强度评估方法. 车用发动机，(4)：1-6.

上海交通大学《金属断口分析》编写组. 1979. 金属断口分析. 北京：国防工业出版社.

邵慰严，杨杰，顾关屏，等. 1984. 用“帐篷-堤坝”模型预测内燃机曲轴的疲劳可靠性. 内燃机工程，(4)：9-17.

王光钦. 2008. 弹性力学. 北京：中国铁道出版社.

王明武，陈大荣. 1984. 单轴多列式内燃机连杆大头受力分析和计算方法探讨. 内燃机学报，(2)：53-66.

王明武. 1990. 动力机械强度. 北京：国防工业出版社.

王勖成. 2003. 有限单元法. 北京：清华大学出版社.

王长荣. 1990. 内燃机动力学. 北京：中国铁道出版社.

吴富民. 1985. 结构疲劳强度. 西安：西北工业大学出版社.

武清玺. 2014. 结构可靠度理论、方法及应用. 北京：科学出版社.

肖德辉. 1985. 可靠性工程. 北京：宇航出版社.

徐灏. 1981. 疲劳强度设计. 北京：机械工业出版社.

徐灏. 1984. 机械强度的可靠性设计. 北京：机械工业出版社.

徐敏，骆振黄，严济宽，等. 1981. 船舶动力机械的振动、冲击与测量. 北京：国防工业出版社.

叶秀汉. 1987. 动力机械热应力理论和应用. 上海：上海交通大学出版社.

袁兆成. 2012. 内燃机设计. 2 版. 北京：机械工业出版社.

张如一，陆耀桢. 1981. 实验应力分析. 北京：机械工业出版社.

张伟. 2008. 结构可靠性理论与应用. 北京：科学出版社.

Tse F S，Morse I E，Hinkle R T. 1978. Mechanical Vibrations Theory and Applications. Boston：Allyn and Bacon.

Lipson C. 1963. Handbook of Stress and Strength. Britain：The Macmillan Company.

Little R E，Jebe E H. 1975. Statistical Design of Fatigue Experiments. New York：John Wiley & Sons.

Lu Y H，Zhang X，Xiang P L，et al. 2017. Analysis of thermal temperature fields and thermal stress under steady temperature field of diesel engine piston. Applied Thermal Engineering，(113)：796-812.